TURING 图灵程序设计丛书

从零构建大模型

Build a Large Language Model (From Scratch)

[美] 塞巴斯蒂安·拉施卡(Sebastian Raschka) 著

覃立波 冯骁骋 刘乾 译

车万翔 黄科科 主审

人民邮电出版社

北京

图书在版编目（CIP）数据

从零构建大模型 / （美）塞巴斯蒂安·拉施卡（Sebastian Raschka）著；覃立波，冯骁骋，刘乾译. 北京：人民邮电出版社，2025. --（图灵程序设计丛书）. -- ISBN 978-7-115-66600-0

Ⅰ. TP18

中国国家版本馆 CIP 数据核字第 2025DP2963 号

内 容 提 要

本书是关于如何从零开始构建大模型的指南，由畅销书作家塞巴斯蒂安·拉施卡撰写，通过清晰的文字、图表和实例，逐步指导读者创建自己的大模型。在本书中，读者将学习如何规划和编写大模型的各个组成部分、为大模型训练准备适当的数据集、进行通用语料库的预训练，以及定制特定任务的微调。此外，本书还将探讨如何利用人工反馈确保大模型遵循指令，以及如何将预训练权重加载到大模型中。

本书适合对机器学习和生成式 AI 感兴趣的读者阅读，特别是那些希望从零开始构建自己的大模型的读者。

◆ 著　　　[美] 塞巴斯蒂安·拉施卡（Sebastian Raschka）
　译　　　覃立波　冯骁骋　刘　乾
　主　　审　车万翔　黄科科
　责任编辑　王军花
　责任印制　胡　南

◆ 人民邮电出版社出版发行　　北京市丰台区成寿寺路11号
　邮编　100164　　电子邮件　315@ptpress.com.cn
　网址　https://www.ptpress.com.cn
　北京市艺辉印刷有限公司印刷

◆ 开本：800×1000　1/16
　印张：21.25　　　2025 年 4 月第 1 版
　字数：474 千字　　2025 年 5 月北京第 3 次印刷

著作权合同登记号　图字：01-2024-2908 号

定价：109.80元

读者服务热线：(010)84084456-6009　印装质量热线：(010)81055316

反盗版热线：(010)81055315

版 权 声 明

前言

我对语言模型始终抱有浓厚的兴趣。十余年前，一门统计模式分类课程开启了我的人工智能之旅。这门课程引领我完成了首个独立项目：一个能通过歌词识别歌曲所蕴含情绪的模型，以及相应的网页应用程序。

到了 2022 年，随着 ChatGPT 的发布，大语言模型（large language model，LLM，简称大模型）迅速风靡全球，并彻底改变了许多人的工作方式。这些模型用途广泛，可以在诸如检查语法、撰写邮件、总结长篇文档等任务中提供助力。这归功于它们具备解析和生成类似人类语言文本的能力。在从客户服务到内容创作，乃至技术性更强的编程和数据分析等领域，这一能力都非常重要。

顾名思义，大语言模型的一大显著特点便是其规模之“巨大”——拥有数百亿甚至数千亿个参数。（相比之下，使用传统的机器学习或统计方法，凭借一个仅包含两个参数的小模型，就能以超过 90%的分类准确率对鸢尾花数据集进行分类。）尽管与传统方法相比，大语言模型的规模庞大，但它们并不一定是“黑箱”模型。

在本书中，你将学习如何一步步地构建一个大语言模型。最终，你将深入理解像 ChatGPT 这样的大语言模型的底层运作原理。我相信，对基本概念和底层代码的方方面面都建立起信心，是迈向成功的关键所在。这不仅有助于你修复漏洞并优化模型性能，还能激发出你的新想法。

几年前，当我刚涉足大语言模型领域时，学习其实现方法的过程颇为艰难。在研读了海量的学术论文，并钻研了那些零散的代码仓库后，我才逐渐构建起对这一领域的大致认知。如今，借助本书，我希望打造并提供一份详尽的分步教程，对大语言模型的所有关键组件和开发阶段进行介绍，使其更易上手。

我坚信，理解大语言模型的最佳方式是从零开始编写一个模型——你会发现这件事充满乐趣！

祝阅读愉快，编码顺利！

致　　谢

撰写一本书是一项重大的任务，我衷心感谢我的妻子 Liza 在整个过程中的耐心和支持。她无条件的爱与持续的鼓励是本书得以完成的重要动力。

我特别感谢 Daniel Kleine，他对书中的章节和代码给出了远超预期的宝贵反馈。他细致入微的洞察力和富有见地的建议无疑使本书的阅读体验更加流畅、舒适。

我还要感谢 Manning 出版社的优秀团队。首先，感谢 Michael Stephens，他与我进行了多次富有成效的讨论，这些讨论对确定本书的方向提供了重要帮助。其次，感谢 Dustin Archibald，他的建设性反馈和指导对于我遵循 Manning 出版社的规范至关重要。同时，我也非常感谢他们二位能够灵活适应这种从零开始的非传统方法的独特需求。最后，特别感谢 Aleksandar Dragosavljević、Kari Lucke 和 Mike Beady 在专业版面设计方面所做的工作，以及 Susan Honeywell 和她的团队对图形的雕琢和润色。

我还要向 Robin Campbell 和她出色的营销团队致以诚挚的谢意，感谢他们在我的整个写作过程中提供的宝贵支持。

我要感谢各位评审者：Anandaganesh Balakrishnan、Anto Aravinth、Ayush Bihani、Bassam Ismail、Benjamin Muskalla、Bruno Sonnino、Christian Prokopp、Daniel Kleine、David Curran、Dibyendu Roy Chowdhury、Gary Pass、Georg Sommer、Giovanni Alzetta、Guillermo Alcántara、Jonathan Reeves、Kunal Ghosh、Nicolas Modrzyk、Paul Silisteanu、Raul Ciotescu、Scott Ling、Sriram Macharla、Sumit Pal、Vahid Mirjalili、Vaijanath Rao 和 Walter Reade。感谢你们对书稿的细致反馈，你们敏锐的观察力和带有深刻见解的评论极大地提升了本书的质量。

感谢所有为本书贡献力量的人。你们的支持、专业技能和不懈努力对本书的成功至关重要。谢谢！

关于本书

本书旨在帮助你从零开始理解并打造属于自己的类 GPT 大语言模型。本书从文本数据处理方法和编码注意力机制的基础入手，逐步引导你从零开始实现一个完整的 GPT 模型。书中还探讨了预训练机制，以及针对文本分类和指令遵循等特定任务进行微调的过程。通过本书的学习，你将深入了解大语言模型的工作原理，并学会构建自己的模型。虽然你将创建的模型在规模上不及那些大型基础模型，但它运用了相同的原理，是有力的教育工具，可以帮助你掌握构建最先进大语言模型的核心机制和技术。

目标读者

本书面向机器学习爱好者、工程师、研究人员、学生和从业者，旨在帮助他们深入理解大语言模型的工作原理，并从零开始构建自己的模型。无论是初学者还是经验丰富的开发者，都能够凭借已有的技能和知识掌握创建大语言模型所涉及的概念和技术。

本书的独特之处在于，它全面涵盖了构建大语言模型的整个过程，从数据集的处理到模型架构的实现，再到无标签数据的预训练，以及针对特定任务的微调。截至本书撰写之时，尚无其他资料提供如此全面且实践性强的从零开始构建大语言模型的方法。

要理解本书中的代码示例，你需要具备扎实的 Python 编程基础。尽管了解机器学习、深度学习和人工智能会有所帮助，但你无须在这些领域拥有深厚的背景知识。大语言模型是人工智能的一个独特分支，所以即使你刚踏入该领域不久，也能轻松理解书中的内容。

如果你对深度神经网络有所涉猎，那么或许会对某些概念倍感亲切，因为大语言模型正是在这些架构的基础上构建而成的。不过，熟练掌握 PyTorch 并非必要前提。附录 A 提供了 PyTorch 的简要介绍，可以帮助你掌握理解书中代码示例所需的必要技能。

如果你拥有高中以上水平的数学知识，尤其是对向量和矩阵有深入了解，那么这将有助于你理解大语言模型的内部工作原理。不过，要掌握本书中的主要概念和思想，并不需要高深的数学知识。

最重要的前提条件是具备扎实的 Python 编程基础。这样，凭借上述这些知识，你便能做好充分准备，踏入大语言模型的奇妙世界，并理解本书所呈现的概念和代码示例。

本书结构概览

本书的编排旨在引导读者按顺序阅读，因为每一章的内容都是在前一章所介绍的概念和技术基础上进行构建的。全书共分为 7 章，涵盖了大语言模型及其具体实现的关键要素。

第 1 章对大语言模型背后的基本概念进行了宏观层面的概述。它探讨了 Transformer 架构，该架构是诸如 ChatGPT 等平台所使用的大语言模型的基础。

第 2 章讲述了如何对文本数据进行处理。它涵盖了为大语言模型训练准备文本的过程，包括将文本拆分为单词词元和子词词元，使用字节对编码进行高级词元化，通过滑动窗口方法采样训练示例，以及将词元转换为可供大语言模型处理的向量形式。

第 3 章重点介绍了大语言模型中使用的注意力机制。它首先介绍了基本的自注意力框架，然后扩展到增强型自注意力机制。这一章还涵盖了因果注意力模块的实现，该模块使大语言模型能够逐个生成词元，并在生成过程中通过使用 dropout 技术随机掩码部分注意力权重以减少过拟合，同时将多个因果注意力模块堆叠起来，形成多头注意力模块。

第 4 章专注于编写一个能够通过训练生成类似人类语言文本的类 GPT 大语言模型。它涵盖了通过归一化层激活函数以稳定神经网络的训练，在深度神经网络中添加快捷连接以提升模型的训练效率，实现 Transformer 块以创建不同大小的 GPT 模型，以及计算 GPT 模型的参数量和存储需求等一系列技术。

第 5 章实现了大语言模型的预训练流程。内容包括计算训练集和验证集的损失以评估大语言模型生成文本的质量，实现训练函数并进行大语言模型预训练，保存和加载模型权重以继续训练大语言模型，以及从 OpenAI 加载预训练权重。

第 6 章展示了多种大语言模型微调方法。内容包括为文本分类任务准备数据集，修改预训练的大语言模型以进行微调，微调大语言模型以识别垃圾邮件，以及评估微调后的大语言模型分类器的准确性。

第 7 章探讨了大语言模型的指令微调过程。内容包括为监督式指令微调准备数据集，组织训练批次中的指令数据，加载并微调预训练的大语言模型使其能够遵循人类指令，提取大语言模型生成的指令响应以便评估，以及评估经过指令微调的大语言模型。

关于代码

为了使学习过程尽可能顺利，本书中的所有代码示例均可在 Manning 出版社的官方网站（https://www.manning.com/books/build-a-large-language-model-from-scratch）和 GitHub（https://github.com/rasbt/LLMs-from-scratch）上找到，其中 GitHub 上的代码示例是以 Jupyter Notebook 格式提供的。[①]如果遇到问题，也不用担心——附录 C 收录了所有代码练习的答案。

本书中包含大量的源代码示例，有些以编号形式列出，有些则穿插在正文中。无论是哪种形式，为了与普通文本相区分，源代码均以如下字体展示：

```
fixed-width font
```

在多数情况下，原始源代码已经过重新排版。我们添加了换行符，并调整了缩进以契合图书版式。在极少数情况下，如果难以满足排版需求，我们则会在代码清单中添加续行标记（➥）。此外，如果正文已对代码进行了阐释，那么源代码中就不再添加注释。许多代码清单配有代码注释，以突出重要概念。

本书的一大核心宗旨是提高可访问性，因此，代码示例都经过精心设计，以便在普通的笔记本电脑上高效运行，而不需要任何特殊硬件。但如果你确实有可用的 GPU，那么部分章节会提供一些实用建议来扩展数据集和模型规模，以利用这些额外的计算能力。

本书将使用 PyTorch 作为从零开始实现大语言模型的主要张量和深度学习库。如果你对 PyTorch 不太熟悉，建议先从附录 A 开始阅读。附录 A 对 PyTorch 进行了深入介绍，并给出了设置建议。

本书论坛

购买了本书英文版的读者可以免费获得 Manning 在线阅读平台 liveBook 的访问权限。借助 liveBook 的独特讨论功能，你可以为全书、特定章节或段落添加评论。你可以方便地做笔记、提出和解答技术问题，并从作者和其他读者那里获得帮助。

Manning 出版社承诺为所有读者提供一个交流平台，以便读者之间以及读者与作者之间进行深入交流。这并不意味着作者必须参与固定量的互动，因为作者对论坛的贡献是出于自愿的（并且是无偿的）。我们建议你向作者提出一些具有挑战性的问题，以免其兴趣旁落。只要本书仍然在版，你就可以通过出版社的网站访问该论坛和相关讨论记录。[②]

---

① 读者也可到图灵社区本书中文版主页 ituring.cn/book/3382“随书下载”处下载书中代码示例。——编者注

② 读者也可登录图灵社区本书中文版主页 ituring.cn/book/3382 提交反馈意见和勘误。——编者注

其他在线资源

- 如果你对人工智能和大语言模型的最新研究趋势感兴趣，请访问我的博客 https://magazine.sebastianraschka.com。我会定期在此讨论最新的人工智能研究，并重点关注大语言模型。
- 如果你想要快速了解深度学习和 PyTorch，请访问我的网站 https://sebastianraschka.com。我在此提供了几门免费课程，这些资源可以帮助你快速掌握最新的技术。
- 如果你正欲寻找与本书相关的额外资料，请访问本书的 GitHub 仓库 https://github.com/rasbt/LLMs-from-scratch。该仓库包含额外的资源和示例，可供你学习参考。

关于封面插图

本书封面的插图名为“Le duchesse”（公爵夫人），取自 Louis Curmer 于 1841 年出版的图书。该书中的每幅插图均经过精细绘制，并通过手工着色。

在那个时代，仅凭衣着便能轻易辨别人们的居住地、职业以及社会地位。Manning 出版社以图书封面为载体，颂扬了计算机行业的创新与进取精神。这些封面以几百年前地方文化的多样性为蓝本，并通过像这样的收藏图片将其重新呈现。

目　录

第 1 章

理解大语言模型

本章内容

- 对大语言模型基本概念的高层次解读
- 对 ChatGPT 等大语言模型的基础架构——Transformer 的深入剖析
- 一份从零开始构建大语言模型的计划

近年来，OpenAI 推出的 ChatGPT 等**大语言模型**作为深度神经网络模型的代表，为**自然语言处理**（natural language processing，NLP）领域带来了革命性的变化。在大语言模型出现之前，传统方法（如手工规则或简单模型）在垃圾邮件检测、简单模式识别等分类任务中表现优异。然而，这些传统方法在需要具备复杂的理解和生成能力的语言任务（比如解析详细的指令、进行语境分析或创作连贯且符合语境的原创文本）中通常表现不佳。举例来说，早期的语言模型无法根据关键词列表来编写电子邮件，而现今的大语言模型能轻松完成这一任务。

大语言模型在理解、生成和解释人类语言方面拥有出色的能力。但需要澄清的是，当我们谈论语言模型的“理解”能力时，实际上是指它们能够处理和生成看似连贯且符合语境的文本，而这并不意味着它们真的拥有像人类一样的意识或理解能力。

深度学习（deep learning）是**机器学习**（machine learning）和**人工智能**（artificial intelligence，AI）领域的一个重要分支，主要聚焦于神经网络的研究。深度学习的发展使得大语言模型能够利用海量的文本数据进行训练，从而相比于以往的方法能够捕获更深层次的上下文信息和人类语言的细微之处。因此，大语言模型在文本翻译、情感分析、问答等各类自然语言处理任务中都有显著的性能提升。

现代大语言模型与早期自然语言处理模型之间的另一个重要区别在于，早期自然语言处理模型通常是为特定任务（如文本分类、语言翻译等）而设计的。尽管这些早期自然语言处理模型在其特定应用中表现卓越，但大语言模型在各种自然语言处理任务中展现了更广泛的能力。

大语言模型的成功，一方面得益于为其提供支撑的 Transformer 架构，另一方面得益于用于训练这些模型的海量数据。这使得它们能够捕捉到语言中的各类细微差别、上下文信息和模式规律，而这些都是手动编码难以实现的。

这种基于 Transformer 架构并利用大型数据集来训练大语言模型的转变，已经从根本上变革了自然语言处理领域，为机器理解并与人类语言互动提供了更强大的工具。

本章接下来所讨论的内容为实现本书的主要目标奠定了基础：通过代码逐步实现一个基于 Transformer 架构的类 ChatGPT 大语言模型，以此深入理解大语言模型。

1.1 什么是大语言模型

大语言模型是一种用于理解、生成和响应类似人类语言文本的神经网络。这类模型属于**深度神经网络**（deep neural network），是在大规模文本数据上训练而成，其训练资料甚至可能涵盖互联网上大部分公开的文本。

“大语言模型”这一名称中的“大”字，既体现了模型训练时所依赖的庞大数据集，也反映了模型本身庞大的参数规模。这类模型通常拥有数百亿甚至数千亿个**参数**（parameter）。这些参数是神经网络中的可调整权重，在训练过程中不断被优化，以预测文本序列中的下一个词。**下一单词预测**（next-word prediction）任务合理地利用了语言本身具有顺序这一特性来训练模型，使得模型能够理解文本中的上下文、结构和各种关系。然而，由于这项任务本身非常简单，因此许多研究人员对其能够孕育出如此强大的模型深感惊讶。在后续章节中，我们将逐步讨论并实现下一单词预测的训练过程。

大语言模型采用了一种名为 Transformer 的架构（1.4 节会详细介绍），这种架构允许模型在进行预测时有选择地关注输入文本的不同部分，从而使得它们特别擅长应对人类语言的细微差别和复杂性。

由于大语言模型能够**生成**文本，因此它们通常也被归类为**生成式人工智能**（generative artificial intelligence，简称 generative AI 或 GenAI）。如图 1-1 所示，人工智能是一个囊括机器学习、深度学习等众多分支的领域，旨在开发能够执行需要人类智能水平的任务（包括语言理解、模式识别、决策制定等）的机器。

实现人工智能的算法是机器学习领域的重点研究内容。具体而言，机器学习涉及开发能够从数据中学习的算法。无须明确编程，这些算法就能基于数据做出预测或决策。举个例子，垃圾邮件过滤器是机器学习技术的一个典型应用。与手动编写规则来识别垃圾邮件不同，机器学习算法会接收标记为垃圾邮件和正常邮件的示例。通过在训练数据集上最小化预测误差，模型能够学习到如何识别垃圾邮件的模式和特征，进而将新的邮件分类为垃圾邮件或非垃圾邮件。

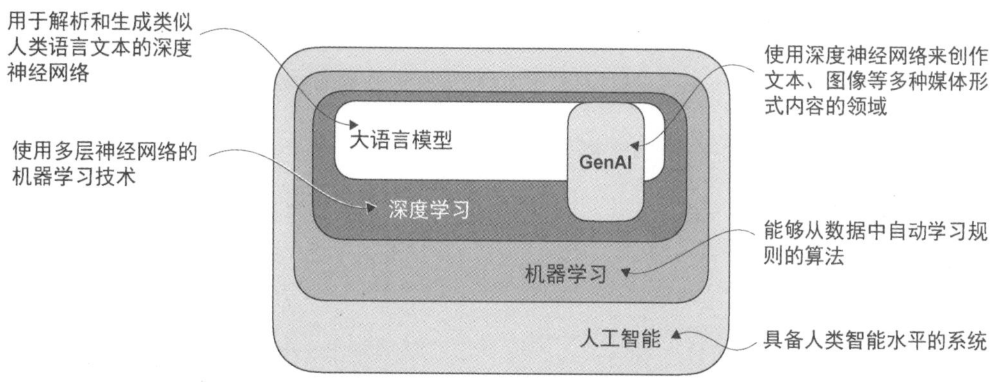

图 1-1　这一层级关系图展示了不同领域之间的关系。大语言模型是深度学习技术的具体应用，能够处理和生成类似人类语言的文本；深度学习是机器学习的一个分支，主要使用多层神经网络；机器学习和深度学习致力于开发算法，使计算机能够从数据中学习，并执行需要人类智能水平的任务

如图 1-1 所示，深度学习是机器学习的一个分支，它主要利用 3 层及以上的神经网络（深度神经网络）来建模数据中的复杂模式和抽象特征。与深度学习不同，传统的机器学习往往需要人工进行特征提取。这意味着人类专家需要为模型识别和挑选出最相关的特征。

尽管人工智能领域现在由机器学习和深度学习所主导，但该领域也涉及其他方法，比如基于规则的系统、遗传算法、专家系统、模糊逻辑或符号推理。

仍以垃圾邮件分类为例，在传统的机器学习方法中，人类专家需要手动从电子邮件文本中提取诸如特定触发词（“prize”“win”“free”）的出现频率、感叹号的数量、全大写单词的使用情况或可疑链接的存在等特征。这些基于专家定义的特征所构造的数据集将被用来训练模型。相比之下，深度学习并不依赖人工提取的特征，这意味着不再需要由人类专家为模型识别和选择最相关的特征。然而，无论是传统的机器学习还是用于垃圾邮件分类任务的深度学习，仍然需要收集标签（比如垃圾邮件或非垃圾邮件，这些标签通常由专家或用户提供）。

接下来我们将介绍大语言模型目前能够解决的一些问题、它们所面临的挑战，以及本书中将要实现的大语言模型的通用架构。

1.2　大语言模型的应用

大语言模型在解析和理解非结构化文本数据方面的能力非常强，因此它们在许多领域得到了广泛应用。如今，大语言模型已被应用于机器翻译、文本生成（参见图 1-2）、情感分析、文本摘要等多种任务。最近，它们还被用于进行内容创作，包括撰写小说和文章，甚至编写计算机代码。

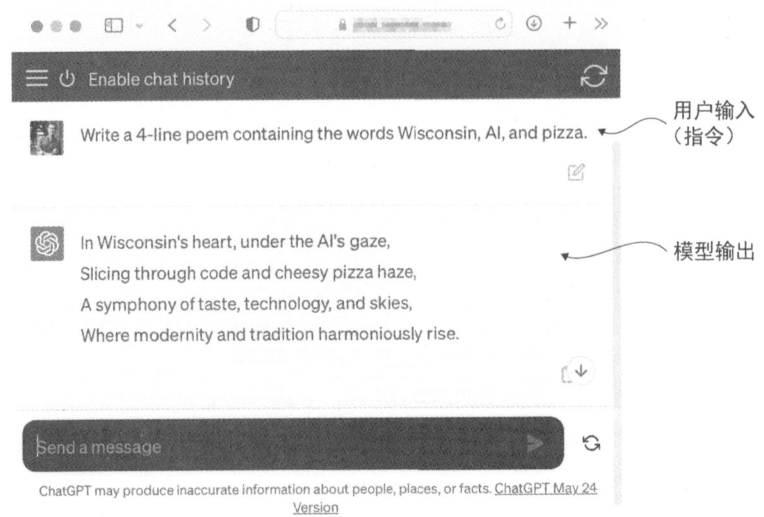

图 1-2　大语言模型界面实现了用户和人工智能系统之间的自然语言交互。该截图展示了 ChatGPT 按照用户要求创作的一首诗

此外，大语言模型还可以为复杂的聊天机器人和虚拟助手提供支持，包括 OpenAI 的 ChatGPT、谷歌的 Gemini（前称为 Bard）等。这些系统可以回答用户的问题，并增强谷歌搜索、微软必应等传统搜索引擎的能力。

在医学、法律等专业领域中，大语言模型还被用于从大量文本中有效地提取知识，包括筛选文献、总结长篇段落和回答技术性问题。

简而言之，大语言模型在几乎所有需要解析和生成文本的任务的自动化处理中都具有重要价值。它们的应用领域极为广阔，并且显而易见的是，随着我们不断创新和探索这些模型的使用方法，它们有潜力重塑我们与科技的关系，使其变得更具互动性、更为直观且更易使用。

在本书中，我们将致力于从零开始理解大语言模型的工作原理，并实现一个可以生成文本的大语言模型。此外，你还将学习使大语言模型能够执行各类任务（包括回答问题、文本总结、多语言翻译等）的技术。换言之，在本书中，你将通过逐步构建一个像 ChatGPT 这样复杂的大语言模型助手，来学习其工作原理。

1.3　构建和使用大语言模型的各个阶段

为什么要自己构建大语言模型？从零开始构建大语言模型不仅是一次深入了解模型机制和局限性的绝佳机会，还为我们提供了预训练和微调开源大语言模型，使其适应特定领域的数据集或任务的必要知识。

注意 如今大多数大语言模型是使用 PyTorch 深度学习库实现的，我们也将使用该库。你可以在附录 A 中找到关于 PyTorch 的全面介绍。

研究表明，针对特定领域或任务量身打造的大语言模型在性能上往往优于 ChatGPT 等为多种应用场景而设计的通用大语言模型。这样的例子包括专用于金融领域的模型 BloombergGPT 和专用于医学问答的大语言模型（更多详细信息请参阅附录 B）。

使用定制的大语言模型具有多个优势，尤其是在数据隐私方面。例如，出于机密性考虑，公司可能不愿将敏感数据共享给像 OpenAI 这样的第三方大语言模型提供商。此外，如果开发较小的定制的大语言模型，那么就可以将其直接部署到客户设备（笔记本电脑和智能手机）上。这也是苹果公司等企业正在探索的方向。本地部署可以显著减少延迟并降低与服务器相关的成本。此外，定制的大语言模型使开发者拥有完全的自主权，能够根据需要控制模型的更新和修改。

大语言模型的构建通常包括**预训练**（pre-training）和**微调**（fine-tuning）两个阶段。“预训练”中的“预”表明它是模型训练的初始阶段，此时模型会在大规模、多样化的数据集上进行训练，以形成全面的语言理解能力。以预训练模型为基础，微调阶段会在规模较小的特定任务或领域数据集上对模型进行针对性训练，以进一步提升其特定能力。图 1-3 展示了由预训练和微调组成的两阶段训练方法。

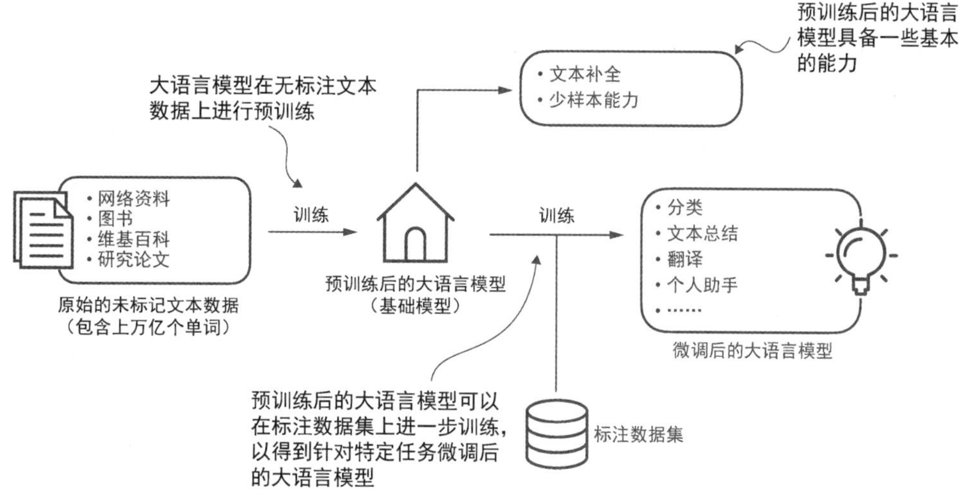

图 1-3 大语言模型的预训练目标是在大量无标注的文本语料库（原始文本）上进行下一单词预测。预训练完成后，可以使用较小的带标注的数据集对大语言模型进行微调

创建大语言模型的第一步是在大量文本数据上进行训练，这些数据也被称作**原始文本**（raw text）。“原始”指的是这些数据只是普通的文本，没有附加任何标注信息。（在这一步中，我们通常会进行数据过滤，比如删除格式字符或未知语言的文档。）

注意　如果你具有机器学习背景，那么可能会注意到，传统的机器学习模型和通过常规监督学习范式训练的深度神经网络通常需要标签信息。然而，这并不适用于大语言模型的预训练阶段。在此阶段，大语言模型使用自监督学习，模型从输入数据中生成自己的标签。

预训练是大语言模型的第一个训练阶段，预训练后的大语言模型通常称为**基础模型**（foundation model）。一个典型例子是 ChatGPT 的前身——GPT-3，这个模型能够完成文本补全任务，即根据用户的前半句话将句子补全。此外，它还展现了有限的少样本学习能力，这意味着它可以在没有大量训练数据的情况下，基于少量示例来学习并执行新任务。

通过在无标注数据集上训练获得预训练的大语言模型后，我们可以在带标注的数据集上进一步训练这个模型，这一步称为**微调**。

微调大语言模型最流行的两种方法是指令微调和分类任务微调。在**指令微调**（instruction fine-tuning）中，标注数据集由“指令–答案”对（比如翻译任务中的“原文–正确翻译文本”）组成。在**分类任务微调**（classification fine-tuning）中，标注数据集由文本及其类别标签（比如已被标记为“垃圾邮件”或“非垃圾邮件”的电子邮件文本）组成。

在本书中，我们将介绍预训练和微调大语言模型的代码实现，并且在预训练基础模型之后，我们将深入探讨指令微调和分类任务微调的具体技术细节。

1.4　Transformer 架构介绍

大部分的现代大语言模型基于 Transformer 架构，这是一种深度神经网络架构，该架构是在谷歌于 2017 年发表的论文“Attention Is All You Need”中首次提出的。为了理解大语言模型，我们需要简单回顾一下最初的 Transformer。Transformer 最初是为机器翻译任务（比如将英语翻译成德语和法语）开发的。Transformer 架构的一个简化版本如图 1-4 所示。

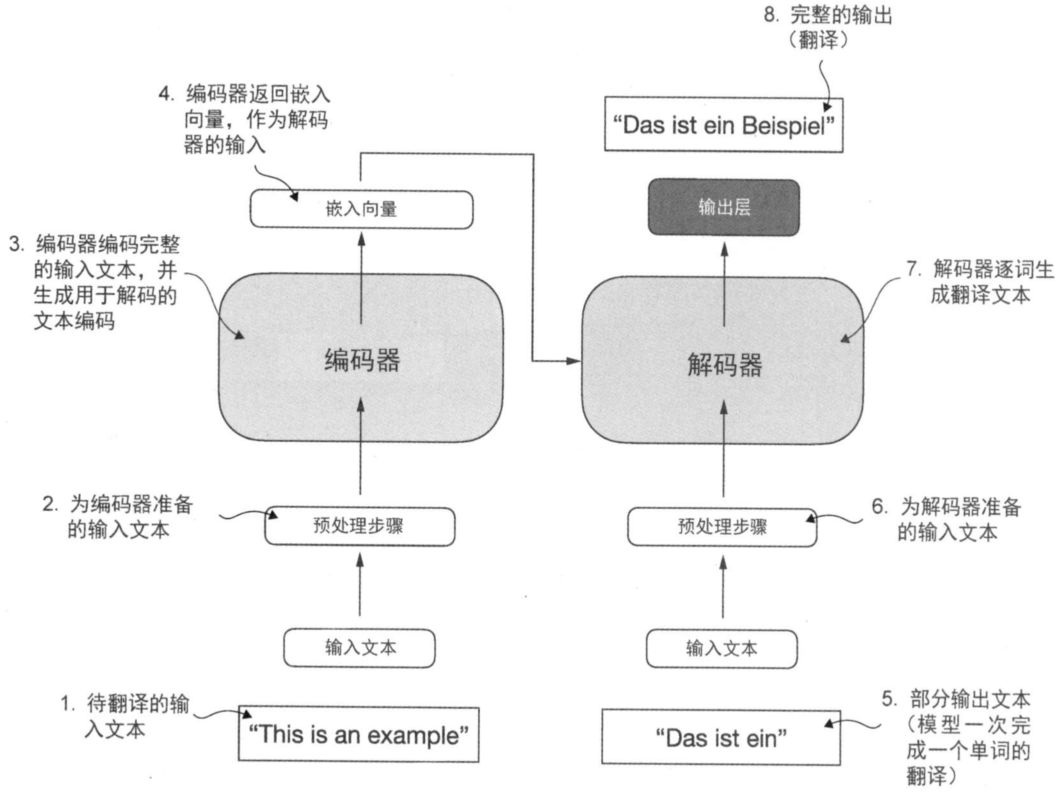

图 1-4 原始 Transformer 架构的简化描述，这是一种用于机器翻译的深度学习模型。Transformer 由两部分组成：一个是编码器，用于处理输入文本并生成文本嵌入（一种能够在不同维度中捕获许多不同因素的数值表示）；另一个是解码器，用于使用这些文本嵌入逐词生成翻译后的文本。请注意，图中展示的是翻译过程的最后阶段，此时解码器根据原始输入文本（“This is an example”）和部分翻译的句子（“Das ist ein”），生成最后一个单词（“Beispiel”）以完成翻译

Transformer 架构由两个子模块构成：编码器和解码器。**编码器**（encoder）模块负责处理输入文本，将其编码为一系列数值表示或向量，以捕捉输入的上下文信息。然后，**解码器**（decoder）模块接收这些编码向量，并据此生成输出文本。以翻译任务为例，编码器将源语言的文本编码成向量，解码器则解码这些向量以生成目标语言的文本。编码器和解码器都由多层组成，这些层通过自注意力机制连接。关于如何对输入进行预处理和编码，我们将在后续章节中逐步解答。

Transformer 和大语言模型的一大关键组件是**自注意力机制**（self-attention mechanism），它允许模型衡量序列中不同单词或词元之间的相对重要性。这一机制使得模型能够捕捉到输入数据中长距离的依赖和上下文关系，从而提升其生成连贯且上下文相关的输出的能力。然而，由于自注意力机制较为复杂，我们将在第 3 章中详细解释并逐步实现。

为了适应不同类型的下游任务，Transformer 的后续变体，如 BERT（Bidirectional Encoder Representations from Transformer，**基于 Transformer 的双向编码器表示**）和各种 GPT（Generative Pretrained Transformer，**生成式预训练 Transformer**）模型，都基于这一理念构建。如果你对此感兴趣，可以参见附录 B。

BERT 基于原始 Transformer 的编码器模块构建，其训练方法与 GPT 不同。GPT 主要用于生成任务，而 BERT 及其变体专注于**掩码预测**（masked word prediction），即预测给定句子中被掩码的词，如图 1-5 所示。这种独特的训练策略使 BERT 在情感预测、文档分类等文本分类任务中具有优势。例如，截至本书撰写时，X（以前的 Twitter）在检测有害内容时使用的是 BERT。

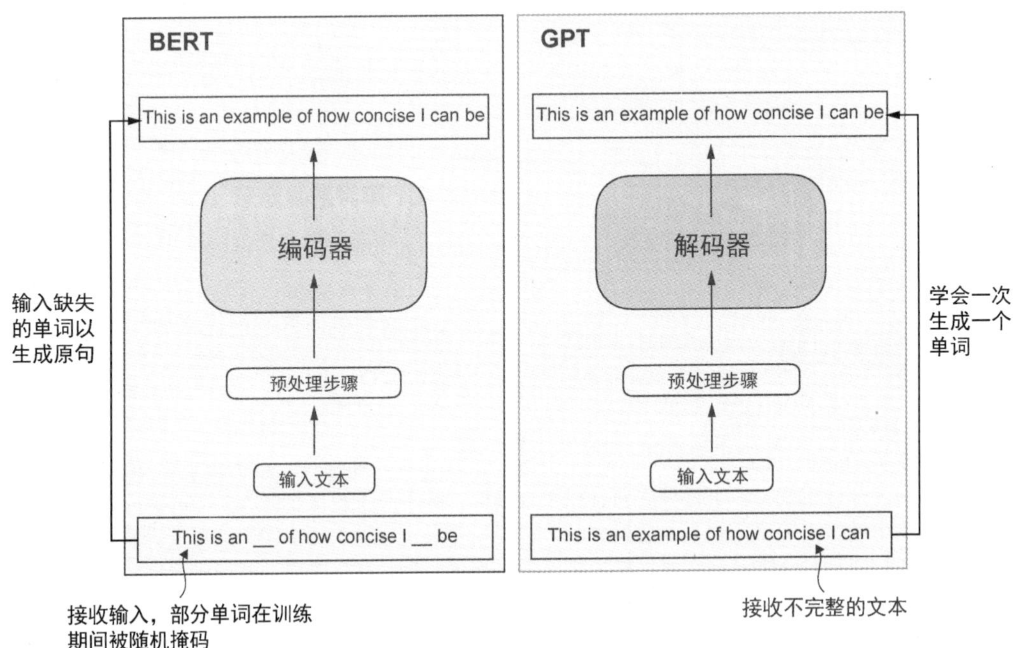

图 1-5　Transformer 编码器和解码器的可视化展示。左侧的编码器部分展示了专注于掩码预测的类 BERT 大语言模型，主要用于文本分类等任务。右侧的解码器部分展示了类 GPT 大语言模型，主要用于文本生成任务

GPT 则侧重于原始 Transformer 架构的解码器部分，主要用于处理生成文本的任务，包括机器翻译、文本摘要、小说写作、代码编写等。

GPT 模型主要被设计和训练用于**文本补全**（text completion）任务，但它们表现出了出色的可扩展性。这些模型擅长执行零样本学习任务和少样本学习任务。**零样本学习**（zero-shot learning）是指在没有任何特定示例的情况下，泛化到从未见过的任务，而**少样本学习**（few-shot learning）是指从用户提供的少量示例中进行学习，如图 1-6 所示。

图 1-6 除了文本补全，类 GPT 大语言模型还可以根据输入执行各种任务，而无须重新训练、微调或针对特定任务更改模型架构。有时，在输入中提供目标示例会很有帮助，这被称为“少样本设置”。然而，类 GPT 大语言模型也能够在没有特定示例的情况下执行任务，这被称为“零样本设置”

Transformer 与大语言模型

当今的大语言模型大多基于前文介绍的 Transformer 架构，因此，Transformer 和大语言模型在文献中常常被作为同义词使用。然而，并非所有的 Transformer 都是大语言模型，因为 Transformer 也可用于计算机视觉领域。同样，并非所有的大语言模型都基于 Transformer 架构，因为还存在基于循环架构和卷积架构的大语言模型。推动这些新架构发展的主要动机在于提高大语言模型的计算效率。然而，这些非 Transformer 架构的大语言模型是否能够与基于 Transformer 的大语言模型相媲美，以及它们是否会在实践中被广泛应用，还有待观察。为简便起见，本书中使用“大语言模型”一词来指代类似于 GPT 的基于 Transformer 的大语言模型。（如果你对此感兴趣，可以在附录 B 中找到描述这些架构的参考文献。）

1.5 利用大型数据集

主流的 GPT、BERT 等模型所使用的训练数据集涵盖了多样而全面的文本语料库。这些语料库包含数十亿词汇，涉及广泛的主题，囊括自然语言与计算机语言。表 1-1 通过一个具体的例子总结了用于预训练 GPT-3 的数据集。GPT-3 被视作第一代 ChatGPT 的基础模型。

表 1-1　GPT-3 大语言模型的预训练数据集

数据集名称	数据集描述	词元数量	训练数据中的比例
CommonCrawl（过滤后）	网络抓取数据	4100 亿	59%
WebText2	网络抓取数据	190 亿	22%
Books1	基于互联网的图书语料库	120 亿	8%
Books2	基于互联网的图书语料库	550 亿	8%
Wikipedia	高质量文本	30 亿	3%

表 1-1 展示了各种数据集的词元数量。词元（token）是模型读取文本的基本单位。数据集中的词元数量大致等同于文本中的单词和标点符号的数量。我们将在第 2 章中更详细地介绍分词，即将文本转换为词元的过程。

我们能得到的主要启示是，训练数据集的庞大规模和丰富多样性使得这些模型在包括语言语法、语义、上下文，甚至一些需要通用知识的任务上都拥有了良好表现。

GPT-3 数据集的细节

表 1-1 显示了用于训练 GPT-3 的数据集。表中的“训练数据中的比例”一列总计为 100%，根据舍入误差进行调整。尽管“词元数量”一列总计为 4990 亿，但该模型仅在 3000 亿个词元上进行了训练。GPT-3 论文的作者并没有具体说明为什么该模型没有对所有 4990 亿个词元进行训练。

为了更好地理解，以 CommonCrawl 数据集为例，它包含 4100 亿个词元，需要约 570 GB 的存储空间。相比之下，GPT-3 等模型的后续版本（如 Meta 的 Llama），已经扩展了它们的训练范围，涵盖了包括 arXiv 研究论文（92 GB）和 StackExchange 上的代码问答（78 GB）在内的更多数据源。

GPT-3 论文的作者并未公开其训练数据集，但我们可以参考一个公开可用的类似数据集——Dolma：这是一个用于大语言模型预训练的 3 万亿兆词元大小的开放语料库。然而，该数据集可能包含受版权保护的内容，具体使用条款可能取决于预期的使用情境和国家。

这些模型的预训练特性使它们在针对下游任务进行微调时表现出了极高的灵活性，因此它们也被称为“基础模型”。预训练大语言模型需要大量资源，成本极其高昂。例如，预训练 GPT-3 的云计算费用成本估计高达 460 万美元。

好消息是，许多预训练的大语言模型是开源模型，可以作为通用工具，用于写作、摘要和编辑那些未包含在训练数据中的文本。同时，这些大语言模型可以使用相对较小的数据集对特定任务进行微调，这不仅减少了模型所需的计算资源，还提升了它们在特定任务上的性能。

在本书中，我们将实现预训练代码，并将其应用于预训练一个用于教育目的的大语言模型，其中的所有计算都可以在消费级硬件上执行。在实现预训练代码之后，我们将学习如何复用公开可用的模型权重，并将它们加载到要实现的架构中。这样后续在微调大语言模型时，我们就可以跳过昂贵的预训练阶段。

1.6 深入剖析 GPT 架构

GPT 最初是由 OpenAI 的 Radford 等人在论文“Improving Language Understanding by Generative Pre-Training”中提出的。GPT-3 是该模型的扩展版本，它拥有更多的参数，并在更大的数据集上进行了训练。此外，ChatGPT 中提供的原始模型是通过使用 OpenAI 的 InstructGPT 论文中的方法，在一个大型指令数据集上微调 GPT-3 而创建的。正如我们在图 1-6 中所见，这些模型不仅是强大的文本补全模型，还可以胜任拼写校正、分类或语言翻译等任务。考虑到 GPT 模型仅在相对简单的下一单词预测任务（参见图 1-7）上进行了预训练，它们能有如此强大而全面的能力实在令人惊叹。

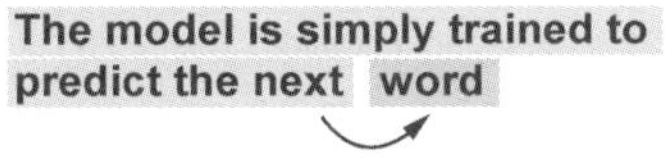

The model is simply trained to
predict the next word

图 1-7 在 GPT 模型的下一单词预测预训练任务中，系统通过观察之前的词来学习预测句子中的下一个词。这种方法能够帮助模型理解词语和短语在语言中的常见组合，从而为应用于各种其他任务奠定基础

下一单词预测任务采用的是**自监督学习**（self-supervised learning）模式，这是一种自我标记的方法。这意味着我们不需要专门为训练数据收集标签，而是可以利用数据本身的结构。也就是说，我们可以使用句子或文档中的下一个词作为模型的预测标签。由于该任务允许“动态”创建标签，因此我们可以利用大量的无标注文本数据集来训练大语言模型。

与 1.4 节中讨论的原始 Transformer 架构相比，GPT 的通用架构更为简洁。如图 1-8 所示，本质上，它只包含解码器部分，并不包含编码器。由于像 GPT 这样的解码器模型是通过逐词预测生成文本，因此它们被认为是一种**自回归模型**（autoregressive model）。自回归模型将之前的输出作为未来预测的输入。因此，在 GPT 中，每个新单词都是根据它之前的序列来选择的，这提高了最终文本的一致性。

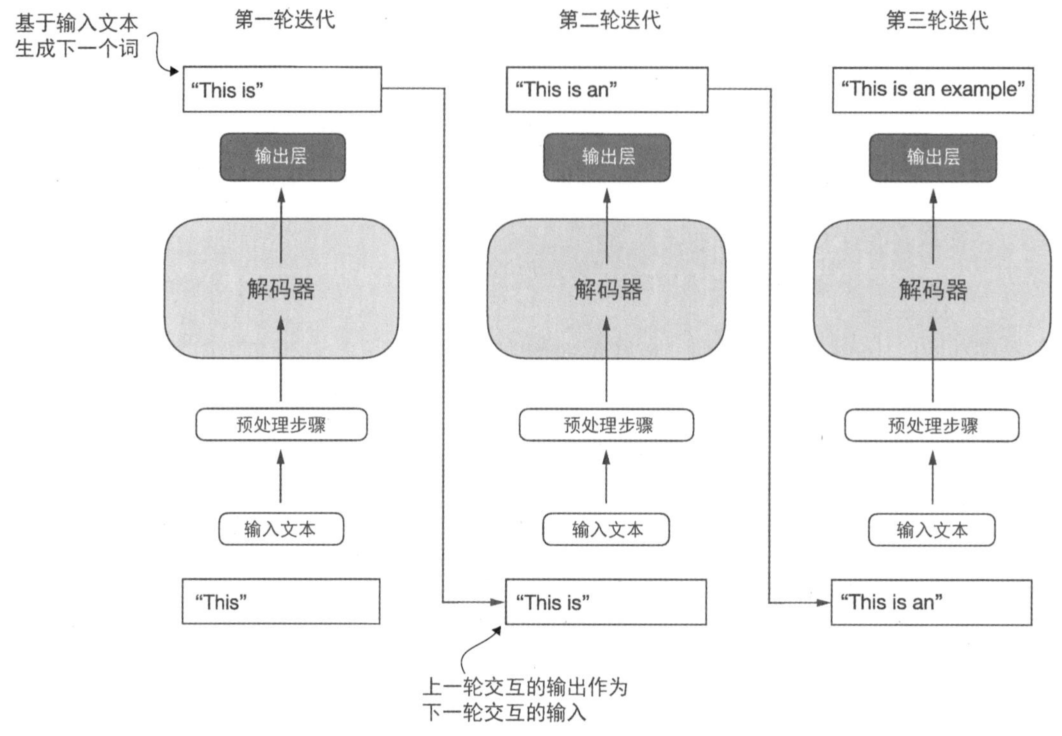

图 1-8　GPT 架构仅使用原始的 Transformer 解码器部分。它被设计为单向的从左到右处理，这使得它非常适合文本生成和下一单词预测任务，可以逐个词地迭代生成文本

GPT-3 等架构的规模远超原始 Transformer 模型。例如，原始的 Transformer 模型将编码器模块和解码器模块重复了 6 次，而 GPT-3 总共有 96 层 Transformer 和 1750 亿个参数。

GPT-3 发布于 2020 年，按照深度学习和大语言模型的迅猛发展速度来衡量，这已是非常久远的事情了。然而，像 Meta 的 Llama 模型这样更近期的架构仍然基于相同的基本理念，仅进行了些许调整。因此，理解 GPT 仍然非常重要。本书侧重于实现 GPT 背后的核心架构，同时会介绍其他大语言模型采用的特别调整。

虽然原始的 Transformer 模型（包含编码器模块和解码器模块）专门为语言翻译而设计，但 GPT 模型采用了更大且更简单的纯解码器架构，旨在预测下一个词，并且它们也能执行翻译任务。这种能力起初让研究人员颇为意外，因为其来自一个主要在下一单词预测任务上训练的模型，而这项任务并没有特别针对翻译。

模型能够完成未经明确训练的任务的能力称为**涌现**（emergence）。这种能力并非模型在训练期间被明确教授所得，而是其广泛接触大量多语言数据和各种上下文的自然结果。即使没有经过专门的翻译任务训练，GPT 模型也能够“学会”不同语言间的翻译模式并执行翻译任务。这充分体现了这类大规模生成式语言模型的优势和能力。因此，无须针对不同的任务使用不同的模型，我们便可执行多种任务。

1.7 构建大语言模型

在本章，我们为理解大语言模型打下了基础。在本书的后续章节里，我们将从零开始，一步步构建自己的模型。我们将以 GPT 的核心原理为指导，按照图 1-9 所示的路线图，分 3 个阶段来逐步实现这一目标。

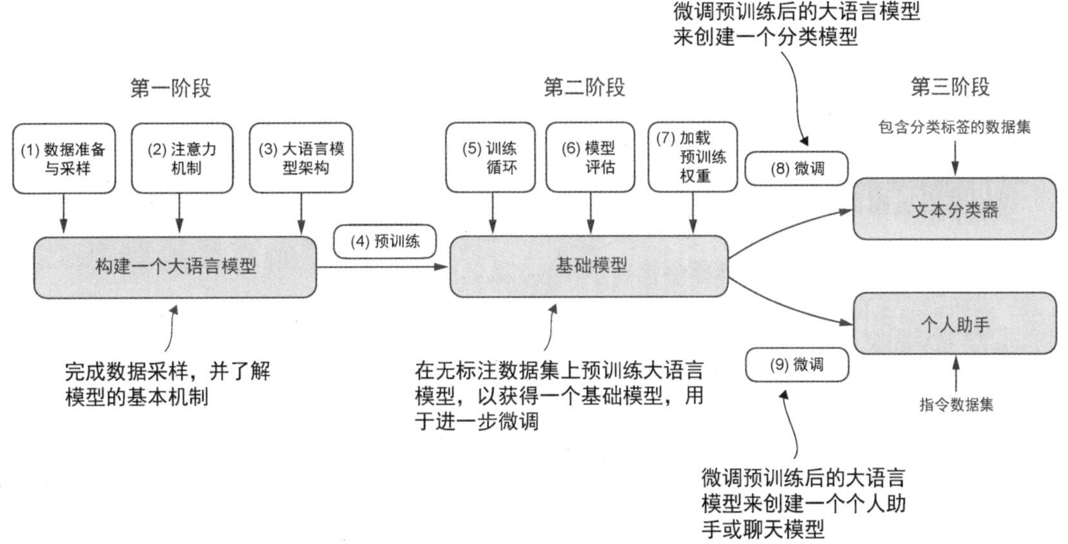

图 1-9 构建大语言模型的 3 个主要阶段：实现模型架构和准备数据（第一阶段）、预训练大语言模型以获得基础模型（第二阶段），以及微调基础模型以得到个人助手或文本分类器（第三阶段）

在第一阶段，我们将学习数据预处理的基本流程，并着手实现大语言模型的核心组件——注意力机制。

在第二阶段，我们将学习如何编写代码并预训练一个能够生成新文本的类 GPT 大语言模型。同时，我们还将探讨评估大语言模型的基础知识，这对于开发高效的自然语言处理系统至关重要。

需要指出的是，从头开始预训练大语言模型是一项艰巨的任务。训练类 GPT 模型所需的计算成本可能高达数千到数百万美元。鉴于本书的目的是教学，因此我们将使用较小的数据集进行训练。此外，本书也提供了用于展示如何加载那些公开可用的模型参数的示例代码。

最后，在第三阶段，我们将对一个预训练后的大语言模型进行微调，使其能够执行回答查询、文本分类等任务——这是许多真实应用程序和研究中常见的需求。

希望你已经做好准备，快与我们一起踏上这段激动人心的探索之旅吧！

1.8　小结

- 大语言模型彻底革新了自然语言处理领域。在此之前，自然语言处理领域主要采用基于明确规则的系统和较为简单的统计方法。而如今，大语言模型的兴起为这一领域引入了基于深度学习的新方法，在理解、生成和翻译人类语言方面取得了显著的进步。
- 现代大语言模型的训练主要包含两个步骤。
  - 首先，在海量的无标注文本上进行预训练，将预测的句子中的下一个词作为“标签”。
  - 随后，在更小规模且经过标注的目标数据集上进行微调，以遵循指令和执行分类任务。
- 大语言模型采用的是基于 Transformer 的架构。这一架构的核心组件是注意力机制，它使得大语言模型在逐词生成输出时，能够根据需要选择性地关注输入序列中的各个部分。
- 原始的 Transformer 架构由两部分组成：一个是用于解析文本的编码器，另一个是用于生成文本的解码器。
- 专注于生成文本和执行指令的大语言模型（如 GPT-3 和 ChatGPT）只实现了解码器部分，从而简化了整个架构。
- 由数以亿计的语料构成的大型数据集是预训练大语言模型的关键。
- 尽管类 GPT 大语言模型的常规预训练任务是预测句子中的下一个词，但它们展现出了能够完成分类、翻译或总结文本等任务的“涌现”特性。
- 当一个大语言模型完成预训练后，该模型便能作为基础模型，通过高效的微调来适应各类下游任务。
- 在自定义数据集上进行微调的大语言模型能够在特定任务上超越通用的大语言模型。

第 2 章

处理文本数据

2

本章内容

- ❑ 为大语言模型训练准备文本
- ❑ 将文本分割为单词词元和子词词元
- ❑ 使用更高级的文本分词方法——字节对编码
- ❑ 利用滑动窗口方法对训练样本进行采样
- ❑ 将词元转换为输入到大语言模型中的向量

在第 1 章中，我们深入探讨了大语言模型的一般结构，并认识到这些模型是在海量文本数据上进行预训练的。我们特别关注的是基于 Transformer 架构的纯解码器大语言模型，Transformer 架构是 ChatGPT 和其他类 GPT 大语言模型的基础。

在预训练阶段，大语言模型一次处理一个单词。通过使用下一单词预测任务，我们能够训练那些拥有数百万甚至数十亿参数的大语言模型，从而打造出能力优异的模型。这些模型经过进一步微调，便可以遵循通用指令或执行特定的目标任务。但是，在实现和训练大语言模型之前需要先准备好训练数据集，如图 2-1 所示。

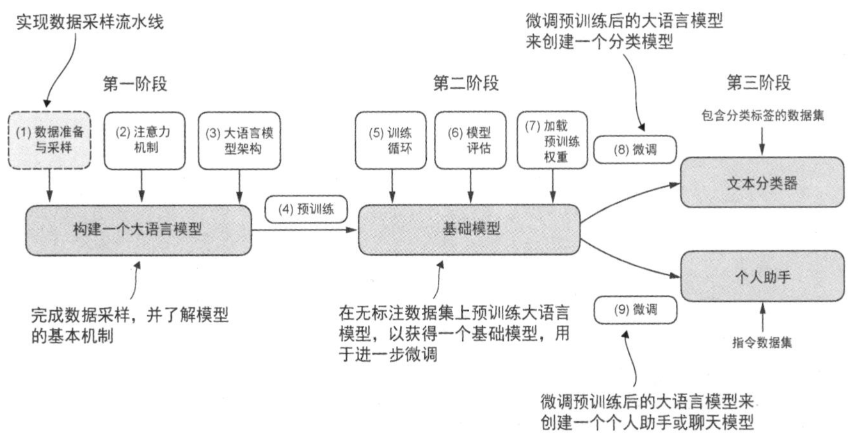

图 2-1　构建大语言模型的 3 个主要阶段。本章重点讨论第一阶段中的第(1)步：实现数据采样流水线

在本章中，你将学习如何为训练大语言模型准备输入文本。这涉及将文本分割为独立的单词词元和子词词元，然后将其编码为大语言模型所使用的向量表示。你还将了解到高级的分词技术，比如**字节对编码**（byte pair encoding，BPE），这是一种在 GPT 等流行的大语言模型中广泛使用的方法。最后，我们将实现一种采样和数据加载策略，来生成训练大语言模型所需的输入-输出对。

2.1 理解词嵌入

包括大语言模型在内的深度神经网络模型无法直接处理原始文本。由于文本数据是离散的，因此我们无法直接用它来执行神经网络训练所需的数学运算。我们需要一种将单词表示为连续值的向量格式的方法。

注意 如果你不熟悉计算上下文中的向量和张量，可以到 A.2.2 节中了解更多信息。

将数据转换为向量格式的过程通常称为**嵌入**（embedding）。我们可以通过特定的神经网络层或利用另一个预训练的神经网络模型来嵌入不同类型的数据（如视频、音频和文本），如图 2-2 所示。然而，需要注意的是，不同的数据格式需要使用不同的嵌入模型。例如，为文本设计的嵌入模型并不适用于嵌入音频数据或视频数据。

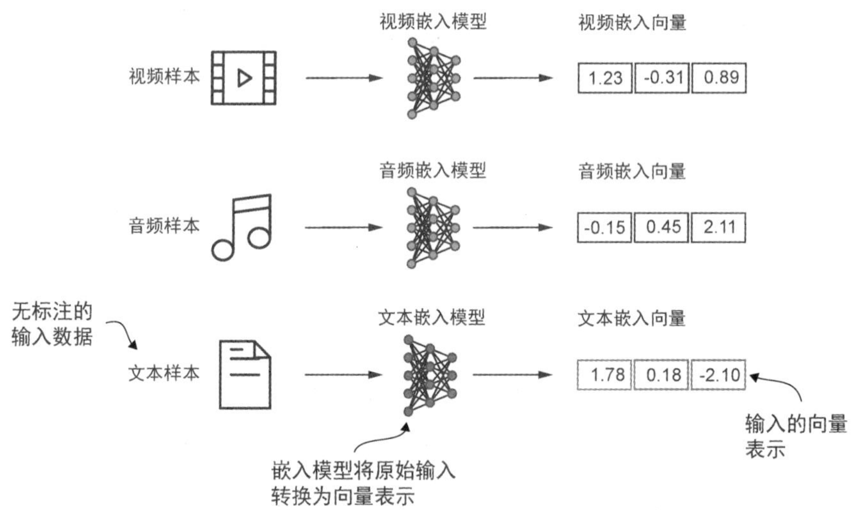

图 2-2　深度学习模型无法直接处理视频、音频、文本等原始格式的数据。因此，我们使用嵌入模型将这些原始数据转换为深度学习架构容易理解和处理的密集向量表示。图中展示了将原始数据转换为三维数值向量的过程

嵌入的本质是将离散对象（如单词、图像甚至整个文档）映射到连续向量空间中的点，其主要目的是将非数值的数据转换为神经网络可以处理的格式。

尽管词嵌入是文本嵌入中最常见的形式，但也存在针对句子、段落乃至整个文档的嵌入技术。句子嵌入或段落嵌入在**检索增强生成**（retrieval-augmented generation）领域非常流行。通过将生成（如生成文本）与检索（如搜索外部知识库）相结合，检索增强生成能够在生成过程中引入与上下文相关的外部信息，但这一技术超出了本书的讨论范畴。我们的目标是训练类 GPT 大语言模型，而这些模型专注于逐词生成文本，因此，本书将集中探讨词嵌入。

目前，人们已经开发出多种算法和框架来生成词嵌入，其中 word2vec 是早期最流行的方法之一。通过训练神经网络架构，word2vec 可以根据目标词预测上下文，或根据上下文预测目标词，并生成词嵌入。word2vec 的核心思想是，出现在相似上下文中的词往往具有相似的含义。因此，当这些词嵌入被投影到二维空间并进行可视化时，我们可以看到意义相似的词聚集在一起，如图 2-3 所示。

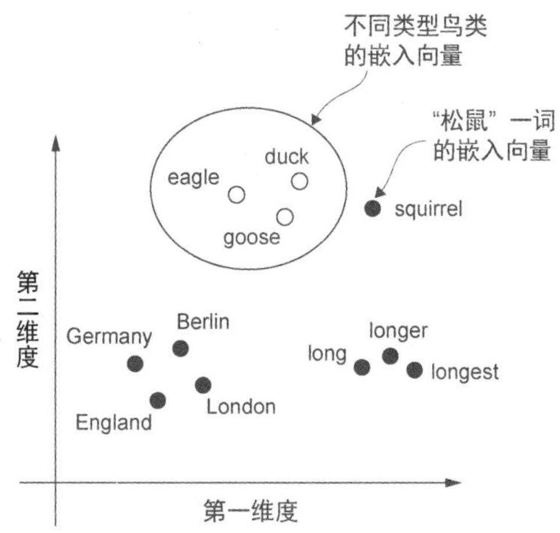

图 2-3 如果词嵌入是二维的，那么就可以将它们绘制在二维散点图中进行可视化。在使用词嵌入技术（如 word2vec）时，表示相似概念的词通常会在嵌入空间中彼此接近。例如，在嵌入空间中，不同类型的鸟类的距离通常比国家和城市之间的距离更近

词嵌入的**维度**（dimension）可以从一维到数千维不等。更高的维度有助于捕捉到更细微的关系，但这通常以牺牲计算效率为代价。

虽然可以使用 word2vec 等预训练模型为机器学习模型生成嵌入，但大语言模型通常会自行生成嵌入。这些嵌入是输入层的一部分，并且会在训练过程中进行更新。与使用 word2vec 相比，将嵌入作为大语言模型训练的一部分进行优化的优势在于，嵌入可以针对特定的任务和数据进行优化。本章将在后面实现这样的嵌入层。（此外，大语言模型还能生成与上下文相关的输出嵌入，

第 3 章将对此进行讨论。）

遗憾的是，高维嵌入难以进行可视化。这是因为我们的感官以及常见的图形表示方法本质上局限于三维或更低的维度，这也是图 2-3 中采用二维散点图来展示二维嵌入的原因。然而，在处理大语言模型时，我们通常使用更高维度的嵌入。GPT-2 和 GPT-3 的嵌入维度（通常称为“模型隐藏状态的维度”）根据模型的版本与规模的差异而有所不同，这是性能与效率之间的权衡。最小的 GPT-2 模型（参数量为 1.17 亿）使用的嵌入维度为 768，而最大的 GPT-3 模型（参数量为 1750 亿）使用的嵌入维度为 12 288。

接下来，我们将逐步了解为大语言模型准备嵌入向量的过程，包括将文本分割为单词、将单词转换为词元，以及将词元转化为嵌入向量。

2.2 文本分词

本节将介绍如何将输入文本分割为独立的词元，这是为大语言模型生成嵌入向量所必需的预处理步骤。词元既可以是单个单词，也可以是包括标点符号在内的特殊字符，如图 2-4 所示。

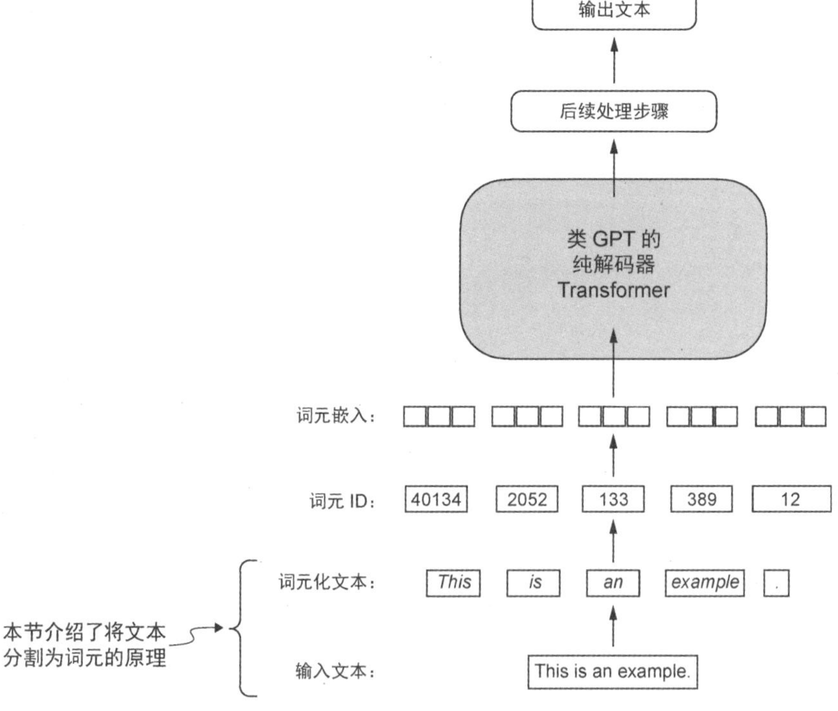

图 2-4 大语言模型中文本处理步骤概览。在这一步骤图中，我们将输入文本分割成了单独的词元，这些词元既可以是单词，也可以是诸如标点符号之类的特殊字符

为了训练大语言模型，我们将使用 Edith Wharton 的短篇小说 *The Verdict* 作为分词文本。由于这部小说已公开发表，因此可以用于大语言模型的训练。该文本可以在维基文库中找到，你可以将其复制并粘贴到文本文件中。我已经将其复制到了一个名为 the-verdict.txt 的文本文件中。

此外，你也可以在本书的 GitHub 仓库中找到 the-verdict.txt 文件，然后可以使用以下 Python 代码下载该文件。

```
import urllib.request
url = ("https://raw.githubusercontent.com/rasbt/"
       "LLMs-from-scratch/main/ch02/01_main-chapter-code/"
       "the-verdict.txt")
file_path = "the-verdict.txt"
urllib.request.urlretrieve(url, file_path)
```

接下来，可以使用 Python 的标准文件读取工具来加载 the-verdict.txt 文件，如代码清单 2-1 所示。

代码清单 2-1　通过 Python 读取短篇小说 *The Verdict* 作为文本样本

```
with open("the-verdict.txt", "r", encoding="utf-8") as f:
    raw_text = f.read()
print("Total number of character:", len(raw_text))
print(raw_text[:99])
```

打印（`print`）命令首先输出该文件的字符总数，然后展示文件的前 99 个字符作为内容示例：

```
Total number of character: 20479
I HAD always thought Jack Gisburn rather a cheap genius--though a good fellow
     enough--so it was no
```

我们的目标是将这篇包含 20 479 个字符的短篇小说分割为独立的单词和特殊字符，以便在后续章节中将它们转换为嵌入向量，进而用于大语言模型训练。

注意　构建大语言模型需要处理数百万篇文章和成千上万本图书，通常多达数千兆字节（GB）数据。不过，出于教学目的，使用小规模的文本样本（如一本书）就足以说明文本处理步骤的核心思想，并且可以在合理时间内在消费级硬件上完成运行。

为了获取词元列表，应该如何有效地分割这段文本？为此，我们将进行一个小练习，使用 Python 的正则表达式库 `re` 进行说明。（你无须学习或记忆任何正则表达式语法，因为稍后我们将转而使用预构建的分词器。）

以简单的文本为例，通过使用 `re.split` 命令并配合适当的语法，我们可以按照空白字符分割文本：

```
import re
text = "Hello, world. This, is a test."
result = re.split(r'(\s)', text)
print(result)
```

运行代码得到的结果是一个包含单个单词、空白字符和标点符号的列表：

```
['Hello,', ' ', 'world.', ' ', 'This,', ' ', 'is', ' ', 'a', ' ', 'test.']
```

在大部分情况下，这种简单的分词方法能够将文本分割为单独的单词。但问题在于，一些单词仍然与标点符号相连，而我们希望这些标点符号作为单独的列表项。此外，我们没有将所有文本都转换为小写，因为大写形式有助于大语言模型区分专有名词和普通名词、更好地理解句子结构，并学会正确地生成大写字母。

接下来修改正则表达式，使其在空白字符（`\s`）、逗号和句号（`[,.]`）处进行分割：

```
result = re.split(r'([,.]|\s)', text)
print(result)
```

可以看到，我们如愿地将单词和标点符号分割成了独立的列表项：

```
['Hello', ',', '', ' ', 'world', '.', '', ' ', 'This', ',', '', ' ', 'is',
' ', 'a', ' ', 'test', '.', '']
```

一个小问题是列表中仍然包含空白字符。可以通过以下方法安全地删除这些冗余字符：

```
result = [item for item in result if item.strip()]
print(result)
```

去除空白字符后的输出如下所示。

```
['Hello', ',', 'world', '.', 'This', ',', 'is', 'a', 'test', '.']
```

注意　在开发简易分词器时，是将空白字符单独编码还是直接移除，取决于具体的应用场景和需求。移除空白字符可以减轻内存和计算的负担。然而，如果训练的模型需要对文本的精确结构保持敏感，那么保留空白字符就显得尤为重要（例如，Python 代码对缩进和空格具有高敏感性）。为了简化和缩短分词的输出，我们暂时选择移除空白字符。稍后，我们将改为采用保留空白字符的分词方案。

我们设计的分词方法在处理简单文本时表现良好。接下来，让我们再修改一下，使其能够处理其他类型的标点符号，比如问号、引号，以及短篇小说 *The Verdict* 的前 100 个字符中出现的双破折号等特殊字符：

```
text = "Hello, world. Is this-- a test?"
result = re.split(r'([,.:;?_!"()\']|--|\s)', text)
```

```
result = [item.strip() for item in result if item.strip()]
print(result)
```

修改后的输出如下所示。

```
['Hello', ',', 'world', '.', 'Is', 'this', '--', 'a', 'test', '?']
```

如图 2-5 所示，我们的分词方法现在可以成功处理文本中的各种特殊字符。

2

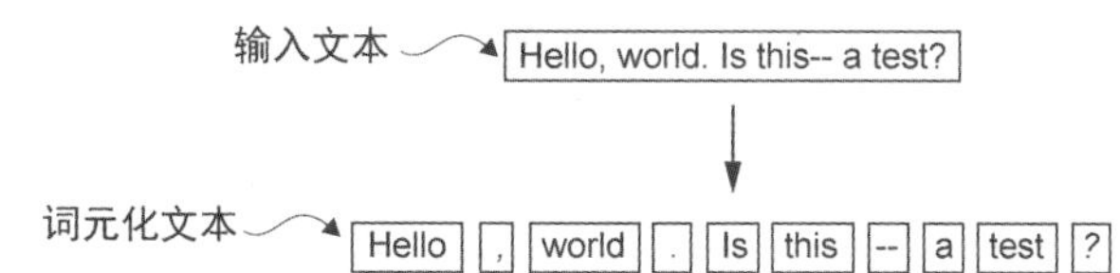

图 2-5 我们的分词方法现已成功实现了将文本分割为单个单词和标点符号，这里文本被分割成 10 个独立的词元

现在，我们已经构建了一个简易分词器，让我们将其应用于短篇小说 *The Verdict* 的全文：

```
preprocessed = re.split(r'([,.:;?_!"()\']|--|\s)', raw_text)
preprocessed = [item.strip() for item in preprocessed if item.strip()]
print(len(preprocessed))
```

上述打印语句的输出是 `4690`，这是该文本的词元数量（不包括空白字符）。为了快速查看分词效果，可以打印前 30 个词元：

```
print(preprocessed[:30])
```

结果显示，分词器似乎很好地处理了文本，因为所有单词和特殊字符都被整齐地分开了。

```
['I', 'HAD', 'always', 'thought', 'Jack', 'Gisburn', 'rather', 'a',
'cheap', 'genius', '--', 'though', 'a', 'good', 'fellow', 'enough',
'--', 'so', 'it', 'was', 'no', 'great', 'surprise', 'to', 'me', 'to',
'hear', 'that', ',', 'in']
```

2.3 将词元转换为词元 ID

接下来，我们将把这些词元从 Python 字符串转换为整数表示，以生成词元 ID（token ID）。这一过程是将词元 ID 转换为嵌入向量前的必经步骤。

为了将先前生成的词元映射到词元 ID，首先需要构建一张词汇表。这张词汇表定义了如何将每个唯一的单词和特殊字符映射到一个唯一的整数，如图 2-6 所示。

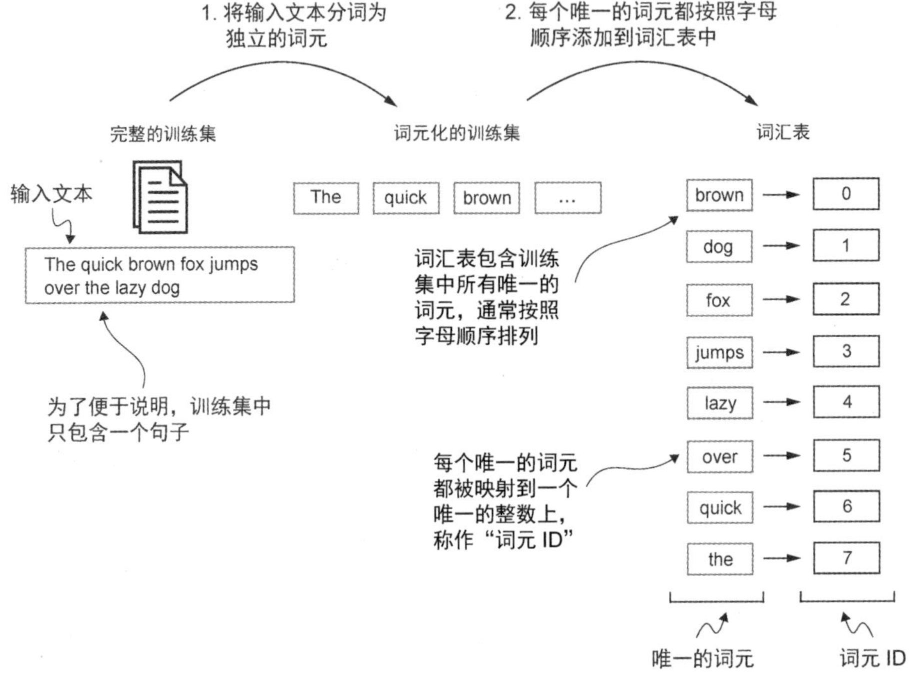

图 2-6　构建词汇表的过程。首先将训练集中的全部文本分词成独立的词元；然后将这些词元按字母顺序进行排列，并删除重复的词元；接下来将唯一的词元聚合到一张词汇表中，该词汇表定义了每个唯一的词元到唯一的整数值的映射。为简单起见，这里所展示的词汇表特意设置得很小，并且不包含标点符号和特殊字符

现在我们已经完成了短篇小说 *The Verdict* 的分词，并将结果存储在名为 `preprocessed` 的 Python 变量中。接下来，我们将创建一个包含所有唯一词元的列表，并将它们按照字母顺序排列，以确定词汇表的大小：

```
all_words = sorted(set(preprocessed))
vocab_size = len(all_words)
print(vocab_size)
```

通过运行上述代码可以确定词汇表的大小为 1130。

随后，我们创建词汇表，并打印该词汇表的前 51 个条目作为示例，如代码清单 2-2 所示。

代码清单 2-2　创建词汇表

```
vocab = {token:integer for integer,token in enumerate(all_words)}
for i, item in enumerate(vocab.items()):
    print(item)
    if i >= 50:
        break
```

输出结果如下所示：

```
('!', 0)
('"', 1)
("'", 2)
...
('Her', 49)
('Hermia', 50)
```

如你所见，字典包含着许多独立的词元，它们均与唯一的整数标签相关联。

我们的下一个目标是使用这张词汇表将新文本转换为词元 ID，如图 2-7 所示。

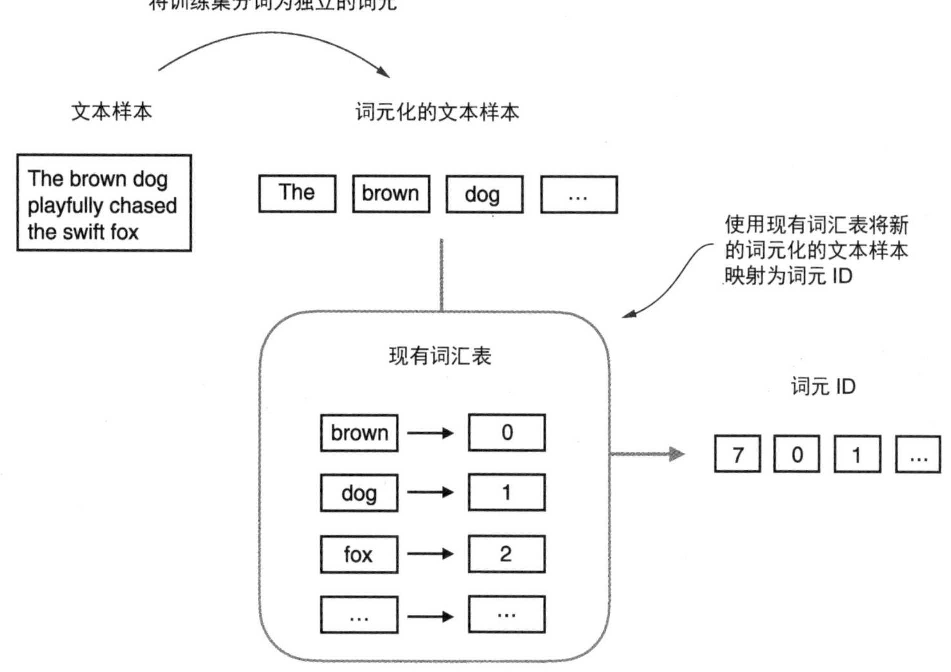

图 2-7 从头开始对新的文本样本进行分词，并利用词汇表将文本词元转换为词元 ID。这张词汇表是基于整个训练集构建的，不仅可以应用于训练集本身，也适用于任何新的文本样本。为简单起见，这里所展示的词汇表不包含标点符号和特殊字符

为了将大语言模型的输出从数值形式转换回文本，还需要一种将词元 ID 转换为文本的方法。为此，可以创建逆向词汇表，将词元 ID 映射回它们对应的文本词元。

让我们在 Python 中实现一个完整的分词器类。此类包含一个用于将文本分词的 `encode` 方法，并通过词汇表将字符串映射到整数，以生成词元 ID。此外，我们还将实现一个 `decode` 方法，执行从整数到字符串的反向映射，将词元 ID 还原回文本。该分词器的实现代码如代码清单 2-3 所示。

代码清单 2-3　实现简单的文本分词器

将词汇表作为类属性存储，以便在 encode 方法和 decode 方法中访问

创建逆向词汇表，将词元 ID 映射回原始文本词元

处理输入文本，将其转换为词元 ID

将词元 ID 转换回文本

移除特定标点符号前的空格

```
class SimpleTokenizerV1:
    def __init__(self, vocab):
        self.str_to_int = vocab
        self.int_to_str = {i:s for s,i in vocab.items()}

    def encode(self, text):
        preprocessed = re.split(r'([,.?_!"()\']|--|\s)', text)
        preprocessed = [
            item.strip() for item in preprocessed if item.strip()
        ]
        ids = [self.str_to_int[s] for s in preprocessed]
        return ids

    def decode(self, ids):
        text = " ".join([self.int_to_str[i] for i in ids])

        text = re.sub(r'\s+([,.?!"()\'])', r'\1', text)
        return text
```

使用 `SimpleTokenizerV1` 类，现在可以利用已有的词汇表实例化新的分词器对象，然后再使用这些对象对文本进行编码和解码，如图 2-8 所示。

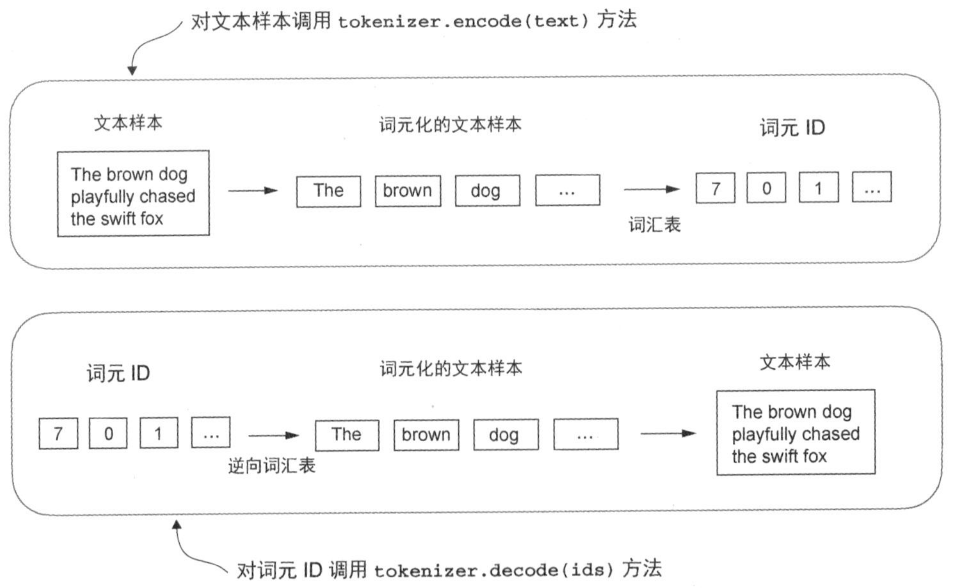

图 2-8　分词器通常包含两个常见的方法：encode 方法和 decode 方法。encode 方法接收文本样本，将其分词为单独的词元，然后再利用词汇表将词元转换为词元 ID。而 decode 方法接收一组词元 ID，将其转换回文本词元，并将文本词元连接起来，形成自然语言文本

让我们创建一个 SimpleTokenizerV1 类的分词器实例对象，并将其应用于短篇小说 *The Verdict* 中的一段文本，试试看分词器的实际效果：

```
tokenizer = SimpleTokenizerV1(vocab)
text = """"It's the last he painted, you know,"
       Mrs. Gisburn said with pardonable pride."""
ids = tokenizer.encode(text)
print(ids)
```

运行上述代码，将打印以下词元 ID：

```
[1, 56, 2, 850, 988, 602, 533, 746, 5, 1126, 596, 5, 1, 67, 7, 38, 851, 1108,
754, 793, 7]
```

接下来，试试 decode 方法能否将这些词元 ID 转换回文本：

```
print(tokenizer.decode(ids))
```

输出的文本如下所示：

```
'" It\' s the last he painted, you know," Mrs. Gisburn said with
pardonable pride.'
```

根据上面的输出，可以观察到，decode 方法成功地将词元 ID 转换回了原始文本。

到目前为止，进展非常顺利。我们实现了一个能够基于训练集对文本进行分词和反分词的分词器。现在，将这个分词器应用于训练集之外的新样本：

```
text = "Hello, do you like tea?"
print(tokenizer.encode(text))
```

执行上述代码将导致以下错误：

```
KeyError: 'Hello'
```

问题在于，“Hello”这一单词并未在短篇小说 *The Verdict* 中出现，因此没有被收录到词汇表中。这一现象凸显了在处理大语言模型时，使用规模更大且更多样化的训练集来扩展词汇表的必要性。

在 2.4 节中，我们将在包含未知单词的文本上进一步测试分词器的表现，并探讨可以在训练过程中为大语言模型提供更多上下文信息的特殊词元。

2.4 引入特殊上下文词元

为了处理未知的单词，需要对分词器进行必要的修改。接下来，我们将探讨如何通过引入特殊上下文词元，来增强模型对上下文和其他相关信息的理解。这些特殊词元可能包括用于标识未知词汇和文档边界的词元。现在，我们将修改 2.3 节中实现的词汇表和分词器 SimpleTokenizerV2，以支持两个新词元——<|unk|>和<|endoftext|>，如图 2-9 所示。

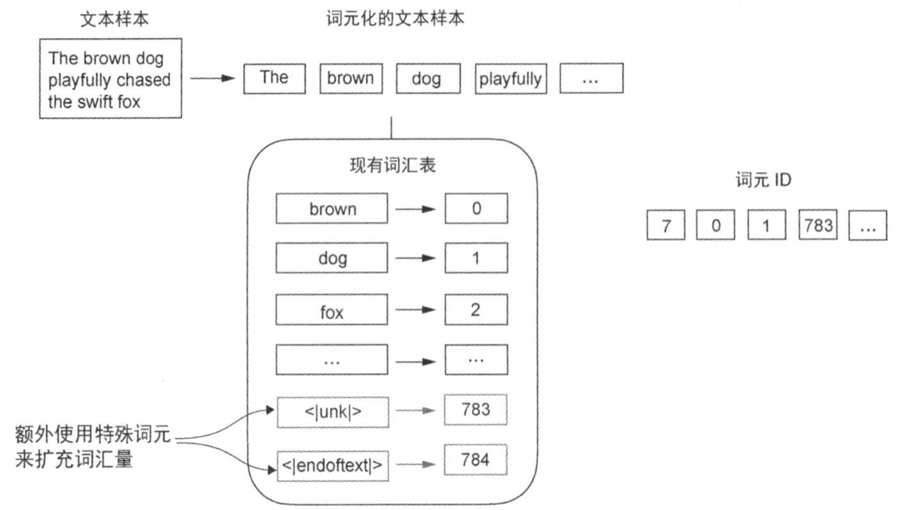

图 2-9　为了处理特定的上下文，我们向词汇表中引入了特殊词元。例如，我们引入了<|unk|>词元来表示那些未出现在训练数据中，因而没有被包含在现有词汇表中的新词和未知词。我们还引入了<|endoftext|>词元来分隔两个不相关的文本来源

我们可以修改分词器，使其在遇到词汇表中不存在的单词时，使用特殊词元<|unk|>代替。此外，我们还会在不相关的文本之间插入特殊词元。例如，在训练类 GPT 大语言模型时，如果使用多个独立的文档或图书作为训练材料，那么通常会在每个文档或图书的开头插入一个词元，以区分前一个文本源，如图 2-10 所示。这种做法有助于模型理解，尽管这些文本源在训练时是连接在一起的，但它们实际上是相互独立的。

图 2-10　在处理多个独立的文本源时，我们在这些文本之间插入<|endoftext|>词元。这些<|endoftext|>词元作为标记，可以指示出特定文本片段的开始或结束，从而有助于大语言模型更有效地处理和理解文本

现在，将这两个特殊词元<unk>和<|endoftext|>添加到词汇表中：

```
all_tokens = sorted(list(set(preprocessed)))
all_tokens.extend(["<|endoftext|>", "<|unk|>"])
vocab = {token:integer for integer,token in enumerate(all_tokens)}

print(len(vocab.items()))
```

根据上述打印语句的输出，更新后的词汇表的大小为 1132（更新前的词汇表的大小为 1130）。

为了进行快速验证，打印新的词汇表的最后 5 个条目：

```
for i, item in enumerate(list(vocab.items())[-5:]):
    print(item)
```

这将打印以下内容：

```
('younger', 1127)
('your', 1128)
('yourself', 1129)
('<|endoftext|>', 1130)
('<|unk|>', 1131)
```

根据代码的输出，可以确认这两个新的特殊词元已经被成功地添加到词汇表中。

接下来，我们将基于代码清单 2-3 对分词器进行调整，详见代码清单 2-4。

代码清单 2-4　能够处理未知单词的文本分词器

```
class SimpleTokenizerV2:
    def __init__(self, vocab):
        self.str_to_int = vocab
        self.int_to_str = { i:s for s,i in vocab.items()}

    def encode(self, text):
        preprocessed = re.split(r'([,.:;?_!"()\']|--|\s)', text)
        preprocessed = [
            item.strip() for item in preprocessed if item.strip()
        ]
        preprocessed = [item if item in self.str_to_int
                        else "<|unk|>" for item in preprocessed]

        ids = [self.str_to_int[s] for s in preprocessed]
        return ids

    def decode(self, ids):
        text = " ".join([self.int_to_str[i] for i in ids])

        text = re.sub(r'\s+([,.:;?!"()\'])', r'\1', text)
        return text
```

用<|unk|>词元替换未知单词

移除特定标点符号前的空格

相较于代码清单 2-3 中实现的 SimpleTokenizerV1，新的 SimpleTokenizerV2 会将未知的单词替换为<|unk|>词元。

现在来实际测试一下这个新的分词器。为此，我们将使用一个简单的文本样本，该样本由两个独立且无关的句子拼接而成：

```
text1 = "Hello, do you like tea?"
text2 = "In the sunlit terraces of the palace."
text = " <|endoftext|> ".join((text1, text2))
print(text)
```

输出如下所示：

```
Hello, do you like tea? <|endoftext|> In the sunlit terraces of
the palace.
```

接下来，使用创建在代码清单 2-2 的词汇表上的 `SimpleTokenizerV2` 对文本样本进行分词：

```
tokenizer = SimpleTokenizerV2(vocab)
print(tokenizer.encode(text))
```

这将打印以下词元 ID：

```
[1131, 5, 355, 1126, 628, 975, 10, 1130, 55, 988, 956, 984, 722, 988, 1131, 7]
```

观察词元 ID 列表，可以发现它包含了一个表示`<|endoftext|>`分隔符的 `1130` 词元，以及两个表示未知单词的 `1131` 词元。

让我们对其进行反词元化处理，来快速检查分词器的有效性：

```
print(tokenizer.decode(tokenizer.encode(text)))
```

输出如下所示：

```
<|unk|>, do you like tea? <|endoftext|> In the sunlit terraces of
the <|unk|>.
```

通过对比反词元化后的文本与原始输入文本，可以确认训练数据集，即短篇小说 *The Verdict*，不包含“Hello”和“palace”这两个词。

在不同的大语言模型中，研究人员可能会考虑引入如下这些特殊词元。

- **`[BOS]`（序列开始）**：标记文本的起点，告知大语言模型一段内容的开始。
- **`[EOS]`（序列结束）**：位于文本的末尾，类似`<|endoftext|>`，特别适用于连接多个不相关的文本。例如，在合并两篇不同的维基百科文章（或两本不同的图书）时，`[EOS]`词元指示一篇文章的结束和下一篇文章的开始。
- **`[PAD]`（填充）**：当使用批次大小（batch size）大于 1 的批量数据训练大语言模型时，数据中的文本长度可能不同。为了使所有文本具有相同的长度，较短的文本会通过添加`[PAD]`词元进行扩展或“填充”，以匹配批量数据中的最长文本的长度。

值得注意的是，GPT 模型使用的分词器并不依赖这些特殊词元，而是仅使用<|endoftext|>词元来简化其处理流程。<|endoftext|>词元与[EOS]词元作用相似。此外，<|endoftext|>也被用于文本的填充。然而，正如本书后面章节中将要探讨的那样，当模型在批量输入上进行训练时，我们通常使用掩码技术，这意味着我们并不会关注那些仅用于填充的词元。因此，具体选择哪种词元来进行填充实际上并不重要。

此外，GPT 模型的分词器也不使用<|unk|>词元来处理超出词汇表范围的单词，而是使用 BPE 分词器将单词拆解为子词单元，具体参见 2.5 节。

2.5　BPE

本节将介绍一种基于 BPE 概念的更复杂的分词方案。BPE 分词器用于训练大语言模型，比如 GPT-2、GPT-3 和 ChatGPT 的原始模型。

由于 BPE 的实现相对复杂，因此我们将使用现有的 Python 开源库 `tiktoken`，它基于 Rust 的源代码非常高效地实现了 BPE 算法。与其他 Python 库类似，可以通过 Python 的 `pip` 安装器从终端安装 `tiktoken` 库：

```
pip install tiktoken
```

本书中使用的代码基于 tiktoken 0.7.0 版本。你可以使用以下代码检查当前安装的版本：

```
from importlib.metadata import version
import tiktoken
print("tiktoken version:", version("tiktoken"))
```

安装后，可以按照以下方式实例化 `tiktoken` 中的 BPE 分词器：

```
tokenizer = tiktoken.get_encoding("gpt2")
```

这个分词器与前面通过 `encode` 方法实现的 `SimpleTokenizerV2` 用法相似：

```
text = (
    "Hello, do you like tea? <|endoftext|> In the sunlit terraces"
     "of someunknownPlace."
)
integers = tokenizer.encode(text, allowed_special={"<|endoftext|>"})
print(integers)
```

运行上述代码，将打印以下词元 ID：

```
[15496, 11, 466, 345, 588, 8887, 30, 220, 50256, 554, 262, 4252, 18250,
 8812, 2114, 286, 617, 34680, 27271, 13]
```

然后，可以使用 `decode` 方法将词元 ID 转换回文本，同样类似于 `SimpleTokenizerV2`：

```
strings = tokenizer.decode(integers)
print(strings)
```

运行上述代码，将打印以下内容。

```
Hello, do you like tea? <|endoftext|> In the sunlit terraces of
 someunknownPlace.
```

通过分析上述词元 ID 和解码后的文本，我们得出了两个重要的观察结果。

第一，`<|endoftext|>`词元被分配了一个较大的词元 ID，即 `50256`。事实上，用于训练 GPT-2、GPT-3 和 ChatGPT 中使用的原始模型的 BPE 分词器的词汇总量为 50 257，这意味着`<|endoftext|>`被分配了最大的词元 ID。

第二，BPE 分词器可以正确地编码和解码未知单词，比如“someunknownPlace”。BPE 分词器是如何做到在不使用`<|unk|>`词元的前提下处理任何未知词汇的呢？

BPE 算法的原理是将不在预定义词汇表中的单词分解为更小的子词单元甚至单个字符，从而能够处理词汇表之外的单词。因此，得益于 BPE 算法，如果分词器在分词过程中遇到不熟悉的单词，它可以将其表示为子词词元或字符序列，如图 2-11 所示。

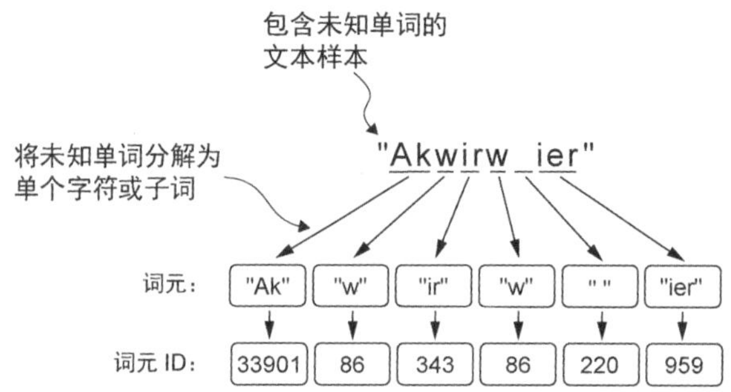

图 2-11　BPE 分词器会将未知单词分解为子词和单个字符。如此一来，BPE 分词器便可以解析任何单词，而无须使用特殊词元（如`<|unk|>`）来替换未知单词

将未知单词分解为单个字符的能力确保了分词器以及用其训练的大语言模型能够处理任何文本，即使文本中包含训练数据中不存在的单词。

练习 2.1　未知单词的 BPE

尝试使用 `tiktoken` 库中的 BPE 分词器对未知单词“Akwirw ier”进行分词，并打印所有词元 ID。然后，对得到的列表中的每个整数应用 `decode` 函数，以重现图 2-11 中的映射。最后，对这些词元 ID 调用 `decode` 方法，检查它能否还原原始输入“Akwirw ier”。

对 BPE 的详解和实现超出了本书的讨论范畴，但简单来说，BPE 通过将频繁出现的字符合并为子词，再将频繁出现的子词合并为单词，来迭代地构建词汇表。具体来说，BPE 首先将所有单个字符（如 “a” “b” 等）添加到词汇表中。然后，它会将频繁同时出现的字符组合合并为子词。例如，“d” 和 “e” 可以合并为子词 “de”，这是 “define” “depend” “made” “hidden” 等许多英语单词中的常见组合。字符和子词的合并由一个频率阈值来决定。

2.6 使用滑动窗口进行数据采样

为了生成大语言模型的嵌入向量，接下来的步骤是生成用于训练模型的输入-目标对。这些输入-目标对是什么样的呢？正如之前我们所了解的，大语言模型通过预测文本序列的下一个单词来进行预训练，如图 2-12 所示。

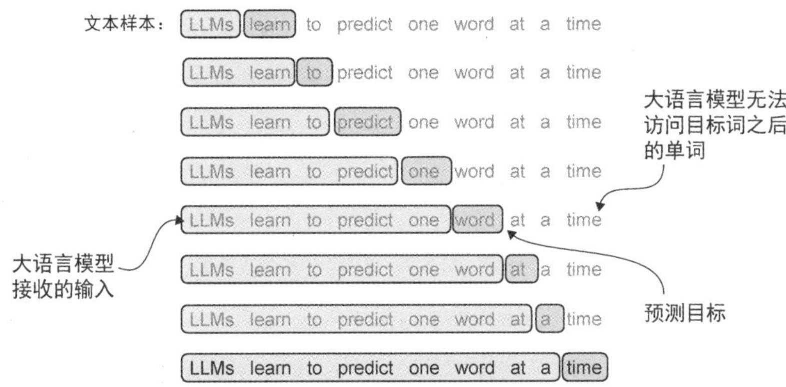

图 2-12　给定一个文本样本，我们从中提取子样本，作为输入块提供给大语言模型。在训练过程中，模型的任务是预测输入块之后的下一个词，我们会屏蔽目标词之后的所有单词。必须说明的是，在大语言模型处理文本之前，文本会经过分词处理，但为了更清晰地说明，这里省略了分词步骤

让我们实现一个数据加载器，使用**滑动窗口**（sliding window）方法从训练数据集中提取图 2-12 所示的输入-目标对。首先，使用 BPE 分词器对短篇小说 *The Verdict* 的全文进行分词：

```
with open("the-verdict.txt", "r", encoding="utf-8") as f:
    raw_text = f.read()

enc_text = tokenizer.encode(raw_text)
print(len(enc_text))
```

执行上述代码将返回 `5145`，这是应用 BPE 分词器后训练集中的词元总数。

接下来，从数据集中移除前 50 个词元以便演示，这样做会使得在后续步骤中产生一个更有趣一些的文本段落：

```
enc_sample = enc_text[50:]
```

创建下一单词预测任务的输入-目标对的一种简单且直观的方法是定义两个变量：x 和 y。变量 x 用于存储输入的词元，变量 y 则用于存储由 x 的每个输入词元右移一个位置所得的目标词元：

```
context_size = 4
x = enc_sample[:context_size]
y = enc_sample[1:context_size+1]
print(f"x: {x}")
print(f"y:      {y}")
```

上下文大小决定了输入中包含多少个词元

运行上述代码将输出以下内容：

```
x: [290, 4920, 2241, 287]
y:      [4920, 2241, 287, 257]
```

通过处理输入及其相应的目标（将输入右移一个位置），可以创建图 2-12 中的下一单词预测任务，如下所示：

```
for i in range(1, context_size+1):
    context = enc_sample[:i]
    desired = enc_sample[i]
    print(context, "---->", desired)
```

运行上述代码将输出以下内容：

```
[290] ----> 4920
[290, 4920] ----> 2241
[290, 4920, 2241] ----> 287
[290, 4920, 2241, 287] ----> 257
```

箭头（---->）左侧的内容表示大语言模型接收的输入，箭头右侧的词元 ID 则代表大语言模型应该预测的目标词元 ID。为了更直观地展示这一过程，让我们重用前面的代码，但这一次将词元 ID 转换回文本形式：

```
for i in range(1, context_size+1):
   context = enc_sample[:i]
   desired = enc_sample[i]
   print(tokenizer.decode(context), "---->", tokenizer.decode([desired]))
```

以下输出展示了输入和输出在文本格式下的样子：

```
and ---->  established
and established ---->  himself
and established himself ---->  in
and established himself in ---->  a
```

这样，可用于大语言模型训练的输入-目标对就创建好了。

在将词元转化为嵌入向量前，还需要完成最后一项任务：实现一个高效的**数据加载器**（data

loader)。这个数据加载器会遍历输入数据集，并将输入和目标以 PyTorch 张量的形式返回，这些 PyTorch 张量可以被视为多维数组。具体来说，我们的目标是返回两个张量：一个是包含大语言模型所见的文本输入的输入张量，另一个是包含大语言模型需要预测的目标词元的目标张量，如图 2-13 所示。

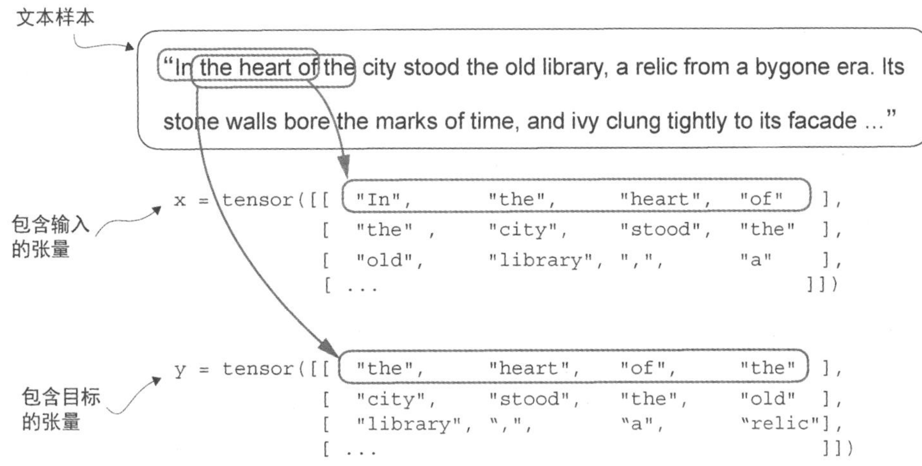

图 2-13 为了实现高效的数据加载器，我们将输入收集到张量 x 中，其中每行代表一个输入上下文。第二个张量 y 包含相应的预测目标（下一个词），它们是通过将输入移动一个位置创建的

虽然为了方便说明，图 2-13 中以字符串格式展示了词元，但在实际的代码实现中，我们会直接操作词元 ID，因为 BPE 分词器的 `encode` 方法在一个步骤中同时完成了分词和词元 ID 的转换。

注意 为了实现高效的数据加载器，我们将使用 PyTorch 内置的 `Dataset` 类和 `DataLoader` 类。有关安装 PyTorch 的更多信息和详细指导，请参阅 A.1.3 节。

`Dataset` 类的代码如代码清单 2-5 所示。

代码清单 2-5 一个用于批处理输入和目标的数据集

```
import torch
from torch.utils.data import Dataset, DataLoader

class GPTDatasetV1(Dataset):
    def __init__(self, txt, tokenizer, max_length, stride):
        self.input_ids = []
        self.target_ids = []

        token_ids = tokenizer.encode(txt)          <-- 对全部文本进行分词
```

```
        for i in range(0, len(token_ids) - max_length, stride):
            input_chunk = token_ids[i:i + max_length]
            target_chunk = token_ids[i + 1: i + max_length + 1]
            self.input_ids.append(torch.tensor(input_chunk))
            self.target_ids.append(torch.tensor(target_chunk))

    def __len__(self):
        return len(self.input_ids)

    def __getitem__(self, idx):
        return self.input_ids[idx], self.target_ids[idx]
```

使用滑动窗口将文本划分为长度为 **max_length** 的重叠序列

返回数据集的指定行

返回数据集的总行数

GPTDatasetV1 类继承自 PyTorch 的 Dataset 类，并定义了如何从数据集中提取单行数据。每行数据包含多个词元 ID（数量由 max_length 参数决定），这些词元 ID 被分配给 input_chunk 张量，而 target_chunk 张量包含相应的目标词元 ID。建议你继续阅读，以了解当数据集与 PyTorch 的 DataLoader 结合使用时，返回的数据是什么样的，这有助于你更好地进行理解。

注意　如果你不熟悉 PyTorch 的 Dataset 类（参见代码清单 2-5）的结构，请阅读 A.6 节，该节解释了 PyTorch 的 Dataset 类和 DataLoader 类的一般结构和用法。

代码清单 2-6 使用 GPTDatasetV1 通过 PyTorch 的 DataLoader 批量加载输入。

代码清单 2-6　用于批量生成输入-目标对的数据加载器

```
def create_dataloader_v1(txt, batch_size=4, max_length=256,
                         stride=128, shuffle=True, drop_last=True,
                         num_workers=0):
    tokenizer = tiktoken.get_encoding("gpt2")
    dataset = GPTDatasetV1(txt, tokenizer, max_length, stride)
    dataloader = DataLoader(
        dataset,
        batch_size=batch_size,
        shuffle=shuffle,
        drop_last=drop_last,
        num_workers=num_workers
    )

    return dataloader
```

初始化分词器

创建数据集

如果 **drop_last** 为 **True** 且批次大小小于指定的 **batch_size**，则会删除最后一批，以防止在训练期间出现损失剧增

用于预处理的 CPU 进程数

让我们用批次大小为 1 的 DataLoader 对上下文长度为 4 的大语言模型进行测试，以便直观理解代码清单 2-5 中的 GPTDatasetV1 类和代码清单 2-6 中的 create_dataloader_v1 函数

是如何协同工作的：

```
with open("the-verdict.txt", "r", encoding="utf-8") as f:
    raw_text = f.read()

dataloader = create_dataloader_v1(
    raw_text, batch_size=1, max_length=4, stride=1, shuffle=False)
data_iter = iter(dataloader)
first_batch = next(data_iter)
print(first_batch)
```

将 **dataloader** 转换为 Python 迭代器，以通过 Python 内置的 **next()** 函数获取下一个条目

执行上述代码将输出以下内容：

```
[tensor([[  40,  367, 2885, 1464]]), tensor([[ 367, 2885, 1464, 1807]])]
```

变量 `first_batch` 包含两个张量：第一个张量存储输入词元 ID，第二个张量存储目标词元 ID。由于 `max_length` 被设置为 4，因此这两个张量各自包含 4 个词元 ID。需要注意的是，为简单起见，我们将输入大小设置为 4，但这个数值是非常小的。在实际训练大语言模型时，输入大小通常不小于 256。

为了说明 `stride=1` 的含义，需要从该数据集中获取另一批数据：

```
second_batch = next(data_iter)
print(second_batch)
```

第二批数据的内容如下所示：

```
[tensor([[ 367, 2885, 1464, 1807]]), tensor([[2885, 1464, 1807, 3619]])]
```

如果将第一批数据与第二批数据进行比较，可以发现第二批数据的词元 ID 相对于第一批整体左移了一个位置。例如，第一批输入中的第二个词元 ID 为 367，而这正是第二批输入中的第一个词元 ID。**步幅**（stride）决定了批次之间输入的位移量，模拟了滑动窗口方法，如图 2-14 所示。

练习 2.2　具有不同步幅和上下文长度的数据加载器

为了更直观地了解数据加载器的工作原理，请尝试使用不同的参数设置来运行它，比如 `max_length=2, stride=2` 和 `max_length=8, stride=2`。

到目前为止，我们从数据加载器中采样的批次大小为 1，该设置有益于进行演示。如果你在深度学习方面有所心得，那么可能会意识到较小的批次大小会减少训练过程中的内存占用，但同时会导致在模型更新时产生更多的噪声。正如在常规深度学习训练中一样，批次大小同样是训练大语言模型时需要仔细权衡并尝试调整的超参数。

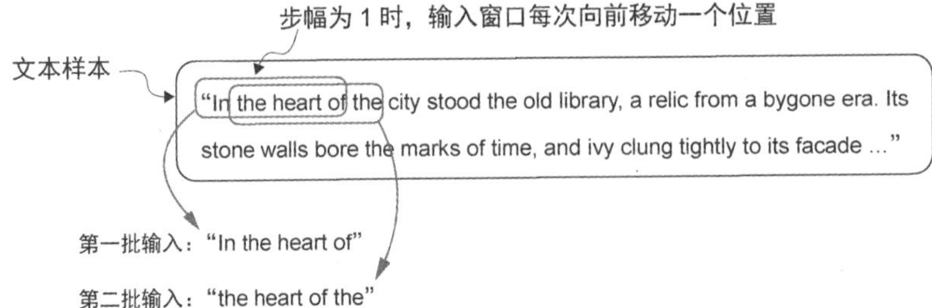

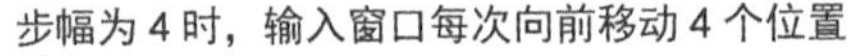

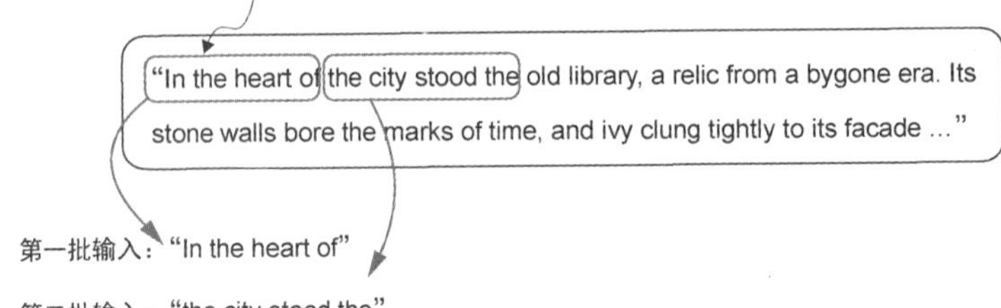

图 2-14　通过在文本上滑动输入窗口来从输入数据集中生成多个批次的数据。如果步幅设置为 1，那么在创建下一个批次时，输入窗口向前移动一个位置。如果步幅与输入窗口大小相等，则可以避免批次之间的重叠

现在，让我们简单了解一下，如何以大于 1 的批次大小使用数据加载器进行采样：

```
dataloader = create_dataloader_v1(
    raw_text, batch_size=8, max_length=4, stride=4,
    shuffle=False
)

data_iter = iter(dataloader)
inputs, targets = next(data_iter)
print("Inputs:\n", inputs)
print("\nTargets:\n", targets)
```

这将输出以下内容：

```
Inputs:
 tensor([[   40,   367,  2885,  1464],
        [ 1807,  3619,   402,   271],
        [10899,  2138,   257,  7026],
        [15632,   438,  2016,   257],
        [  922,  5891,  1576,   438],
        [  568,   340,   373,   645],
        [ 1049,  5975,   284,   502],
        [  284,  3285,   326,    11]])

Targets:
 tensor([[  367,  2885,  1464,  1807],
```

```
        [ 3619,   402,   271, 10899],
        [ 2138,   257,  7026, 15632],
        [  438,  2016,   257,   922],
        [ 5891,  1576,   438,   568],
        [  340,   373,   645,  1049],
        [ 5975,   284,   502,   284],
        [ 3285,   326,    11,   287]])
```

值得说明的是，我们选择将步幅增加到 4 来充分利用数据集（不会跳过任何一个单词），同时避免不同批次之间的数据重叠，因为过多的重叠可能会增加模型过拟合的风险。

2.7 创建词元嵌入

为大语言模型训练准备输入文本的最后一步是将词元 ID 转换为嵌入向量，如图 2-15 所示。在初始阶段，必须用随机值初始化这些嵌入权重，这是大语言模型学习的起点。在第 5 章中，我们将详细探讨如何将嵌入权重作为大语言模型训练的一部分来进行优化。

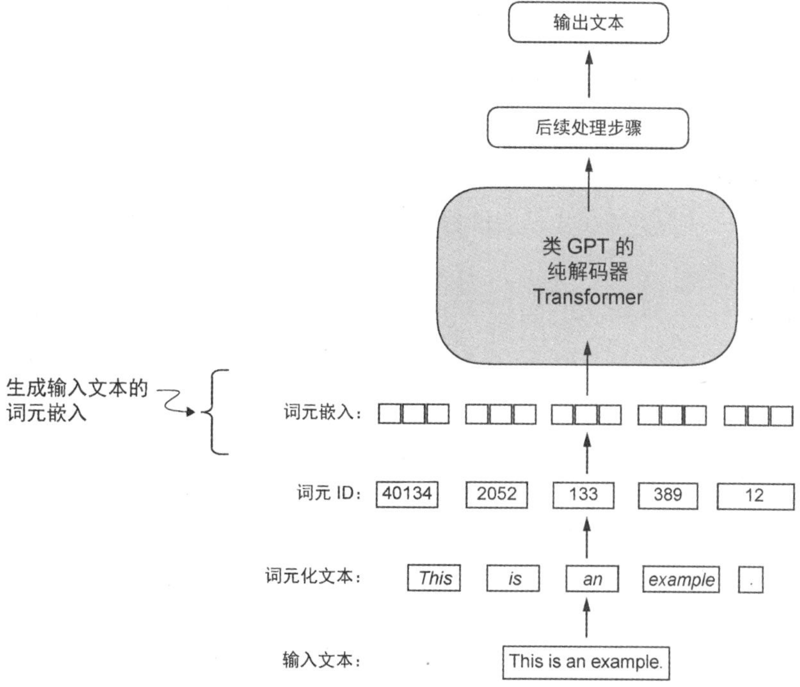

图 2-15 大语言模型的输入文本的准备工作包括文本分词、将词元转换为词元 ID，以及将词元 ID 转换为嵌入向量。本节将利用此前生成的词元 ID 来创建词元嵌入向量

由于类 GPT 大语言模型是使用**反向传播算法**（backpropagation algorithm）训练的深度神经网络，因此需要连续的向量表示或嵌入。

注意　如果你对神经网络通过反向传播进行训练的过程不熟悉，请参阅 A.4 节。

让我们通过一个实际的例子来演示词元 ID 转换为嵌入向量的工作原理。假设有 4 个 ID 分别为 2、3、5 和 1 的输入词元：

```
input_ids = torch.tensor([2, 3, 5, 1])
```

为简单起见，假设我们有一张仅包含 6 个单词的小型词汇表（而非 BPE 分词器中包含 50 257 个单词的词汇表），并且想要创建维度为 3 的嵌入（GPT-3 的嵌入维度是 12 288）：

```
vocab_size = 6
output_dim = 3
```

可以利用 `vocab_size` 和 `output_dim` 在 PyTorch 中实例化一个嵌入层。此外，为了确保结果的可重复性，可以将随机种子设置为 `123`：

```
torch.manual_seed(123)
embedding_layer = torch.nn.Embedding(vocab_size, output_dim)
print(embedding_layer.weight)
```

打印语句会打印嵌入层的底层权重矩阵：

```
Parameter containing:
tensor([[ 0.3374, -0.1778, -0.1690],
        [ 0.9178,  1.5810,  1.3010],
        [ 1.2753, -0.2010, -0.1606],
        [-0.4015,  0.9666, -1.1481],
        [-1.1589,  0.3255, -0.6315],
        [-2.8400, -0.7849, -1.4096]], requires_grad=True)
```

嵌入层的权重矩阵由小的随机值构成。作为模型优化工作的一部分，这些值将在大语言模型训练过程中被优化。此外，可以观察到，权重矩阵具有 6 行 3 列的结构，其中每一行对应词汇表中的一个词元，每一列则对应一个嵌入维度。

现在将其应用到一个词元 ID 上，以获取嵌入向量：

```
print(embedding_layer(torch.tensor([3])))
```

返回的嵌入向量如下所示：

```
tensor([[-0.4015,  0.9666, -1.1481]], grad_fn=<EmbeddingBackward0>)
```

通过对比分析可以观察到，词元 ID 为 3 的嵌入向量与嵌入矩阵中的第 4 行完全相同（由于 Python 的索引从 0 开始，因此它对应索引为 3 的行）。换言之，嵌入层实质上执行的是一种查找操作，它根据词元 ID 从嵌入层的权重矩阵中检索出相应的行。

注意 如果你熟悉**独热编码**（one-hot encoding），那么本质上可以将嵌入层方法视为一种更有效的实现独热编码的方法。它先进行独热编码，然后在全连接层中进行矩阵乘法，这在本书的补充代码中有所说明。由于嵌入层只是独热编码和矩阵乘法方法的一种更高效的实现，因此它可以被视为一个能够通过反向传播进行优化的神经网络层。

我们已经了解了如何将单个词元 ID 转换为三维嵌入向量。接下来，让我们将这个方法应用到所有 4 个输入 ID（`torch.tensor([2, 3, 5, 1])`）上：

```
print(embedding_layer(input_ids))
```

打印的输出显示，结果是一个 4 × 3 的矩阵：

```
tensor([[ 1.2753, -0.2010, -0.1606],
        [-0.4015,  0.9666, -1.1481],
        [-2.8400, -0.7849, -1.4096],
        [ 0.9178,  1.5810,  1.3010]], grad_fn=<EmbeddingBackward0>)
```

这个矩阵中的每一行都是从嵌入权重矩阵中查找获得的，如图 2-16 所示。

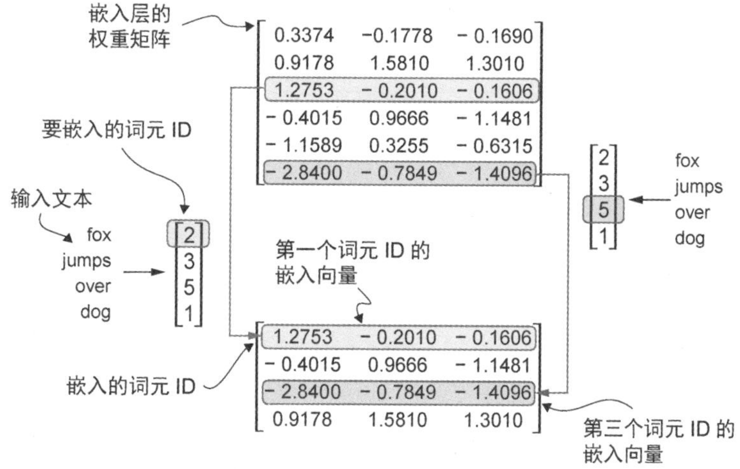

图 2-16 嵌入层执行查找操作，即从它的权重矩阵中检索与特定词元ID对应的嵌入向量。例如，词元 ID 为 5 的嵌入向量位于嵌入层权重矩阵的第 6 行（因为 Python 的索引从 0 开始，所以它位于第 6 行而非第 5 行）。假设这些词元 ID 是依据 2.3 节中的小词汇表产生的

现在，我们已经根据词元 ID 创建了嵌入向量。接下来，我们将对这些嵌入向量进行细微的调整，以编码词元在文本中的位置信息。

2.8 编码单词位置信息

理论上，词元嵌入非常适合作为大语言模型的输入。然而，大语言模型存在一个小缺陷——它们的自注意力机制（参见第 3 章）无法感知词元在序列中的位置或顺序。嵌入层的工作机制是，无论词元 ID 在输入序列中的位置如何，相同的词元 ID 始终被映射到相同的向量表示，如图 2-17 所示。

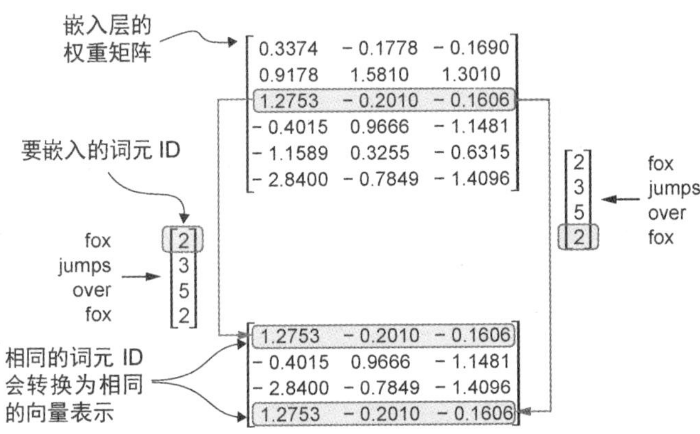

图 2-17　嵌入层始终将相同的词元 ID 转换为相同的向量表示，不受其在输入序列中的位置的影响。例如，无论词元 ID 为 5 的词元出现在输入向量的第一个位置还是第四个位置，它都将被映射为相同的嵌入向量

原则上，带有确定性且与位置无关的词元 ID 嵌入能够提升其可再现性。然而，由于大语言模型的自注意力机制本质上与位置无关，因此向模型中注入额外的位置信息是有帮助的。

为了实现这一点，可以采用两种位置信息嵌入策略：绝对位置嵌入和相对位置嵌入。

绝对位置嵌入（absolute positional embedding）直接与序列中的特定位置相关联。对于输入序列的每个位置，该方法都会向对应词元的嵌入向量中添加一个独特的位置嵌入，以明确指示其在序列中的确切位置。例如，序列中的第一个词元会有一个特定的位置嵌入，第二个词元则会有另一个不同的位置嵌入，以此类推，如图 2-18 所示。

相对位置嵌入（relative positional embedding）关注的是词元之间的相对位置或距离，而非它们的绝对位置。这意味着模型学习的是词元之间的“距离”关系，而不是它们在序列中的“具体位置”。这种方法使得模型能够更好地适应不同长度（包括在训练过程中从未见过的长度）的序列。

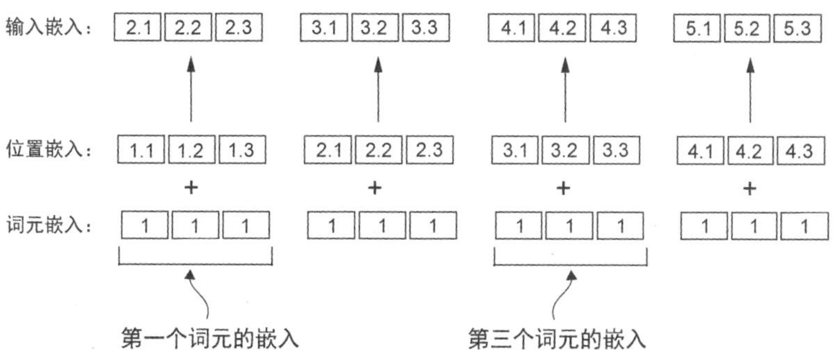

图 2-18 位置嵌入被添加到词元嵌入向量中，从而生成大语言模型的输入嵌入。位置向量与原始词元嵌入的维度相同。为简单起见，词元嵌入的值均设置为 1

以上两种位置嵌入都旨在提升大语言模型对词元顺序及其相互关系的理解能力，从而实现更准确、更具上下文感知力的预测。选择使用哪种嵌入策略，通常取决于具体的应用场景和数据特性。

OpenAI 的 GPT 模型使用的是绝对位置嵌入，这些嵌入会在训练过程中被优化，有别于原始 Transformer 模型中的固定或预定义位置编码。这种优化是模型训练的一部分，我们将在后续章节中实现。现在，我们将创建初始的位置嵌入，从而为后续章节中大语言模型的输入做准备。

为了便于说明，前面我们使用了非常小的嵌入维度。现在，我们将考虑更实际、更实用的嵌入维度，将输入的词元编码为 256 维的向量表示。虽然这个维度仍比原始 GPT-3 模型的维度（GPT-3 模型的嵌入维度为 12 288）要小，但对实验来说是合理的。此外，假设这些词元 ID 是由我们之前实现的词汇量为 50 257 的 BPE 分词器创建的：

```
vocab_size = 50257
output_dim = 256
token_embedding_layer = torch.nn.Embedding(vocab_size, output_dim)
```

使用上述的 `token_embedding_layer`，当我们从数据加载器中采样数据时，每个批次中的每个词元都将被嵌入为一个 256 维的向量。如果设定批次大小为 8，且每个批次包含 4 个词元，则结果将是一个 8 × 4 × 256 的张量。

首先，实例化 2.6 节中的数据加载器：

```
max_length = 4
dataloader = create_dataloader_v1(
    raw_text, batch_size=8, max_length=max_length,
   stride=max_length, shuffle=False
)
data_iter = iter(dataloader)
inputs, targets = next(data_iter)
print("Token IDs:\n", inputs)
print("\nInputs shape:\n", inputs.shape)
```

上述代码的输出如下所示：

```
Token IDs:
 tensor([[   40,   367,  2885,  1464],
        [ 1807,  3619,   402,   271],
        [10899,  2138,   257,  7026],
        [15632,   438,  2016,   257],
        [  922,  5891,  1576,   438],
        [  568,   340,   373,   645],
        [ 1049,  5975,   284,   502],
        [  284,  3285,   326,    11]])

Inputs shape:
 torch.Size([8, 4])
```

如你所见，词元 ID 张量的维度为 8×4，这表明数据批次包含 8 个文本样本，每个样本由 4 个词元组成。

现在，使用嵌入层将这些词元 ID 嵌入 256 维的向量中：

```
token_embeddings = token_embedding_layer(inputs)
print(token_embeddings.shape)
```

调用上述打印函数，将返回以下内容：

```
torch.Size([8, 4, 256])
```

可见，该张量的维度为 8×4×256，这意味着每个词元 ID 都已被嵌入一个 256 维的向量中。

为了获取 GPT 模型所采用的绝对位置嵌入，只需创建一个维度与 token_embedding_layer 相同的嵌入层即可：

```
context_length = max_length
pos_embedding_layer = torch.nn.Embedding(context_length, output_dim)
pos_embeddings = pos_embedding_layer(torch.arange(context_length))
print(pos_embeddings.shape)
```

pos_embeddings 的输入通常是一个占位符向量 torch.arange(context_length)，它包含一个从 0 开始递增，直至最大输入长度减 1 的数值序列。context_length 是一个变量，表示模型支持的输入块的最大长度。我们将其设置为与输入文本的最大长度一致。在实际情况中，输入文本的长度可能会超出模型支持的块大小，这时需要截断文本。

打印语句的输出如下所示：

```
torch.Size([4, 256])
```

可以看到，位置嵌入张量由 4 个 256 维的向量组成。接下来，可以将这些向量直接添加到词元嵌入中。PyTorch 会在每个批次中的每个 4×256 维的词元嵌入张量上都添加一个 4×256 维的

pos_embeddings 张量：

```
input_embeddings = token_embeddings + pos_embeddings
print(input_embeddings.shape)
```

打印语句的输出如下所示。

```
torch.Size([8, 4, 256])
```


如图 2-19 所示，我们创建的 input_embeddings 是已经可以被大语言模型核心模块处理的嵌入输入示例。我们将从第 3 章开始着手实现这些模块。

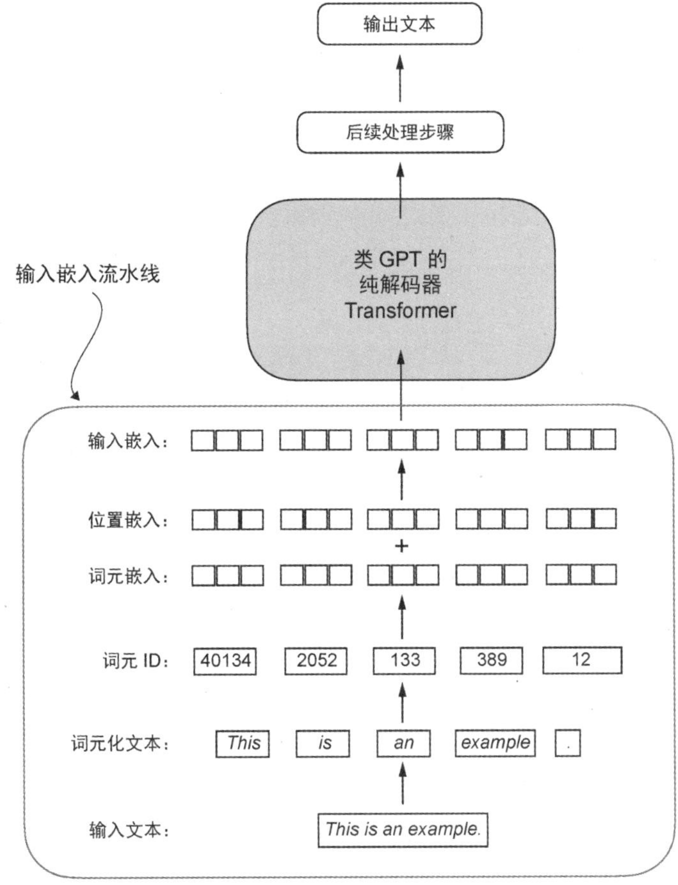

图 2-19 在输入处理流水线中，输入文本首先被分割为独立的词元。随后，这些词元通过词汇表转换为词元 ID。这些词元 ID 继而被转换为嵌入向量，并添加与之大小相同的位置嵌入，最终形成用于大语言模型核心层的输入嵌入

2.9 小结

- 由于大语言模型无法直接处理原始文本，因此我们必须将文本数据转换为名为“嵌入”的数值向量。嵌入将离散的数据（如词语或图像）映射到连续的向量空间，使其能够用于神经网络的训练。
- 首先，原始文本被分解为词元，这些词元可能是单词或字符。然后，这些词元被转换为整数表示，即词元 ID。
- 为了增强模型对不同上下文的理解和处理能力，可以引入诸如`<|unk|>`、`<|endoftext|>`等特殊词元，来处理未知词汇或在不相关的文本之间划分边界。
- 通过使用 BPE 分词器，GPT-2、GPT-3 等大语言模型可以将未知词汇分解为子词单元或单个字符来有效地处理它们。
- 通过使用滑动窗口方法对已经分词的数据进行采样，可以生成大语言模型训练所需的输入-目标对。
- 作为一种查找操作，PyTorch 中的嵌入层用来检索与词元 ID 对应的向量。所得的嵌入向量为词元提供了连续的表示形式，这对于训练像大语言模型这样的深度学习模型至关重要。
- 尽管词元嵌入为每个词元提供了一致的向量表示，但它们并不包含词元在序列中的位置信息。为了解决这一问题，通常采用两种位置嵌入策略：绝对位置嵌入和相对位置嵌入。OpenAI 的 GPT 模型采用了绝对位置嵌入，这些嵌入被添加到词元嵌入向量中，并在模型训练过程中进行优化。

第 3 章

编码注意力机制

3

本章内容

- 探索在神经网络中使用注意力机制的原因
- 介绍一个基础的自注意力框架，并进一步探讨一种增强型自注意力机制
- 实现一个因果注意力模块，使大语言模型能够一次生成一个词元
- 使用 dropout 随机掩码部分注意力权重来降低过拟合风险
- 将多个因果注意力模块堆叠成一个多头注意力模块

到目前为止，你已经知道如何将文本分割成单词和子词，并将这些词元编码成向量表示（嵌入），从而为大语言模型提供输入数据。

本章将探讨大语言模型架构中的一个核心部分——**注意力**（attention）机制，如图 3-1 所示。我们将大篇幅单独探讨注意力机制，并专注于其工作原理。然后，我们将编写自注意力机制的其他部分代码，观察其运行过程，并构建一个生成文本的模型。

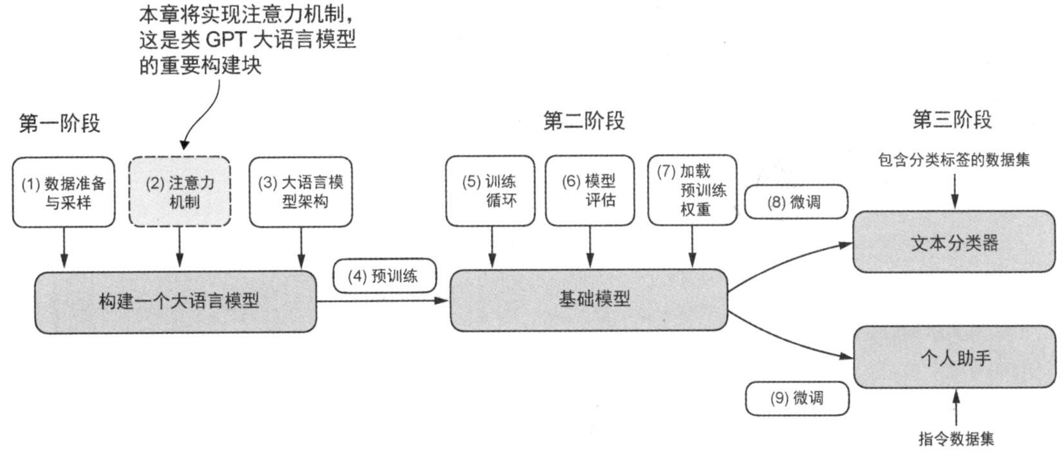

图 3-1 构建大语言模型的 3 个主要阶段。本章重点讨论第一阶段中的第(2)步：实现注意力机制，这是大语言模型架构中的关键部分

本章将实现 4 种注意力机制的变体，如图 3-2 所示。这些变体中的每一个都是在前一个的基础上逐步建立的，最终目的是实现一种紧凑、高效的多头注意力机制，并在第 4 章中将其集成到大语言模型的架构中。

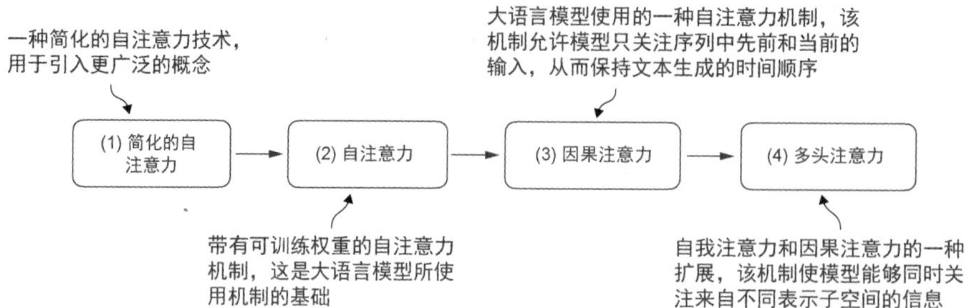

图 3-2 本章将要实现的不同注意力机制。我们将从一个简化版本的自注意力机制开始，然后逐步加入可训练的权重。因果注意力机制在自注意力的基础上增加了额外掩码，使得大语言模型可以一次生成一个单词。最后，多头注意力将注意力机制划分成多个头，从而使模型能够并行捕获输入数据的各种特征

3.1 长序列建模中的问题

深入探讨大语言模型核心的**自注意力**机制之前，让我们考虑一下在大语言模型出现之前的没有注意力机制的架构中所存在的问题。假设我们想要开发一个将文本从一种语言翻译成另一种语言的语言翻译模型。如图 3-3 所示，由于源语言和目标语言的语法结构不同，我们无法简单地逐个单词进行翻译。

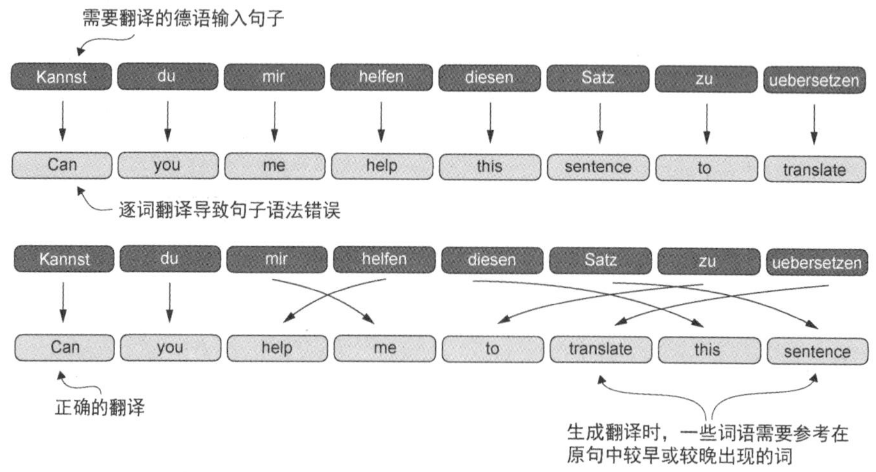

图 3-3 在将文本从一种语言翻译成另一种语言（比如从德语翻译成英语）时，不能仅仅逐词翻译。相反，翻译过程需要理解上下文和进行语法对齐

为了处理这个问题，通常使用一个包含**编码器**和**解码器**两个子模块的深度神经网络。编码器首先读取和处理整个文本，解码器则负责生成翻译后的文本。

在 Transformer 出现之前，**循环神经网络**（recurrent neural network，RNN）是语言翻译中最流行的编码器-解码器架构。RNN 是一种将前一步骤的输出作为当前步骤的输入的神经网络，它非常适合处理像文本这样的序列数据。如果你不熟悉 RNN 也没关系，因为理解这次讨论并不需要了解 RNN 的具体工作原理。这里我们主要关注编码器-解码器架构的基本概念。

在编码器-解码器 RNN 中，输入文本被传递给编码器以逐步处理。编码器在每一步都会更新其隐藏状态（隐藏层的内部值），试图在最终的隐藏状态中捕捉输入句子的全部含义，如图 3-4 所示。然后，解码器使用这个最终的隐藏状态开始逐字生成翻译后的句子。解码器同样在每一步更新其隐藏状态，该状态应包含为下一单词预测所需的上下文信息。

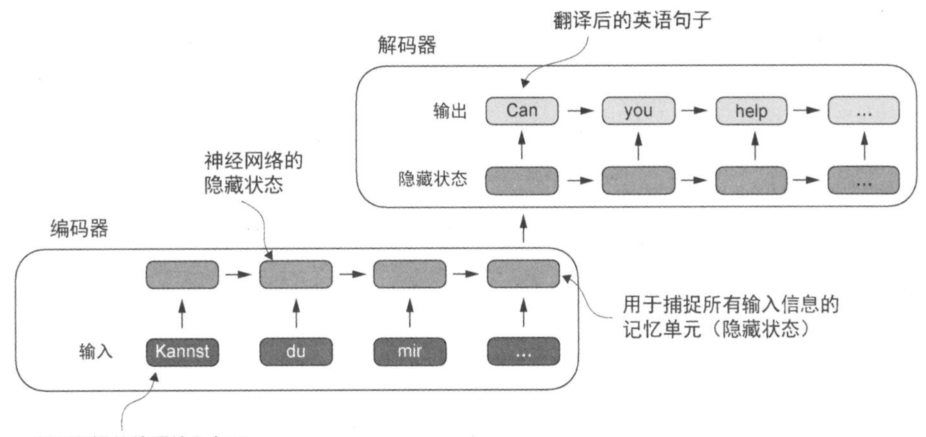

图 3-4 在 Transformer 模型出现之前，编码器-解码器结构的 RNN 是机器翻译的常见选择。编码器将源语言的一串词元序列作为输入，并通过隐藏状态（一个中间神经网络层）编码整个输入序列的压缩表示。然后，解码器利用其当前的隐藏状态开始逐个词元进行翻译

虽然我们不需要了解这些编码器-解码器 RNN 的内部工作原理，但关键点在于，编码器部分会将整个输入文本处理成一个隐藏状态（记忆单元）。然后解码器会使用这个隐藏状态来生成输出。你可以将这个隐藏状态视为一种嵌入向量（第 2 章中讨论过的一个概念）。

编码器-解码器 RNN 的一个主要限制是，在解码阶段，RNN 无法直接访问编码器中的早期隐藏状态。因此，它只能依赖当前的隐藏状态，这个状态包含了所有相关信息。这可能导致上下文丢失，特别是在复杂句子中，依赖关系可能跨越较长的距离。

幸运的是，构建大语言模型不需要深入了解 RNN。只需记住，编码器-解码器 RNN 存在的缺陷对注意力机制的设计起到了促进作用。

3.2 使用注意力机制捕捉数据依赖关系

尽管 RNN 在翻译短句时表现良好，但在处理较长文本时效果不佳，因为它无法直接访问输入中靠前的单词。这种方法的一个主要缺点是，RNN 在将信息传递给解码器之前，必须将整个编码后的输入存储到一个单独隐藏状态中（参见图 3-4）。

因此，研究人员在 2014 年为 RNN 开发了 **Bahdanau 注意力机制**（以该研究论文的第一作者命名，更多信息请参见附录 B），该机制对编码器-解码器 RNN 进行了修改，使得解码器在每个解码步骤中可以选择性地访问输入序列的不同部分，如图 3-5 所示。

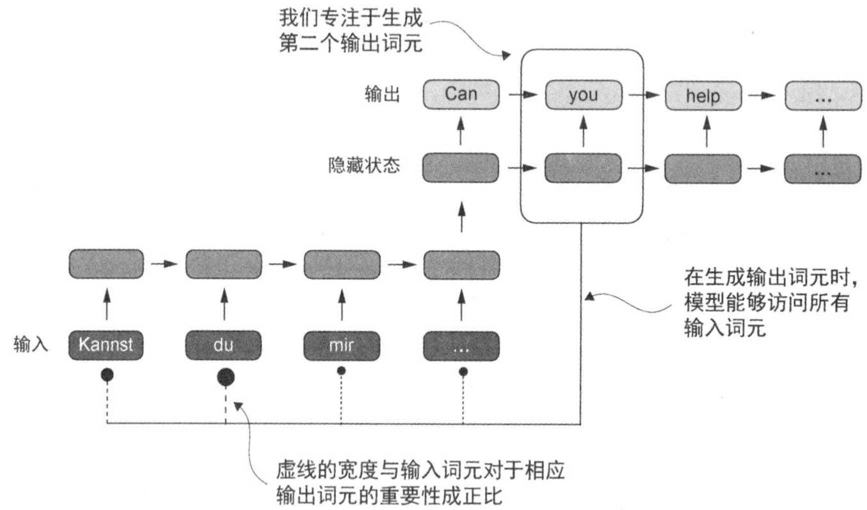

图 3-5　通过使用注意力机制，网络的生成文本解码器部分可以有选择地访问所有输入词元。这意味着对于生成一个特定的输出词元，某些输入词元比其他输入词元更重要。这种重要性由注意力权重决定，我们将在后面计算这些权重。需要注意的是，这里展示的是注意力机制的基本概念，并未描述 Bahdanau 机制（一种 RNN 方法，但其超出了本书的讨论范畴）的具体实现

有趣的是，仅仅 3 年后，研究人员就发现 RNN 并不是构建自然语言处理深度神经网络的必需架构，并提出了最初的 Transformer 架构（在第 1 章中讨论过），其中包括受 Bahdanau 注意力机制启发的自注意力机制。

在计算序列表示时，自注意力机制允许输入序列中的每个位置关注同一序列中的所有位置。自注意力机制是基于 Transformer 架构的当代大语言模型（如 GPT 系列）的关键组成部分。

本章的重点是编码并理解类 GPT 模型中使用的自注意力机制，如图 3-6 所示。在第 4 章中，我们将对大语言模型的其余部分进行编码。

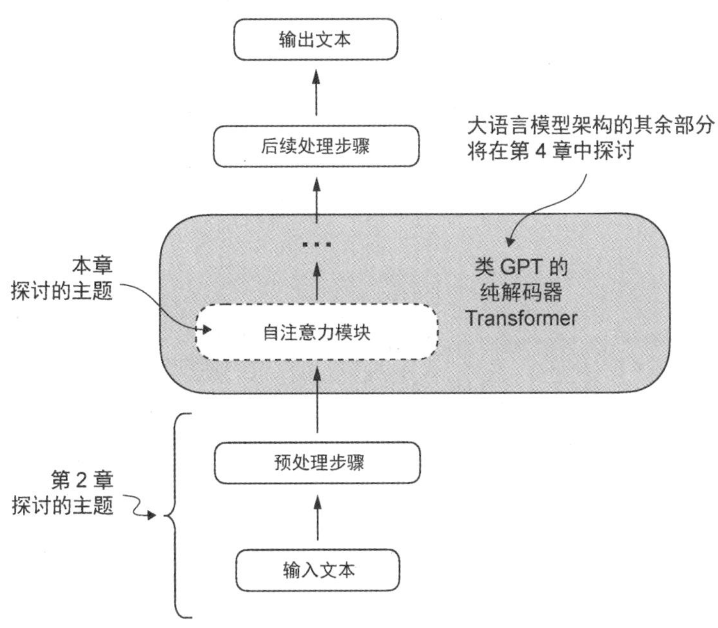

图 3-6 自注意力是 Transformer 模型中的一种机制，它通过允许一个序列中的每个位置与同一序列中的其他所有位置进行交互并权衡其重要性，来计算出更高效的输入表示。本章将从头开始编码这种自注意力机制，之后在第 4 章中我们再实现类 GPT 大语言模型的其余部分

3.3 通过自注意力机制关注输入的不同部分

现在我们将深入探讨自注意力机制的内部工作原理，并学习如何从头开始编写它的代码。自注意力机制是所有基于 Transformer 架构的大语言模型的基石。值得注意的是，这一主题可能需要大量的关注与注意力（不含双关意图），但一旦掌握了其基本原理，你就能攻克本书以及大语言模型实现过程中最具挑战性的部分之一。

自注意力机制中的“自”

在自注意力机制中，“自”指的是该机制通过关联单个输入序列中的不同位置来计算注意力权重的能力。它可以评估并学习输入本身各个部分之间的关系和依赖，比如句子中的单词或图像中的像素。

这与传统的注意力机制形成对比。传统的注意力机制关注的是两个不同序列元素之间的关系，比如在序列到序列模型中，注意力可能在输入序列和输出序列之间，如图 3-5 中的示例所示。

由于自注意力机制可能显得较为复杂，特别是当你第一次接触它时，我们将从简化版开始讲解。接下来，我们会实现在大语言模型中使用的带可训练权重的自注意力机制。

3.3.1 无可训练权重的简单自注意力机制

让我们首先实现一个不包含任何可训练权重的简化的自注意力机制变体，如图 3-7 所示。目标是在引入可训练权重之前，阐明自注意力中的一些关键概念。

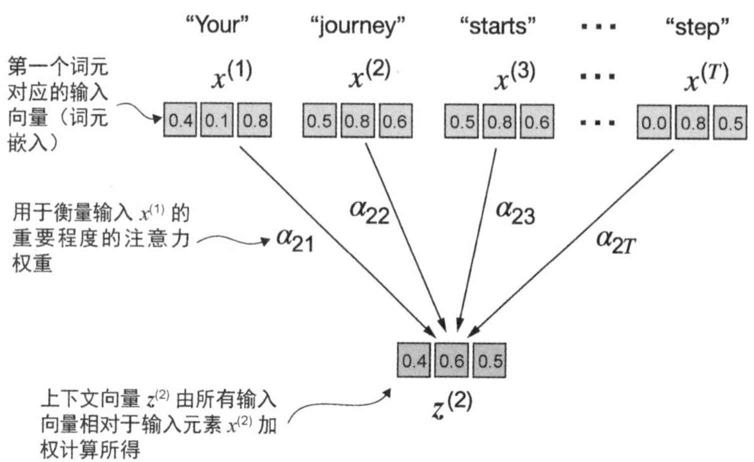

图 3-7　自注意力机制的目标是为每个输入元素计算一个上下文向量，该向量结合了其他所有输入元素的信息。在该图的示例中，我们计算了上下文向量 $z^{(2)}$ 。计算 $z^{(2)}$ 时，各个输入元素的重要性或贡献度由注意力权重 α_{21} 到 α_{2T} 决定。这些注意力权重是针对输入元素 $x^{(2)}$ 及其他所有输入元素计算的

图 3-7 显示了一个输入序列，记为 x ，它由 T 个元素组成，分别表示为 $x^{(1)}$ 到 $x^{(T)}$ 。这个序列通常代表文本（如一个句子），并且该文本已经被转换为词元嵌入。

例如，考虑输入文本“Your journey starts with one step”。在这种情况下，文本序列中的每个元素（如 $x^{(1)}$ ）都对应一个 d 维的嵌入向量，该向量代表了一个特定的词元，比如“Your”。在图 3-7 中，这些输入向量被表示为三维嵌入。

在自注意力机制中，我们的目标是为输入序列中的每个元素 $x^{(i)}$ 计算上下文向量 $z^{(i)}$ 。**上下文向量**（context vector）可以被理解为一种包含了序列中所有元素信息的嵌入向量。

为了说明这个概念，我们重点关注第二个输入元素 $x^{(2)}$ （对应于词元“journey”）的嵌入向量及其对应的上下文向量 $z^{(2)}$，如图 3-7 底部所示。这个增强的上下文向量 $z^{(2)}$ 是一个嵌入，包含了关于 $x^{(2)}$ 及其他所有输入元素（ $x^{(1)}$ 到 $x^{(T)}$ ）的信息。

上下文向量在自注意力机制中起着关键作用。它们的目的是通过结合序列中其他所有元素的

信息，为输入序列（如一个句子）中的每个元素创建丰富表示，如图 3-7 所示。这在大语言模型中至关重要，因为这些模型需要理解句子中单词之间的关系和相关性。稍后我们将添加可训练的权重，以帮助大语言模型学习如何构建这些上下文向量，使它们能用于生成下一个词元。但首先，我们将实现一个简化的自注意力机制，逐步计算这些权重和上下文向量。

考虑以下输入句子，该句已按照第 2 章中讨论的方式嵌入为三维向量。我们选择较小的嵌入维度进行说明，以确保内容能够在页面上显示而无须换行。

```
import torch
inputs = torch.tensor(
  [[0.43, 0.15, 0.89], # Your     (x^1)
   [0.55, 0.87, 0.66], # journey  (x^2)
   [0.57, 0.85, 0.64], # starts   (x^3)
   [0.22, 0.58, 0.33], # with     (x^4)
   [0.77, 0.25, 0.10], # one      (x^5)
   [0.05, 0.80, 0.55]] # step     (x^6)
)
```

实现自注意力机制的第一步是计算中间值 ω，即所谓注意力分数，如图 3-8 所示。由于空间有限，图中显示的前几个输入张量的数值是截断后的版本，比如 0.87 被截断为 0.8。在这个截断版本中，单词“journey”和“starts”的嵌入可能会由于随机原因看起来相似。

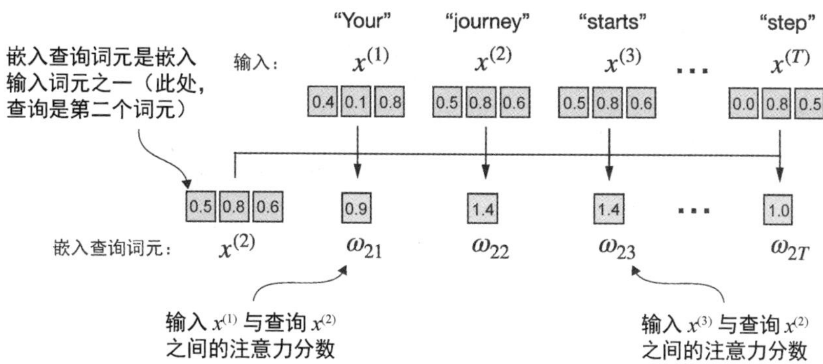

图 3-8　本节的总体目标是通过将第二个输入元素 $x^{(2)}$ 作为查询，来演示上下文向量 $z^{(2)}$ 的计算过程。该图展示了第一个中间步骤，即通过点积计算查询 $x^{(2)}$ 与其他所有输入元素之间的注意力分数 ω（请注意，为了减少视觉混乱，数值被截断为小数点后一位数字）

图 3-8 展示了如何计算查询词元与每个输入词元之间的中间注意力分数。我们通过计算查询词元 $x^{(2)}$ 与其他所有输入词元的点积来确定这些分数：

```
query = inputs[1]                                  # 第二个输入词元作为查询向量
attn_scores_2 = torch.empty(inputs.shape[0])
for i, x_i in enumerate(inputs):
    attn_scores_2[i] = torch.dot(x_i, query)
print(attn_scores_2)
```

计算得到的注意力分数如下所示。

```
tensor([0.9544, 1.4950, 1.4754, 0.8434, 0.7070, 1.0865])
```

理解点积

点积本质上是将两个向量逐个元素相乘然后对乘积求和的简洁方法，可以像下面这样进行演示：

```
res = 0.
for idx, element in enumerate(inputs[0]):
    res += inputs[0][idx] * query[idx]
print(res)
print(torch.dot(inputs[0], query))
```

输出证实了元素乘法的总和与点积的结果相同：

```
tensor(0.9544)
tensor(0.9544)
```

点积不仅被视为一种将两个向量转化为标量值的数学工具，而且也是度量相似度的一种方式，因为它可以量化两个向量之间的对齐程度：点积越大，向量之间的对齐程度或相似度就越高。在自注意力机制中，点积决定了序列中每个元素对其他元素的关注程度：点积越大，两个元素之间的相似度和注意力分数就越高。

在下一步中，如图 3-9 所示，我们将对先前计算的每个注意力分数进行归一化处理。归一化的主要目的是获得总和为 1 的注意力权重。这种归一化是一个惯例，有助于解释结果，并能维持大语言模型的训练稳定性。以下是一种实现这一归一化步骤的简单方法。

```
attn_weights_2_tmp = attn_scores_2 / attn_scores_2.sum()
print("Attention weights:", attn_weights_2_tmp)
print("Sum:", attn_weights_2_tmp.sum())
```

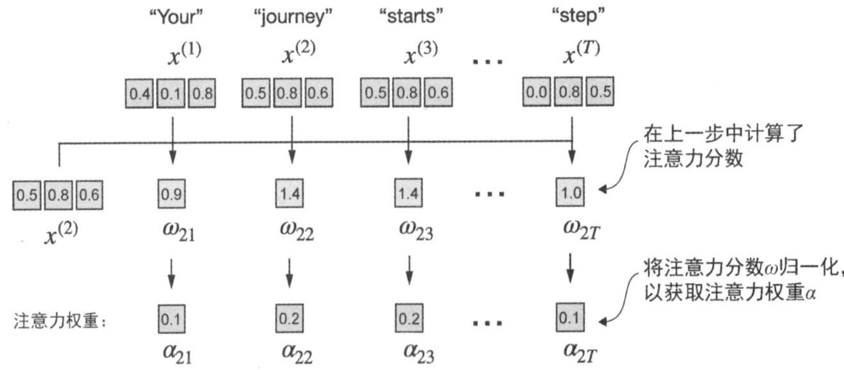

图 3-9 在计算完与输入查询 $x^{(2)}$ 相关的注意力分数 ω_{21} 到 ω_{2T} 之后，下一步是通过对这些注意力分数进行归一化，来获得注意力权重 α_{21} 到 α_{2T}

如以下输出所示，注意力权重现在的总和为 1：

```
Attention weights: tensor([0.1455, 0.2278, 0.2249, 0.1285, 0.1077, 0.1656])
Sum: tensor(1.0000)
```

在实际应用中，使用 softmax 函数进行归一化更为常见，而且是一种更可取的做法。这种方法更好地处理了极值，并在训练期间提供了更有利的梯度特性。以下是用于归一化注意力分数的 softmax 函数的基础实现：

```
def softmax_naive(x):
    return torch.exp(x) / torch.exp(x).sum(dim=0)

attn_weights_2_naive = softmax_naive(attn_scores_2)
print("Attention weights:", attn_weights_2_naive)
print("Sum:", attn_weights_2_naive.sum())
```

如以下输出所示，softmax 函数同样达到了目标，成功地对注意力权重进行了归一化，使它们的总和为 1：

```
Attention weights: tensor([0.1385, 0.2379, 0.2333, 0.1240, 0.1082, 0.1581])
Sum: tensor(1.)
```

另外，softmax 函数可以保证注意力权重总是正值，这使得输出可以被解释为概率或相对重要性，其中权重越高表示重要程度越高。

请注意，这种简单的 softmax 实现（softmax_naive）在处理大输入值或小输入值时可能会遇到数值稳定性问题，比如溢出和下溢。因此，在实践中建议使用 softmax 的 PyTorch 实现，该实现经过了大量性能优化：

```
attn_weights_2 = torch.softmax(attn_scores_2, dim=0)
print("Attention weights:", attn_weights_2)
print("Sum:", attn_weights_2.sum())
```

在这个例子中，它生成了与我们刚刚定义的 softmax_naive 函数一样的结果。

```
Attention weights: tensor([0.1385, 0.2379, 0.2333, 0.1240, 0.1082, 0.1581])
Sum: tensor(1.)
```

现在我们已经计算了归一化的注意力权重，接下来进入最后一步。如图 3-10 所示，通过将嵌入的输入词元 $x^{(i)}$ 与相应的注意力权重相乘，再将得到的向量求和来计算上下文向量 $z^{(2)}$。因此，上下文向量 $z^{(2)}$ 是所有输入向量的加权总和，通过将每个输入向量与其对应的注意力权重相乘而获得：

```
query = inputs[1]                              # 第二个输入词元作为查询向量
context_vec_2 = torch.zeros(query.shape)
for i,x_i in enumerate(inputs):
    context_vec_2 += attn_weights_2[i]*x_i
print(context_vec_2)
```

这一计算的结果如下所示。

```
tensor([0.4419, 0.6515, 0.5683])
```

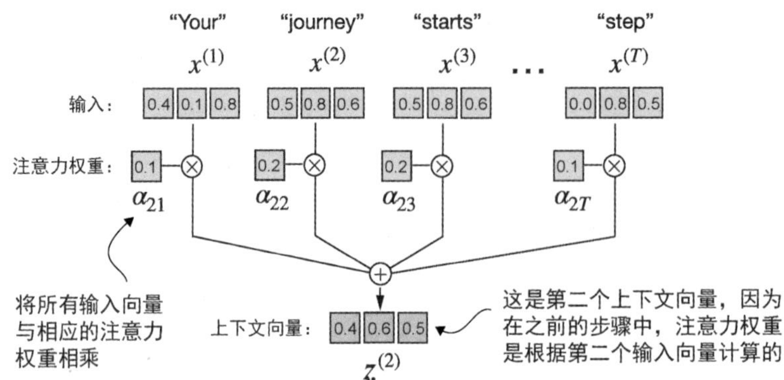

图 3-10　在计算并归一化注意力分数以获取查询 $x^{(2)}$ 的注意力权重之后，最后一步是计算上下文向量 $\boldsymbol{z}^{(2)}$。该上下文向量是所有输入向量 $\boldsymbol{x}^{(1)}$ 到 $\boldsymbol{x}^{(T)}$ 按注意力权重加权的组合

接下来，我们将推广这个计算上下文向量的过程，以便同时计算所有上下文向量。

3.3.2　计算所有输入词元的注意力权重

到目前为止，我们已经计算了输入 2 的注意力权重和上下文向量，如图 3-11 中突出显示的那一行所示。接下来，我们将扩展这个计算过程，以计算所有输入的注意力权重和上下文向量。

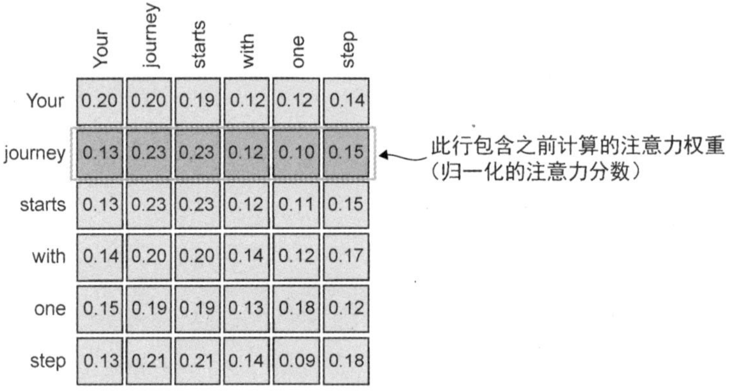

	Your	journey	starts	with	one	step
Your	0.20	0.20	0.19	0.12	0.12	0.14
journey	0.13	0.23	0.23	0.12	0.10	0.15
starts	0.13	0.23	0.23	0.12	0.11	0.15
with	0.14	0.20	0.20	0.14	0.12	0.17
one	0.15	0.19	0.19	0.13	0.18	0.12
step	0.13	0.21	0.21	0.14	0.09	0.18

图 3-11　突出显示的那一行展示了将第二个输入元素作为查询时的注意力权重。本节将对获取其他所有注意力权重的计算过程进行概括（请注意，该图中的数值被截断为小数点后两位数，以减少视觉混乱。每行中的值加起来应为 1.0 或 100%）

如图 3-12 所示，我们遵循与之前相同的 3 个步骤，唯一的区别是在代码中进行了一些修改，以计算所有上下文向量，而不仅仅是第二个上下文向量 $\boldsymbol{z}^{(2)}$。

```
attn_scores = torch.empty(6, 6)
for i, x_i in enumerate(inputs):
    for j, x_j in enumerate(inputs):
        attn_scores[i, j] = torch.dot(x_i, x_j)
print(attn_scores)
```

(1) 计算注意力分数 ← 注意力分数通过计算输入之间的点积获得

(2) 计算注意力权重 ← 注意力权重是注意力分数归一化后的结果

(3) 计算上下文向量 ← 上下文向量通过计算输入的加权和获得

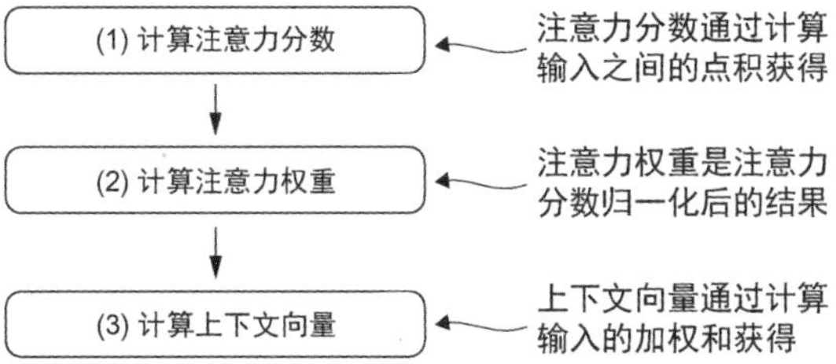

图 3-12 在第(1)步中，我们添加一个额外的 for 循环来计算所有输入对的点积

计算得到的注意力分数如下所示：

```
tensor([[0.9995, 0.9544, 0.9422, 0.4753, 0.4576, 0.6310],
        [0.9544, 1.4950, 1.4754, 0.8434, 0.7070, 1.0865],
        [0.9422, 1.4754, 1.4570, 0.8296, 0.7154, 1.0605],
        [0.4753, 0.8434, 0.8296, 0.4937, 0.3474, 0.6565],
        [0.4576, 0.7070, 0.7154, 0.3474, 0.6654, 0.2935],
        [0.6310, 1.0865, 1.0605, 0.6565, 0.2935, 0.9450]])
```

张量中的每个元素表示每对输入之间的注意力分数，如图 3-11 所示。请注意，图中的值已经归一化，这就是它们与之前张量中的未归一化注意力分数不同的原因。我们稍后会处理归一化的问题。

在计算前面的注意力分数张量时，我们使用了 Python 中的 for 循环。然而，for 循环通常较慢，因此可以使用矩阵乘法来得到相同的结果：

```
attn_scores = inputs @ inputs.T
print(attn_scores)
```

我们可以直观地确认，结果与之前一致：

```
tensor([[0.9995, 0.9544, 0.9422, 0.4753, 0.4576, 0.6310],
        [0.9544, 1.4950, 1.4754, 0.8434, 0.7070, 1.0865],
        [0.9422, 1.4754, 1.4570, 0.8296, 0.7154, 1.0605],
        [0.4753, 0.8434, 0.8296, 0.4937, 0.3474, 0.6565],
        [0.4576, 0.7070, 0.7154, 0.3474, 0.6654, 0.2935],
        [0.6310, 1.0865, 1.0605, 0.6565, 0.2935, 0.9450]])
```

在图 3-12 的第(2)步中，我们现在对每一行进行归一化，以确保每一行中的值总和为 1：

```
attn_weights = torch.softmax(attn_scores, dim=-1)
print(attn_weights)
```

这会返回如下注意力权重张量，其值与图 3-11 中所示的值一致：

```
tensor([[0.2098, 0.2006, 0.1981, 0.1242, 0.1220, 0.1452],
        [0.1385, 0.2379, 0.2333, 0.1240, 0.1082, 0.1581],
        [0.1390, 0.2369, 0.2326, 0.1242, 0.1108, 0.1565],
        [0.1435, 0.2074, 0.2046, 0.1462, 0.1263, 0.1720],
        [0.1526, 0.1958, 0.1975, 0.1367, 0.1879, 0.1295],
        [0.1385, 0.2184, 0.2128, 0.1420, 0.0988, 0.1896]])
```

在使用 PyTorch 时，像 `torch.softmax` 这样的函数中的 `dim` 参数用于指定输入张量的计算维度。将 `dim` 设置为-1 表示让 softmax 函数在 `attn_scores` 张量的最后一个维度上进行归一化。如果 `attn_scores` 是一个二维张量（比如形状为[行, 列]），那么它将对列进行归一化，使得每行的值（在列维度上的总和）为 1。

可以验证一下每一行的总和是否确实为 1：

```
row_2_sum = sum([0.1385, 0.2379, 0.2333, 0.1240, 0.1082, 0.1581])
print("Row 2 sum:", row_2_sum)
print("All row sums:", attn_weights.sum(dim=-1))
```

结果如下所示：

```
Row 2 sum: 1.0
All row sums: tensor([1.0000, 1.0000, 1.0000, 1.0000, 1.0000, 1.0000])
```

在图 3-12 的第(3)步，也就是最后一步，我们用这些注意力权重通过矩阵乘法计算出所有上下文向量：

```
all_context_vecs = attn_weights @ inputs
print(all_context_vecs)
```

在生成的输出张量中，每一行包含一个三维的上下文向量：

```
tensor([[0.4421, 0.5931, 0.5790],
        [0.4419, 0.6515, 0.5683],
        [0.4431, 0.6496, 0.5671],
        [0.4304, 0.6298, 0.5510],
        [0.4671, 0.5910, 0.5266],
        [0.4177, 0.6503, 0.5645]])
```

可以通过将第 2 行与之前在 3.3.1 节中计算得到的上下文向量 $z^{(2)}$ 进行比较来再次确认代码是否正确：

```
print("Previous 2nd context vector:", context_vec_2)
```

根据结果，可以看到，我们计算的 `context_vec_2` 与之前的张量中的第 2 行完全匹配：

```
Previous 2nd context vector: tensor([0.4419, 0.6515, 0.5683])
```

至此，简单自注意力机制的代码讲解就结束了。接下来，我们将添加可训练的权重，使大语言模型能够从数据中学习，并提升其在特定任务上的性能。

3.4 实现带可训练权重的自注意力机制

接下来，我们将实现在原始 Transformer 架构、GPT 模型和大多数其他流行的大语言模型中使用的自注意力机制。这种自注意力机制也被称为**缩放点积注意力**（scaled dot-product attention）。图 3-13 展示了在实现整个大语言模型的过程中，自注意力机制是如何嵌入的。

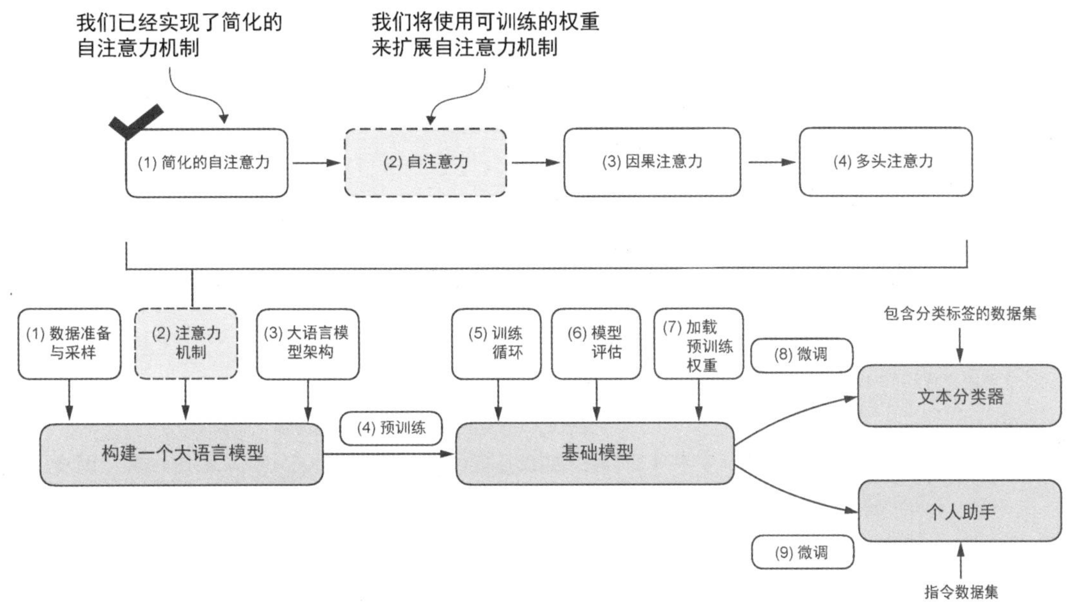

图 3-13 之前，我们实现了一个简化的注意力机制，以理解注意力机制背后的基本原理。现在，我们将为此注意力机制添加可训练的权重。之后，我们将通过添加因果掩码和多头机制来扩展这种自注意力机制

如图 3-13 所示，带有可训练权重的自注意力机制是建立在先前概念之上的：我们希望将上下文向量计算为某个特定输入元素对于序列中所有输入向量的加权和。你会看到，带有可训练权重的自注意力机制与我们之前实现的基础自注意力机制只有些微的不同。

最显著的区别是这里引入了在模型训练期间更新的权重矩阵。这些可训练的权重矩阵至关重要，这样模型（特别是模型内部的注意力模块）才能学会产生“好的”上下文向量。（请注意，我们将在第 5 章中训练大语言模型。）

3.4.1 节和 3.4.2 节将讨论这种自注意力机制。首先，我们会像以前一样逐步编写代码。其次，我们会把代码组织成一个紧凑的 Python 类，以便能够导入到大语言模型架构中。

3.4.1 逐步计算注意力权重

本节将通过引入 3 个可训练的权重矩阵 $\boldsymbol{W}_q$、$\boldsymbol{W}_k$ 和 $\boldsymbol{W}_v$，一步一步地实现自注意力机制。这 3 个矩阵用于将嵌入的输入词元 $x^{(i)}$ 分别映射为查询向量、键向量和值向量，如图 3-14 所示。

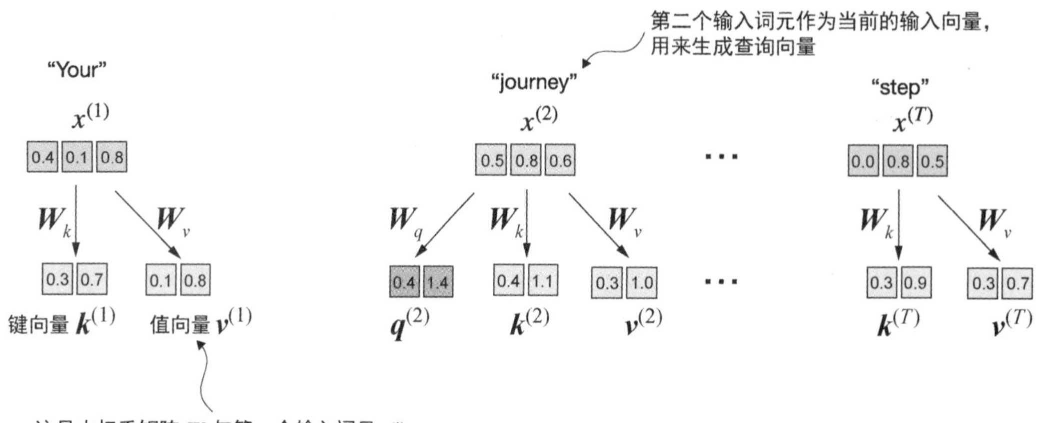

图 3-14 在实现具有可训练权重矩阵的自注意力机制的第一步中，我们计算了输入元素 x 的查询向量（$\boldsymbol{q}$）、键向量（$\boldsymbol{k}$）和值向量（$\boldsymbol{v}$）。与之前类似，我们将第二个输入元素 $x^{(2)}$ 指定为查询输入。查询向量 $\boldsymbol{q}^{(2)}$ 是通过第二个输入元素 $x^{(2)}$ 与权重矩阵 $\boldsymbol{W}_q$ 之间的矩阵乘法得到的。同样，我们通过包含权重矩阵 $\boldsymbol{W}_k$ 和 $\boldsymbol{W}_v$ 的矩阵乘法得到键向量和值向量

之前，当我们通过注意力权重计算上下文向量 $z^{(2)}$ 时，将第二个输入元素 $x^{(2)}$ 定义为了查询。然后，我们将这一方法推广到了计算所有上下文向量 $z^{(1)} \cdots z^{(T)}$，应用于 6 个词的输入句子 "Your journey starts with one step"。

同样，为了便于说明，这里我们只计算一个上下文向量 $z^{(2)}$。之后我们会修改这段代码来计算所有上下文向量。

首先，定义几个变量：

```
x_2 = inputs[1]              # 第二个输入元素
d_in = inputs.shape[1]       # 输入嵌入维度 d_in=3
d_out = 2                    # 输出嵌入维度 d_out=2
```

请注意，在类 GPT 模型中，输入和输出的维度通常是相同的，但为了便于理解计算过程，这里我们使用不同的输入维度（`d_in=3`）和输出维度（`d_out=2`）。

然后，初始化图 3-14 中的 3 个权重矩阵 $\boldsymbol{W}_q$、$\boldsymbol{W}_k$和 $\boldsymbol{W}_v$：

```
torch.manual_seed(123)
W_query = torch.nn.Parameter(torch.rand(d_in, d_out), requires_grad=False)
W_key   = torch.nn.Parameter(torch.rand(d_in, d_out), requires_grad=False)
W_value = torch.nn.Parameter(torch.rand(d_in, d_out), requires_grad=False)
```

设置 requires_grad=False 以减少输出中的其他项，但如果要在模型训练中使用这些权重矩阵，就需要设置 requires_grad=True，以便在训练中更新这些矩阵。

接下来，计算查询向量、键向量和值向量：

```
query_2 = x_2 @ W_query
key_2 = x_2 @ W_key
value_2 = x_2 @ W_value
print(query_2)
```

因为我们通过 d_out 将对应的权重矩阵的列数设置为了 2，所以查询的输出结果是一个二维向量。

```
tensor([0.4306, 1.4551])
```

权重参数与注意力权重

在权重矩阵 $\boldsymbol{W}$ 中，“权重”是“权重参数”的简称，表示在训练过程中优化的神经网络参数。这与注意力权重是不同的。正如我们已经看到的，注意力权重决定了上下文向量对输入的不同部分的依赖程度（网络对输入的不同部分的关注程度）。

总之，权重参数是定义网络连接的基本学习系数，而注意力权重是动态且特定于上下文的值。

虽然目前我们的目标只是计算一个上下文向量 $\boldsymbol{z}^{(2)}$，但仍然需要所有输入元素的键向量和值向量，因为它们参与了计算相对于查询 $\boldsymbol{q}^{(2)}$的注意力权重（参见图 3-14）。

可以通过矩阵乘法得到所有的键向量和值向量：

```
keys = inputs @ W_key
values = inputs @ W_value
print("keys.shape:", keys.shape)
print("values.shape:", values.shape)
```

从输出中可以看出，我们成功地将 6 个输入词元从三维空间映射到了二维嵌入空间。

```
keys.shape: torch.Size([6, 2])
values.shape: torch.Size([6, 2])
```

接下来是计算注意力分数，如图 3-15 所示。

3

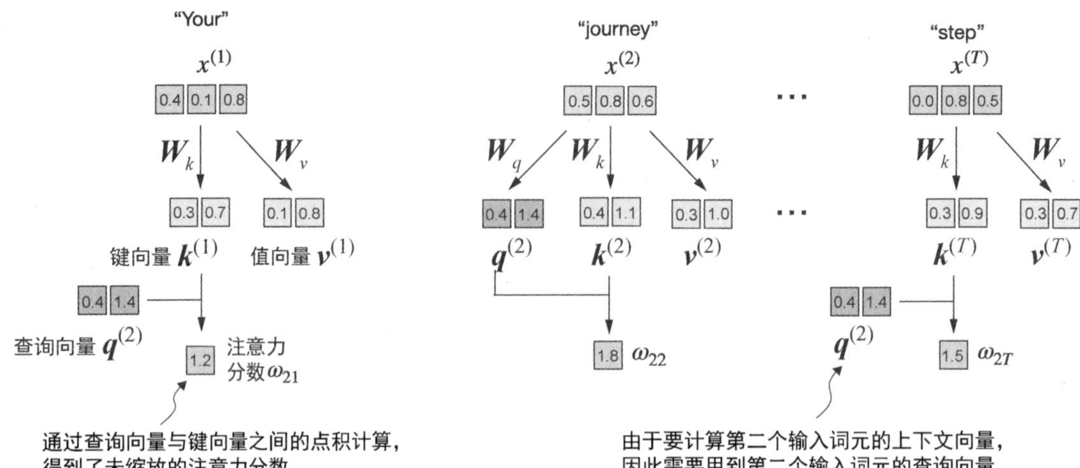

图 3-15 注意力分数的计算是一种点积计算，与 3.3 节中使用的方法类似。不同之处在于，我们不是直接计算输入元素之间的点积，而是使用通过各自权重矩阵变换后的查询向量和键向量进行计算

首先，计算出注意力分数 ω_{22}：

```
keys_2 = keys[1]
attn_score_22 = query_2.dot(keys_2)
print(attn_score_22)
```

注意，Python 从 0 开始进行索引

未归一化的注意力分数如下所示：

```
tensor(1.8524)
```

同样，可以通过矩阵乘法将这个计算推广到所有的注意力分数：

```
attn_scores_2 = query_2 @ keys.T
print(attn_scores_2)
```

给定 **query** 的全部注意力分数

如你所见，经过快速检查，输出中的第二个元素与之前计算的 `attn_score_22` 一致。

```
tensor([1.2705, 1.8524, 1.8111, 1.0795, 0.5577, 1.5440])
```

现在，我们想要将注意力分数转换为注意力权重，如图 3-16 所示。我们通过缩放注意力分数并应用 softmax 函数来计算注意力权重。不过，此时是通过将注意力分数除以键向量的嵌入维度的平方根来进行缩放（取平方根在数学上等同于以 0.5 为指数进行幂运算）。

```
d_k = keys.shape[-1]
attn_weights_2 = torch.softmax(attn_scores_2 / d_k**0.5, dim=-1)
print(attn_weights_2)
```

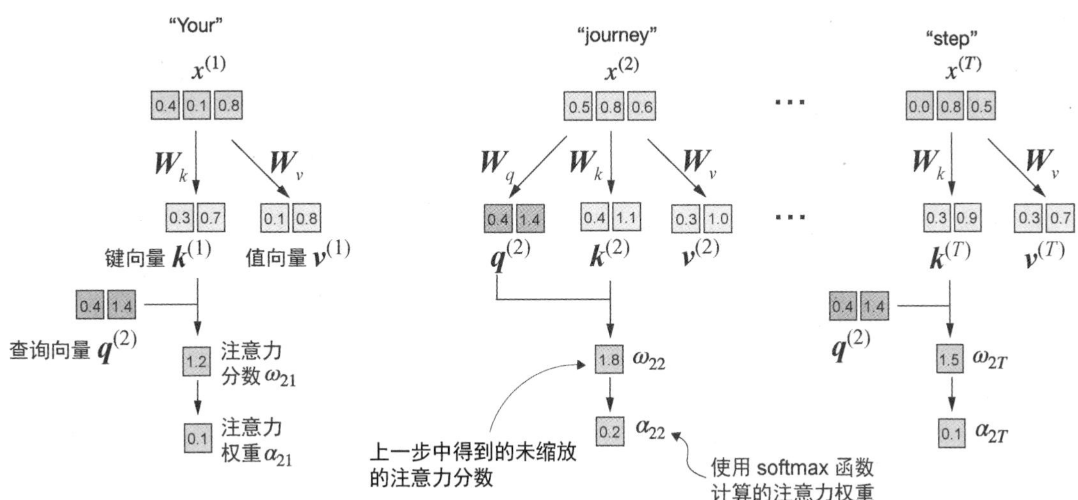

图 3-16　在计算完注意力分数 ω 后，下一步是使用 softmax 函数对这些分数进行归一化，以获得注意力权重 α

运行上述代码得到的注意力权重如下所示。

```
tensor([0.1500, 0.2264, 0.2199, 0.1311, 0.0906, 0.1820])
```

缩放点积注意力的原理

对嵌入维度进行归一化是为了避免梯度过小，从而提升训练性能。例如，在类 GPT 大语言模型中，嵌入维度通常大于1000，这可能导致点积非常大，从而在反向传播时由于softmax 函数的作用导致梯度非常小。当点积增大时，softmax 函数会表现得更像阶跃函数，导致梯度接近零。这些小梯度可能会显著减慢学习速度或使训练停滞。

因此，通过嵌入维度的平方根进行缩放解释了为什么这种自注意力机制也被称为缩放点积注意力机制。

现在，最后一步是计算上下文向量，如图 3-17 所示。

与计算上下文向量时对输入向量进行加权求和（参见 3.3 节）的方式类似，现在通过对值向量进行加权求和来计算上下文向量。在这里，注意力权重作为加权因子，用于权衡每个值向量的重要性。和之前一样，可以使用矩阵乘法一步获得输出结果：

```
context_vec_2 = attn_weights_2 @ values
print(context_vec_2)
```

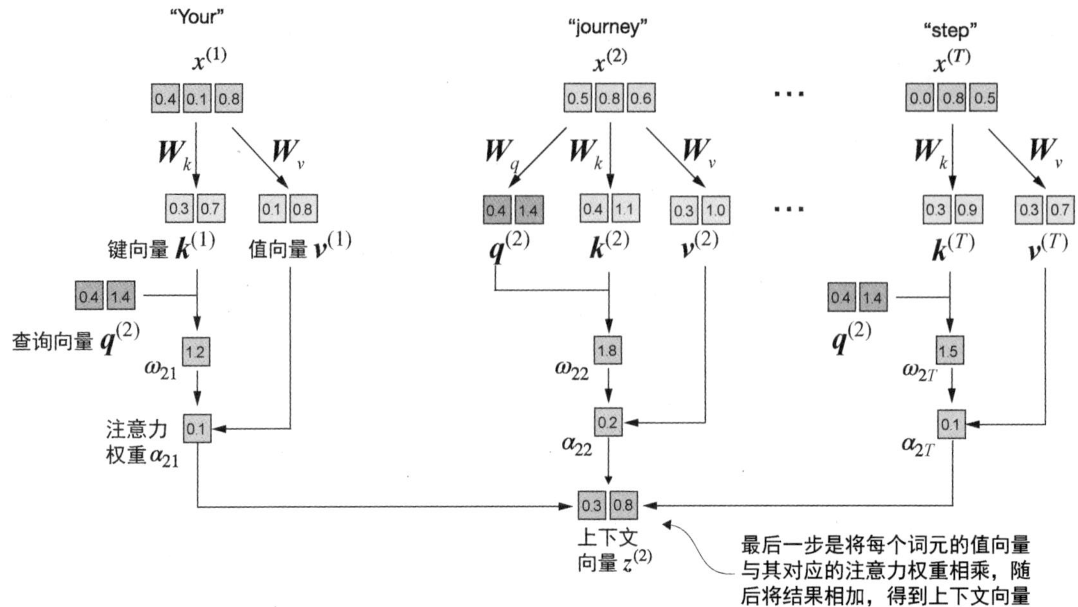

图 3-17　在自注意力计算的最后一步，通过注意力权重将所有值向量进行加权求和，从而计算上下文向量

所生成的向量内容如下所示：

```
tensor([0.3061, 0.8210])
```

到目前为止，我们只计算了一个上下文向量 $z^{(2)}$。在 3.4.2 节中，我们将扩展代码来计算输入序列中 $z^{(1)}$到 $z^{(T)}$的所有上下文向量。

为什么要用查询、键和值

在注意力机制中，“键”（key）、“查询”（query）和“值”（value）这些术语借用自信息检索和数据库领域，这些领域使用类似的概念来进行信息存储、搜索和检索。

查询类似于数据库中的搜索查询。它代表了模型当前关注或试图理解的项(比如句子中的一个单词或词元)。查询用于探测输入序列中的其他部分，以确定对它们的关注程度。

键类似于用于数据库索引和搜索的键。在注意力机制中，输入序列中的每个项（比如句子中的每个单词）都有一个对应的键。这些键用于与查询进行匹配。

在这种背景下，**值**类似于数据库中键–值对中的值。它表示输入项的实际内容或表示。一旦模型确定哪些键以及哪些输入部分与查询（当前关注的项）最相关，它就会检索相应的值。

3.4.2 实现一个简化的自注意力 Python 类

到目前为止，我们已经完成了多个步骤来计算自注意力的输出。这些步骤主要是为了演示清晰，以便逐步了解每个环节。在实际操作中，为了实现第 4 章中的大语言模型，最好将这些代码组织成一个 Python 类，如代码清单 3-1 所示。

代码清单 3-1　一个简化的自注意力类

```
import torch.nn as nn
class SelfAttention_v1(nn.Module):
    def __init__(self, d_in, d_out):
        super().__init__()
        self.W_query = nn.Parameter(torch.rand(d_in, d_out))
        self.W_key   = nn.Parameter(torch.rand(d_in, d_out))
        self.W_value = nn.Parameter(torch.rand(d_in, d_out))

    def forward(self, x):
        keys = x @ self.W_key
        queries = x @ self.W_query
        values = x @ self.W_value
        attn_scores = queries @ keys.T # omega
        attn_weights = torch.softmax(
            attn_scores / keys.shape[-1]**0.5, dim=-1
        )
        context_vec = attn_weights @ values
        return context_vec
```

在这段 PyTorch 代码中，`SelfAttention_v1` 是一个从 `nn.Module` 派生出来的类。`nn.Module` 是 PyTorch 模型的一个基本构建块，它为模型层的创建和管理提供了必要的功能。

`__init__` 方法初始化了可训练的权重矩阵（`W_query`、`W_key` 和 `W_value`），这些矩阵用于查询向量、键向量和值向量，每个矩阵将输入维度 `d_in` 转换为输出维度 `d_out`。

在前向传播过程中，我们通过使用 `forward` 方法将查询向量和键向量相乘来计算注意力分数（`attn_scores`），然后使用 softmax 对这些分数进行归一化。最后，我们通过使用这些归一化的注意力分数对值向量进行加权来创建上下文向量。

可以通过以下方式来使用这个类：

```
torch.manual_seed(123)
sa_v1 = SelfAttention_v1(d_in, d_out)
print(sa_v1(inputs))
```

由于输入包含 6 个嵌入向量，因此我们会得到一个用于保存这 6 个上下文向量的矩阵：

```
tensor([[0.2996, 0.8053],
        [0.3061, 0.8210],
        [0.3058, 0.8203],
        [0.2948, 0.7939],
```

```
        [0.2927, 0.7891],
        [0.2990, 0.8040]], grad_fn=<MmBackward0>)
```

通过快速检查，可以看到第 2 行（`[0.3061, 0.8210]`）与 3.4.1 节中的 `context_vec_2` 内容相符。

图 3-18 总结了我们刚刚实现的自注意力机制。

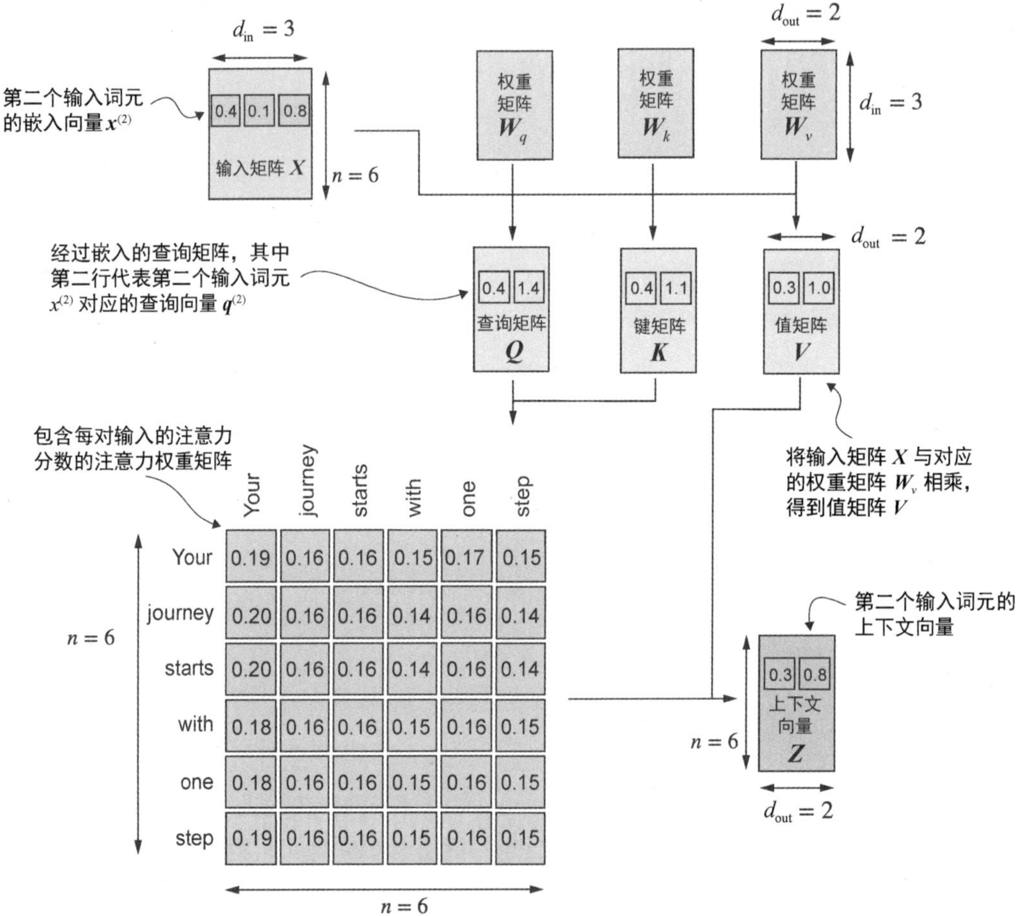

图 3-18　在自注意力机制中，我们用 3 个权重矩阵 W_q、W_k 和 W_v 来变换输入矩阵 X 中的输入向量。我们首先根据所得查询矩阵（Q）和键矩阵（K）计算注意力权重矩阵，然后再使用注意力权重矩阵和值矩阵（V）计算上下文向量（Z）。为了视觉清晰，我们关注具有 n 个词元的单个输入文本，而不是一批多个输入。因此，在这种情况下，三维输入张量被简化为二维矩阵。这种方法允许更直观地可视化和理解所涉及的过程。为了与后面的图保持一致，注意力矩阵中的值不代表真正的注意力权重（该图中的数值被截断为小数点后两位，以减少视觉混乱。每行中的值加起来应为 1.0 或 100%）

自注意力机制包含了可训练的权重矩阵 W_q、W_k 和 W_v。这些矩阵将输入数据转换为查询向量、键向量和值向量，这些组件在注意力机制中至关重要。随着模型在训练中接触更多数据，它会调整这些可训练的权重，后续章节会对此进行介绍。

可以通过使用 PyTorch 的 `nn.Linear` 层来进一步优化 `SelfAttention_v1` 的实现，当偏置单元被禁用时，`nn.Linear` 层可以有效地执行矩阵乘法。相比手动实现 `nn.Parameter(torch.rand(...))`，使用 `nn.Linear` 的一个重要优势是它提供了优化的权重初始化方案，从而有助于模型训练的稳定性和有效性，如代码清单 3-2 所示。

代码清单 3-2 一个使用 PyTorch 线性层的自注意力类

```
class SelfAttention_v2(nn.Module):
    def __init__(self, d_in, d_out, qkv_bias=False):
        super().__init__()
        self.W_query = nn.Linear(d_in, d_out, bias=qkv_bias)
        self.W_key   = nn.Linear(d_in, d_out, bias=qkv_bias)
        self.W_value = nn.Linear(d_in, d_out, bias=qkv_bias)

    def forward(self, x):
        keys = self.W_key(x)
        queries = self.W_query(x)
        values = self.W_value(x)
        attn_scores = queries @ keys.T
        attn_weights = torch.softmax(
            attn_scores / keys.shape[-1]**0.5, dim=-1
        )
        context_vec = attn_weights @ values
        return context_vec
```

可以像使用 `SelfAttention_v1` 一样使用 `SelfAttention_v2`：

```
torch.manual_seed(789)
sa_v2 = SelfAttention_v2(d_in, d_out)
print(sa_v2(inputs))
```

输出结果如下所示：

```
tensor([[-0.0739,  0.0713],
        [-0.0748,  0.0703],
        [-0.0749,  0.0702],
        [-0.0760,  0.0685],
        [-0.0763,  0.0679],
        [-0.0754,  0.0693]], grad_fn=<MmBackward0>)
```

请注意，`SelfAttention_v1` 和 `SelfAttention_v2` 因为使用了不同的初始权重矩阵而给出了不同的输出，这是由 `nn.Linear` 使用了一个更复杂的权值初始化方案所导致的。

3

练习 3.1 比较 `SelfAttention_v1` 和 `SelfAttention_v2`

注意，SelfAttention_v2 中的 nn.Linear 使用了与 SelfAttention_v1 中的 nn.Parameter(torch.rand(d_in, d_out))不同的权重初始化方式，这导致两个机制的输出结果不同。为了确认 SelfAttention_v1 和 SelfAttention_v2 的其他方面是否相同，可以将 SelfAttention_v2 对象的权重矩阵转移到 SelfAttention_v1 对象中，这样两个对象就会产生相同的结果。

你的任务是将 SelfAttention_v2 实例中的权重正确地分配给 SelfAttention_v1 实例。为此，需要了解两个版本中的权重之间的关系。（提示：nn.Linear 以转置的形式存储权重矩阵。）完成分配后，应该能够观察到这两个实例产生了相同的输出。

接下来，我们将改进自注意力机制，重点是在机制中引入因果机制和多头机制。因果机制的作用是调整注意力机制，防止模型访问序列中未来的信息，这在语言建模等任务中尤为重要，因为每个词的预测只能依赖之前出现的词。

多头机制涉及将注意力机制分成多个“头”。每个头会学习数据的不同特征，使模型能够在不同的位置同时关注来自不同表示子空间的信息。这能够提升模型在复杂任务中的性能。

3.5 利用因果注意力隐藏未来词汇

对于许多大语言模型任务，你希望自注意力机制在预测序列中的下一个词元时仅考虑当前位置之前的词元。因果注意力（也称为**掩码注意力**）是一种特殊的自注意力形式。它限制模型在处理任何给定词元时，只能基于序列中的先前和当前输入来计算注意力分数，而标准的自注意力机制可以一次性访问整个输入序列。

现在，我们将通过修改标准自注意力机制来创建**因果注意力**机制，这是在后续章节中开发大语言模型的关键步骤。要在类 GPT 模型中实现这一点，对于每个处理的词元，需要掩码当前词元之后的后续词元，如图 3-19 所示。我们会掩码对角线以上的注意力权重，并归一化未掩码的注意力权重，使得每一行的权重之和为 1。稍后，我们将通过代码来实现这一掩码和归一化过程。

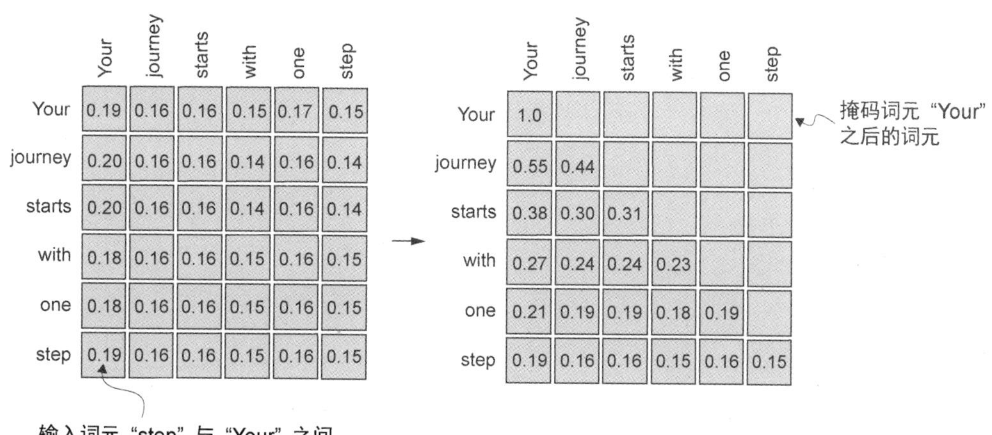

图 3-19 在因果注意力机制中，我们掩码了对角线以上的注意力权重，以确保在计算上下文向量时，大语言模型无法访问未来的词元。例如，对于第 2 行的单词 “journey”，仅保留当前词（“journey”）和之前词（“Your”）的注意力权重

3.5.1 因果注意力的掩码实现

接下来我们将在代码中实现因果注意力掩码。如图 3-20 所示，为了实现应用因果注意力掩码的步骤并得到掩码后的注意力权重，我们将使用前面介绍的注意力分数和权重来编写因果注意力机制代码。

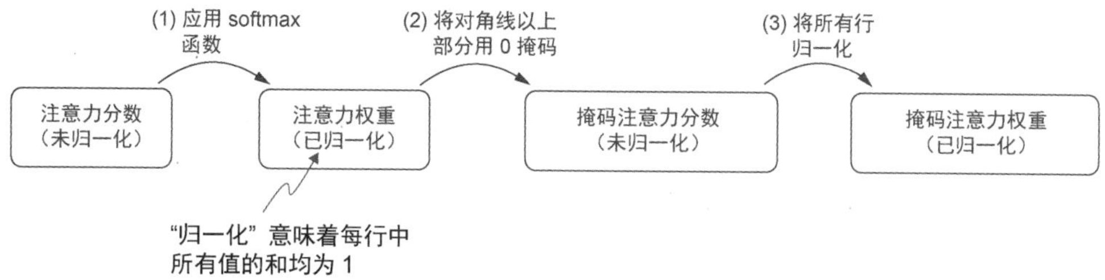

图 3-20 在因果注意力中，获得掩码后的注意力权重矩阵的一种方法是对注意力分数应用 softmax 函数，将对角线以上的元素清零，并对所得矩阵进行归一化

在第(1)步中，按照之前的方法，通过 softmax 函数计算注意力权重：

```
queries = sa_v2.W_query(inputs)
keys = sa_v2.W_key(inputs)
attn_scores = queries @ keys.T
attn_weights = torch.softmax(attn_scores / keys.shape[-1]**0.5, dim=-1)
print(attn_weights)
```

为方便起见，可以重用 3.4.2 节中的 `SelfAttention_v2` 对象的查询权重矩阵和键权重矩阵结果得到如下注意力权重：

```
tensor([[0.1921, 0.1646, 0.1652, 0.1550, 0.1721, 0.1510],
        [0.2041, 0.1659, 0.1662, 0.1496, 0.1665, 0.1477],
        [0.2036, 0.1659, 0.1662, 0.1498, 0.1664, 0.1480],
        [0.1869, 0.1667, 0.1668, 0.1571, 0.1661, 0.1564],
        [0.1830, 0.1669, 0.1670, 0.1588, 0.1658, 0.1585],
        [0.1935, 0.1663, 0.1666, 0.1542, 0.1666, 0.1529]],
       grad_fn=<SoftmaxBackward0>)
```

可以使用 PyTorch 的 `tril` 函数来实现第(2)步，该函数可以创建一个对角线以上元素为 0 的掩码：

```
context_length = attn_scores.shape[0]
mask_simple = torch.tril(torch.ones(context_length, context_length))
print(mask_simple)
```

生成的掩码矩阵如下所示：

```
tensor([[1., 0., 0., 0., 0., 0.],
        [1., 1., 0., 0., 0., 0.],
        [1., 1., 1., 0., 0., 0.],
        [1., 1., 1., 1., 0., 0.],
        [1., 1., 1., 1., 1., 0.],
        [1., 1., 1., 1., 1., 1.]])
```

现在，可以把这个掩码矩阵和注意力权重矩阵相乘，使对角线上方的值变为 0：

```
masked_simple = attn_weights*mask_simple
print(masked_simple)
```

如你所见，对角线上方的元素已被成功地归零：

```
tensor([[0.1921, 0.0000, 0.0000, 0.0000, 0.0000, 0.0000],
        [0.2041, 0.1659, 0.0000, 0.0000, 0.0000, 0.0000],
        [0.2036, 0.1659, 0.1662, 0.0000, 0.0000, 0.0000],
        [0.1869, 0.1667, 0.1668, 0.1571, 0.0000, 0.0000],
        [0.1830, 0.1669, 0.1670, 0.1588, 0.1658, 0.0000],
        [0.1935, 0.1663, 0.1666, 0.1542, 0.1666, 0.1529]],
       grad_fn=<MulBackward0>)
```

第(3)步是重新归一化注意力权重，使每一行的总和再次为 1。可以通过将每行中的每个元素除以每行中的和来实现这一点：

```
row_sums = masked_simple.sum(dim=-1, keepdim=True)
masked_simple_norm = masked_simple / row_sums
print(masked_simple_norm)
```

结果是一个注意力权重矩阵，其中对角线以上的注意力权重已被归零，每一行之和为 1。

```
tensor([[1.0000, 0.0000, 0.0000, 0.0000, 0.0000, 0.0000],
        [0.5517, 0.4483, 0.0000, 0.0000, 0.0000, 0.0000],
        [0.3800, 0.3097, 0.3103, 0.0000, 0.0000, 0.0000],
        [0.2758, 0.2460, 0.2462, 0.2319, 0.0000, 0.0000],
        [0.2175, 0.1983, 0.1984, 0.1888, 0.1971, 0.0000],
        [0.1935, 0.1663, 0.1666, 0.1542, 0.1666, 0.1529]],
       grad_fn=<DivBackward0>)
```

信息泄露

当我们应用掩码并重新归一化注意力权重时，初看起来，未来的词元（打算掩码的）可能仍然会影响当前的词元，因为它们的值会参与 softmax 计算。然而，关键的见解是，在掩码后重新归一化时，我们实际上是在对一个较小的子集重新计算 softmax 分数（因为被掩码的位置不参与 softmax 计算）。

softmax 函数在数学上的优雅之处在于，尽管最初所有位置都在分母中，但掩码和重新归一化之后，被掩码的位置的效果被消除——它们不会以任何实际的方式影响 softmax 分数。

简而言之，掩码和重新归一化之后，注意力权重的分布就像最初仅在未掩码的位置计算一样。这保证了不会有来自未来或其他被掩码的词元的信息泄露。

尽管可以在此时完成对因果注意力的实现，但我们仍然可以进行改进。让我们利用 softmax 函数的数学特性，以更少的步骤更高效地计算掩码后的注意力权重，如图 3-21 所示。

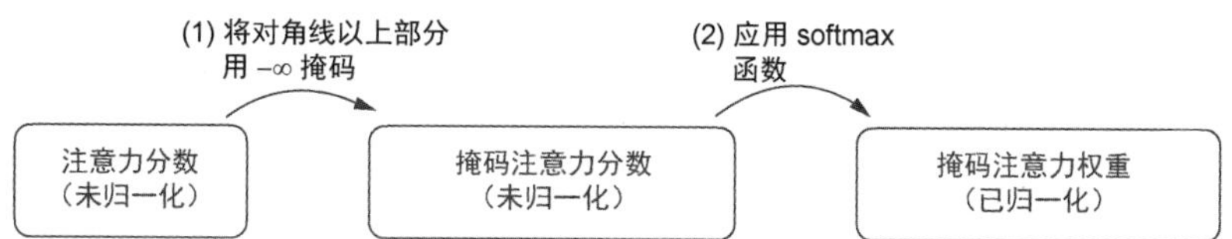

图 3-21 在因果注意力中，获得掩码后的注意力权重矩阵的一种更有效的方法是在应用 softmax 函数之前将注意力分数用负无穷大值进行掩码

softmax 函数会将其输入转换为一个概率分布。当输入中出现负无穷大值（$-\infty$）时，softmax 函数会将这些值视为零概率。（从数学角度来看，这是因为 $e^{-\infty}$无限接近于 0。）

可以通过创建一个对角线以上是 1 的掩码，并将这些 1 替换为负无穷大（`-inf`）值，来实现这种更高效的掩码“方法”：

```
mask = torch.triu(torch.ones(context_length, context_length), diagonal=1)
masked = attn_scores.masked_fill(mask.bool(), -torch.inf)
print(masked)
```

这将产生以下掩码矩阵：

```
tensor([[0.2899,   -inf,   -inf,   -inf,   -inf,   -inf],
        [0.4656, 0.1723,   -inf,   -inf,   -inf,   -inf],
        [0.4594, 0.1703, 0.1731,   -inf,   -inf,   -inf],
        [0.2642, 0.1024, 0.1036, 0.0186,   -inf,   -inf],
        [0.2183, 0.0874, 0.0882, 0.0177, 0.0786,   -inf],
        [0.3408, 0.1270, 0.1290, 0.0198, 0.1290, 0.0078]],
       grad_fn=<MaskedFillBackward0>)
```

现在只需要对这些掩码结果应用 softmax 函数，就可以完成整个过程：

```
attn_weights = torch.softmax(masked / keys.shape[-1]**0.5, dim=1)
print(attn_weights)
```

从输出结果来看，每行中的值总和为 1，因此不需要再进行额外的归一化处理：

```
tensor([[1.0000, 0.0000, 0.0000, 0.0000, 0.0000, 0.0000],
        [0.5517, 0.4483, 0.0000, 0.0000, 0.0000, 0.0000],
        [0.3800, 0.3097, 0.3103, 0.0000, 0.0000, 0.0000],
        [0.2758, 0.2460, 0.2462, 0.2319, 0.0000, 0.0000],
        [0.2175, 0.1983, 0.1984, 0.1888, 0.1971, 0.0000],
        [0.1935, 0.1663, 0.1666, 0.1542, 0.1666, 0.1529]],
       grad_fn=<SoftmaxBackward0>)
```

现在可以利用修改后的注意力权重通过 `context_vec = attn_weights @ values` 计算上下文向量了，就像 3.4 节中所描述的那样。然而，在此之前，我们将先讨论一种对因果注意力机制的小调整，这在训练大语言模型时可以有效减少过拟合。

3.5.2 利用 dropout 掩码额外的注意力权重

dropout 是深度学习中的一种技术，通过在训练过程中随机忽略一些隐藏层单元来有效地“丢弃”它们。这种方法有助于减少模型对特定隐藏层单元的依赖，从而避免过拟合。需要强调的是，dropout 仅在训练期间使用，训练结束后会被取消。

在 Transformer 架构中，一些包括 GPT 在内的模型通常会在两个特定时间点使用注意力机制中的 dropout：一是计算注意力权重之后，二是将这些权重应用于值向量之后。如图 3-22 所示，我们将在计算注意力权重之后应用 dropout 掩码，因为这是实践中更常见的做法。

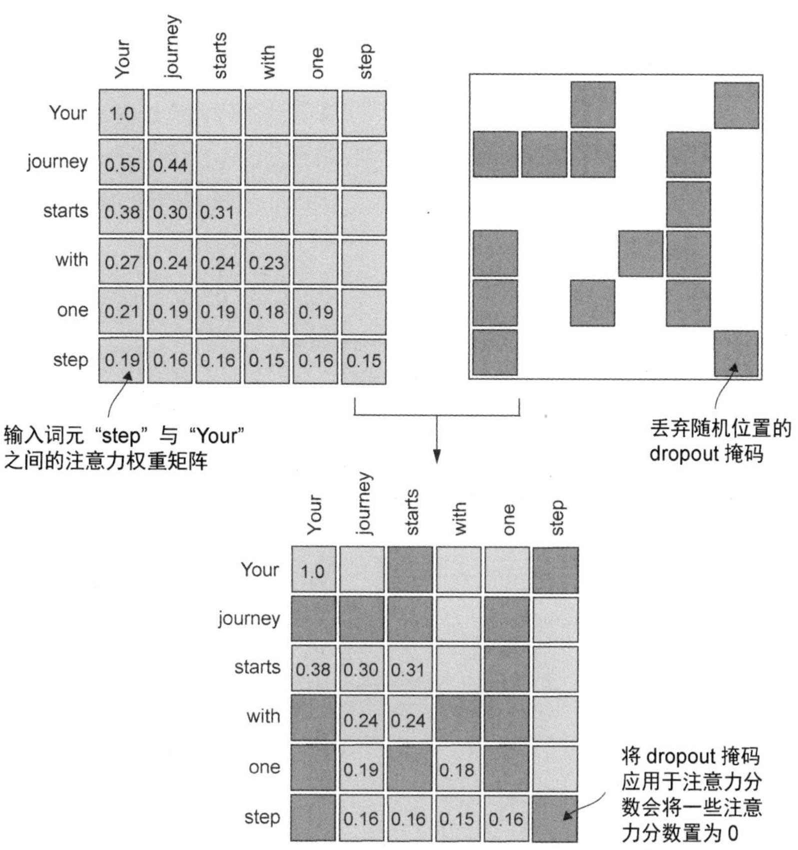

图 3-22 利用因果注意力掩码（左上），我们应用一个额外的 dropout 掩码（右上）来将额外的注意力权重置 0，以减少训练期间的过拟合

下面的代码示例中使用了 50%的 dropout 率，这意味着掩码一半的注意力权重。（当我们在接下来的章节中训练 GPT 模型时，将使用较低的 dropout 率，比如 10%或 20%。）为了便于操作，我们首先将 PyTorch 的 dropout 实现应用于一个由 1 组成的 6 × 6 张量：

```
torch.manual_seed(123)
dropout = torch.nn.Dropout(0.5)      # 选择使用 50%的 dropout 率
example = torch.ones(6, 6)           # 在这里创建一个全 1 矩阵
print(dropout(example))
```

如你所见，大约有一半的值被置 0 了：

```
tensor([[2., 2., 0., 2., 2., 0.],
        [0., 0., 0., 2., 0., 2.],
        [2., 2., 2., 2., 0., 2.],
        [0., 2., 2., 0., 0., 2.],
        [0., 2., 0., 2., 0., 2.],
        [0., 2., 2., 2., 2., 0.]])
```

在对注意力权重矩阵应用 50%的 dropout 率时，矩阵中有一半的元素会随机被置为 0。为了补偿减少的活跃元素，矩阵中剩余元素的值会按 1/0.5 = 2 的比例进行放大。这种放大对于维持注意力权重的整体平衡非常重要，可以确保在训练和推理过程中，注意力机制的平均影响保持一致。

现在，对注意力权重矩阵进行 dropout 操作：

```
torch.manual_seed(123)
print(dropout(attn_weights))
```

在处理后的注意力权重矩阵中，部分元素已被置为 0，其余元素则被重新缩放：

```
tensor([[2.0000, 0.0000, 0 .0000, 0.0000, 0.0000, 0.0000],
        [0.0000, 0.0000, 0.0000, 0.0000, 0.0000, 0.0000],
        [0.7599, 0.6194, 0.6206, 0.0000, 0.0000, 0.0000],
        [0.0000, 0.4921, 0.4925, 0.0000, 0.0000, 0.0000],
        [0.0000, 0.3966, 0.0000, 0.3775, 0.0000, 0.0000],
        [0.0000, 0.3327, 0.3331, 0.3084, 0.3331, 0.0000]],
       grad_fn=<MulBackward0>
```

请注意，由于操作系统的差异，最终的 dropout 输出可能会有所不同。有关这种不一致性的详细信息，请查看 PyTorch 的 issue tracker。

理解了因果注意力和 dropout 掩码之后，现在我们可以开发一个简洁的 Python 类。这个类的目的是高效地应用这两种技术。

3.5.3　实现一个简化的因果注意力类

现在我们将把因果注意力和 dropout 修改应用到 3.4 节中开发的 `SelfAttention` Python 类中。这个类将成为开发**多头注意力**的基础，而多头注意力是我们最终实现的注意力类。

但在开始之前，需要确保代码可以处理包含多个样本的批次，以便 `CausalAttention` 类能够支持第 2 章中实现的数据加载器产生的批量输出。

为简单起见，可以通过复制输入文本示例来模拟批量输入：

```
batch = torch.stack((inputs, inputs), dim=0)
print(batch.shape)
```

两个输入，每个输入有 6 个词元，每个词元的嵌入维度为 3

这将生成一个三维张量，其中包含两个输入文本，每个文本有 6 个词元，每个词元是一个三维的嵌入向量。

```
torch.Size([2, 6, 3])
```

代码清单 3-3 中的 `CausalAttention` 类与先前实现的 `SelfAttention` 类类似，唯一的不同是增加了 dropout 和因果掩码组件。

代码清单 3-3 一个简化的因果注意力类

```
class CausalAttention(nn.Module):
    def __init__(self, d_in, d_out, context_length,
                 dropout, qkv_bias=False):
        super().__init__()
        self.d_out = d_out
        self.W_query = nn.Linear(d_in, d_out, bias=qkv_bias)
        self.W_key   = nn.Linear(d_in, d_out, bias=qkv_bias)
        self.W_value = nn.Linear(d_in, d_out, bias=qkv_bias)
        self.dropout = nn.Dropout(dropout)
        self.register_buffer(
           'mask',
           torch.triu(torch.ones(context_length, context_length),
           diagonal=1)
        )

    def forward(self, x):
        b, num_tokens, d_in = x.shape
        keys = self.W_key(x)
        queries = self.W_query(x)
        values = self.W_value(x)

        attn_scores = queries @ keys.transpose(1, 2)
        attn_scores.masked_fill_(
            self.mask.bool()[:num_tokens, :num_tokens], -torch.inf)
        attn_weights = torch.softmax(
            attn_scores / keys.shape[-1]**0.5, dim=-1
        )
        attn_weights = self.dropout(attn_weights)

        context_vec = attn_weights @ values
        return context_vec
```

与之前的 **SelfAttention_v1** 类相比，添加了一个 dropout 层

register_buffer 调用也是一个新版本（下文提供了更多信息）

将维度 1 和 2 转置，将批维度保持在第一个位置（0）

在 PyTorch 中，所有以下划线结尾的操作都会直接作用于原数据，从而减少不必要的内存复制

虽然此时所有新增的代码行都应该是熟悉的，但我们在`__init__`方法中增加了一个 `self.register_buffer()`调用。虽然在 PyTorch 中使用 `register_buffer` 并非所有情况下都是必需的，但在这里具有一些优势。例如，当我们在大语言模型中使用 `CausalAttention` 类时，缓冲区会与模型一起自动移动到适当的设备（CPU 或 GPU），这在训练大语言模型时非常重要。这意味着我们无须手动确保这些张量与模型参数在同一设备上，从而避免了设备不匹配的错误。

可以按照之前使用 `SelfAttention` 类的方式来使用 `CausalAttention` 类：

```
torch.manual_seed(123)
context_length = batch.shape[1]
ca = CausalAttention(d_in, d_out, context_length, 0.0)
context_vecs = ca(batch)
print("context_vecs.shape:", context_vecs.shape)
```

最终生成的上下文向量是一个三维张量，其中每个词元现在用二维嵌入来表示。

```
context_vecs.shape: torch.Size([2, 6, 2])
```

图 3-23 总结了目前我们所取得的进展。我们集中讨论了神经网络中因果注意力的概念和实现。接下来，我们将基于这一概念，开发一个并行实现了多个因果注意力机制的多头注意力模块。

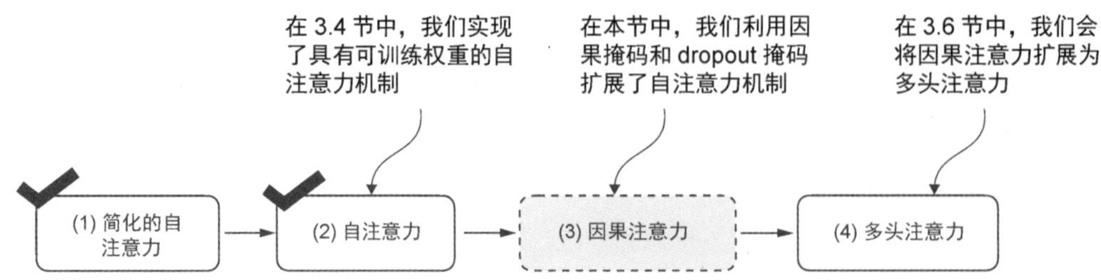
在 3.4 节中，我们实现了具有可训练权重的自注意力机制
在本节中，我们利用因果掩码和 dropout 掩码扩展了自注意力机制
在 3.6 节中，我们会将因果注意力扩展为多头注意力
(1) 简化的自注意力
(2) 自注意力
(3) 因果注意力
(4) 多头注意力

图 3-23　到目前为止，我们完成了以下步骤：从一个简化的注意力机制开始，添加了可训练的权重，然后引入了因果注意力掩码。接下来，我们将扩展因果注意力机制并编写多头注意力模块，以在我们的大语言模型中使用

3.6　将单头注意力扩展到多头注意力

在本节中，我们将进行最后一步操作，即把先前实现的因果注意力类扩展到多个头上。这也被称为**多头注意力**。

“多头”这一术语指的是将注意力机制分成多个“头”，每个“头”独立工作。在这种情况下，单个因果注意力模块可以被看作单头注意力，因为它只有一组注意力权重按顺序处理输入。

我们将从因果注意力扩展到多头注意力。首先，我们将直观地通过堆叠多个 `CausalAttention` 模块来构建多头注意力模块。然后，我们将用一种更复杂但计算上更高效的方式来实现这个多头注意力模块。

3.6.1　叠加多个单头注意力层

在实际操作中，实现多头注意力需要构建多个自注意力机制的实例（参见图 3-18），每个实例都有其独立的权重，然后将这些输出进行合成。虽然这种方法的计算量可能会非常大，但它对诸如基于 Transformer 的大语言模型之类的模型的复杂模式识别是非常重要的。

图 3-24 展示了多头注意力模块的结构，它是由图 3-18 所示的多个单头注意力模块依次叠加在一起组成的。

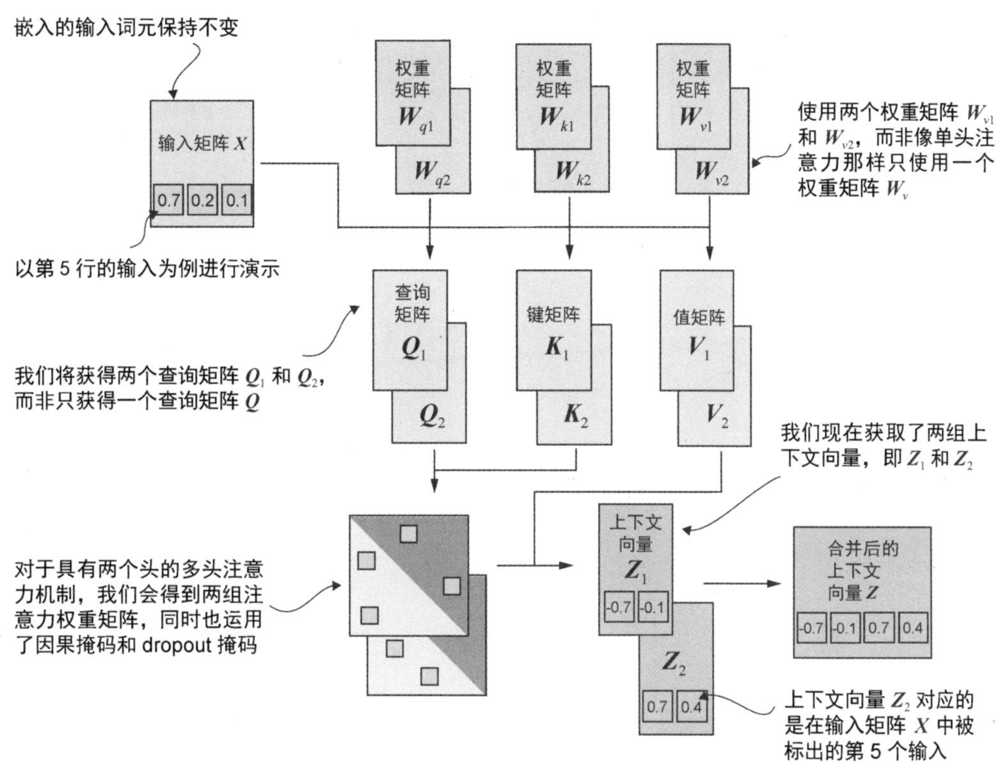

图 3-24 多头注意力模块包含两个堆叠在一起的单头注意力模块。因此，我们不是使用一个单一的矩阵 W_v 来计算值矩阵，而是在一个有两个头的多头注意力模块中，现在有两个值权重矩阵：W_{v1} 和 W_{v2}。这同样适用于其他的权重矩阵，比如 W_q 和 W_k。我们得到了两组上下文向量 Z_1 和 Z_2，最终可以将它们合并成一个单一的上下文向量矩阵 Z

正如前面提到的，多头注意力的主要思想是多次（并行）运行注意力机制，每次使用学到的不同的线性投影——这些投影是通过将输入数据（比如注意力机制中的查询向量、键向量和值向量）乘以权重矩阵得到的。在代码中，可以通过实现一个简单的 `MultiHeadAttentionWrapper` 类来达到这一目标，`MultiHeadAttentionWrapper` 类堆叠了多个之前实现的 `CausalAttention` 模块实例，如代码清单 3-4 所示。

代码清单 3-4 一个实现多头注意力的封装类

```
class MultiHeadAttentionWrapper(nn.Module):
    def __init__(self, d_in, d_out, context_length,
                 dropout, num_heads, qkv_bias=False):
        super().__init__()
        self.heads = nn.ModuleList(
            [CausalAttention(
                 d_in, d_out, context_length, dropout, qkv_bias
             )
```

```
            for _ in range(num_heads)]
        )

    def forward(self, x):
        return torch.cat([head(x) for head in self.heads], dim=-1)
```

如果采用这个具有两个注意力头（num_heads=2）以及 CausalAttention 输出维度为 d_out=2 的 MultiHeadAttentionWrapper 类，那么我们就会得到一个四维的上下文向量（d_out*num_heads=4），如图 3-25 所示。

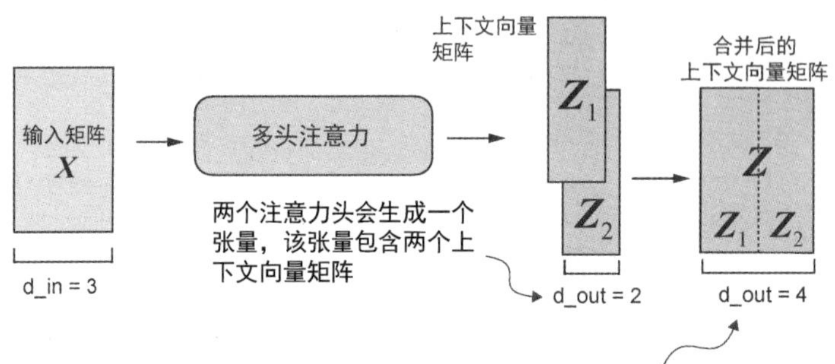

图 3-25　使用 MultiHeadAttentionWrapper，我们指定了注意力头的数量（num_heads）。如果设置 num_heads=2，那么我们就会得到一个具有两组上下文向量矩阵的张量。在每个上下文向量矩阵中，行表示对应于词元的上下文向量，列则对应于通过 d_out=4 指定的嵌入维度。我们沿着列维度连接这些上下文向量矩阵。由于我们有两个注意力头并且嵌入维度为 2，因此最终的嵌入维度是 $2 \times 2 = 4$

为了更详细地说明这一点，可以像之前使用 CausalAttention 类一样使用 MultiHeadAttentionWrapper 类：

```
torch.manual_seed(123)
context_length = batch.shape[1] # 这是词元的数量
d_in, d_out = 3, 2
mha = MultiHeadAttentionWrapper(
    d_in, d_out, context_length, 0.0, num_heads=2
)
context_vecs = mha(batch)

print(context_vecs)
print("context_vecs.shape:", context_vecs.shape)
```

这就产生了以下表示上下文向量的张量：

```
tensor([[[-0.4519,  0.2216,  0.4772,  0.1063],
         [-0.5874,  0.0058,  0.5891,  0.3257],
         [-0.6300, -0.0632,  0.6202,  0.3860],
         [-0.5675, -0.0843,  0.5478,  0.3589],
```

```
         [-0.5526, -0.0981,  0.5321,  0.3428],
         [-0.5299, -0.1081,  0.5077,  0.3493]],

        [[-0.4519,  0.2216,  0.4772,  0.1063],
         [-0.5874,  0.0058,  0.5891,  0.3257],
         [-0.6300, -0.0632,  0.6202,  0.3860],
         [-0.5675, -0.0843,  0.5478,  0.3589],
         [-0.5526, -0.0981,  0.5321,  0.3428],
         [-0.5299, -0.1081,  0.5077,  0.3493]]], grad_fn=<CatBackward0>)
context_vecs.shape: torch.Size([2, 6, 4])
```

结果中的 context_vecs 张量的第一维是 2，因为我们有两个输入文本（输入文本是重复的，所以这些上下文向量完全相同）。第二维表示每个输入中的 6 个词元。第三维表示每个词元的四维嵌入。

练习 3.2 返回二维嵌入向量

更改 MultiHeadAttentionWrapper(..., num_heads=2)调用的输入参数，使输出上下文向量是二维而不是四维，同时保持设置 num_heads=2。（提示：不需要修改类实现，只需要改变另一个输入参数。）

到目前为止，我们已经实现了一个将多个单头注意力模块结合起来的 MultiHeadAttentionWrapper。不过，这些模块在 forward 方法中是通过[head(x) for head in self.heads]依次处理的。我们可以通过并行处理所有的注意力头来改进这个实现。一种方法是在使用矩阵乘法的同时计算所有注意力头的输出。

3.6.2 通过权重划分实现多头注意力

到目前为止，我们已经创建了一个 MultiHeadAttentionWrapper，通过叠加多个单头注意力模块来实现多头注意力。这是通过实例化并组合多个 CausalAttention 对象来完成的。

与其维护两个单独的类 MultiHeadAttentionWrapper 和 CausalAttention，不如将这两个概念合并成一个 MultiHeadAttention 类。此外，除了将 MultiHeadAttentionWrapper 与 CausalAttention 代码合并，我们还会进行一些其他调整，以更高效地实现多头注意力。

在 MultiHeadAttentionWrapper 中，多头机制通过创建 CausalAttention 对象的列表（self.heads）来实现，每个对象代表一个独立的注意力头。CausalAttention 类单独执行注意力机制，每个头的结果会被拼接。相比之下，下面的 MultiHeadAttention 类会将多头功能整合到一个类内。它通过重新调整投影后的查询张量、键张量和值张量的形状，将输入分为多个头，然后在计算注意力后合并这些头的结果。

在进一步讨论之前，先来看一下 MultiHeadAttention 类，如代码清单 3-5 所示。

代码清单 3-5　一个高效的多头注意力类

```
class MultiHeadAttention(nn.Module):
    def __init__(self, d_in, d_out,
                 context_length, dropout, num_heads, qkv_bias=False):
        super().__init__()
        assert (d_out % num_heads == 0), \
            "d_out must be divisible by num_heads"

        self.d_out = d_out
        self.num_heads = num_heads
        self.head_dim = d_out // num_heads    # 减少投影维度以匹配所需的输出维度
        self.W_query = nn.Linear(d_in, d_out, bias=qkv_bias)
        self.W_key = nn.Linear(d_in, d_out, bias=qkv_bias)
        self.W_value = nn.Linear(d_in, d_out, bias=qkv_bias)
        self.out_proj = nn.Linear(d_out, d_out)    # 使用一个线性层来组合头的输出
        self.dropout = nn.Dropout(dropout)
        self.register_buffer(
            "mask",
            torch.triu(torch.ones(context_length, context_length),
                       diagonal=1)
        )

    def forward(self, x):
        b, num_tokens, d_in = x.shape
        keys = self.W_key(x)          # 张量形状：(b, num_tokens, d_out)
        queries = self.W_query(x)
        values = self.W_value(x)
        # 通过添加一个 num_heads 维度来隐式地分隔矩阵。然后展开最后一个维度：(b, num_tokens, d_out) -> (b, num_tokens, num_heads, head_dim)
        keys = keys.view(b, num_tokens, self.num_heads, self.head_dim)
        values = values.view(b, num_tokens, self.num_heads, self.head_dim)
        queries = queries.view(
            b, num_tokens, self.num_heads, self.head_dim
        )

        # 从形状(b, num_tokens, num_heads, head_dim)转换到(b, num_heads, num_tokens, head_dim)
        keys = keys.transpose(1, 2)
        queries = queries.transpose(1, 2)
        values = values.transpose(1, 2)

        attn_scores = queries @ keys.transpose(2, 3)    # 计算每个头的点积
        mask_bool = self.mask.bool()[:num_tokens, :num_tokens]    # 被截断为词元数量的掩码

        attn_scores.masked_fill_(mask_bool, -torch.inf)    # 使用掩码来填充注意力分数

        attn_weights = torch.softmax(
            attn_scores / keys.shape[-1]**0.5, dim=-1)
        attn_weights = self.dropout(attn_weights)

        context_vec = (attn_weights @ values).transpose(1, 2)    # 张量形状：(b, num_tokens, n_heads, head_dim)

        # 组合头，其中 self.d_out = self.num_heads * self.head_dim
        context_vec = context_vec.contiguous().view(
            b, num_tokens, self.d_out
        )
        context_vec = self.out_proj(context_vec)    # 添加一个可选的线性投影
        return context_vec
```

尽管 MultiHeadAttention 类中的张量重塑（.view）和转置（.transpose）在数学上看起来很复杂，但 MultiHeadAttention 类实现的概念仍与之前的 MultiHeadAttentionWrapper 类相同。

在整体层面上，在之前的 MultiHeadAttentionWrapper 中，我们堆叠了多个单头注意力层，并将其合并成一个多头注意力层。MultiHeadAttention 类采用了一种综合的方法。它从一个多头注意力层开始，然后在内部将这个层分割成单独的注意力头，如图 3-26 所示。

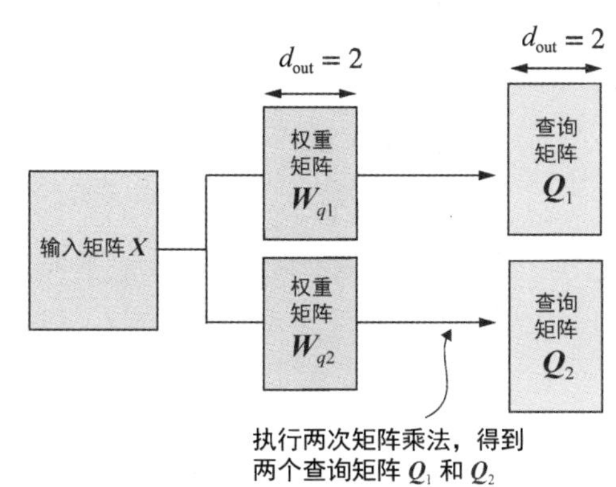

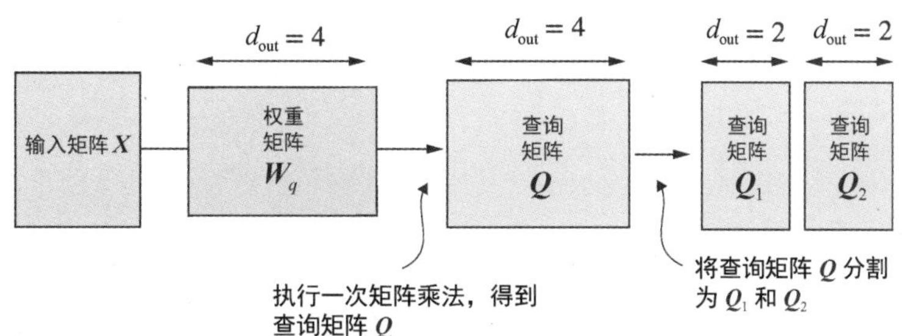

图 3-26 在具有两个注意力头的 MultiHeadAttentionWrapper 类中，我们初始化了两个权重矩阵 W_{q1} 和 W_{q2}，并计算了两个查询矩阵 Q_1 和 Q_2（上）。在 MultiHeadAttention 类中，我们初始化了一个更大的权重矩阵 W_q，并只与输入矩阵进行一次矩阵乘法操作，得到一个查询矩阵 Q，然后将查询矩阵分割成了 Q_1 和 Q_2（下）。对键矩阵和值矩阵的操作与之类似，为了减少视觉混乱，这里没有展示

在 PyTorch 中，通过使用 .view 方法进行张量重塑以及使用 .transpose 方法进行张量转置，我们实现了对查询张量、键张量和值张量的分割。输入首先经过线性层进行变换（针对查询矩阵、键矩阵和值矩阵），然后被重塑为多个头。

关键操作是将 d_out 维度分割为 num_heads 和 head_dim，其中 head_dim = d_out / num_heads。此分割通过 .view 方法来实现：维度为 (b, num_tokens, d_out) 的张量被重塑

后的维度为(b, num_tokens, num_heads, head_dim)。

然后转置张量，使 num_heads 维度置于 num_tokens 维度之前，从而形成一个(b, num_heads, num_tokens, head_dim)的形状。这种转置对于正确对齐不同头的查询矩阵、键矩阵和值矩阵，以及有效地执行批处理矩阵乘法至关重要。

为了说明这个批处理矩阵乘法，假设有下面所列的张量的例子：

```
a = torch.tensor([[[[0.2745, 0.6584, 0.2775, 0.8573],
                    [0.8993, 0.0390, 0.9268, 0.7388],
                    [0.7179, 0.7058, 0.9156, 0.4340]],

                   [[0.0772, 0.3565, 0.1479, 0.5331],
                    [0.4066, 0.2318, 0.4545, 0.9737],
                    [0.4606, 0.5159, 0.4220, 0.5786]]]])
```

这个张量的形状是(b, num_heads, num_tokens, head_dim) = (1, 2, 3, 4)

现在，在原始的张量和转置后的张量之间执行批处理矩阵乘法，其中我们转置了最后两个维度，即 num_tokens 和 head_dim：

```
print(a @ a.transpose(2, 3))
```

结果如下所示：

```
tensor([[[[1.3208, 1.1631, 1.2879],
          [1.1631, 2.2150, 1.8424],
          [1.2879, 1.8424, 2.0402]],

         [[0.4391, 0.7003, 0.5903],
          [0.7003, 1.3737, 1.0620],
          [0.5903, 1.0620, 0.9912]]]])
```

在这种情况下，PyTorch 的矩阵乘法实现处理了四维输入张量，使得矩阵乘法在最后两个维度（num_tokens 和 head_dim）之间进行，并对每个头重复这一操作。

例如，上述方法提供了一种更简化的方式来单独计算每个头的矩阵乘法：

```
first_head = a[0, 0, :, :]
first_res = first_head @ first_head.T
print("First head:\n", first_res)

second_head = a[0, 1, :, :]
second_res = second_head @ second_head.T
print("\nSecond head:\n", second_res)
```

最终结果与刚刚使用批处理矩阵乘法 print(a @ a.transpose(2, 3))得到的结果完全相同：

```
First head:
 tensor([[1.3208, 1.1631, 1.2879],
        [1.1631, 2.2150, 1.8424],
        [1.2879, 1.8424, 2.0402]])
```

```
Second head:
 tensor([[0.4391, 0.7003, 0.5903],
         [0.7003, 1.3737, 1.0620],
         [0.5903, 1.0620, 0.9912]])
```

在 MultiHeadAttention 中，计算完注意力权重和上下文向量后，将所有头的上下文向量转置为(b, num_tokens, num_heads, head_dim)的形状。这些向量接着会被重塑（展平）为(b, num_tokens, d_out)的形状，从而有效地整合所有头的输出。

此外，我们在 MultiHeadAttention 中添加了一个输出投影层（self.out_proj），这是在合并多个头之后的步骤，而 CausalAttention 类中并不存在这个层。这个输出投影层并不是必需的（更多细节参见附录 B），但它在许多大语言模型架构中被广泛使用，这就是我们在这里添加它以保持完整性的原因。

尽管 MultiHeadAttention 类因额外的张量重塑和转置显得比 MultiHeadAttention-Wrapper 更复杂，但它的效率更高。原因是我们只需进行一次矩阵乘法来计算键矩阵，例如，keys = self.W_key(x)（查询矩阵和值矩阵也是如此）。在 MultiHeadAttentionWrapper 中，我们需要对每个注意力头重复进行这种矩阵乘法，而矩阵乘法是计算资源消耗较大的操作之一。

MultiHeadAttention类的用法与我们之前实现的SelfAttention类和CausalAttention类类似：

```
torch.manual_seed(123)
batch_size, context_length, d_in = batch.shape
d_out = 2
mha = MultiHeadAttention(d_in, d_out, context_length, 0.0, num_heads=2)
context_vecs = mha(batch)
print(context_vecs)
print("context_vecs.shape:", context_vecs.shape)
```

结果显示，d_out 参数直接影响输出维度：

```
tensor([[[0.3190, 0.4858],
         [0.2943, 0.3897],
         [0.2856, 0.3593],
         [0.2693, 0.3873],
         [0.2639, 0.3928],
         [0.2575, 0.4028]],

        [[0.3190, 0.4858],
         [0.2943, 0.3897],
         [0.2856, 0.3593],
         [0.2693, 0.3873],
         [0.2639, 0.3928],
         [0.2575, 0.4028]]], grad_fn=<ViewBackward0>)
context_vecs.shape: torch.Size([2, 6, 2])
```

现在，我们已经实现了将在实现和训练大语言模型时使用的 `MultiHeadAttention` 类。需要注意的是，尽管代码功能齐全，但为了保持输出的可读性，我们使用了相对较小的嵌入维度和注意力头数量。

相比之下，最小的 GPT-2 模型（参数量为 1.17 亿）有 12 个注意力头，上下文向量嵌入维度为 768，而最大的 GPT-2 模型（参数量为 15 亿）有 25 个注意力头，上下文向量嵌入维度为 1600。请注意，在 GPT 模型中，词元输入和上下文嵌入的嵌入维度是相同的（`d_in = d_out`）。

练习 3.3　初始化 GPT-2 大小的注意力模块

使用 `MultiHeadAttention` 类初始化一个多头注意力模块，该模块应具有与最小的 GPT-2 模型相同数量的注意力头（12 个）。同时，确保使用与 GPT-2 相似的输入和输出嵌入维度（768）。请注意，最小的 GPT-2 模型支持 1024 个词元的上下文长度。

3.7　小结

- 注意力机制可以将输入元素转换为增强的上下文向量表示，这些表示涵盖了关于所有输入的信息。
- 自注意力机制通过对输入进行加权求和来计算上下文向量表示。
- 在简化的注意力机制中，注意力权重是通过点积计算得出的。
- 点积是两个向量的元素逐个相乘并将这些乘积相加的一种简洁计算方法。
- 尽管矩阵乘法不是必需的，但它可以通过替代嵌套的 `for` 循环使计算更高效、更紧凑。
- 在用于大语言模型的自注意力机制（也被称为“缩放点积注意力”）中，我们引入了可训练的权重矩阵来计算输入的中间变换：查询矩阵、值矩阵和键矩阵。
- 在处理从左到右读取和生成文本的大语言模型时，我们会添加一个因果注意力掩码，以防止模型访问未来的词元。
- 除了使用因果注意力掩码将注意力权重置 0，还可以添加 dropout 掩码来减少大语言模型中的过拟合。
- 基于 Transformer 的大语言模型中的注意力模块涉及多个因果注意力实例，这被称为“多头注意力”。
- 可以通过堆叠多个因果注意力模块实例来创建多头注意力模块。
- 创建多头注意力模块的一种更高效的方法是使用批处理矩阵乘法。

第 4 章

从头实现 GPT 模型进行文本生成

4

本章内容

- 开发类 GPT 大语言模型，使其通过训练可以生成类似人类语言的文本
- 对层激活进行归一化以稳定神经网络训练
- 在深度神经网络中添加快捷连接
- 实现 Transformer 块来创建不同规模的 GPT 模型
- 计算 GPT 模型的参数量和存储需求

前面我们已经学习并编写了**多头注意力**机制，这是大语言模型的核心组件之一。现在，我们将实现大语言模型的其他构建块，并将它们组装成一个类 GPT 模型，然后在第 5 章中训练它来生成类似人类语言的文本。

图 4-1 展示的大语言模型架构包含多个构建块。我们将先自顶向下地了解一下模型架构，再详细探讨各个部分。

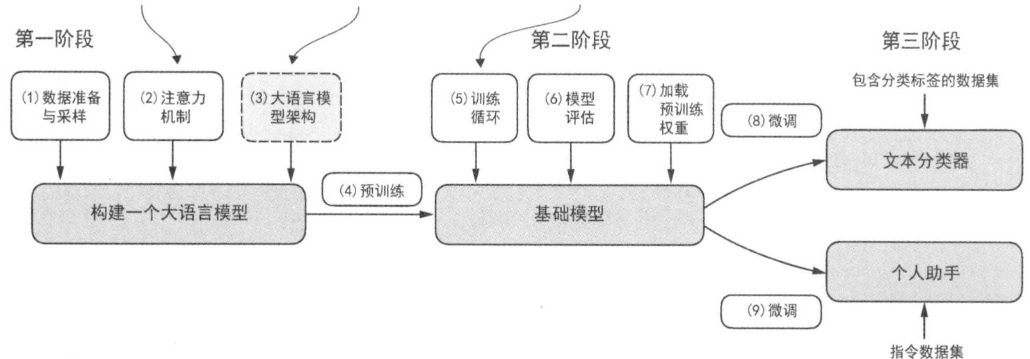

图 4-1　构建大语言模型的 3 个主要阶段。本章重点讨论第一阶段中的第(3)步：实现大语言模型架构

4.1 构建一个大语言模型架构

大语言模型，比如 GPT（生成式预训练 Transformer），是旨在一次生成一个词（或词元）的大型深度神经网络架构。然而，尽管这些模型规模很大，但它们的架构并不像你想象的那么复杂，因为许多组件是重复的，稍后我们将详细介绍。图 4-2 提供了一个类 GPT 大语言模型的自顶向下的示意图，并突出显示了其主要组件。

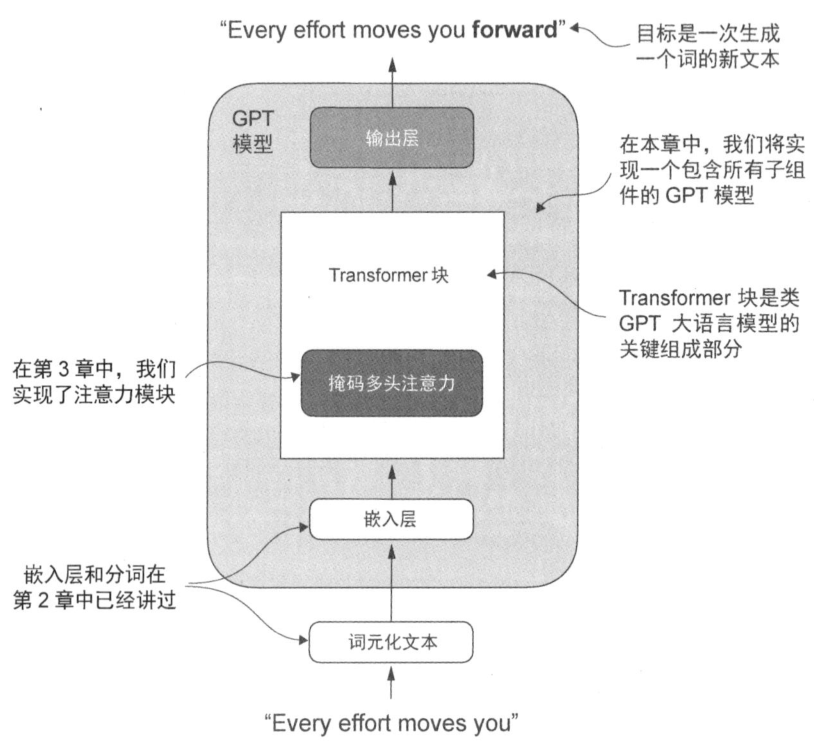

图 4-2　GPT 模型。除了嵌入层，它还包含一个或多个 Transformer 块，这些块中包括我们之前实现的掩码多头注意力模块

前面几章已经介绍了大语言模型架构的多个方面，比如输入词元化、嵌入以及掩码多头注意力模块。本章将实现 GPT 模型的核心结构，包括其 Transformer 块，之后我们将对其进行训练以生成类似人类语言的文本。

之前，为了简化问题，我们使用了较小的嵌入维度，以便概念和示例可以在单页上展示。现在，我们将扩展到小型 GPT-2 模型的规模，即参数量为 1.24 亿的最小版本，正如 Radford 等人在论文"Language Models are Unsupervised Multitask Learners"中所描述的。（请注意，尽管原论文中提到的参数量是 1.17 亿，但这一数量后来已被纠正。）在第 6 章中，我们将专注于将预训练权重加载到我们的实现中，并对其进行调整以适应参数量分别为 3.45 亿、7.62 亿和 15.42 亿的更大规模的 GPT-2 模型。

在深度学习和像 GPT 这样的大语言模型中，“参数”指的是模型的可训练权重。这些权重本质上是模型的内部变量，在训练过程中通过调整和优化来最小化特定的损失函数。这种优化使模型能够从训练数据中学习。

例如，在一个由 2048 维 × 2048 维的权重矩阵（或张量）表示的神经网络层中，矩阵中的每个元素都是一个参数。由于矩阵有 2048 行和 2048 列，因此该层的参数总数为 2048 × 2048，即 4 194 304。

GPT-2 与 GPT-3

请注意，我们主要关注 GPT-2，因为 OpenAI 已经公开了该预训练模型的权重，我们将在第 6 章中将这些权重加载到实现中。GPT-3 在模型架构上与 GPT-2 基本相同，只是将参数量从 GPT-2 的 15 亿扩展到了 1750 亿，并且训练的数据量更多了。截至本书撰写时，GPT-3 的权重尚未公开。GPT-2 是学习实现大语言模型的更好选择，因为它能够在单台笔记本电脑上运行，而 GPT-3 需要依赖 GPU 集群来完成训练和推断。根据 Lambda 实验室的说法，在单个 V100 数据中心 GPU 上训练 GPT-3 需要 355 年，在消费级 RTX 8000 GPU 上则需要 665 年。

可以通过以下 Python 字典指定小型 GPT-2 模型的配置，稍后我们将在代码示例中使用它。

```
GPT_CONFIG_124M = {
    "vocab_size": 50257,      # 词汇表大小
    "context_length": 1024,   # 上下文长度
    "emb_dim": 768,           # 嵌入维度
    "n_heads": 12,            # 注意力头的数量
    "n_layers": 12,           # 层数
    "drop_rate": 0.1,         # dropout 率
    "qkv_bias": False         # 查询-键-值偏置
}
```

在 GPT_CONFIG_124M 字典中，我们使用简洁的变量名来提高代码的可读性并避免代码过长。

- vocab_size 表示会被 BPE 分词器使用的由 50 257 个单词组成的词汇表（参见第 2 章）。
- context_length 指的是模型通过位置嵌入能够处理的最大输入词元数量（参见第 2 章）。
- emb_dim 表示嵌入维度大小，可以将每个词元转化为 768 维的向量。
- n_heads 表示多头注意力机制中注意力头的数量（参见第 3 章）。
- n_layers 表示模型中的 Transformer 块数量，接下来的讨论中将介绍。
- drop_rate 表示 dropout 机制的强度（0.1 表示有 10%的隐藏单元被随机丢弃），以防止过拟合（参见第 3 章）。

- qkv_bias 指的是是否在多头注意力机制的线性层中添加一个偏置向量，用于查询、键和值的计算。遵循现代大语言模型的做法，我们会在一开始禁用它，但在第 6 章中加载 OpenAI 的预训练 GPT-2 权重时，我们会再回到这个话题（参见第 6 章）。

通过该配置，我们将实现一个 GPT 占位架构（DummyGPTModel），如图 4-3 所示。这将帮助我们从全局上理解各个部分如何协同工作，以及构建完整的 GPT 模型架构还需要编写哪些其他组件。

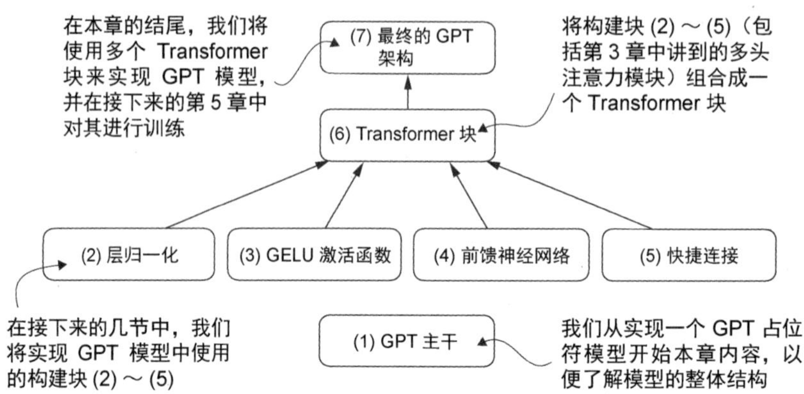

图 4-3　我们编写 GPT 架构的步骤是：首先从 GPT 主干入手，创建一个占位符架构；然后实现各个核心组件；最后将它们组装成 Transformer 块，形成完整的 GPT 架构

图 4-3 中的编号框展示了我们处理编写最终 GPT 架构所需的各个概念的顺序。我们将从第(1)步开始，创建一个名为 DummyGPTModel 的占位符 GPT 主干部分，如代码清单 4-1 所示。

代码清单 4-1　一个包含占位符的 GPT 模型架构类

```
import torch
import torch.nn as nn

class DummyGPTModel(nn.Module):
    def __init__(self, cfg):
        super().__init__()
        self.tok_emb = nn.Embedding(cfg["vocab_size"], cfg["emb_dim"])
        self.pos_emb = nn.Embedding(cfg["context_length"], cfg["emb_dim"])
        self.drop_emb = nn.Dropout(cfg["drop_rate"])
        self.trf_blocks = nn.Sequential(
            *[DummyTransformerBlock(cfg)
              for _ in range(cfg["n_layers"])]
        )
        self.final_norm = DummyLayerNorm(cfg["emb_dim"])
        self.out_head = nn.Linear(
            cfg["emb_dim"], cfg["vocab_size"], bias=False
        )

    def forward(self, in_idx):
```

使用占位符替换 TransformerBlock

使用占位符替换层归一化

```
        batch_size, seq_len = in_idx.shape
        tok_embeds = self.tok_emb(in_idx)
        pos_embeds = self.pos_emb(
            torch.arange(seq_len, device=in_idx.device)
        )
        x = tok_embeds + pos_embeds
        x = self.drop_emb(x)
        x = self.trf_blocks(x)
        x = self.final_norm(x)
        logits = self.out_head(x)
        return logits

class DummyTransformerBlock(nn.Module):      <-- 一个简单的占位符类，稍后将被真正的 TransformerBlock 替换
    def __init__(self, cfg):
        super().__init__()

    def forward(self, x):      <-- 这个代码块不执行任何操作，只返回其输入
        return x

class DummyLayerNorm(nn.Module):      <-- 一个简单的占位符类，稍后将被真正的层归一化替换
    def __init__(self, normalized_shape, eps=1e-5):      <-- 这里的参数只是为了模仿层归一化的接口
        super().__init__()

    def forward(self, x):
        return x
```

在这段代码中，DummyGPTModel 类基于 PyTorch 的神经网络模块（nn.Module）定义了一个简化版的类 GPT 模型。DummyGPTModel 类中的模型架构包括词元和位置嵌入、dropout、一系列 Transformer 块（DummyTransformerBlock）、最终层归一化（DummyLayerNorm）和线性输出层（out_head）。配置信息通过一个 Python 字典（比如我们之前创建的 GPT_CONFIG_124M）传入。

forward 方法描述了数据在模型中的处理流程：它首先计算输入索引的词元和位置嵌入，然后应用 dropout，接着通过 Transformer 块处理数据，再应用归一化，最后使用线性输出层生成 logits。

代码清单 4-1 中的代码已经可以使用。然而，请注意，我们现在使用了占位符（DummyLayerNorm 和 DummyTransformerBlock）来作为 Transformer 块和层归一化（这些将在以后开发）的替代品。

接下来，我们将准备输入数据并初始化一个新的 GPT 模型，以展示其使用方法。基于对分词器的实现（参见第 2 章），现在我们将宏观地概述数据在 GPT 模型中的流入和流出过程，如图 4-4 所示。

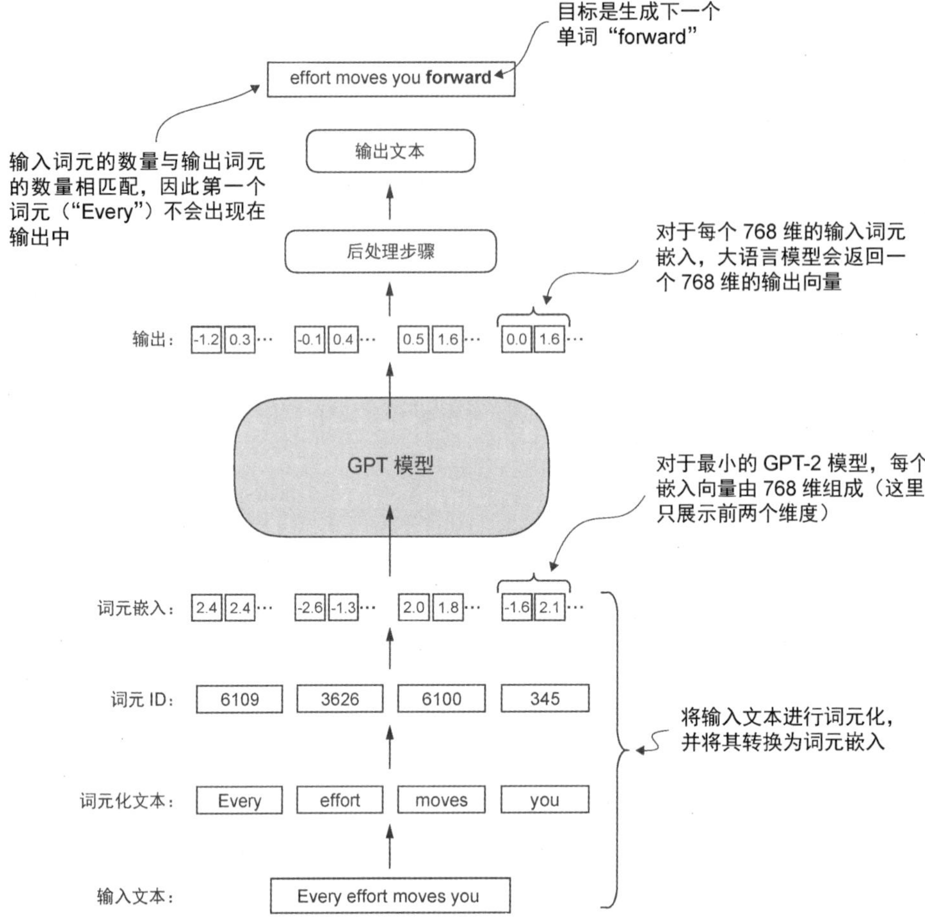

图 4-4　这是一个宏观概览，展示了输入数据如何被分词、嵌入，并输入到 GPT 模型中。请注意，在之前编写的 `DummyGPTClass` 中，词元嵌入处理是在 GPT 模型内部进行的。在大语言模型中，输入词元的嵌入维度通常与输出维度相匹配。这里的输出嵌入代表上下文向量（参见第 3 章）

为了完成这些步骤，我们将使用第 2 章中介绍的 `tiktoken` 分词器对包含两个文本输入的批次进行分词处理，以供 GPT 模型使用：

```
import tiktoken

tokenizer = tiktoken.get_encoding("gpt2")
batch = []
txt1 = "Every effort moves you"
txt2 = "Every day holds a"

batch.append(torch.tensor(tokenizer.encode(txt1)))
batch.append(torch.tensor(tokenizer.encode(txt2)))
```

```
batch = torch.stack(batch, dim=0)
print(batch)
```

以下是这两个文本的词元 ID 序列：

```
tensor([[6109,  3626,  6100,   345],
        [6109,  1110,  6622,   257]])
```

第 1 行对应第一段文本，第 2 行对应第二段文本

接下来，初始化一个参数量为 1.24 亿的 DummyGPTModel 实例，并将分词后的批次数据传递给它：

```
torch.manual_seed(123)
model = DummyGPTModel(GPT_CONFIG_124M)
logits = model(batch)
print("Output shape:", logits.shape)
print(logits)
```

模型的输出（通常称为 logits）如下所示：

```
Output shape: torch.Size([2, 4, 50257])
tensor([[[-1.2034,  0.3201, -0.7130,  ..., -1.5548, -0.2390, -0.4667],
         [-0.1192,  0.4539, -0.4432,  ...,  0.2392,  1.3469,  1.2430],
         [ 0.5307,  1.6720, -0.4695,  ...,  1.1966,  0.0111,  0.5835],
         [ 0.0139,  1.6755, -0.3388,  ...,  1.1586, -0.0435, -1.0400]],

        [[-1.0908,  0.1798, -0.9484,  ..., -1.6047,  0.2439, -0.4530],
         [-0.7860,  0.5581, -0.0610,  ...,  0.4835, -0.0077,  1.6621],
         [ 0.3567,  1.2698, -0.6398,  ..., -0.0162, -0.1296,  0.3717],
         [-0.2407, -0.7349, -0.5102,  ...,  2.0057, -0.3694,  0.1814]]],
       grad_fn=<UnsafeViewBackward0>)
```

输出张量包含两行，对应于两个文本样本。每个文本样本由 4 个词元组成。每个词元是一个 50 257 维的向量，与分词器的词汇表大小一致。

嵌入的维度为 50 257，因为这些维度中的每一维代表词汇表中的一个唯一词元。在我们实现后处理代码时，将把这些 50 257 维的向量转换回词元 ID，然后将它们解码为单词。

在对 GPT 架构及其输入和输出有了整体了解后，我们将开始编写具体的模块。首先，实现真正的层归一化类，以此来替换之前代码中的 DummyLayerNorm。

4.2 使用层归一化进行归一化激活

由于梯度消失或梯度爆炸等问题，训练深层神经网络有时会变得具有挑战性。这些问题会导致训练过程不稳定，使网络难以有效地调整权重，从而使学习过程难以找到一组最小化损失函数的参数（权重）。换句话说，网络难以学习数据中的潜在模式，从而无法进行准确预测或决策。

注意 如果你对神经网络训练和梯度概念不太了解，可以参考 A.4 节，该节对此进行了简要介绍。然而，深入理解梯度的数学知识并不是理解本书所必需的。

现在我们将实现**层归一化**，以提高神经网络训练的稳定性和效率。层归一化的主要思想是调整神经网络层的激活（输出），使其均值为 0 且方差（单位方差）为 1。这种调整有助于加速权重的有效收敛，并确保训练过程的一致性和可靠性。在 GPT-2 和当前的 Transformer 架构中，层归一化通常在多头注意力模块的前后进行。同时，正如我们在 `DummyLayerNorm` 占位符中所见，层归一化还应用于最终输出层之前。图 4-5 是一张可视化架构图，它展示了层归一化如何工作。

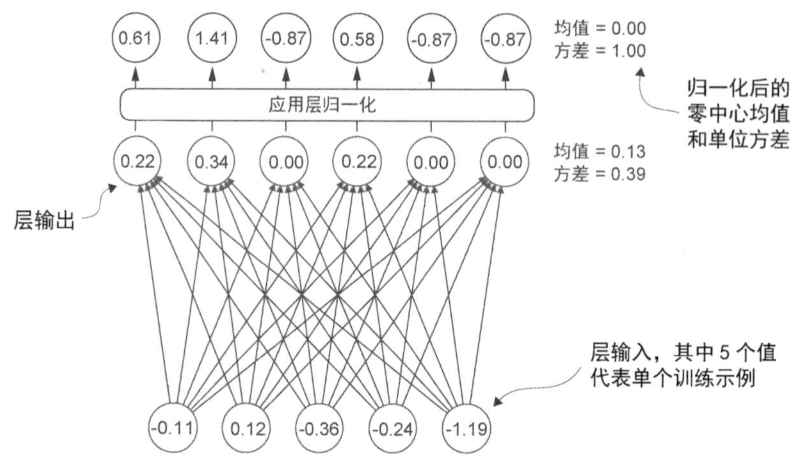

图 4-5　层归一化的图示，其中层的 6 个输出（激活值）被调整为均值为 0 且方差为 1

可以通过以下代码重现图 4-5 中的示例。我们实现了一个具有 5 个输入和 6 个输出的神经网络层，并将其应用于两个输入示例：

```
torch.manual_seed(123)
batch_example = torch.randn(2, 5)
layer = nn.Sequential(nn.Linear(5, 6), nn.ReLU())
out = layer(batch_example)
print(out)
```

创建两个训练样本，每个样本包含 5 个维度（特征）

这将输出以下张量，其中第 1 行显示了第一个输入的层输出，第 2 行显示了第二个输入的层输出：

```
tensor([[0.2260, 0.3470, 0.0000, 0.2216, 0.0000, 0.0000],
        [0.2133, 0.2394, 0.0000, 0.5198, 0.3297, 0.0000]],
       grad_fn=<ReluBackward0>)
```

我们编写的神经网络层包括一个线性层和一个非线性激活函数 ReLU（修正线性单元），ReLU 是神经网络中的一种标准激活函数。如果你不熟悉 ReLU，可以这样来理解：它只是简单地将负输入值设为 0，从而确保层的输出值都是正值，这也解释了为什么结果层的输出中不包含负值。之后，我们将在 GPT 中使用一种更复杂的激活函数。

在对这些输出应用层归一化之前，先检查一下均值和方差：

```
mean = out.mean(dim=-1, keepdim=True)
```

```
var = out.var(dim=-1, keepdim=True)
print("Mean:\n", mean)
print("Variance:\n", var)
```

输出如下所示：

```
Mean:
  tensor([[0.1324],
          [0.2170]], grad_fn=<MeanBackward1>)
Variance:
  tensor([[0.0231],
          [0.0398]], grad_fn=<VarBackward0>)
```

在这里的均值张量中，第 1 行是第一个输入行的均值，第 2 行是第二个输入行的均值。

在进行均值或方差等运算时，使用 `keepdim=True` 可以确保输出张量与输入张量具有相同的维度，尽管这类运算是沿指定的维度 `dim` 减少张量的。如果没有 `keepdim=True`，那么返回的均值张量将是一个二维向量 `[0.1324, 0.2170]`，而不是 2 × 1 维的矩阵 `[[0.1324], [0.2170]]`。

`dim` 参数指定了在张量中计算统计量（如均值或方差）时应该沿着哪个维度进行。正如图 4-6 所示，对于一个二维张量（如矩阵），使用 `dim=-1` 进行均值或方差计算与使用 `dim=1` 是等效的，因为-1 表示张量的最后一个维度，这在二维张量中对应的是列。稍后在将层归一化添加到 GPT 模型时，模型将生成形状为 `[batch_size, num_tokens, embedding_size]` 的三维张量。我们仍然可以使用 `dim=-1` 对最后一个维度进行归一化，以避免需要从 `dim=1` 转为 `dim=2` 的情况。

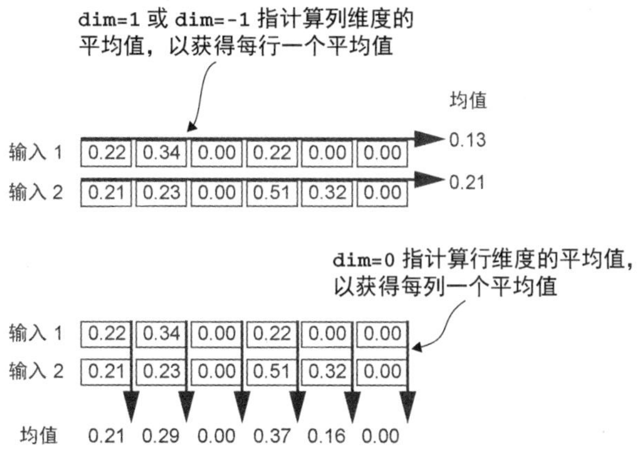

图 4-6 `dim` 参数在计算张量均值时的示意图。例如，我们有一个维度为 `[rows, columns]` 的二维张量（矩阵），使用 `dim=0` 将在行方向（垂直，如下图所示）执行操作，结果是对每列的数据进行汇总；使用 `dim=1` 或 `dim=-1` 将在列方向（水平，如上图所示）执行操作，结果是对每行的数据进行汇总

接下来，对之前得到的层输出进行层归一化操作。具体方法是减去均值，并将结果除以方差的平方根（也就是标准差）：

```
out_norm = (out - mean) / torch.sqrt(var)
mean = out_norm.mean(dim=-1, keepdim=True)
var = out_norm.var(dim=-1, keepdim=True)
print("Normalized layer outputs:\n", out_norm)
print("Mean:\n", mean)
print("Variance:\n", var)
```

从结果可以看出，归一化后的层输出现在也包含负值，其均值为 0，方差为 1：

```
Normalized layer outputs:
 tensor([[ 0.6159,  1.4126, -0.8719,  0.5872, -0.8719, -0.8719],
        [-0.0189,  0.1121, -1.0876,  1.5173,  0.5647, -1.0876]],
       grad_fn=<DivBackward0>)
Mean:
 tensor([[-5.9605e-08],
        [1.9868e-08]], grad_fn=<MeanBackward1>)
Variance:
 tensor([[1.],
        [1.]], grad_fn=<VarBackward0>)
```

请注意，输出张量中的值-5.9605e-08 是用科学记数法来表示-5.9605×10^{-8}，它的十进制形式是-0.000 000 059 605。这个值非常接近 0，但由于计算机表示数值的有限精度存在一些小的数值误差，因此不是完全为 0。

为了提高可读性，可以通过将 `sci_mode` 设置为 `False` 来关闭科学记数法，从而在打印张量值时避免使用科学记数法：

```
torch.set_printoptions(sci_mode=False)
print("Mean:\n", mean)
print("Variance:\n", var)
```

输出如下所示：

```
Mean:
 tensor([[    0.0000],
        [    0.0000]], grad_fn=<MeanBackward1>)
Variance:
 tensor([[1.],
        [1.]], grad_fn=<VarBackward0>)
```

到目前为止，我们已经一步步地实现了层归一化。

现在，我们将把这一过程封装成一个 PyTorch 模块，以便在后续的 GPT 模型中使用，如代码清单 4-2 所示。

代码清单 4-2 层归一化类

```
class LayerNorm(nn.Module):
    def __init__(self, emb_dim):
        super().__init__()
        self.eps = 1e-5
        self.scale = nn.Parameter(torch.ones(emb_dim))
        self.shift = nn.Parameter(torch.zeros(emb_dim))

    def forward(self, x):
        mean = x.mean(dim=-1, keepdim=True)
        var = x.var(dim=-1, keepdim=True, unbiased=False)
        norm_x = (x - mean) / torch.sqrt(var + self.eps)
        return self.scale * norm_x + self.shift
```

这个层归一化的具体实现作用在输入张量 `x` 的最后一个维度上，该维度对应于嵌入维度（`emb_dim`）。变量 `eps` 是一个小常数（epsilon），在归一化过程中会被加到方差上以防止除零错误。`scale` 和 `shift` 是两个可训练的参数（与输入维度相同），如果在训练过程中发现调整它们可以改善模型的训练任务表现，那么大语言模型会自动进行调整。这使得模型能够学习适合其数据处理的最佳缩放和偏移。

有偏方差

在我们的方差计算方法中有一个实现细节，即设置 `unbiased=False`。这意味着在方差计算中，我们会使用样本数量 n 作为方差公式的除数。这种方法没有使用贝塞尔修正。贝塞尔修正通常在样本方差的估计中使用 $n-1$ 作为分母，以调整偏差。因此，这种方法得到的是所谓有偏方差估计。对于嵌入维度 n 非常大的大语言模型（如 GPT-2），使用 n 和 $n-1$ 的差异在实际中几乎可以忽略。我们选择这种方法是为了确保与 GPT-2 模型的归一化层兼容，并且这种方法反映了 TensorFlow 的默认行为，因为原始 GPT-2 模型是用 TensorFlow 实现的。使用相似的设置可以确保我们的方法与第 6 章中加载的预训练权重兼容。

现在，在实际中试用 `LayerNorm` 模块，并将其应用于批次输入：

```
ln = LayerNorm(emb_dim=5)
out_ln = ln(batch_example)
mean = out_ln.mean(dim=-1, keepdim=True)
var = out_ln.var(dim=-1, unbiased=False, keepdim=True)
print("Mean:\n", mean)
print("Variance:\n", var)
```

结果表明，层归一化代码正常工作，成功地将两个输入的值归一化，使其均值为 0，方差为 1。

```
Mean:
 tensor([[    -0.0000],
        [     0.0000]], grad_fn=<MeanBackward1>)
```

```
Variance:
 tensor([[1.0000],
        [1.0000]], grad_fn=<VarBackward0>)
```

现在我们已经介绍了实现 GPT 架构所需的两个关键构建块，如图 4-7 所示。接下来，我们将研究 GELU 激活函数，它是大语言模型中使用的激活函数之一，而不是前面用过的传统 ReLU 函数。

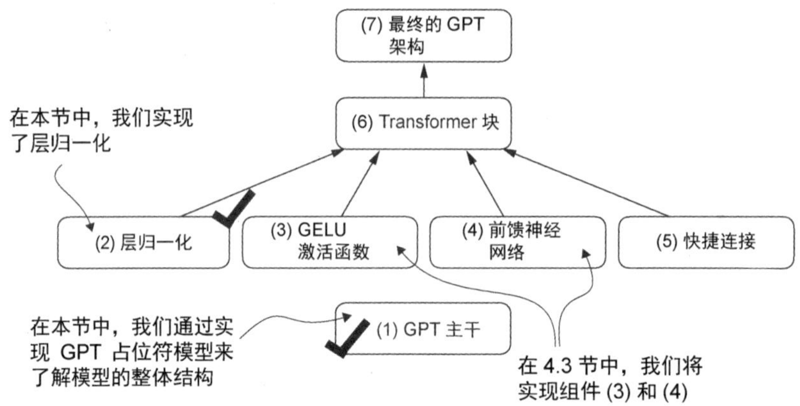

图 4-7　构建 GPT 架构所需的构建块。到目前为止，我们已经完成了 GPT 主干和层归一化。接下来，我们将重点关注 GELU 激活函数和前馈神经网络

层归一化与批归一化

如果熟悉批归一化（神经网络中一种常用且传统的归一化方法），你可能会想知道它与层归一化的区别。与在批次维度上进行归一化的批归一化不同，层归一化是在特征维度上进行归一化。大语言模型通常需要大量的计算资源，训练或推理时的批次大小可能会受到硬件条件或具体用例的影响。由于层归一化是对每个输入独立进行归一化，不受批次大小的限制，因此在这些场景中它提供了更多的灵活性和稳定性。这在分布式训练或在资源受限的环境中部署模型时尤为重要。

4.3　实现具有 GELU 激活函数的前馈神经网络

接下来，我们将实现一个作为大语言模型 Transformer 块一部分的小型神经网络子模块。首先要实现的是 GELU 激活函数，该函数在这个神经网络子模块中非常重要。

注意　有关在 PyTorch 中实现神经网络的更多信息，请参考 A.5 节。

从历史上看，ReLU 激活函数因其在各种神经网络架构中的简单性和有效性而被广泛应用于深度学习。然而，在大语言模型中，除了传统的 ReLU，还有其他几种激活函数，其中两个值得注意的例子是 GELU（Gaussian Error Linear Unit）和 SwiGLU（Swish-gated Linear Unit）。

GELU 和 SwiGLU 是更为复杂且平滑的激活函数，分别结合了高斯分布和 sigmoid 门控线性单元。与较为简单的 ReLU 激活函数相比，它们能够提升深度学习模型的性能。

GELU 激活函数可以通过多种方式实现，其精确的定义为 $\mathrm{GELU}(x)=x\cdot\Phi(x)$，其中 $\Phi(x)$ 是标准高斯分布的累积分布函数。然而，在实际操作中，通常我们会使用一种计算量较小的近似实现（原始的 GPT-2 模型也是使用这种通过曲线拟合得到的近似方法进行训练的）：

$$\mathrm{GELU}(x)\approx 0.5\cdot x\cdot\left(1+\tanh\left[\sqrt{\frac{2}{\pi}}\cdot\left(x+0.044\ 715\cdot x^3\right)\right]\right)$$

我们可以将此函数实现为一个 PyTorch 模块，如代码清单 4-3 所示。

代码清单 4-3 GELU 激活函数的实现

```
class GELU(nn.Module):
    def __init__(self):
        super().__init__()

    def forward(self, x):
        return 0.5 * x * (1 + torch.tanh(
            torch.sqrt(torch.tensor(2.0 / torch.pi)) *
             (x + 0.044715 * torch.pow(x, 3))
        ))
```

接下来，为了直观地比较 GELU 函数与 ReLU 函数，可以将它们并排绘制出来。

```
import matplotlib.pyplot as plt
gelu, relu = GELU(), nn.ReLU()

x = torch.linspace(-3, 3, 100)    # 在-3 和 3 之间创建 100 个样本数据点
y_gelu, y_relu = gelu(x), relu(x)
plt.figure(figsize=(8, 3))
for i, (y, label) in enumerate(zip([y_gelu, y_relu], ["GELU", "ReLU"]), 1):
    plt.subplot(1, 2, i)
    plt.plot(x, y)
    plt.title(f"{label} activation function")
    plt.xlabel("x")
    plt.ylabel(f"{label}(x)")
    plt.grid(True)
plt.tight_layout()
plt.show()
```

4

从图 4-8 的结果可以看到，ReLU（右）是一个分段线性函数，当输入为正数时直接输出输入值，否则输出 0。GELU（左）则是一个平滑的非线性函数，它近似 ReLU，但在几乎所有负值（除了在 x 约等于−0.75 的位置外）上都有非零梯度。

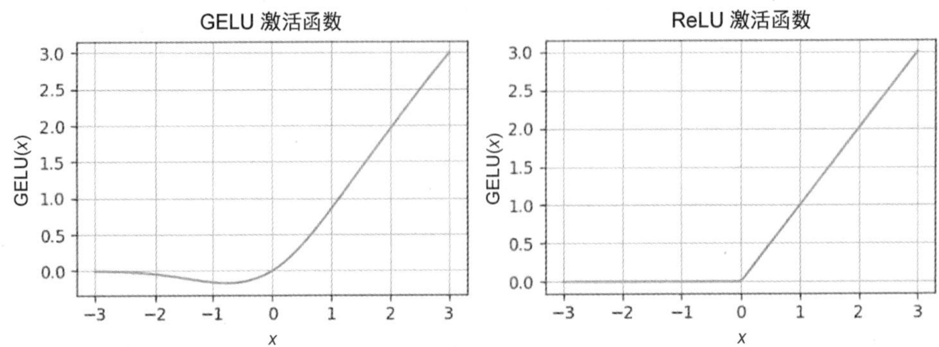

图 4-8 使用 Matplotlib 绘制的 GELU 和 ReLU 输出图。x 轴表示函数输入值，y 轴表示函数输出值

GELU 的平滑特性可以在训练过程中带来更好的优化效果，因为它允许模型参数进行更细微的调整。相比之下，ReLU 在零点处有一个尖锐的拐角（参见图 4-8 的右图），有时会使得优化过程更加困难，特别是在深度或复杂的网络结构中。此外，ReLU 对负输入的输出为 0，而 GELU 对负输入会输出一个小的非零值。这意味着在训练过程中，接收到负输入的神经元仍然可以参与学习，只是贡献程度不如正输入大。

接下来，如代码清单 4-4 所示，我们将使用 GELU 函数来实现小型神经网络模块 `FeedForward`，该模块将在大语言模型的 Transformer 块中使用。

代码清单 4-4 前馈神经网络模块

```
class FeedForward(nn.Module):
    def __init__(self, cfg):
        super().__init__()
        self.layers = nn.Sequential(
            nn.Linear(cfg["emb_dim"], 4 * cfg["emb_dim"]),
            GELU(),
            nn.Linear(4 * cfg["emb_dim"], cfg["emb_dim"]),
        )

    def forward(self, x):
        return self.layers(x)
```

如你所见，`FeedForward` 模块是一个小型神经网络，由两个线性层和一个 GELU 激活函数组成。在参数量为 1.24 亿的 GPT 模型中，该模块通过 `GPT_CONFIG_124M` 字典接收输入批次，其中每个词元的嵌入维度为 768，即 `GPT_CONFIG_124M["emb_dim"] = 768`。

图 4-9 展示了当输入传递给这个小型前馈神经网络时，嵌入维度是如何被操作的。

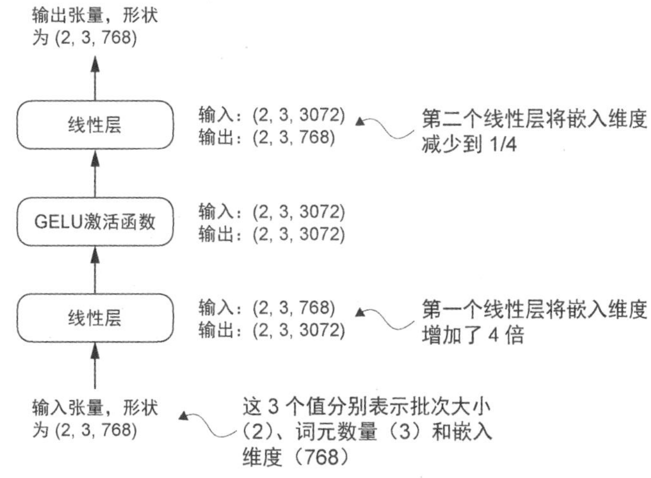

图 4-9 前馈神经网络层之间连接的总体概览。该神经网络能够处理不同的批次大小和输入词元数量。然而，每个词元的嵌入维度在初始化权重时是确定并且固定的

按照图 4-9 的示例，我们将创建一个词元嵌入维度为 768 的新 FeedForward 模块，然后将一个包含两个样本且每个样本有 3 个词元的批次输入提供给它：

```
ffn = FeedForward(GPT_CONFIG_124M)
x = torch.rand(2, 3, 768)          # 创建批次维度为 2 的样本输入
out = ffn(x)
print(out.shape)
```

可以看到，输出张量的形状与输入张量的形状保持一致。

```
torch.Size([2, 3, 768])
```

FeedForward 模块在提升模型学习和泛化能力方面非常关键。虽然该模块的输入和输出维度保持一致，但它通过第一个线性层将嵌入维度扩展到了更高的维度，如图 4-10 所示。扩展之后，应用非线性 GELU 激活函数，然后通过第二个线性变换将维度缩回原始大小。这种设计允许模型探索更丰富的表示空间。

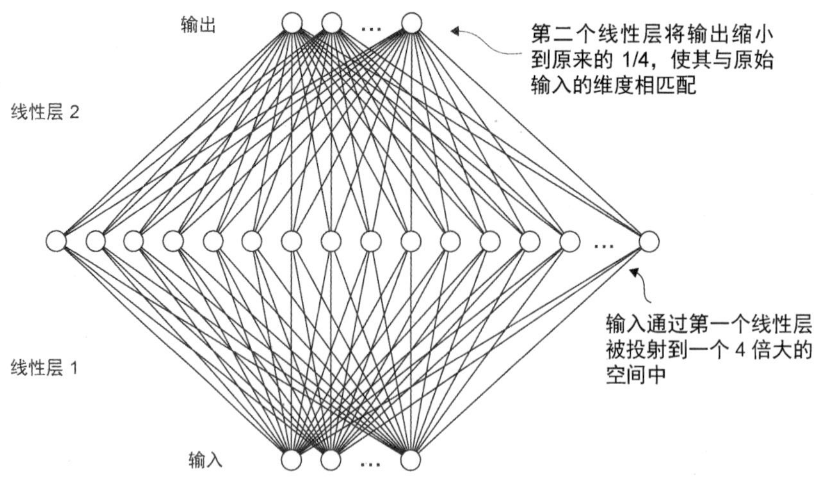

图 4-10　前馈神经网络中层输出的扩展和收缩过程。输入首先从 768 维扩展到 3072 维，然后第二层将 3072 维压缩回 768 维

此外，输入维度和输出维度的一致性简化了架构，使我们在后续堆叠多个层时无须调整维度，从而增强了模型的扩展能力。

如图 4-11 所示，现在我们已经实现了大部分大语言模型的构建块。接下来，我们将介绍插入在神经网络不同层之间的快捷连接的概念，这对于提升深度神经网络架构的训练性能非常重要。

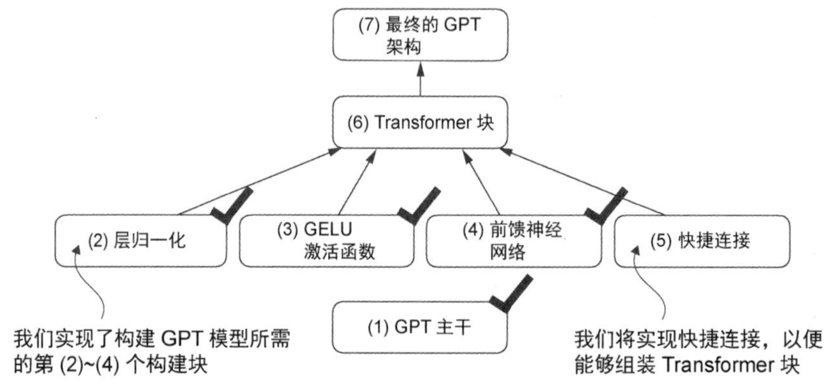

图 4-11　构建 GPT 架构所需的构建块，其中黑色勾选标记表示我们已经构建完成的块

4.4 添加快捷连接

让我们讨论一下**快捷连接**（也称为“跳跃连接”或“残差连接”）的概念。快捷连接最初用于计算机视觉中的深度网络（特别是残差网络），目的是缓解梯度消失问题。梯度消失问题指的是在训练过程中，梯度在反向传播时逐渐变小，导致早期网络层难以有效训练。

如图 4-12 所示，快捷连接通过跳过一个或多个层，为梯度在网络中的流动提供了一条可替代且更短的路径。这是通过将一层的输出添加到后续层的输出中实现的。这也是为什么这种连接被称为跳跃连接。在反向传播训练中，它们在维持梯度流动方面扮演着至关重要的角色。

在代码清单 4-5 中，我们实现了图 4-12 中的神经网络，并展示了如何在前向传播过程中添加快捷连接。

代码清单 4-5 用于演示快捷连接的神经网络

```
class ExampleDeepNeuralNetwork(nn.Module):
    def __init__(self, layer_sizes, use_shortcut):
        super().__init__()
        self.use_shortcut = use_shortcut
        self.layers = nn.ModuleList([        # 5 个层的实现
            nn.Sequential(nn.Linear(layer_sizes[0], layer_sizes[1]),
                          GELU()),
            nn.Sequential(nn.Linear(layer_sizes[1], layer_sizes[2]),
                          GELU()),
            nn.Sequential(nn.Linear(layer_sizes[2], layer_sizes[3]),
                          GELU()),
            nn.Sequential(nn.Linear(layer_sizes[3], layer_sizes[4]),
                          GELU()),
            nn.Sequential(nn.Linear(layer_sizes[4], layer_sizes[5]),
                          GELU())
        ])

    def forward(self, x):
        for layer in self.layers:
            layer_output = layer(x)        # 计算当前层的输出
            if self.use_shortcut and x.shape == layer_output.shape:    # 检查是否可以使用快捷连接
                x = x + layer_output
            else:
                x = layer_output
        return x
```

上述代码实现了一个具有 5 层的深度神经网络，每层由一个线性层和一个 GELU 激活函数组成。在前向传播过程中，我们通过各层迭代地传递输入。并且，如果 `self.use_shortcut` 属性被设置为 `True`，那么我们就会选择性地添加图 4-12 中所示的快捷连接。

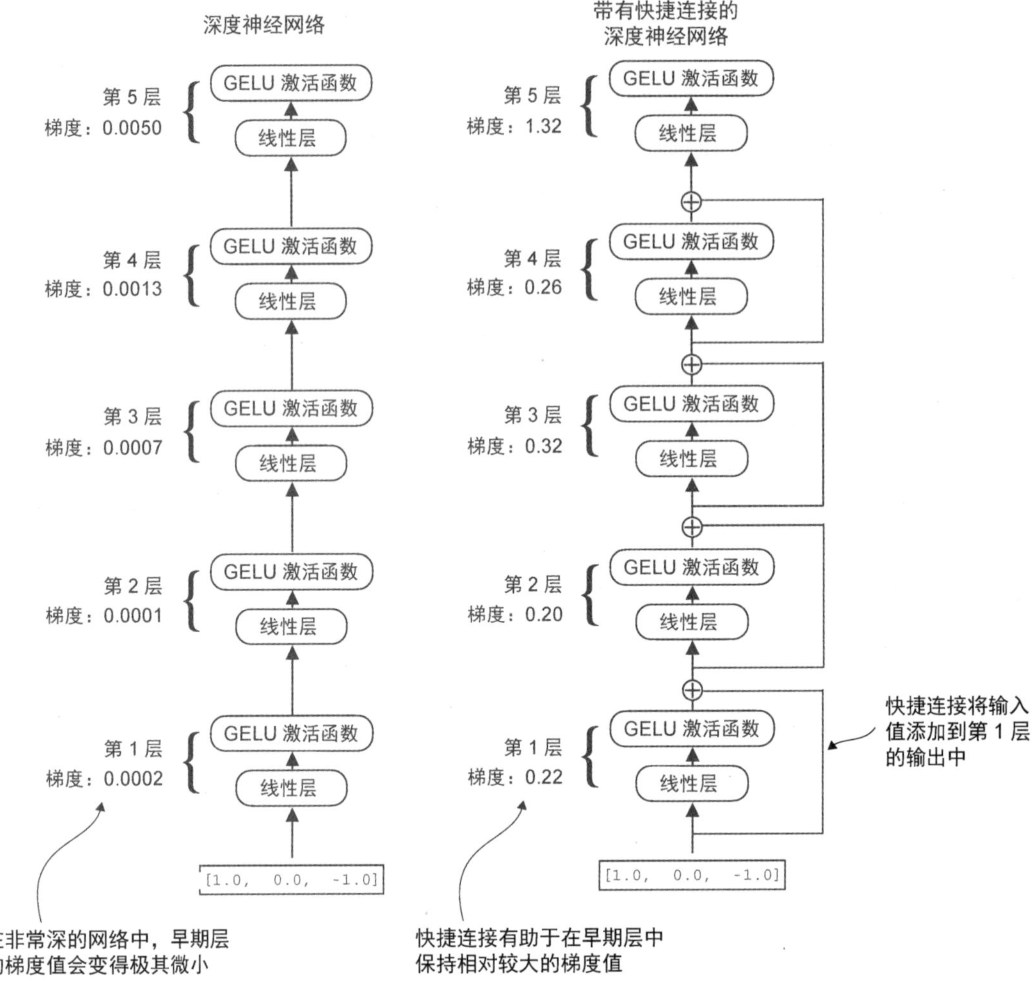

图 4-12　该图对比了一个由 5 个层组成的深度神经网络在没有快捷连接（左）和有快捷连接（右）时的情况。快捷连接涉及将某一层的输入添加到其输出中，有效地创建了一条绕过某些层的替代路径。梯度表示每层的平均绝对梯度，具体计算参见代码清单 4-5

让我们使用这段代码初始化一个没有快捷连接的神经网络。每一层将被初始化为接受包含 3 个输入值的样本，并返回 3 个输出值。最后一层会返回一个输出值：

```
layer_sizes = [3, 3, 3, 3, 3, 1]
sample_input = torch.tensor([[1., 0., -1.]])
torch.manual_seed(123)
model_without_shortcut = ExampleDeepNeuralNetwork(
    layer_sizes, use_shortcut=False
)
```

指定随机种子用于初始化权重，以确保结果可复现

接下来，实现一个用于在模型的反向传播过程中计算梯度的函数：

```
def print_gradients(model, x):
    output = model(x)                        # 前向传播
    target = torch.tensor([[0.]])

    loss = nn.MSELoss()
    loss = loss(output, target)              # 基于目标和输出之间的差距来计算损失

    loss.backward()                          # 反向传播来计算梯度

    for name, param in model.named_parameters():
        if 'weight' in name:
            print(f"{name} has gradient mean of {param.grad.abs().mean().item()}")
```

这段代码定义了一个损失函数，用于计算模型输出与用户指定目标（为简化处理，这里设为0）的接近程度。然后，当调用 `loss.backward()`时，PyTorch 会计算模型中每一层的损失梯度。我们可以通过 `model.named_parameters()`迭代权重参数。假设某一层有一个 3×3 的权重参数矩阵，那么该层将有 3×3 的梯度值。我们打印这 3×3 的梯度值的平均绝对值，以得到每一层的单一梯度值，从而更容易比较层与层之间的梯度。

简而言之，`.backward()`方法是 PyTorch 中的一个便捷方法，它可以在模型训练中计算所需的损失梯度，而无须我们自己手动实现复杂的梯度计算过程，这极大地简化了深度神经网络的使用。

4

注意 如果你不太了解梯度和神经网络训练的概念，建议阅读 A.4 节和 A.7 节。

接下来，使用 `print_gradients` 函数，并将其应用于没有快捷连接的模型：

```
print_gradients(model_without_shortcut, sample_input)
```

输出结果如下所示：

```
layers.0.0.weight has gradient mean of 0.00020173587836325169
layers.1.0.weight has gradient mean of 0.0001201116101583466
layers.2.0.weight has gradient mean of 0.0007152041653171182
layers.3.0.weight has gradient mean of 0.001398873864673078
layers.4.0.weight has gradient mean of 0.005049646366387606
```

`print_gradients` 函数的输出显示，梯度在从最后一层（`layers.4`）到第 1 层（`layers.0`）的过程中逐渐变小，这种现象称为**梯度消失问题**。

现在，实例化一个包含跳跃连接的模型，并观察它的比较结果：

```
torch.manual_seed(123)
model_with_shortcut = ExampleDeepNeuralNetwork(
    layer_sizes, use_shortcut=True
)
print_gradients(model_with_shortcut, sample_input)
```

输出结果如下所示：

```
layers.0.0.weight has gradient mean of 0.22169792652130127
layers.1.0.weight has gradient mean of 0.20694105327129364
layers.2.0.weight has gradient mean of 0.32896995544433594
layers.3.0.weight has gradient mean of 0.2665732502937317
layers.4.0.weight has gradient mean of 1.3258541822433472
```

最后一层（`layers.4`）的梯度仍然大于其他层。然而，梯度值在逐渐接近第 1 层（`layers.0`）时趋于稳定，并且没有缩小到几乎消失的程度。

总之，快捷连接在解决深度神经网络中梯度消失问题的限制方面非常重要。快捷连接是诸如大语言模型等超大规模模型的核心构建块，它们将通过确保各层之间梯度的稳定流动来帮助实现更有效的训练。在第 5 章中，我们将训练 GPT 模型，其中快捷连接将发挥关键作用。

接下来，我们会把之前讨论的所有概念（层归一化、GELU 激活函数、前馈神经网络和快捷连接）连接在一个 Transformer 块中，这是构建 GPT 架构所需的最后一个构建块。

4.5　连接 Transformer 块中的注意力层和线性层

现在，我们将实现 Transformer 块，这是 GPT 和其他大语言模型架构的基本构建块。在参数量为 1.24 亿的 GPT-2 架构中，这个块被重复了许多次，它结合了我们之前提及的多个概念：多头注意力、层归一化、dropout、前馈层和 GELU 激活函数。稍后，我们将把这个 Transformer 块与 GPT 架构的其他部分连接起来。

图 4-13 展示了一个 Transformer 块，它结合了多个组件，包括掩码多头注意力模块（参见第 3 章）和我们之前实现的 `FeedForward` 模块（参见 4.3 节）。当 Transformer 块处理输入序列时，序列中的每个元素（如单词或子词）都被表示为一个固定大小的向量（此处为 768 维）。Transformer 块内的操作，包括多头注意力和前馈层，旨在以保持这些向量维度的方式来转换它们。

Transformer 块的核心思想是，自注意力机制在多头注意力块中用于识别和分析输入序列中元素之间的关系。相比之下，前馈神经网络则在每个位置上对数据进行单独的修改。这种组合不仅提供了对输入更细致的理解和处理，而且提升了模型处理复杂数据模式的整体能力。

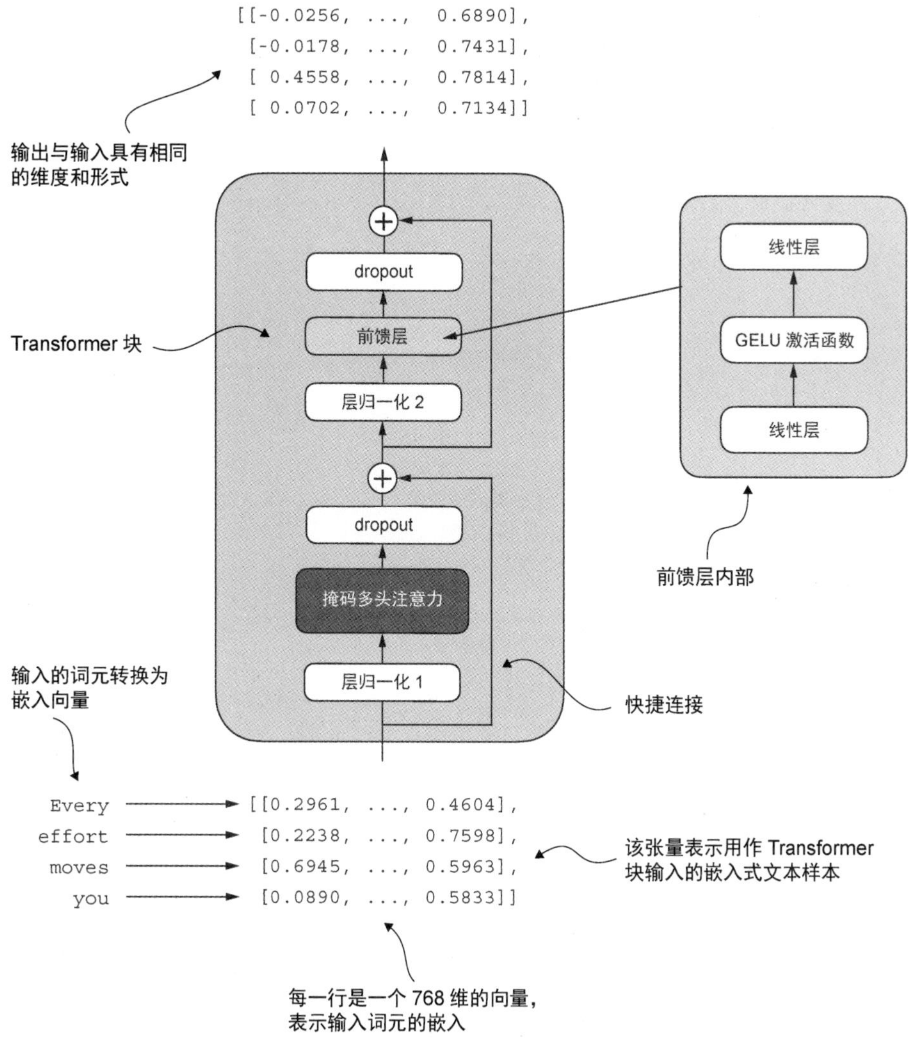

图 4-13 Transformer块示意图。输入的词元被嵌入到768维的向量中。每一行对应一个词元的向量表示。Transformer 块的输出是与输入具有相同维度的向量，这些向量可以传递到大语言模型的后续层中

可以在代码里构建 `TransformerBlock`，如代码清单 4-6 所示。

代码清单 4-6 GPT 的 Transformer 块组件

```
from chapter03 import MultiHeadAttention

class TransformerBlock(nn.Module):
    def __init__(self, cfg):
        super().__init__()
        self.att = MultiHeadAttention(
```

```
            d_in=cfg["emb_dim"],
            d_out=cfg["emb_dim"],
            context_length=cfg["context_length"],
            num_heads=cfg["n_heads"],
            dropout=cfg["drop_rate"],
            qkv_bias=cfg["qkv_bias"])
        self.ff = FeedForward(cfg)
        self.norm1 = LayerNorm(cfg["emb_dim"])
        self.norm2 = LayerNorm(cfg["emb_dim"])
        self.drop_shortcut = nn.Dropout(cfg["drop_rate"])

    def forward(self, x):
                                            ◁ 在注意力块中添加快捷连接
        shortcut = x
        x = self.norm1(x)
        x = self.att(x)
        x = self.drop_shortcut(x)
        x = x + shortcut                    ◁ 将原始输入添加回来
                                            ◁ 在前馈层中添加快捷链接
        shortcut = x
        x = self.norm2(x)
        x = self.ff(x)
        x = self.drop_shortcut(x)
        x = x + shortcut                    ◁ 将原始输入添加回来
        return x
```

这段代码定义了一个 `TransformerBlock` 类，该类在 PyTorch 中实现了一个多头注意力机制（`MultiHeadAttention`）和一个前馈神经网络（`FeedForward`），两者都根据提供的配置字典（`cfg`，比如 `GPT_CONFIG_124M`）进行配置。

层归一化（`LayerNorm`）应用于这两个组件之前，而 dropout 应用于这两个组件之后，以便对模型进行正则化并防止过拟合。这种方法也被称为**前层归一化**（Pre-LayerNorm）。较早的架构（如最初的 Transformer 模型）在自注意力和前馈神经网络之后才应用层归一化，这种方法被称为**后层归一化**（Post-LayerNorm），这通常会导致较差的训练效果。

`TransformerBlock` 类还实现了前向传播，其中每个组件后面都跟着一个快捷连接，将块的输入加到其输出上。这个关键特性有助于在训练过程中使梯度在网络中流动，并改善深度模型的学习效果（参见 4.4 节）。

使用我们之前定义的 `GPT_CONFIG_124M` 配置字典来实例化一个 Transformer 块，并输入一些测试数据：

```
torch.manual_seed(123)
x = torch.rand(2, 4, 768)                      ◁ 创建形状为[batch_size, num_tokens, emb_dim]的样例输入
block = TransformerBlock(GPT_CONFIG_124M)
output = block(x)

print("Input shape:", x.shape)
print("Output shape:", output.shape)
```

输出结果如下所示：

```
Input shape: torch.Size([2, 4, 768])
Output shape: torch.Size([2, 4, 768])
```

如你所见，Transformer 块在输出中维持了输入的维度，这表明 Transformer 架构在处理数据序列时不会改变它们在网络中的形状。

在整个 Transfromer 块架构中保持形状不变并非偶然，而是其设计的一个重要方面。这种设计使其能有效应用于各种序列到序列的任务，其中每个输出向量直接对应一个输入向量，保持一一对应的关系。然而，正如我们在第 3 章中所学到的，输出是一个包含整个输入序列信息的上下文向量。这意味着，虽然序列的物理维度（长度和特征尺寸）在通过 Transformer 块时保持不变，但每个输出向量的内容都要重新编码，以整合来自整个输入序列的上下文信息。

在实现了 Transformer 块之后，我们现在具备了构建 GPT 架构所需的所有构建块。如图 4-14 所示，Transformer 块结合了层归一化、前馈神经网络、GELU 激活函数和快捷连接。正如我们最终会看到的，这个 Transformer 块将构成 GPT 架构的核心组件。

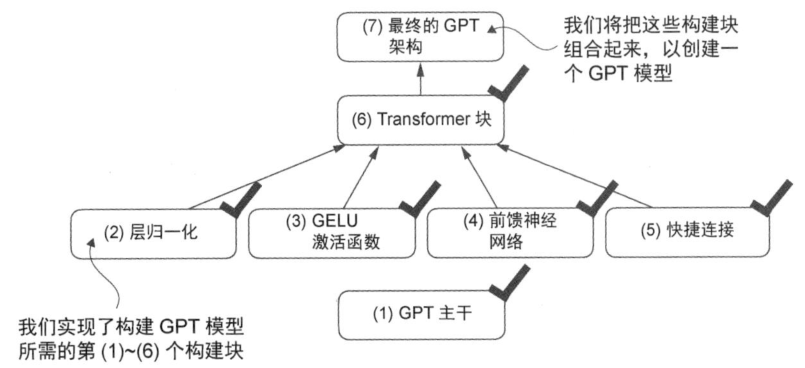

图 4-14 构建 GPT 架构所需的构建块，其中黑色勾选标记表示我们已构建完成的块

4.6 实现 GPT 模型

本章开始时，我们对 GPT 架构进行了概览，并将其称为 `DummyGPTModel`。虽然 `DummyGPTModel` 的代码实现中展示了 GPT 模型的输入和输出，但其包含的构建块仍然是一个“黑盒”，因此我们使用了 `DummyTransformerBlock` 类和 `DummyLayerNorm` 类作为占位符。

在本节中，我们将把 `DummyTransformerBlock` 占位符和 `DummyLayerNorm` 占位符替换为之前编写的真正的 `TransformerBlock` 类和 `LayerNorm` 类，从而组装出一个完全可用且参数量为 1.24 亿的 GPT-2 模型。在第 5 章中，我们将对 GPT-2 模型进行预训练。在第 6 章中，我们将从 OpenAI 加载预训练的权重。

在用代码构建 GPT-2 模型之前，先来看看它的整体结构，如图 4-15 所示，其中包括了我们到目前为止讨论的所有概念。可以看到，Transformer 块在 GPT 模型架构中被多次重复。在参数量为 1.24 亿的 GPT-2 模型中，这个 Transformer 块被重复使用了 12 次，这可以通过 `GPT_CONFIG_124M` 字典中的 `n_layers` 条目进行指定。在最大规模的 GPT-2 模型（参数量为 15.42 亿）中，这个 Transformer 块被重复了 48 次。

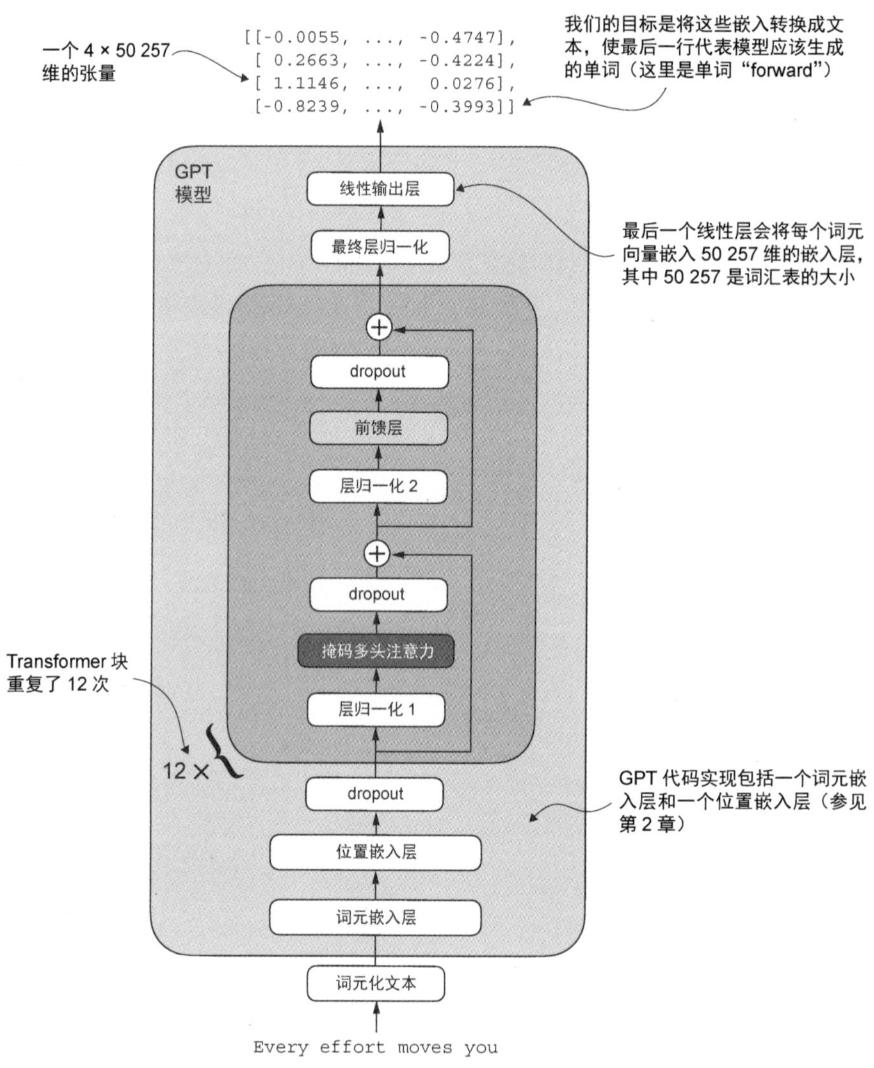

图 4-15　GPT 模型架构概览。该图展示了 GPT 模型的数据流。从底部开始，词元化文本首先被转换成词元嵌入，然后用位置嵌入进行增强。这些组合信息形成一个张量，然后通过中间所示的一系列 Transformer 块（每个块都包含多头注意力和前馈神经网络层，并带有 dropout 和层归一化功能），这些块相互堆叠并重复 12 次

最终 Transformer 块的输出会经过最后一步的层归一化处理，然后传递到线性输出层。这个层会将 Transformer 的输出映射到一个高维空间（在本例中为 50 257 维，对应模型的词汇表大小），以预测序列中的下一个词元。

现在，让我们来实现图 4-15 中的架构，如代码清单 4-7 所示。

代码清单 4-7 GPT 模型架构的实现

```
class GPTModel(nn.Module):
    def __init__(self, cfg):
        super().__init__()
        self.tok_emb = nn.Embedding(cfg["vocab_size"], cfg["emb_dim"])
        self.pos_emb = nn.Embedding(cfg["context_length"], cfg["emb_dim"])
        self.drop_emb = nn.Dropout(cfg["drop_rate"])

        self.trf_blocks = nn.Sequential(
            *[TransformerBlock(cfg) for _ in range(cfg["n_layers"])])

        self.final_norm = LayerNorm(cfg["emb_dim"])
        self.out_head = nn.Linear(
            cfg["emb_dim"], cfg["vocab_size"], bias=False
        )

    def forward(self, in_idx):
        batch_size, seq_len = in_idx.shape
        tok_embeds = self.tok_emb(in_idx)

        pos_embeds = self.pos_emb(
            torch.arange(seq_len, device=in_idx.device)
        )
        x = tok_embeds + pos_embeds
        x = self.drop_emb(x)
        x = self.trf_blocks(x)
        x = self.final_norm(x)
        logits = self.out_head(x)
        return logits
```

device 的设置允许我们在 CPU 或 GPU 上训练模型，具体取决于输入数据所在的设备

得益于 `TransformerBlock` 类，`GPTModel` 类显得相对小巧且紧凑。

这个 `GPTModel` 类的 `__init__` 构造函数通过 Python 字典 `cfg` 传递的配置来初始化词元嵌入层和位置嵌入层。这些嵌入层负责将输入的词元索引转换为稠密向量，并添加位置信息（参见第 2 章）。

接下来，`__init__` 方法会创建一个 `TransformerBlock` 模块的顺序栈，其层数与 `cfg` 中指定的层数相同。Transformer 块之后会应用一个 `LayerNorm` 层，将 Transformer 块的输出标准化，以稳定学习过程。最后，定义一个无偏置的线性输出头，将 Transformer 的输出投射到分词器的词汇空间，为词汇中的每个词元生成分数（logits）。

`foward` 方法首先接收一批输入的词元索引，然后计算它们的嵌入表示，接着应用位置嵌入，

将序列通过一系列 Transformer 块传递，并对最终输出进行归一化处理。最后一步是计算 logits，这些 logits 代表了下一个词元的非归一化概率。我们将在 4.7 节中把这些 logits 转换为词元和文本输出。

现在，使用传入了 `cfg` 参数的 `GPT_CONFIG_124M` 字典初始化参数量为 1.24 亿的 GPT 模型，并向其输入我们之前创建的批次文本数据：

```
torch.manual_seed(123)
model = GPTModel(GPT_CONFIG_124M)

out = model(batch)
print("Input batch:\n", batch)
print("\nOutput shape:", out.shape)
print(out)
```

这段代码先打印输入批次的内容，然后打印输出张量：

```
Input batch:
 tensor([[6109,  3626,  6100,   345],      ← 文本 1 的词元 ID
         [6109,  1110,  6622,   257]])     ← 文本 2 的词元 ID

Output shape: torch.Size([2, 4, 50257])
tensor([[[ 0.3613,  0.4222, -0.0711,  ...,  0.3483,  0.4661, -0.2838],
         [-0.1792, -0.5660, -0.9485,  ...,  0.0477,  0.5181, -0.3168],
         [ 0.7120,  0.0332,  0.1085,  ...,  0.1018, -0.4327, -0.2553],
         [-1.0076,  0.3418, -0.1190,  ...,  0.7195,  0.4023,  0.0532]],

        [[-0.2564,  0.0900,  0.0335,  ...,  0.2659,  0.4454, -0.6806],
         [ 0.1230,  0.3653, -0.2074,  ...,  0.7705,  0.2710,  0.2246],
         [ 1.0558,  1.0318, -0.2800,  ...,  0.6936,  0.3205, -0.3178],
         [-0.1565,  0.3926,  0.3288,  ...,  1.2630, -0.1858,  0.0388]]],
       grad_fn=<UnsafeViewBackward0>)
```

可以看到，输出张量的形状为`[2, 4, 50257]`，因为传入了两个输入文本，每个文本有 4 个词元。最后一个维度 `50257` 相当于分词器的词汇量。在 4.7 节中，你将看到如何将这 50 257 维输出向量逐一转换回词元。

在继续编写将模型输出转换为文本的函数之前，让我们花一些时间了解一下模型架构及其规模。通过 `numel()`（“number of elements”的缩写）方法可以统计模型参数张量的总参数量：

```
total_params = sum(p.numel() for p in model.parameters())
print(f"Total number of parameters: {total_params:,}")
```

结果如下所示：

```
Total number of parameters: 163,009,536
```

现在，如果仔细看，你可能会注意到一个差异。前面我们提到要初始化一个参数量为 1.24 亿的 GPT 模型，那为什么上面代码实际输出的参数量是 1.63 亿呢？

原因在于原始 GPT-2 架构中使用了一个叫作**权重共享**（weight tying）的概念。也就是说，原始 GPT-2 架构是将词元嵌入层作为输出层重复使用的。为了弄清楚这意味着什么，让我们来看看前面通过 `GPTModel` 在模型上初始化的词元嵌入层和线性输出层的形状：

```
print("Token embedding layer shape:", model.tok_emb.weight.shape)
print("Output layer shape:", model.out_head.weight.shape)
```

从打印输出可以看出，这两个层的权重张量具有相同的形状：

```
Token embedding layer shape: torch.Size([50257, 768])
Output layer shape: torch.Size([50257, 768])
```

由于分词器词汇表中有 50 257 个条目，因此词元嵌入层和输出层非常庞大。根据权重共享的概念，我们需要从总的 GPT-2 模型参数计数中减去输出层的参数量：

```
total_params_gpt2 = (
    total_params - sum(p.numel()
    for p in model.out_head.parameters())
)
print(f"Number of trainable parameters "
      f"considering weight tying: {total_params_gpt2:,}"
)
```

输出结果如下所示：

```
Number of trainable parameters considering weight tying: 124,412,160
```

如你所见，现在模型只有 1.24 亿个参数，与 GPT-2 模型的原始大小相当。

权重共享可以减少模型的总体内存占用和计算复杂度。不过，根据我的经验，使用单独的词元嵌入层和输出层可以获得更好的训练效果和模型性能。因此，我们在 `GPTModel` 实现中使用了单独的层。这一点在现代大语言模型中同样适用。不过，我们将在第 6 章中再次回顾并实现权重共享的概念，到时会加载来自 OpenAI 的预训练权重。

练习 4.1 前馈模块和注意力模块的参数量

计算前馈模块和注意力模块所包含的参数量，并进行对比。

最后，计算一下 `GPTModel` 对象中 1.63 亿个参数的内存需求：

```
total_size_bytes = total_params * 4
total_size_mb = total_size_bytes / (1024 * 1024)
print(f"Total size of the model: {total_size_mb:.2f} MB")
```

计算总的字节大小（假设每个参数是占用 4 字节的 32 位浮点数）

转换为兆字节（MB）

结果如下所示：

```
Total size of the model: 621.83 MB
```

总之，通过计算 GPTModel 对象中 1.63 亿个参数的内存需求，并假设每个参数是占用 4 字节的 32 位浮点数，我们发现模型的总大小为 621.83 MB，这表明即使是相对较小的大语言模型也需要相对较大的存储容量。

现在，我们已经实现了 GPTModel 架构，并看到它输出了形状为[batch_size, num_tokens, vocab_size]的数值张量。接下来，我们将编写代码，将这些输出张量转换为文本。

练习 4.2　初始化更大的 GPT 模型

我们已经初始化了一个参数量为 1.24 亿的 GPT 模型，即“GPT-2 small”。在不修改代码的情况下，只需更新配置文件，即可使用 GPTModel 类实现 GPT-2 medium（具有 1024 维嵌入、24 个 Transformer 块和 16 个多头注意力头）、GPT-2 large（具有 1280 维嵌入、36 个 Transformer 块和 20 个多头注意力头）和 GPT-2 xl（具有 1600 维嵌入、48 个 Transformer 块和 25 个多头注意力头）。同时，计算每个 GPT 模型的参数总数。

4.7　生成文本

接下来，我们将编写代码，将 GPT 模型的张量输出转换成文本。在开始之前，让我们简要回顾一下像大语言模型这样的生成模型是如何逐词（词元）生成文本的。

图 4-16 展示了 GPT 模型如何根据输入上下文（比如“Hello, I am”）逐步生成文本的过程。每次迭代时，输入上下文都会增加，从而使模型生成连贯且符合上下文的文本。在第 6 次迭代时，模型生成了完整的句子“Hello, I am a model ready to help.”我们已经看到当前的 GPTModel 实现输出的张量形状为[batch_size, num_token, vocab_size]。现在的问题是：GPT 模型如何将这些输出张量转化为生成的文本？

GPT 模型将输出张量转化为生成文本的过程涉及多个步骤，如图 4-17 所示。这些步骤包括解码输出张量、根据概率分布选择词元，以及将这些词元转换为人类可读的文本。

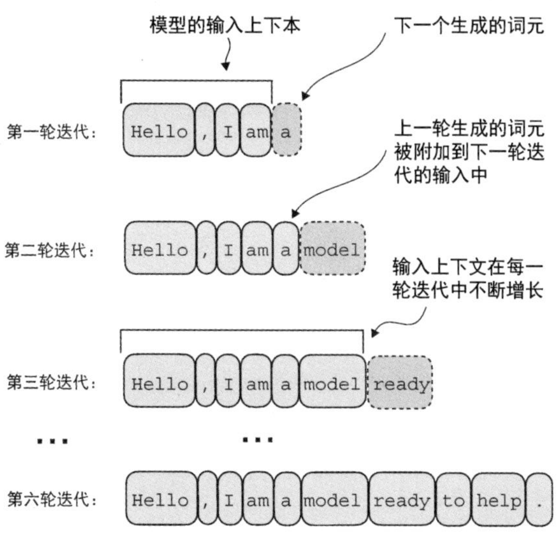

图 4-16 大语言模型逐步生成文本的过程，每次生成一个词元。从初始输入上下文（“Hello, I am”）开始，模型在每轮迭代中预测下一个词元，并将其添加到输入上下文中以进行下一轮预测。如图所示，第一轮迭代添加了“a”，第二轮迭代添加了“model”，第三轮迭代添加了“ready”，逐步形成了完整的句子

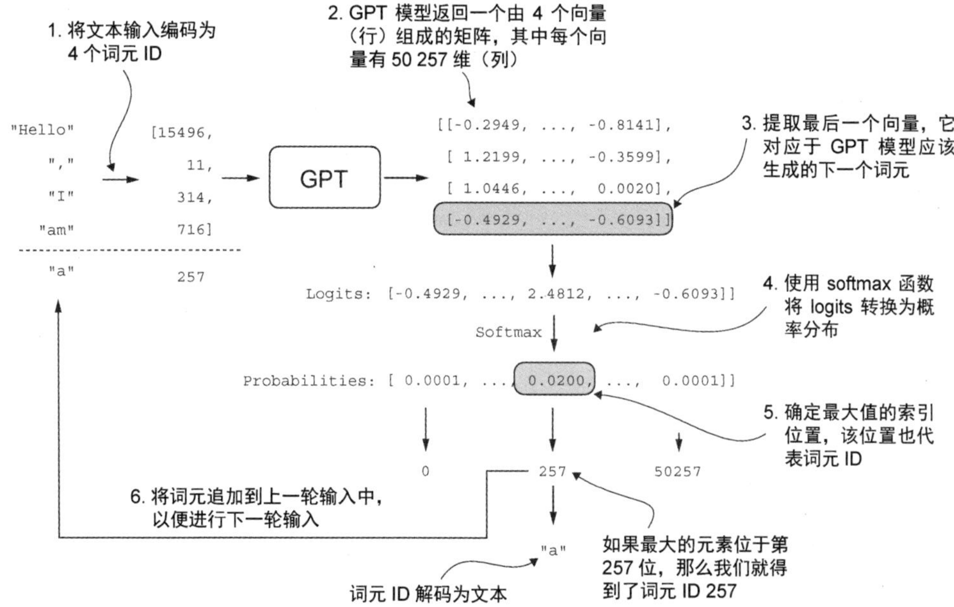

图 4-17 通过显示词元生成过程中的一次迭代，详细介绍了在 GPT 模型中生成文本的机制。该过程从将输入文本编码成词元 ID 开始，然后将这些 ID 输入到了 GPT 模型中。模型的输出结果随后被转换回文本，并附加到原始输入文本中

图 4-17 中展示的下一词元生成过程说明了 GPT 模型如何在给定输入的情况下生成下一个词元。在每一步中，模型输出一个矩阵，其中的向量表示有可能的下一个词元。将与下一个词元对应的向量提取出来，并通过 softmax 函数转换为概率分布。在包含这些概率分数的向量中，找到最高值的索引，这个索引对应于词元 ID。然后将这个词元 ID 解码为文本，生成序列中的下一个词元。最后，将这个词元附加到之前的输入中，形成新的输入序列，供下一次迭代使用。这个逐步的过程使得模型能够按顺序生成文本，从最初的输入上下文中构建连贯的短语和句子。

在实际操作中，我们会多次重复这一过程（参见图 4-16），直到生成预定数量的词元。在代码中，可以按照代码清单 4-8 所示的步骤实现文本生成过程。

代码清单 4-8　GPT 模型中用于生成文本的函数

```
def generate_text_simple(model, idx,
                         max_new_tokens, context_size):
    for _ in range(max_new_tokens):
        idx_cond = idx[:, -context_size:]
        with torch.no_grad():
            logits = model(idx_cond)

        logits = logits[:, -1, :]
        probas = torch.softmax(logits, dim=-1)
        idx_next = torch.argmax(probas, dim=-1, keepdim=True)
        idx = torch.cat((idx, idx_next), dim=1)

    return idx
```

- idx 是当前文本的索引数组，其形状为 (batch, n_tokens)
- 将当前文本截断至支持的长度。如果大语言模型仅支持 5 个词元，但此时文本长度为 10，则只有最后 5 个词元会被用作输入文本
- 只关注最后一个输出的内容，因此形状会从 (batch, n_token, vocab_size) 变为 (batch, vocab_size)
- probas 的形状为 (batch, vocab_size)
- idx_next 的形状为 (batch, 1)
- 将计算出的下一个字符的索引添加到索引数组中，此时 idx 的形状会变为 (batch, n_tokens+1)

这段代码展示了使用 PyTorch 为语言模型生成循环的简单实现。它首先循环指定次数以生成新词元，然后将当前上下文裁剪到模型的最大上下文大小，接下来进行预测计算，并根据最高概率选择下一个词元。

在编写 `generate_text_simple` 函数时，我们使用 softmax 函数将 logits 转换为概率分布，并通过 `torch.argmax` 确定最大值的位置。softmax 函数是单调的，这意味着它在转换为输出时保持了输入的顺序。因此，实际上 softmax 步骤是冗余的，因为 softmax 输出张量中最高分的位置与 logits 张量中的位置是相同的。换句话说，可以直接对 logits 张量应用 `torch.argmax` 函数，得到相同的结果。不过，我们提供了转换代码来展示将 logits 转换为概率的完整过程，这有助于更好地理解模型如何生成最有可能的下一个词元，这一过程被称为**贪心解码**。

当我们在第 5 章中实现 GPT 训练代码时，将使用额外的采样技术来调整 softmax 输出，从而

避免模型总是选择最有可能的词元。这将为生成的文本带来可变性和创造力。

图 4-18 进一步展示了如何通过 generate_text_simple 函数逐步生成一个词元 ID 并将其附加到上下文中的过程。(每次迭代的词元 ID 生成过程已在图 4-17 中详细描述。)我们通过迭代的方式生成了词元 ID。例如，在第一轮迭代中，模型获取了与"Hello, I am"对应的词元，以此预测下一个词元("a"，ID 为 257)，并将其添加到输入中。这个过程会重复进行，直到模型经过 6 轮迭代生成完整的句子"Hello, I am a model ready to help."

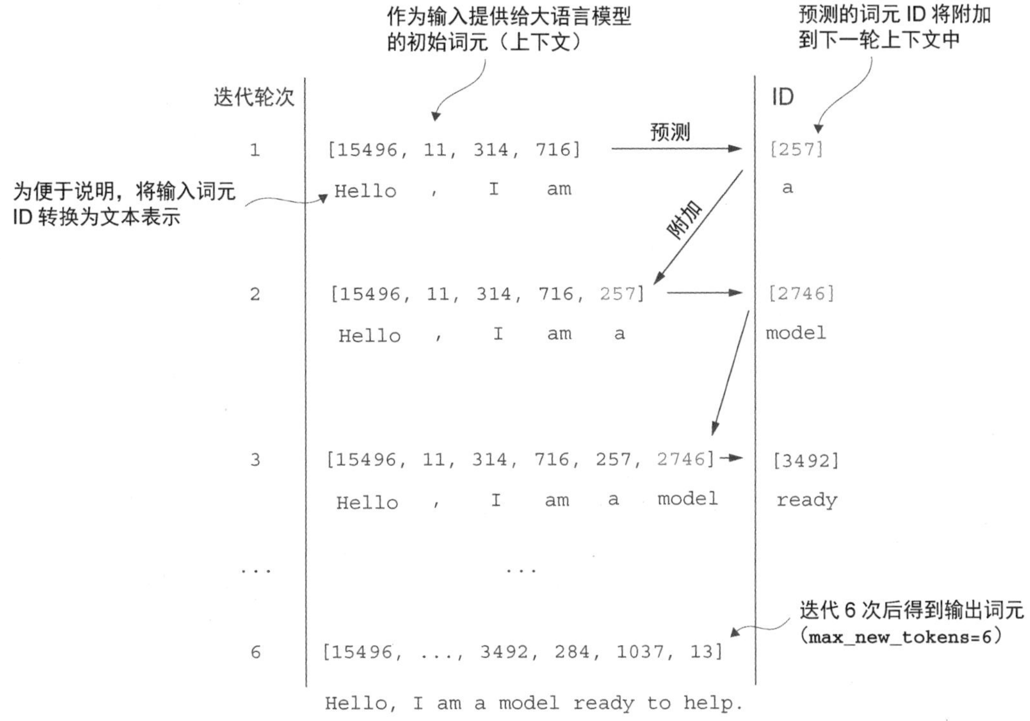

图 4-18 词元预测循环的 6 轮迭代，其中模型将初始词元 ID 的序列作为输入，预测下一个词元，并将该词元添加到下一轮迭代的输入序列中(为了更好地理解，词元 ID 也会被翻译成相应的文本)

现在让我们尝试使用"Hello, I am"上下文作为模型输入来调用 generate_text_simple 函数。首先，将输入上下文编码为词元 ID：

```
start_context = "Hello, I am"
encoded = tokenizer.encode(start_context)
print("encoded:", encoded)
encoded_tensor = torch.tensor(encoded).unsqueeze(0)    # 添加 batch 维度
print("encoded_tensor.shape:", encoded_tensor.shape)
```

编码后的 ID 如下所示：

```
encoded: [15496, 11, 314, 716]
encoded_tensor.shape: torch.Size([1, 4])
```

接下来，将模型设置为`.eval()`模式，这将禁用诸如 dropout 等只在训练期间使用的随机组件。然后对编码后的输入张量使用 `generate_text_simple` 函数：

```
model.eval()                              # 不训练模型时关闭 dropout
out = generate_text_simple(
    model=model,
    idx=encoded_tensor,
    max_new_tokens=6,
    context_size=GPT_CONFIG_124M["context_length"]
)
print("Output:", out)
print("Output length:", len(out[0]))
```

最终得到的输出词元 ID 如下所示：

```
Output: tensor([[15496,    11,   314,   716, 27018, 24086, 47843,
30961, 42348,  7267]])
Output length: 10
```

使用分词器的`.decode` 方法可以将 ID 转换回文本：

```
decoded_text = tokenizer.decode(out.squeeze(0).tolist())
print(decoded_text)
```

文本格式的模型输出如下所示：

```
Hello, I am Featureiman Byeswickattribute argue
```

可以看到，模型生成了无意义的内容，完全不像连贯的文本"Hello, I am a model ready to help."发生了什么？模型不能生成连贯文本的原因是我们还没有对其进行训练。到目前为止，我们只是实现了 GPT 架构，并用初始随机权重初始化了 GPT 模型实例。模型训练是一个重要的主题，我们将在第 5 章中进行深入探讨。

练习 4.3　使用单独的 dropout 参数

在本章开头，我们在 `GPT_CONFIG_124M` 字典中定义了一个全局的 `drop_rate` 设置来控制 `GPTModel` 架构中各个位置的 dropout 率。请修改代码，为模型架构中的不同 dropout 层指定不同的 dropout 值。（提示：模型中有 3 个不同的 dropout 层：嵌入层、快捷连接层和多头注意力模块。）

4.8 小结

- 层归一化可以确保每个层的输出具有一致的均值和方差，从而稳定训练过程。
- 快捷连接是通过将一层的输出直接传递到更深层来跳过一个或多个层的连接，它能帮助缓解在训练深度神经网络（如大语言模型）时遇到的梯度消失问题。
- 作为 GPT 模型的核心模块组件，Transformer 块融合了掩码多头注意力模块和使用 GELU 激活函数的全连接前馈神经网络。
- GPT 模型是具有许多重复 Transformer 块的大语言模型，这些 Transformer 块有数百万到数十亿个参数。
- GPT 模型具有多种规模，比如参数量分别为 1.24 亿、3.45 亿、7.62 亿和 15.4 亿的模型，我们可以使用相同的 `GPTModel` Python 类来实现它们。
- 类 GPT 大语言模型的文本生成能力涉及根据给定的输入上下文来逐个预测词元，然后将输出张量解码为人类可读的文本。
- 在没有训练的情况下，GPT 模型生成的文本是不连贯的，这显示了模型训练对于生成连贯文本的重要性。

第 5 章 在无标签数据上进行预训练

本章内容

- ❑ 计算训练集损失和验证集损失，以评估大语言模型在训练期间生成文本的质量
- ❑ 实现一个训练函数并对大语言模型进行预训练
- ❑ 保存和加载模型权重以持续训练大语言模型
- ❑ 从 OpenAI 加载预训练权重

到目前为止，我们已经实现了数据采样和注意力机制，并编写了大语言模型架构的代码。是时候实现训练函数并对大语言模型进行预训练了。在本章中，我们将学习基本的模型评估技术，以衡量生成文本的质量，这是在训练过程中优化大语言模型的必要条件。此外，我们还将讨论如何加载预训练权重，为大语言模型微调奠定扎实的基础。图 5-1 概述了我们的整体计划，并强调了本章将讨论的内容。

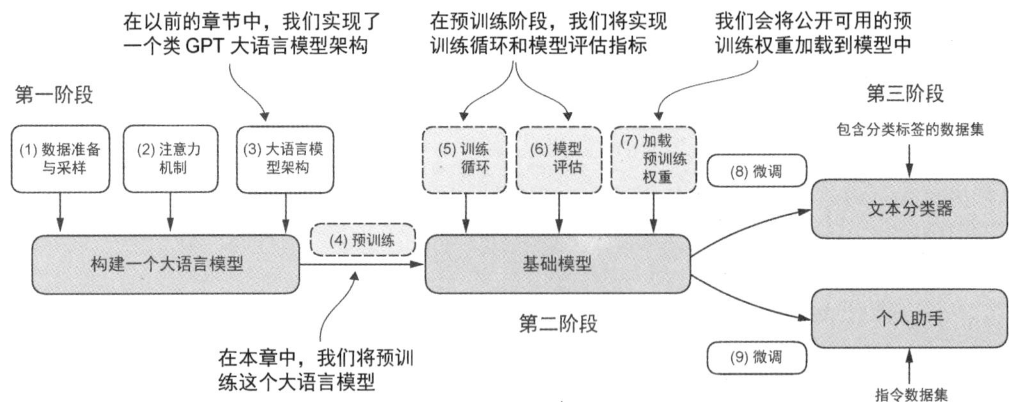

图 5-1　构建大语言模型的 3 个主要阶段。本章主要关注第二阶段：预训练大语言模型（第(4)步），其中包括实现训练循环代码（第(5)步）、评估性能（第(6)步）以及加载和保存模型权重（第(7)步）

权重参数

在大语言模型以及其他深度学习模型的背景下，**权重**一般指的是学习过程调整的可训练参数。这些权重也被称为**权重参数**或简单地称为**参数**。在像 PyTorch 这样的框架中，这些权重存储在线性层中。我们不仅在第 3 章中使用它们实现了多头注意力模块，也在第 4 章中使用它们构建了 `GPTModel`。在初始化一个线性层（`new_layer = torch.nn.Linear(...)`）之后，可以通过`.weight` 属性（`new_layer.weight`）访问其权重。此外，为方便起见，PyTorch 允许通过 `model.parameters()`方法直接访问模型的所有可训练参数（包括 `Weights` 和 `Biases`）。后续在实现模型训练时我们将使用 `model.parameters()`方法。

5.1 评估文本生成模型

在简要回顾第 4 章的文本生成的内容之后，我们将设置大语言模型进行文本生成，然后讨论评估生成文本质量的基本方法，接下来计算训练集损失和验证集损失。图 5-2 展示了本章涵盖的主题，并突出显示了上述 3 个步骤。

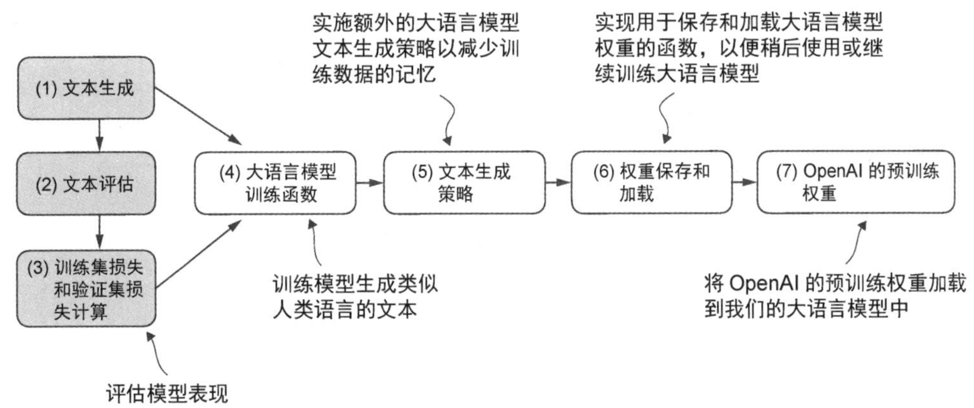

图 5-2 本章所涵盖的主题概述。我们首先回顾文本生成（第(1)步），然后讨论基本模型评估技术（第(2)步），最后计算训练集损失和验证集损失（第(3)步）

5.1.1 使用 GPT 来生成文本

让我们设置大语言模型，并简要回顾在第 4 章中实现的文本生成过程。我们首先使用 `GPTModel` 类和 `GPT_CONFIG_124M` 字典（参见第 4 章）来初始化后续将要评估和训练的 GPT 模型：

```
import torch
from chapter04 import GPTModel
```

```
GPT_CONFIG_124M = {
    "vocab_size": 50257,
    "context_length": 256,
    "emb_dim": 768,
    "n_heads": 12,
    "n_layers": 12,
    "drop_rate": 0.1,
    "qkv_bias": False
}
torch.manual_seed(123)
model = GPTModel(GPT_CONFIG_124M)
model.eval()
```

将上下文长度从 1024 个词元缩短到 256 个词元

可以将 dropout 设置为 0，这也比较常见

与第 4 章相比，这里做出的唯一调整是将 `GPT_CONFIG_124M` 字典中的上下文长度（`context_length`）减少到了 256 个词元。这种修改减少了训练模型的计算需求，以便我们可以在标准笔记本电脑上进行训练。

按照惯例，参数量为 1.24 亿的 GPT-2 模型被配置为最多处理 1024 个词元。训练完成后，我们将更新上下文大小设置并加载预训练权重，使其适用于配置为 1024 个词元上下文长度的模型。

使用 `GPTModel` 实例，我们采用了第 4 章中介绍的 `generate_text_simple` 函数来生成文本，并引入了两个便捷的辅助函数：`text_to_token_ids` 和 `token_ids_to_text`。这些函数用于文本和词元表示之间的转换，本章将始终使用这种技术。

图 5-3 展示了使用 GPT 模型的三步文本生成过程：首先，分词器将输入文本转换为一系列词元 ID（参见第 2 章）；然后，模型接收这些词元 ID 并生成相应的 logits，这些 logits 是表示词汇表中每个词元的概率分布的向量（参见第 4 章）；最后，这些 logits 被转换回词元 ID，分词器会将其解码为人类可读的文本，这样就完成了从文本输入到文本输出的循环。

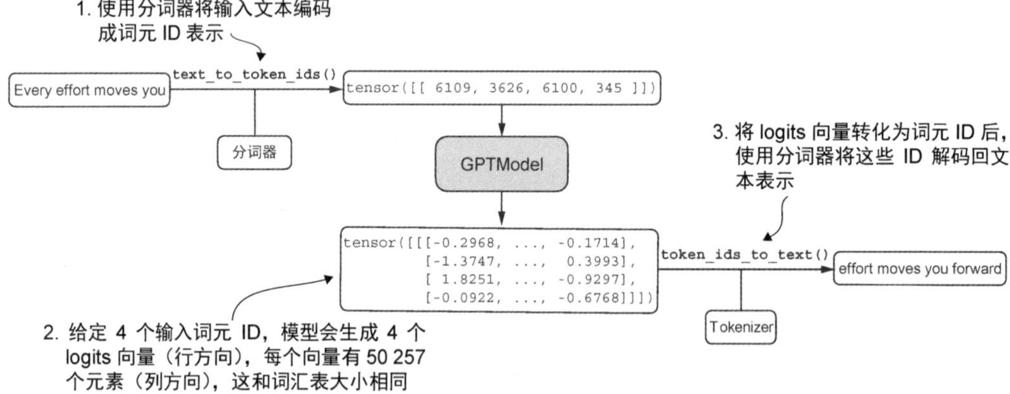

图 5-3　生成文本的过程涉及将文本编码为大语言模型能够处理的词元 ID，这些词元 ID 经过大语言模型处理后会变成 logits 向量，然后 logits 向量被转换回词元 ID，最终被反词元化变成文本表示

可以用代码清单 5-1 实现文本生成过程。

代码清单 5-1 用于文本到词元 ID 转换的工具函数

```
import tiktoken
from chapter04 import generate_text_simple

def text_to_token_ids(text, tokenizer):
    encoded = tokenizer.encode(text, allowed_special={'<|endoftext|>'})
    encoded_tensor = torch.tensor(encoded).unsqueeze(0)    # 使用.unsqueeze(0)添加 batch 维度
    return encoded_tensor

def token_ids_to_text(token_ids, tokenizer):
    flat = token_ids.squeeze(0)    # 移除 batch 维度
    return tokenizer.decode(flat.tolist())

start_context = "Every effort moves you"
tokenizer = tiktoken.get_encoding("gpt2")

token_ids = generate_text_simple(
    model=model,
    idx=text_to_token_ids(start_context, tokenizer),
    max_new_tokens=10,
    context_size=GPT_CONFIG_124M["context_length"]
)
print("Output text:\n", token_ids_to_text(token_ids, tokenizer))
```

上述代码可以让模型生成如下文本：

```
Output text:
 Every effort moves you rentingetic wasn? refres RexMeCHicular stren
```

显然，由于尚未经过训练，模型还无法生成连贯的文本。要定义什么是"连贯"或"高质量"的文本，必须采用一种数值方法来评估生成的内容。这种方法使得我们能够在整个训练过程中监测和增强模型的性能。

接下来，我们将计算生成的输出结果的**损失函数大小**。这个损失值将作为训练进展和成功的衡量标准。此外，在后续章节中，在对大语言模型进行微调时，我们还将探索评估模型质量的其他方法。

5.1.2 计算文本生成损失

接下来，让我们探讨在训练过程中通过计算**文本生成损失**来对生成的文本质量进行数值评估的技术。我们将通过一个实际的例子逐步讲解这种技术，以使概念清晰易懂且易于应用。首先，让我们简要回顾一下如何加载数据以及如何通过 `generate_text_simple` 函数生成文本。

图 5-4 通过一个 5 步过程展示了从输入文本到大语言模型生成文本的整体流程。这个文本生成过程展示了 `generate_text_simple` 函数在内部执行的操作。在计算衡量生成文本质量的损

失之前，我们需要先执行这些相同的初始步骤。

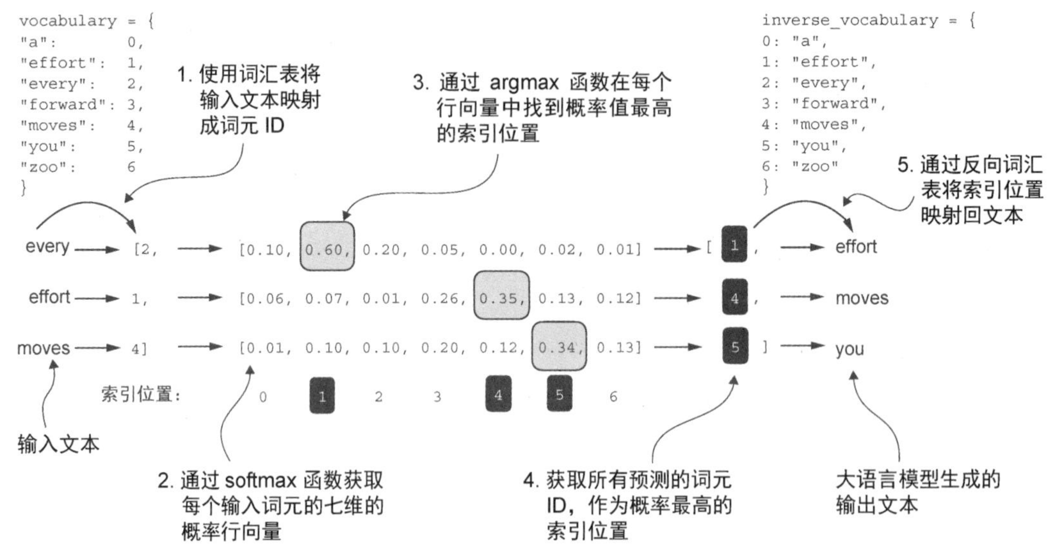

图 5-4　对于左侧显示的 3 个输入词元中的每一个，计算包含词汇表中每个词元对应概率分数的向量。每个向量中最高概率分数的索引位置表示最有可能的下一个词元 ID。这些与最高概率分数相关联的词元 ID 会被选中并映射回表示模型生成的文本

图 5-4 概述了文本生成过程。为了将该图片完整地放在一个页面上，我们使用了一张包含 7 个词元的小词汇表。然而，我们的 `GPTModel` 使用的是一张由 50 257 个单词组成的更大的词汇表。因此，接下来的代码中的词元 ID 范围将是从 0 到 50 256，而不是从 0 到 6。

此外，为了简化展示，图 5-4 仅显示了一个文本示例（`"every effort moves"`）。在下面实现了图中步骤的实际代码示例中，我们将使用两个输入示例（`"every effort moves"`和`"I really like"`）进行模型操作。

考虑以下两个输入示例，它们已经被映射为词元 ID（参见图 5-4 的第 1 步）：

```
inputs = torch.tensor([[16833, 3626, 6100],   # ["every effort moves",
                       [40,    1107, 588]])   #  "I really like"]
```

与上述输入相匹配，`targets` 是我们希望模型生成的词元 ID：

```
targets = torch.tensor([[3626, 6100, 345  ],  # [" effort moves you",
                        [1107, 588, 11311]])  #  " really like chocolate"]
```

请注意，`targets` 是对输入数据的复制，但向前移动了一个位置，这是我们在第 2 章中实现数据加载器时讨论过的概念。这种移位策略对指导模型预测序列中的下一个词元至关重要。

现在，将这些输入提供给模型，为包含 3 个词元的两个输入示例计算 logits 向量。然后，应

用 softmax 函数将这些 logits 转换为概率分数（`probas`，参见图 5-4 的第 2 步）：

```
with torch.no_grad():                        <-- 屏蔽模型参数的梯度跟踪，因为我们还没开始训练
    logits = model(inputs)
probas = torch.softmax(logits, dim=-1)       <-- 词汇表中每个词元的概率
print(probas.shape)
```

概率分数（`probas`）张量的最终张量维度如下所示：

```
torch.Size([2, 3, 50257])
```

第一个数值 `2` 对应于输入中的两个示例（行），也称为“批次大小”。第二个数值 `3` 对应于每个输入（行）中的词元数量。最后一个数值 `50257` 对应于嵌入维度，由词汇表大小确定。通过 softmax 函数将 logits 转换为概率后，`generate_text_simple` 函数会将结果概率分数转换回文本（参见图 5-4 的第 3~5 步）。

可以通过将 argmax 函数应用于概率分数来完成第 3 步和第 4 步，从而获得相应的词元 ID：

```
token_ids = torch.argmax(probas, dim=-1, keepdim=True)
print("Token IDs:\n", token_ids)
```

考虑到我们有两个包含 3 个词元的输入批次，将 argmax 函数应用于概率分数（参见图 5-4 的第 3 步）会产生两组输出，每组包含 3 个预测的词元 ID：

```
Token IDs:
 tensor([[[16657],           <-- 第一批次
          [  339],
          [42826]],
         [[49906],           <-- 第二批次
          [29669],
          [41751]]])
```

最后，第 5 步会将词元 ID 转换回文本：

```
print(f"Targets batch 1: {token_ids_to_text(targets[0], tokenizer)}")
print(f"Outputs batch 1:"
      f" {token_ids_to_text(token_ids[0].flatten(), tokenizer)}")
```

在解码这些词元时，我们发现这些输出词元与我们希望模型生成的目标词元非常不同：

```
Targets batch 1:  effort moves you
Outputs batch 1:  Armed heNetflix
```

模型生成的随机文本与目标文本不同的原因是它尚未经过训练。

现在，我们希望通过损失指标（参见图 5-5）来量化评估模型生成的文本的性能。这不仅有助于衡量生成的文本的质量，同时也是实现训练函数的一个构建块，我们将使用它来更新模型的权重，从而改善生成的文本。

5

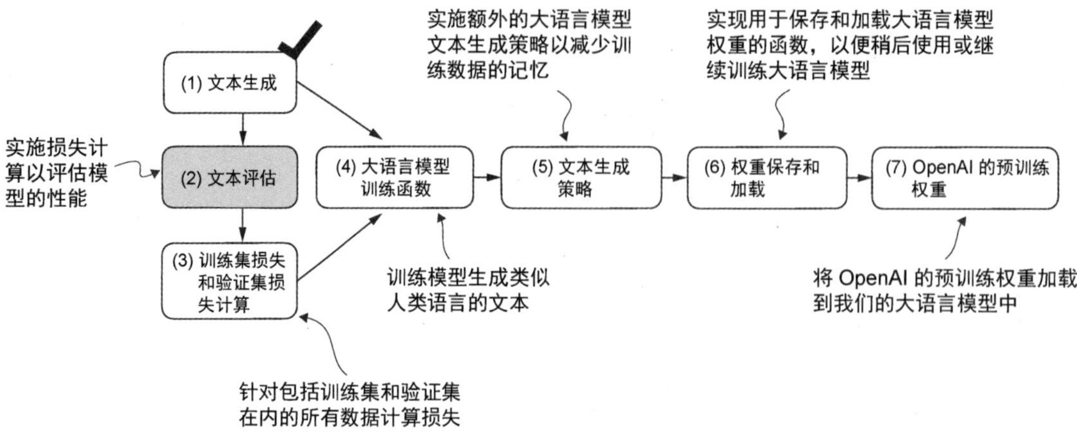

图 5-5　本章所涉及主题的概述。我们已经完成了第(1)步，现在准备实现文本评估函数(第(2)步)

如图 5-5 所示，文本评估过程的一部分是衡量生成词元与正确预测（目标）之间的偏差程度。我们稍后实现的训练函数将使用这些信息来调整模型权重，以生成更接近（或理想情况下更匹配）目标文本的文本。

模型训练的目标是增大与正确目标词元 ID 对应的索引位置的 softmax 概率，如图 5-6 所示。这个 softmax 概率也将用于我们接下来要实现的评估指标中，以量化评估模型生成的输出：正确位置的概率越高，效果越好。

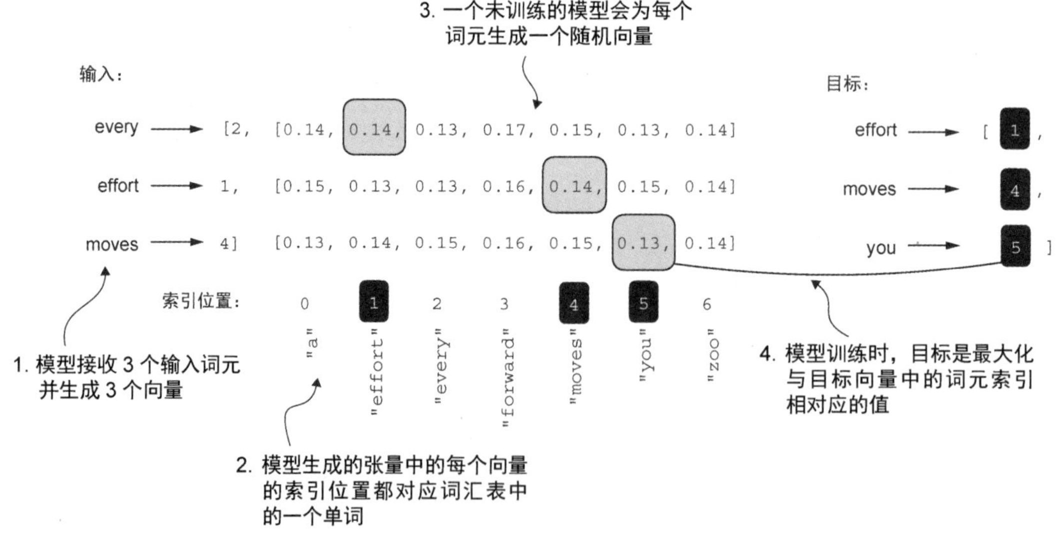

图 5-6　在训练之前，模型会生成随机的下一个词元的概率向量。模型训练的目标是确保与图中框出的目标词元 ID 对应的概率值被最大化

请记住，为了将所有内容放入一张图中，图 5-6 展示了一个紧凑的七词元词汇表的 softmax 概率。这意味着起始的随机值将在 1/7 左右，大约等于 0.14。然而，我们用于 GPT-2 模型的词汇表有 50 257 个词元，因此大多数初始概率将在 0.000 02 左右（1/50 257）。

对于两个输入文本中的每一个，可以使用以下代码打印与目标词元对应的初始 softmax 概率分数：

```
text_idx = 0
target_probas_1 = probas[text_idx, [0, 1, 2], targets[text_idx]]
print("Text 1:", target_probas_1)

text_idx = 1
target_probas_2 = probas[text_idx, [0, 1, 2], targets[text_idx]]
print("Text 2:", target_probas_2)
```

每个批次的 3 个目标词元 ID 概率分数如下所示：

```
Text 1: tensor([7.4541e-05, 3.1061e-05, 1.1563e-05])
Text 2: tensor([1.0337e-05, 5.6776e-05, 4.7559e-06])
```

训练大语言模型的目标是最大化正确词元的可能性，这涉及增大其相对于其他词元的概率。通过这种方式，可以确保大语言模型始终选择目标词元（实质上是句子中的下一个单词）作为它生成的下一个词元。

反向传播

如何最大化与目标词元对应的 softmax 概率值呢？大致思路是，更新模型权重，以便模型为我们想要生成的相应词元 ID 输出更高的值。权重更新是通过一种称为**反向传播**的过程完成的，这是训练深度神经网络的标准技术（有关反向传播和模型训练的更多细节，请参见 A.3 节~A.7 节）。

反向传播需要一个损失函数，它会计算模型的预测输出（在这里是与目标词元 ID 对应的概率）与实际期望输出之间的差异。这个损失函数衡量的是模型的预测与目标值之间的偏差。

5

接下来，我们将计算两个示例批次的概率分数的损失，即 `target_probas_1` 和 `target_probas_2`。主要步骤如图 5-7 所示。我们已经应用了第❶~❸步来获取 `target_probas_1` 和 `target_probas_2`，接下来会继续进行第❹步，对概率分数应用**对数**：

```
log_probas = torch.log(torch.cat((target_probas_1, target_probas_2)))
print(log_probas)
```

这将导致以下数值结果：

```
tensor([ -9.5042, -10.3796, -11.3677, -11.4798,  -9.7764, -12.2561])
```

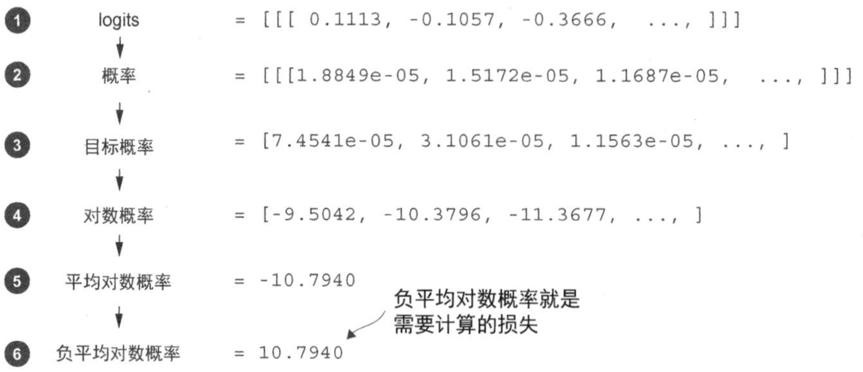

```
❶ logits           = [[[ 0.1113, -0.1057, -0.3666,  ..., ]]]
❷ 概率             = [[[1.8849e-05, 1.5172e-05, 1.1687e-05,  ..., ]]]
❸ 目标概率         = [7.4541e-05, 3.1061e-05, 1.1563e-05, ..., ]
❹ 对数概率         = [-9.5042, -10.3796, -11.3677, ..., ]
❺ 平均对数概率     = -10.7940
❻ 负平均对数概率   = 10.7940
```


图 5-7 计算损失涉及的几个步骤。我们已经完成了第❶~❸步，计算了与目标张量对应的词元的概率，这些概率在第❹~❻步中将通过取对数并求平均值进行转换

在数学优化中，使用概率分数的对数比直接处理分数更容易操作。这个话题超出了本书的范畴，如果你对此感兴趣，可以参见附录 B。

接下来，我们通过计算平均值将这些对数概率组合成一个单一分数（参见图 5-7 的第❺步）：

```
avg_log_probas = torch.mean(log_probas)
print(avg_log_probas)
```

得到的平均对数概率分数如下所示：

```
tensor(-10.7940)
```

我们的目标是通过在训练过程中更新模型的权重，使平均对数概率尽可能接近 0。然而，在深度学习中，通常的做法不是将平均对数概率升至 0，而是将负平均对数概率降至 0。负平均对数概率就是平均对数概率乘以-1，对应于图 5-7 中的第❻步：

```
neg_avg_log_probas = avg_log_probas * -1
print(neg_avg_log_probas)
```

这将输出 `tensor(10.7940)`。在深度学习中，将-10.7940 这个负值转换为 10.7940 的术语称为**交叉熵损失**。PyTorch 在这里派上了用场，因为它有一个内置的 `cross_entropy` 函数，该函数可以为我们处理图 5-7 中的所有步骤。

交叉熵损失

在机器学习和深度学习中，交叉熵损失是一种常用的度量方式，用于衡量两个概率分布之间的差异——通常是标签（在这里是数据集中的词元）的真实分布和模型生成的预测分布（例如，由大语言模型生成的词元概率）之间的差异。

在机器学习的背景下，特别是在像 PyTorch 这样的框架中，交叉熵函数可以对离散的结果进行度量，类似于给定模型生成的词元概率时目标词元的负平均对数概率。因此，在实践中，“交叉熵”和“负平均对数概率”这两个术语是相关的，且经常可以互换使用。

在应用 `cross_entropy` 函数之前，先简要回顾一下 `logits` 张量和 `targets` 张量的形状：

```
print("Logits shape:", logits.shape)
print("Targets shape:", targets.shape)
```

结果如下所示：

```
Logits shape: torch.Size([2, 3, 50257])
Targets shape: torch.Size([2, 3])
```

如你所见，`logits` 张量具有 3 个维度：批处理大小、词元数量和词汇表大小。`targets` 张量则具有两个维度：批处理大小和词元数量。

对于 PyTorch 中的交叉熵损失函数，我们希望通过在批处理维度上将它们组合在一起来展平这些张量：

```
logits_flat = logits.flatten(0, 1)
targets_flat = targets.flatten()
print("Flattened logits:", logits_flat.shape)
print("Flattened targets:", targets_flat.shape)
```

得到的张量维度如下所示：

```
Flattened logits: torch.Size([6, 50257])
Flattened targets: torch.Size([6])
```

请记住，`targets` 是我们希望大语言模型生成的词元 ID，而 logits 是在进入 softmax 函数以获取概率分数之前的未经缩放的模型输出。

先前，我们应用 softmax 函数，选择了与目标 ID 对应的概率分数，并计算了负对数概率的平均值。PyTorch 的 `cross_entropy` 函数将为我们处理所有这些步骤：

```
loss = torch.nn.functional.cross_entropy(logits_flat, targets_flat)
print(loss)
```

得到的损失与我们以前手动应用图 5-7 中的各个步骤时获得的损失相同，为 `tensor(10.7940)`。

困惑度

困惑度通常与交叉熵损失一起用来评估模型在诸如语言建模等任务中的性能。它可以提供一种更易解释的方式来理解模型在预测序列中的下一个词元时的不确定性。

困惑度可以衡量模型预测的概率分布与数据集中实际词汇分布的匹配程度。与损失类似，较低的困惑度表明模型的预测更接近实际分布。

困惑度可以通过 `perplexity = torch.exp(loss)` 计算得出，在先前计算的损失上应用该公式会得到 `tensor(48725.8203)`。

困惑度通常被认为比原始损失值更易于解释，因为它表示模型在每一步中对于有效词汇量的不确定性。在给定的示例中，这意味着模型不确定在词汇表的 48 725 个词元中应该生成哪个来作为下一个词元。

为了方便讲解，我们计算了两个短文本输入的损失。接下来，我们将对整个训练集和验证集计算损失。

5.1.3　计算训练集和验证集的损失

首先，需要准备用于训练大语言模型的训练数据集和验证数据集。然后，如图 5-8 的突出显示部分所示，我们将计算训练集和验证集的交叉熵，这是模型训练过程中的重要组成部分。

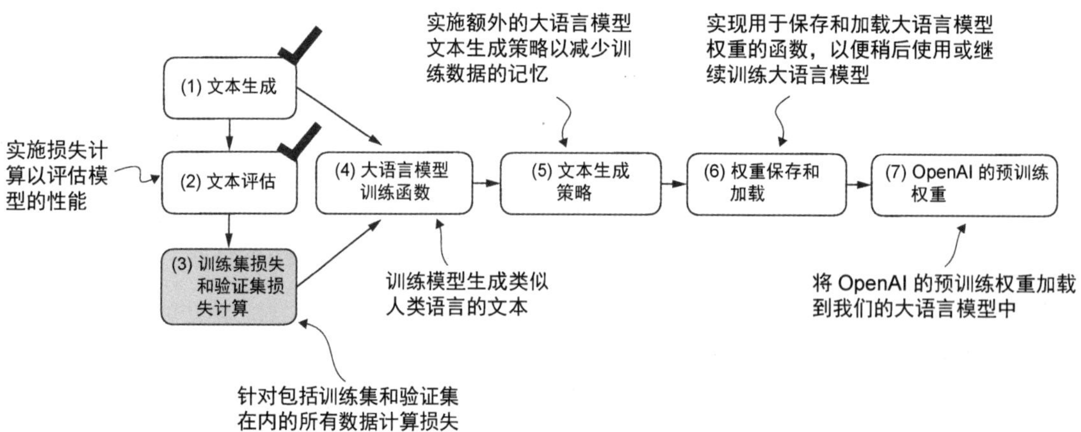

图 5-8　在完成了第(1)步和第(2)步，包括计算交叉熵损失后，接下来可以将这个损失计算应用到将用于模型训练的整个文本数据集中

为了计算训练数据集和验证数据集上的损失，我们使用了一个非常小的文本数据集，即 Edith Wharton 的短篇小说 *The Verdict*（第 2 章中使用过）。通过选择来自公共领域的文本，我们规避了与使用权相关的任何问题。此外，使用如此小的数据集，即使没有高端的 GPU，也可以在几分钟内在标准笔记本电脑上执行代码示例，这将有利于教学。

注意 如果你对此感兴趣，还可以使用本书的补充代码来准备一个由 60 000 多本来自古腾堡计划的公共领域图书组成的更大规模的数据集，并在此基础上训练一个大语言模型（详情请参阅附录 D）。

预训练大语言模型的代价

为了使项目规模更具体，可以考虑训练参数量为 70 亿的 Llama 2 模型，这是一个相对流行且公开可用的大语言模型。该模型预训练时处理了 2 万亿个词元，在昂贵的 A100 GPU 上训练了 184 320 GPU 小时。在撰写本书时，在 AWS 上运行一个 8 × A100 云服务器的成本约为每小时 30 美元。粗略估计，这样一个大语言模型的总训练成本约为 690 000 美元（计算方法为 184 320 小时除以 8，然后乘以 30）。

下面的代码加载了短篇小说 *The Verdict*：

```
file_path = "the-verdict.txt"
with open(file_path, "r", encoding="utf-8") as file:
    text_data = file.read()
```

加载完数据集后，可以检查一下数据集中的字符数和词元数：

```
total_characters = len(text_data)
total_tokens = len(tokenizer.encode(text_data))
print("Characters:", total_characters)
print("Tokens:", total_tokens)
```

输出如下所示：

```
Characters: 20479
Tokens: 5145
```

虽然这个文本只有 5145 个词元，可能看起来太小，无法用来训练大语言模型，但正如前面提到的，这是出于教学目的，以便我们可以在几分钟（而不是几周）内运行代码。此外，稍后我们会将来自 OpenAI 的预训练权重加载到 `GPTModel` 代码中。

接下来，我们将数据集分成训练集和验证集，并使用第 2 章中的数据加载器来准备大语言模型训练所需的批次数据。这个过程在图 5-9 中进行了可视化展示。由于空间限制，我们使用了 `max_length=6`。然而，对于实际的数据加载器，可以将 `max_length` 设置为 256 个词元的上下文长度，以便训练期间大语言模型能够看到更长的文本。

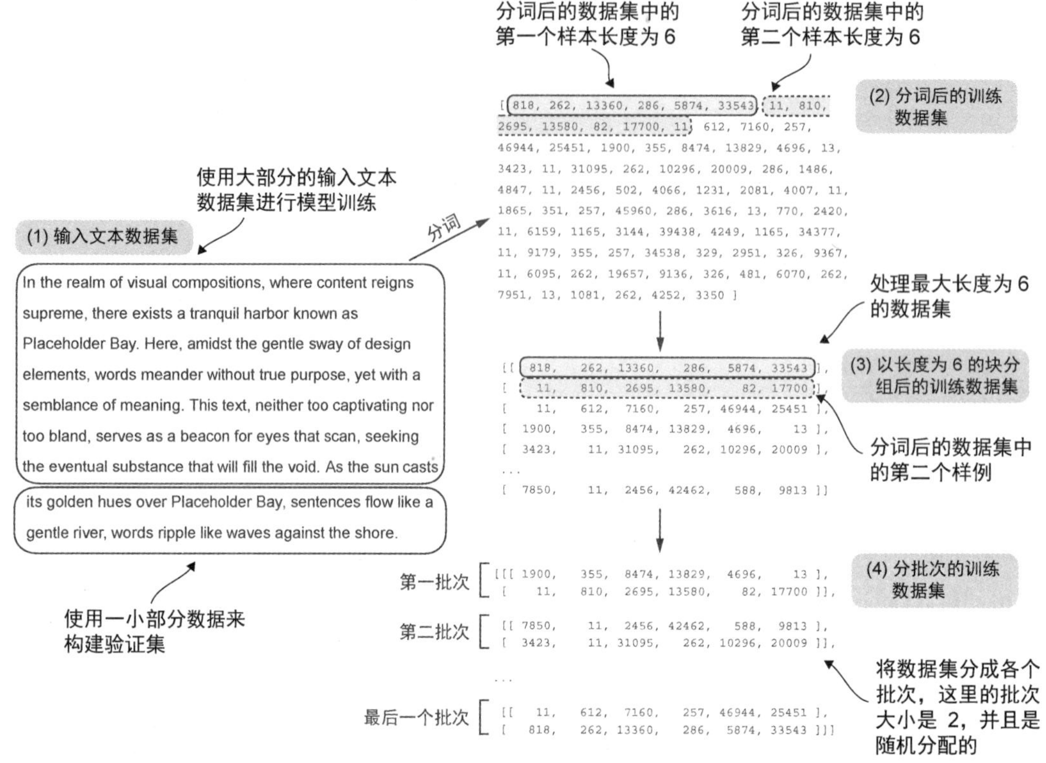

图 5-9　在准备数据加载器时，将输入文本分割为训练集和验证集。然后，对文本进行分词（为了简化操作，这里仅显示了训练集），并将分词后的文本分成用户指定长度的块（这里是 6）。最后，对行进行重排，并将分块后的文本组织成批次（这里批次大小为 2），这些批次可用于进行模型训练

注意　为了简化操作并提高效率，我们使用以大小相似的块呈现的训练数据来训练模型。然而，在实践中，使用不同长度的输入来训练大语言模型也是有益的，因为这有助于大语言模型在使用中更好地概括不同类型的输入。

为了实现数据拆分和加载，首先定义一个 `train_ratio`，使用 90%的数据进行训练，剩余的 10%作为验证数据，以便在训练过程中对模型进行评估：

```
train_ratio = 0.90
split_idx = int(train_ratio * len(text_data))
train_data = text_data[:split_idx]
val_data = text_data[split_idx:]
```

接下来，可以利用 `train_data` 和 `val_data` 创建相应的数据加载器，重用第 2 章中的 `create_dataloader_v1` 代码：

```
from chapter02 import create_dataloader_v1
torch.manual_seed(123)

train_loader = create_dataloader_v1(
    train_data,
    batch_size=2,
    max_length=GPT_CONFIG_124M["context_length"],
    stride=GPT_CONFIG_124M["context_length"],
    drop_last=True,
    shuffle=True,
    num_workers=0
)
val_loader = create_dataloader_v1(
    val_data,
    batch_size=2,
    max_length=GPT_CONFIG_124M["context_length"],
    stride=GPT_CONFIG_124M["context_length"],
    drop_last=False,
    shuffle=False,
    num_workers=0
)
```

因为我们处理的是一个非常小的数据集，所以使用了相对较小的批次大小来减少对计算资源的需求。在实践中，更常见的是使用 1024 或更大的批次大小来训练大语言模型。

作为一个可选的检查操作，我们可以遍历数据加载器，确保它们被正确创建：

```
print("Train loader:")
for x, y in train_loader:
    print(x.shape, y.shape)

print("\nValidation loader:")
for x, y in val_loader:
    print(x.shape, y.shape)
```

正确的输出如下所示：

```
Train loader:
torch.Size([2, 256]) torch.Size([2, 256])
torch.Size([2, 256]) torch.Size([2, 256])
torch.Size([2, 256]) torch.Size([2, 256])
torch.Size([2, 256]) torch.Size([2, 256])
torch.Size([2, 256]) torch.Size([2, 256])
torch.Size([2, 256]) torch.Size([2, 256])
torch.Size([2, 256]) torch.Size([2, 256])
torch.Size([2, 256]) torch.Size([2, 256])
torch.Size([2, 256]) torch.Size([2, 256])
Validation loader:
torch.Size([2, 256]) torch.Size([2, 256])
```

根据上面的代码输出，我们有 9 个训练集批次，其中每个批次包含两个样本，每个样本包含 256 个词元。由于我们仅将 10%的数据用于验证，因此只有一个包含两个输入示例的验证批次。正如预期的那样，输入数据（x）和目标数据（y）具有相同的形状（批次大小 × 每个批次中的词元数），因为 targets 是将输入向后移动一个位置得到的，正如第 2 章中所述。

接下来，我们实现一个工具函数，用于计算通过训练集加载器和验证集加载器返回的给定批次的交叉熵损失。

```
def calc_loss_batch(input_batch, target_batch, model, device):
    input_batch = input_batch.to(device)
    target_batch = target_batch.to(device)
    logits = model(input_batch)
    loss = torch.nn.functional.cross_entropy(
        logits.flatten(0, 1), target_batch.flatten()
    )
    return loss
```

.to(device) 可以将我们的数据转移到 GPU 上

现在可以使用 calc_loss_batch 工具函数（该函数计算单个批次的损失）来实现代码清单 5-2 中的 calc_loss_loader 函数（该函数计算由给定数据加载器采样的所有批次的损失）。

代码清单 5-2　用于计算训练集和验证集损失的函数

```
def calc_loss_loader(data_loader, model, device, num_batches=None):
    total_loss = 0.
    if len(data_loader) == 0:
        return float("nan")
    elif num_batches is None:
        num_batches = len(data_loader)
    else:
        num_batches = min(num_batches, len(data_loader))
    for i, (input_batch, target_batch) in enumerate(data_loader):
        if i < num_batches:
            loss = calc_loss_batch(
                input_batch, target_batch, model, device
            )
            total_loss += loss.item()
        else:
            break
    return total_loss / num_batches
```

如果没有指定遍历多少个批次（num_batches），那么就遍历所有批次

如果 num_batches 超过数据加载器中的批次数，那么就需要减少批次数，以匹配数据加载器中的总批次数

每个批次的损失的总和

对所有批次的损失求平均值

默认情况下，calc_loss_loader 函数会遍历给定数据加载器中的所有批次，将损失累积在 total_loss 变量中，然后计算所有批次的损失的平均值。或者，可以通过 num_batches 指定较小的批次数，以加快模型训练期间的评估速度。

现在我们来看看这个 calc_loss_loader 函数的实际应用。我们将把它应用到训练集和验证集的加载器上：

如果你有一台支持CUDA的GPU机器，那么大语言模型将自动在 GPU上训练且不需要修改代码

因为还没有开始训练，所以不使用梯度追踪，这样会更高效

```
device = torch.device("cuda" if torch.cuda.is_available() else "cpu")
model.to(device)
with torch.no_grad():
    train_loss = calc_loss_loader(train_loader, model, device)
    val_loss = calc_loss_loader(val_loader, model, device)
print("Training loss:", train_loss)
print("Validation loss:", val_loss)
```

通过“设备”设置，可以确保所有的数据和大语言模型在同一个设备上

得到的损失值如下所示：

```
Training loss: 10.98758347829183
Validation loss: 10.98110580444336
```

由于模型尚未经过训练，因此损失值相对较高。相比之下，如果模型学会按照训练集和验证集中词元的出现顺序生成下一个词元，那么损失将接近于 0。

现在我们有了一种衡量生成文本质量的方法，我们将训练大语言模型以减少这种损失，使其在生成文本方面变得更好，如图 5-10 所示。

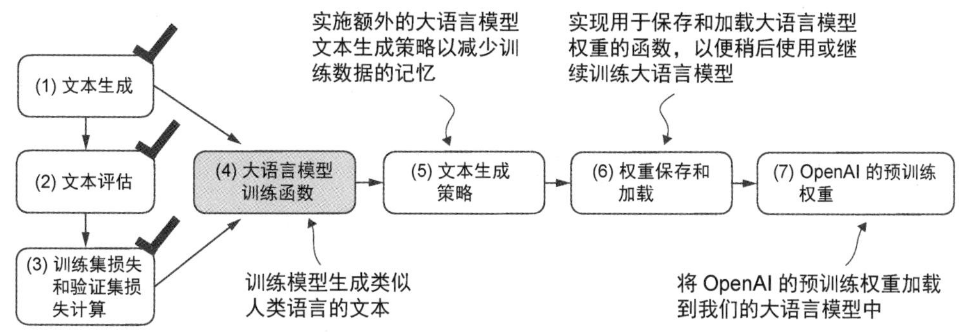

图 5-10 我们已经回顾了文本生成过程（第(1)步），并实现了基本的模型评估技术（第(2)步）以计算训练集和验证集的损失（第(3)步），接下来，我们要转入训练函数并开始预训练大语言模型

接下来，我们将专注于预训练大语言模型。在模型训练之后，我们将实施替代的文本生成策略，并保存和加载预训练模型权重。

5.2 训练大语言模型

现在终于到了实现预训练大语言模型的代码，也就是我们的 `GPTModel` 模型的时候了。为此，我们聚焦于一个简单的训练循环，以保持代码简洁易读。

注意　如果你对此感兴趣，可以在附录 D 中了解更高级的技术，包括**学习率预热**、**余弦衰减**和**梯度裁剪**。

图 5-11 描述了一个典型的 PyTorch 神经网络训练工作流程，我们将使用它来训练一个大语言模型。它概述了 8 个步骤，从遍历每个训练轮次开始，处理批次，重置梯度，计算损失和新梯度，更新权重，最后以监控步骤（包括打印损失、生成文本样本等操作）结束。

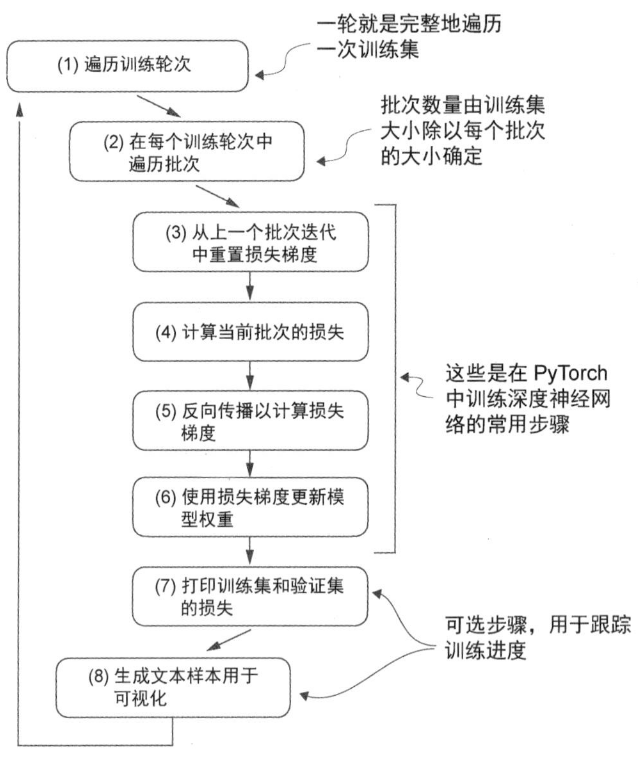

图 5-11　在 PyTorch 中训练深度神经网络的典型训练循环包括多个步骤，涉及对训练集中的批次进行多轮迭代。在每次循环中，我们计算每个训练集批次的损失以确定损失梯度，然后使用这些梯度来更新模型权重，以使训练集损失最小化

注意　如果你对使用 PyTorch 训练深度神经网络还比较陌生，或者对这些步骤中的任何一个不熟悉，请考虑阅读 A.5 节~A.8 节。

可以通过 `train_model_simple` 函数来实现这个训练流程，如代码清单 5-3 所示。

代码清单 5-3 预训练大模型的主函数

```
def train_model_simple(model, train_loader, val_loader,
                       optimizer, device, num_epochs,
                       eval_freq, eval_iter, start_context, tokenizer):
    train_losses, val_losses, track_tokens_seen = [], [], []    # 初始化列表以跟踪损失和所见的词元
    tokens_seen, global_step = 0, -1

    for epoch in range(num_epochs):    # 开始主训练循环
        model.train()
        for input_batch, target_batch in train_loader:
            optimizer.zero_grad()    # 重置上一个批次迭代中的损失梯度
            loss = calc_loss_batch(
                input_batch, target_batch, model, device
            )
            loss.backward()    # 计算损失梯度
            optimizer.step()    # 使用损失梯度更新模型权重
            tokens_seen += input_batch.numel()
            global_step += 1

            if global_step % eval_freq == 0:    # 可选的评估步骤
                train_loss, val_loss = evaluate_model(
                    model, train_loader, val_loader, device, eval_iter)
                train_losses.append(train_loss)
                val_losses.append(val_loss)
                track_tokens_seen.append(tokens_seen)
                print(f"Ep {epoch+1} (Step {global_step:06d}): "
                      f"Train loss {train_loss:.3f}, "
                      f"Val loss {val_loss:.3f}"
                )

        generate_and_print_sample(    # 每轮之后打印一个文本样本
            model, tokenizer, device, start_context
        )
    return train_losses, val_losses, track_tokens_seen
```

请注意，我们刚刚创建的 train_model_simple 函数使用了两个尚未定义的函数：evaluate_model 和 generate_and_print_sample。

evaluate_model 函数对应于图 5-11 中的第(7)步。它会在每次模型更新后打印训练集和验证集的损失，以便我们可以评估训练是否改善了模型性能。具体而言，evaluate_model 函数在计算训练集和验证集的损失时会确保模型处于评估模式，同时会禁用梯度跟踪和 dropout：

```
def evaluate_model(model, train_loader, val_loader, device, eval_iter):
    model.eval()    # 在评估阶段禁用 dropout，以产出稳定且可复现的结果
    with torch.no_grad():    # 评估阶段也会禁用梯度跟踪，因为这是不需要的，而且这样可以减少计算开销
        train_loss = calc_loss_loader(
```

```
            train_loader, model, device, num_batches=eval_iter
        )
        val_loss = calc_loss_loader(
            val_loader, model, device, num_batches=eval_iter
        )
    model.train()
    return train_loss, val_loss
```

与 evaluate_model 函数类似，generate_and_print_sample 函数也是一个便捷的函数，可以用来跟踪模型在训练过程中是否有所改进。具体而言，generate_and_print_sample 函数以文本片段（start_context）作为输入，先将其转换为词元 ID，然后将其提供给大语言模型，最后使用我们之前使用的 generate_text_simple 函数生成一个文本样本：

```
def generate_and_print_sample(model, tokenizer, device, start_context):
    model.eval()
    context_size = model.pos_emb.weight.shape[0]
    encoded = text_to_token_ids(start_context, tokenizer).to(device)
    with torch.no_grad():
        token_ids = generate_text_simple(
            model=model, idx=encoded,
            max_new_tokens=50, context_size=context_size
        )
    decoded_text = token_ids_to_text(token_ids, tokenizer)
    print(decoded_text.replace("\n", " "))          # 紧凑的打印格式
    model.train()
```

evaluate_model 函数提供了模型训练进度的数值估计，而 generate_and_print_sample 文本函数提供了由模型生成的具体文本样本，以评估其在训练期间的能力。

AdamW

Adam 优化器是训练深度神经网络的一种常见选择。然而，我们的训练循环中选择了 AdamW 优化器。AdamW 是 Adam 的一个变体，它改进了权重衰减方法，旨在通过对较大的权重进行惩罚来最小化模型复杂性并防止过拟合。这种调整使得 AdamW 能够实现更有效的正则化和更好的泛化能力。因此，在大语言模型的训练中经常使用 AdamW。

让我们通过使用之前定义的 AdamW 优化器和 train_model_simple 函数，对一个 GPTModel 实例进行 10 轮的训练，来看看这一切是如何运作的：

```
torch.manual_seed(123)
model = GPTModel(GPT_CONFIG_124M)
model.to(device)
optimizer = torch.optim.AdamW(
     model.parameters(),          # .parameters()方法返回模型的所有可训练权重参数
    lr=0.0004, weight_decay=0.1
)
```

```
num_epochs = 10
train_losses, val_losses, tokens_seen = train_model_simple(
    model, train_loader, val_loader, optimizer, device,
    num_epochs=num_epochs, eval_freq=5, eval_iter=5,
    start_context="Every effort moves you", tokenizer=tokenizer
)
```

执行 `train_model_simple` 函数会启动训练过程，这在 MacBook Air 或类似的笔记本电脑上大约需要 5 分钟才能完成。在此执行过程中打印的输出如下所示：

```
Ep 1 (Step 000000): Train loss 9.781, Val loss 9.933
Ep 1 (Step 000005): Train loss 8.111, Val loss 8.339
Every effort moves you,,,,,,,,,,,,.
Ep 2 (Step 000010): Train loss 6.661, Val loss 7.048
Ep 2 (Step 000015): Train loss 5.961, Val loss 6.616
Every effort moves you, and, and, and, and, and, and, and, and, and, and,
 and, and, and, and, and, and, and, and, and, and, and, and,, and, and,
[...]
Ep 9 (Step 000080): Train loss 0.541, Val loss 6.393
Every effort moves you?" "Yes--quite insensible to the irony. She wanted
him vindicated--and by me!" He laughed again, and threw back the
window-curtains, I had the donkey. "There were days when I
Ep 10 (Step 000085): Train loss 0.391, Val loss 6.452
Every effort moves you know," was one of the axioms he laid down across the
Sevres and silver of an exquisitely appointed luncheon-table, when, on a
later day, I had again run over from Monte Carlo; and Mrs. Gis
```

去除中间结果以节省内存

如你所见，训练集损失有了显著的改善，从 `9.781` 的初始值收敛到了 `0.391`。模型的语言能力得到了相当大的提升。在开始阶段，模型只能在起始上下文后添加逗号（`Every effort moves you,,,,,,,,,,,,`）或重复单词 `and`。在训练结束时，它已经可以生成语法正确的文本。

与训练集损失类似，验证集损失在训练过程中从较高值（`9.933`）开始逐渐降低。然而，它永远不会像训练集损失那样变得很小，在第 10 轮之后其值为 `6.452`。

在更详细地讨论验证集损失之前，让我们创建一张简单的图表，将训练集和验证集的损失并列显示。

```
import matplotlib.pyplot as plt
from matplotlib.ticker import MaxNLocator
def plot_losses(epochs_seen, tokens_seen, train_losses, val_losses):
    fig, ax1 = plt.subplots(figsize=(5, 3))
    ax1.plot(epochs_seen, train_losses, label="Training loss")
    ax1.plot(
        epochs_seen, val_losses, linestyle="-.", label="Validation loss"
    )
    ax1.set_xlabel("Epochs")
    ax1.set_ylabel("Loss")
    ax1.legend(loc="upper right")
    ax1.xaxis.set_major_locator(MaxNLocator(integer=True))
    ax2 = ax1.twiny()
```

创建共享同一个 y 轴的第二个 x 轴

```
    ax2.plot(tokens_seen, train_losses, alpha=0)
    ax2.set_xlabel("Tokens seen")
    fig.tight_layout()
    plt.show()

epochs_tensor = torch.linspace(0, num_epochs, len(train_losses))
plot_losses(epochs_tensor, tokens_seen, train_losses, val_losses)
```

对齐刻度线的隐藏图表（注：指向 `ax2.plot(tokens_seen, train_losses, alpha=0)`）

生成的训练集和验证集的损失图如图 5-12 所示。可以看到，训练集损失和验证集损失在第一轮开始改善。然而，损失在第二轮后开始发散。这种发散以及验证集损失远大于训练集损失的事实表明模型对训练数据过拟合。可以通过搜索生成的文本片段（比如“The Verdict”文本文件中的 `quite insensible to the irony`）来确认模型逐字记住了训练数据。

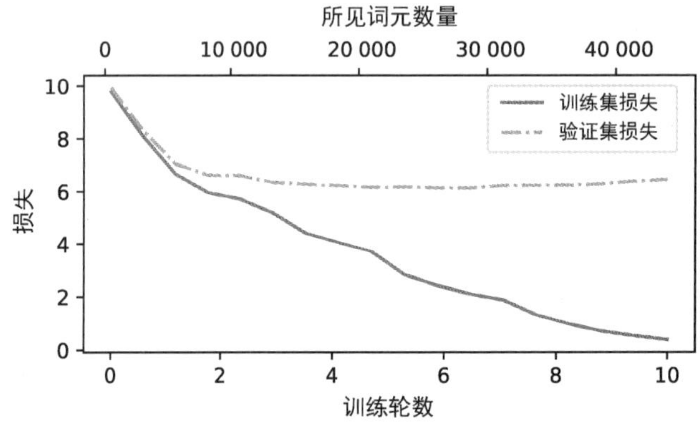

图 5-12　在训练开始阶段，训练集损失和验证集损失急剧下降，这表明模型正在学习。然而，在第二轮之后，训练集损失继续下降，验证集损失则停滞不前。这表明模型仍在学习，但在第二轮之后开始对训练集过拟合

这种记忆现象其实是可以预料到的，因为我们使用了一个非常非常小的训练数据集，并且对模型进行了多轮训练。通常，在更大的数据集上训练模型时，只训练一轮是很常见的做法。

注意　如前所述，如果你对此感兴趣，可以尝试利用古腾堡计划的 60 000 本公共领域图书来训练模型，这样就不会出现过拟合现象，详细信息请参见附录 B。

如图 5-13 所示，我们已经完成本章的前 4 项目标。接下来，我们将探讨用于大语言模型的文本生成策略，以减少训练数据的记忆，并增加大语言模型生成文本的独创性。在此之后，我们将讨论权重加载、保存以及从 OpenAI 的 GPT 模型加载预训练权重。

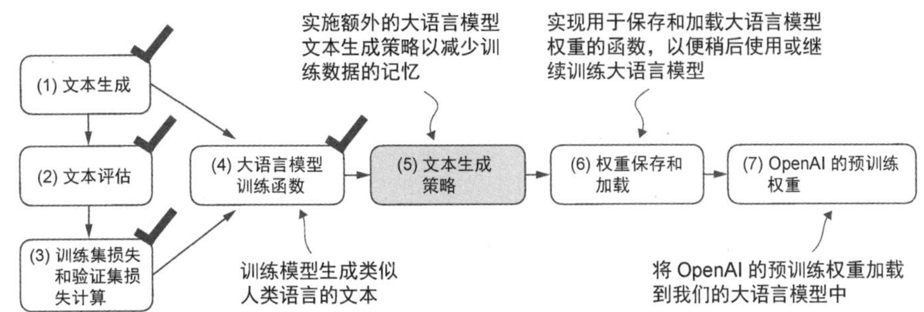

图 5-13 模型在完成训练后已经可以生成连贯的文本了。然而，它经常逐字记忆训练集中的段落。接下来，我们将讨论生成更多样化输出文本的策略

5.3 控制随机性的解码策略

让我们关注一下文本生成策略（也称为“解码策略”），以生成更具原创性的文本。首先，我们将简要回顾之前在 `generate_and_print_sample` 函数中使用的 `generate_text_simple` 函数。然后，我们将介绍两种技术（**温度缩放**和 **Top-*k* 采样**）来改进这个函数。

先将模型从 GPU 转移到 CPU，因为相对较小的模型的推断不需要 GPU。此外，在训练后，需要将模型置于评估模式，以关闭诸如 dropout 之类的随机组件：

```
model.to("cpu")
model.eval()
```

接下来，将 `GPTModel` 实例（`model`）传递给 `generate_text_simple` 函数，该函数使用大语言模型逐个生成词元：

```
tokenizer = tiktoken.get_encoding("gpt2")
token_ids = generate_text_simple(
    model=model,
    idx=text_to_token_ids("Every effort moves you", tokenizer),
    max_new_tokens=25,
    context_size=GPT_CONFIG_124M["context_length"]
)
print("Output text:\n", token_ids_to_text(token_ids, tokenizer))
```

生成的文本如下所示：

```
Output text:
"Every effort moves you know," was one of the axioms he laid down across the
Sevres and silver of an exquisitely appointed lun
```

如前所述，在每个生成步骤中，生成的词元是从词汇表的所有词元中选择概率分数最大的那一个。这意味着，即使在相同的起始上下文（`Every effort moves you`）中多次运行前面的 `generate_text_simple` 函数，大语言模型也将始终生成相同的输出。

5

5.3.1　温度缩放

现在来看一下温度缩放，这是一种在下一个词元生成任务中添加概率选择过程的技术。在之前的 generate_text_simple 函数中，我们总是使用 torch.argmax（也称为**贪婪解码**）来采样具有最高概率的词元作为下一个词元。为了生成更多样化的文本，可以用一个从概率分布（这里是大语言模型在每个词元生成步骤为每个词汇条目生成的概率分数）中采样的函数来取代 argmax。

为了用一个具体的例子来说明概率采样，让我们使用一张非常小的词汇表来简要讨论下一个词元生成过程：

```
vocab = {
    "closer": 0,
    "every": 1,
    "effort": 2,
    "forward": 3,
    "inches": 4,
    "moves": 5,
    "pizza": 6,
    "toward": 7,
    "you": 8,
}
inverse_vocab = {v: k for k, v in vocab.items()}
```

接下来，假设大语言模型被赋予的起始上下文为"every effort moves you"，并生成了以下下一个词元的 logits：

```
next_token_logits = torch.tensor(
    [4.51, 0.89, -1.90, 6.75, 1.63, -1.62, -1.89, 6.28, 1.79]
)
```

正如第 4 章中讨论的，在 generate_text_simple 中，我们通过 softmax 函数将 logits 转换为概率，并通过 argmax 函数获取与生成的词元对应的词元 ID，然后通过反向词汇表将其映射回文本：

```
probas = torch.softmax(next_token_logits, dim=0)
next_token_id = torch.argmax(probas).item()
print(inverse_vocab[next_token_id])
```

由于最大的 logits 值和相对应的最大的 softmax 概率分数在第四个位置（因为 Python 使用 0 索引作为初始索引，所以索引位置为 3），因此生成的单词是 forward。

为了实现一个概率采样过程，现在可以用 PyTorch 中的 multinomial 函数替换 argmax：

```
torch.manual_seed(123)
next_token_id = torch.multinomial(probas, num_samples=1).item()
print(inverse_vocab[next_token_id])
```

打印输出仍然是 forward。原理是什么呢？multinomial 函数按照其概率分数采样下一个词元。换句话说，forward 仍然是最可能的词元，大多数时间（但不是每次）都会被 multinomial 选中。为了说明这一点，让我们实现一个将此采样重复 1000 次的函数：

```
def print_sampled_tokens(probas):
    torch.manual_seed(123)
    sample = [torch.multinomial(probas, num_samples=1).item()
              for i in range(1_000)]
    sampled_ids = torch.bincount(torch.tensor(sample))
    for i, freq in enumerate(sampled_ids):
        print(f"{freq} x {inverse_vocab[i]}")

print_sampled_tokens(probas)
```

样本输出如下所示：

```
73 x closer
0 x every
0 x effort
582 x forward
2 x inches
0 x moves
0 x pizza
343 x toward
```

如你所见，单词 forward 大多数时候会被采样（1000 次中有 582 次），但其他词元（如 closer、inches 和 toward）有时也会被采样。这意味着，如果在 generate_and_print_sample 函数中用 multinomial 函数替换 argmax 函数，那么大语言模型有时会生成诸如 every effort moves you toward、every effort moves you inches 和 every effort moves you closer 之类的文本，而不是 every effort moves you forward。

通过一个称为**温度缩放**的概念，可以进一步控制分布和选择过程。温度缩放指的是将 logits 除以一个大于 0 的数： 5

```
def softmax_with_temperature(logits, temperature):
    scaled_logits = logits / temperature
    return torch.softmax(scaled_logits, dim=0)
```

温度大于 1 会导致词元概率更加均匀分布，而小于 1 的温度将导致更加自信（更尖锐或更陡峭）的分布。让我们通过绘制原始概率以及使用不同温度值缩放的概率来说明这一点。

```
temperatures = [1, 0.1, 5]                     # 原始的、更低的和更高的温度值
scaled_probas = [softmax_with_temperature(next_token_logits, T)
                 for T in temperatures]
x = torch.arange(len(vocab))
bar_width = 0.15
fig, ax = plt.subplots(figsize=(5, 3))
for i, T in enumerate(temperatures):
```

```
        rects = ax.bar(x + i * bar_width, scaled_probas[i],
                       bar_width, label=f'Temperature = {T}')
    ax.set_ylabel('Probability')
    ax.set_xticks(x)
    ax.set_xticklabels(vocab.keys(), rotation=90)
    ax.legend()
    plt.tight_layout()
    plt.show()
```

生成的图表如图 5-14 所示。

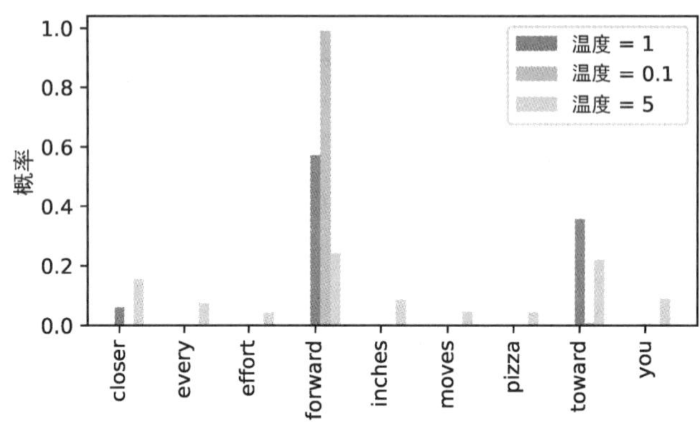

图 5-14　温度为 1 表示词汇表中每个词元的未缩放概率分数。将温度降低到 0.1 会使分布更加集中，因此最可能的词元（这里是 `forward`）将具有更高的概率分数。同样，将温度提高到 5 会使分布更加均匀

温度为 1 意味着在将 logits 传递给 softmax 函数计算概率分数之前，先将 logits 除以 1。换句话说，使用温度 1 相当于不使用任何温度缩放。在这种情况下，通过 PyTorch 中的 `multinomial` 采样函数，词元将以与原始 softmax 概率分数相等的概率被选中。例如，在温度设置为 1 的情况下，与 `forward` 对应的词元大约有 60%的概率被选中，正如我们在图 5-14 中看到的那样。

同样，如图 5-14 所示，应用非常小的温度（如 0.1）会导致更集中的分布，使得 `multinomial` 函数几乎 100%选择最可能的词元（这里是 `forward`），接近于 argmax 函数的行为。类似地，温度为 5 会导致更均匀的分布，使得其他词元更容易被选中。这可以为生成的文本增加更多变化，但也更容易生成无意义的文本。例如，使用温度为 5 的设置时，生成的文本中大约有 4%的概率会出现像 `every effort moves you pizza` 这样的句子。

练习 5.1

用 `print_sampled_tokens` 函数打印使用图 5-14 中所示温度缩放的 softmax 概率的采样频率。在每种情况下，单词 `pizza` 被采样的频率是多少？你能想到一个更快、更准确的方法来确定单词 `pizza` 被采样的频率吗？

5.3.2 Top-*k* 采样

我们现在已经实现了一种结合温度缩放的概率采样方法，以此来增加输出结果的多样性。我们发现，较高的温度值会导致下一个词元的概率分布更均匀，从而产生更多样化的输出，因为它降低了模型重复选择最可能词元的可能性。这种方法允许探索概率较低但可能更具创造性和趣味性的生成路径。然而，这种方法的一个缺点是，它有时会导致语法不正确或完全无意义的输出，比如 `every effort moves you pizza`。

通过与概率采样和温度缩放相结合，**Top-*k* 采样**可以改善文本生成结果。在 Top-*k* 采样中，可以将采样的词元限制在前 *k* 个最可能的词元上，并通过掩码概率分数的方式来排除其他词元，如图 5-15 所示。

Top-*k* 方法用负无穷值（`-inf`）替换所有未选择的 logits，因此在计算 softmax 值时，非前 *k* 词元的概率分数为 0，剩余的概率总和为 1。（我们在 3.5.1 节实现的因果注意力模块中使用过这种掩码技巧。）

在代码中，可以按照图 5-15 所示实现 Top-*k* 过程。首先，从选择 logits 值最高的前 3 个词元开始：

```
top_k = 3
top_logits, top_pos = torch.topk(next_token_logits, top_k)
print("Top logits:", top_logits)
print("Top positions:", top_pos)
```

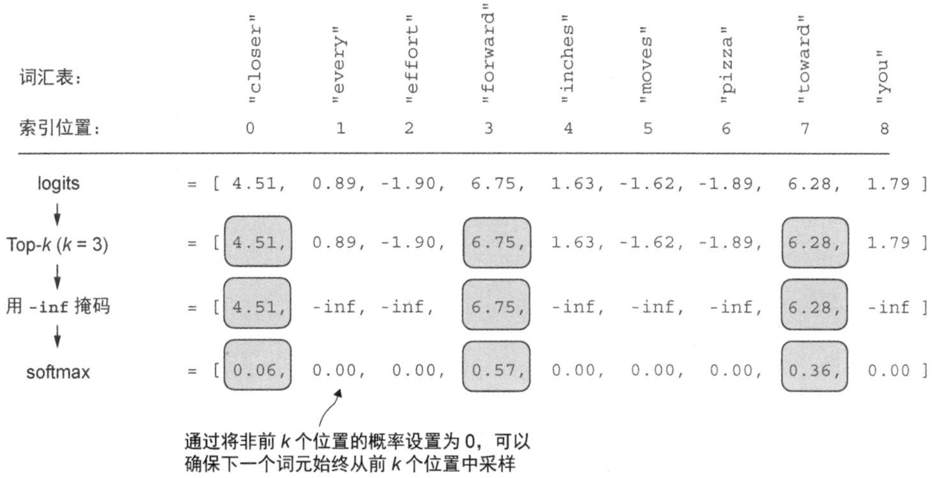

词汇表：	"closer"	"every"	"effort"	"forward"	"inches"	"moves"	"pizza"	"toward"	"you"
索引位置：	0	1	2	3	4	5	6	7	8
logits	= [4.51,	0.89,	-1.90,	6.75,	1.63,	-1.62,	-1.89,	6.28,	1.79]
Top-*k* (*k* = 3)	= [4.51,	0.89,	-1.90,	6.75,	1.63,	-1.62,	-1.89,	6.28,	1.79]
用 `-inf` 掩码	= [4.51,	-inf,	-inf,	6.75,	-inf,	-inf,	-inf,	6.28,	-inf]
softmax	= [0.06,	0.00,	0.00,	0.57,	0.00,	0.00,	0.00,	0.36,	0.00]

通过将非前 *k* 个位置的概率设置为 0，可以确保下一个词元始终从前 *k* 个位置中采样

图 5-15 使用 Top-*k* 采样，其中 *k* = 3，我们专注于与最高 logits 值相关的 3 个词元，并在应用 softmax 函数之前用负无穷（`-inf`）掩码所有其他词元。这会产生一个对所有非前 *k* 个词元分配概率值 0 的概率分布（为了减少视觉混乱，该图中的数值截断为小数点后两位。“softmax”行中的值加起来应为 1.0）

按降序排列的前 3 个词元的 logits 值和词元 ID 如下所示：

```
Top logits: tensor([6.7500, 6.2800, 4.5100])
Top positions: tensor([3, 7, 0])
```

随后，使用 PyTorch 的 `where` 函数将低于我们选择的前 3 个词元中最低 logits 值的词元的 logits 值设置为负无穷（`-inf`）：

```
new_logits = torch.where(
    condition=next_token_logits < top_logits[-1],    # 识别出比前 3 个 logits 值中最低的 logits 值还低的 logits 值
    input=torch.tensor(float('-inf')),    # 给这些更低的 logits 值赋值-inf
    other=next_token_logits    # 保留所有其他词元的原始 logits 值
)
print(new_logits)
```

在 9 个词元的词汇表中，下一个词元的结果 logits 值如下所示：

```
tensor([4.5100,   -inf,   -inf, 6.7500,   -inf,   -inf,   -inf, 6.2800,
     -inf])
```

最后，应用 softmax 函数将这些值转换为下一个词元的概率：

```
topk_probas = torch.softmax(new_logits, dim=0)
print(topk_probas)
```

如你所见，这种 Top-3 方法的结果是一个包含 3 个非零概率分数的向量：

```
tensor([0.0615, 0.0000, 0.0000, 0.5775, 0.0000, 0.0000, 0.0000, 0.3610,
        0.0000])
```

现在，可以应用温度缩放和 `multinomial` 函数进行概率采样，从这 3 个非零概率分数中选择一个词元作为生成的下一个词元。接下来，我们通过修改文本生成函数来实现这一步。

5.3.3 修改文本生成函数

现在，让我们结合温度放缩和 Top-*k* 采样修改之前用于通过大语言模型生成文本的 `generate_text_simple` 函数，从而创建一个新的 `generate` 函数，如代码清单 5-4 所示。

代码清单 5-4 修改后更具多样性的文本生成函数

```
def generate(model, idx, max_new_tokens, context_size,
             temperature=0.0, top_k=None, eos_id=None):
    for _ in range(max_new_tokens):    # 这个 for 循环与之前一样：获取 logits，并且只关注最后一个时间步
        idx_cond = idx[:, -context_size:]
        with torch.no_grad():
            logits = model(idx_cond)
        logits = logits[:, -1, :]
        if top_k is not None:    # 使用 Top-k 采样筛选 logits
            top_logits, _ = torch.topk(logits, top_k)
```

```
            min_val = top_logits[:, -1]
            logits = torch.where(
                logits < min_val,
                torch.tensor(float('-inf')).to(logits.device),
                logits
            )
        if temperature > 0.0:
            logits = logits / temperature
            probs = torch.softmax(logits, dim=-1)
            idx_next = torch.multinomial(probs, num_samples=1)
        else:
            idx_next = torch.argmax(logits, dim=-1, keepdim=True)
        if idx_next == eos_id:
            break
        idx = torch.cat((idx, idx_next), dim=1)
    return idx
```

使用温度缩放

当禁用温度缩放时，像以前一样执行贪心解码，选取下一个词元

如果遇到序列结束词元，则提前停止生成

来看看这个新的 `generate` 函数的效果：

```
torch.manual_seed(123)
token_ids = generate(
    model=model,
    idx=text_to_token_ids("Every effort moves you", tokenizer),
    max_new_tokens=15,
    context_size=GPT_CONFIG_124M["context_length"],
    top_k=25,
    temperature=1.4
)
print("Output text:\n", token_ids_to_text(token_ids, tokenizer))
```

生成的文本如下所示：

```
Output text:
 Every effort moves you stand to work on surprise, a one of us had gone
 with random-
```

如你所见，通过新的 `generate` 函数生成的文本与通过本节开头的 `generate_text_simple` 函数生成的文本（`"Every effort moves you know," was one of the axioms he laid...`）截然不同，后者是训练集中被记住的一个段落。

练习 5.2

尝试不同的温度和 Top-*k* 设置。根据观察，你能想到哪些应用场景更适合使用较低的温度和 Top-*k* 设置吗？同样，你能想到哪些应用场景更偏好较高的温度和 Top-*k* 设置吗？（建议在从 OpenAI 加载预训练权重后，在本章末尾重新进行这个练习。）

练习 5.3

有哪些不同的设置组合可以强制 generate 函数表现出确定性的行为，即禁用随机采样，使其始终生成与 generate_text_simple 函数类似的输出？

5.4　使用 PyTorch 加载和保存模型权重

到目前为止，我们已经讨论了如何从数值上评估训练进展，并从头开始预训练了一个大语言模型。尽管样例中使用的大语言模型和数据集都相对较小，但这足以表明预训练大语言模型代价高昂。因此，保存大语言模型的参数非常重要，这样就不必每次使用它时都重新运行训练。

接下来，我们会讨论如何保存和加载预训练模型，如图 5-16 所示。稍后，我们将从 OpenAI 加载一个功能更强大的预训练 GPT 模型到 GPTModel 实例中。

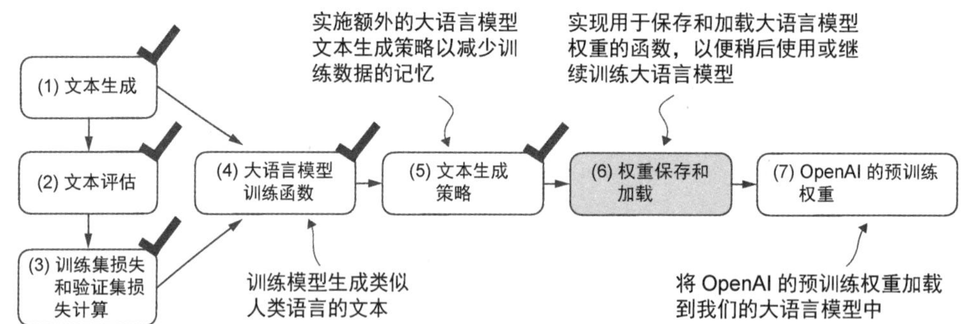

图 5-16　训练并检查完模型后对模型进行保存通常能为以后的继续训练带来方便（第(6)步）

幸运的是，保存 PyTorch 模型相对比较简单。推荐使用 torch.save 函数保存模型的 state_dict，即将每个层映射到其参数的字典：

```
torch.save(model.state_dict(), "model.pth")
```

model.pth 是保存 state_dict 的文件名。.pth 扩展名是 PyTorch 文件的规范，尽管从技术上讲可以使用任何文件扩展名。

在通过 state_dict 保存模型权重之后，可以将模型权重加载到一个新的 GPTModel 模型实例中：

```
model = GPTModel(GPT_CONFIG_124M)
model.load_state_dict(torch.load("model.pth", map_location=device))
model.eval()
```

正如第 4 章中所讨论的那样，dropout 通过在训练过程中随机“丢弃”一层的神经元，有助于防止模型对训练数据过拟合。然而，在推断过程中，我们不希望随机丢弃网络学习到的任何信息。因此，可以使用 model.eval()将模型切换到推断模式，这样就会禁用模型的 dropout 层。如果计划稍后继续预训练模型，可以使用本章前面定义的 train_model_simple 函数，建议同时保存优化器状态。

像 AdamW 这样的自适应优化器可以为每个模型权重存储额外的参数。AdamW 可以使用历史数据动态地调整每个模型参数的学习率。如果没有它，那么优化器就会重置，模型可能学习效果不佳，甚至无法正确收敛，这意味着模型将失去生成连贯文本的能力。可以使用 torch.save 保存模型和优化器的 state_dict 内容：

```
torch.save({
    "model_state_dict": model.state_dict(),
    "optimizer_state_dict": optimizer.state_dict(),
    },
    "model_and_optimizer.pth"
)
```

然后，可以先使用 torch.load 加载保存的数据，再使用 load_state_dict 方法来恢复模型和优化器的状态。

```
checkpoint = torch.load("model_and_optimizer.pth", map_location=device)
model = GPTModel(GPT_CONFIG_124M)
model.load_state_dict(checkpoint["model_state_dict"])
optimizer = torch.optim.AdamW(model.parameters(), lr=5e-4, weight_decay=0.1)
optimizer.load_state_dict(checkpoint["optimizer_state_dict"])
model.train();
```

练习 5.4

在新的 Python 会话或 Jupyter Notebook 文件中保存权重后，加载模型和优化器，并使用 train_model_simple 函数继续预训练一轮。

5

5.5 从 OpenAI 加载预训练权重

前面我们使用包含短篇小说的有限数据集训练了一个小型的 GPT-2 模型。这种方法使我们能够专注于基础知识的讲解，而无须花费大量时间和计算资源。

幸运的是，OpenAI 公开分享了它们的 GPT-2 模型的权重，从而省去了我们自己在大型语料库上重新训练模型所需投入的数万到数十万美元。因此，我们可以将这些权重加载到 GPTModel 类中，并使用该模型进行文本生成。这里，**权重**指的是存储在 PyTorch 的 Linear 层和 Embedding 层的.weight 属性中的权重参数。前面在训练模型时，我们通过 model.parameters()访问过它们。在第 6 章中，我们将重用这些预训练权重来对模型进行微调，以完成文本分类任务，并按照类似 ChatGPT 的指令进行操作。

需要注意的是，OpenAI 最初通过 TensorFlow 保存了 GPT-2 的权重，我们需要在 Python 中安装 TensorFlow 才能加载这些权重。下面的代码将使用一个名为 `tqdm` 的进度条工具来跟踪下载过程，我们也需要安装这个工具。

可以通过在终端中执行以下命令来安装这些库：

```
pip install tensorflow>=2.15.0  tqdm>=4.66
```

下载代码相对冗长，大部分是样板代码，并不是很有趣。因此，与其将宝贵的时间用于讨论从互联网获取文件的 Python 代码，不如直接从本章的在线存储库中下载 gpt_download.py 这个 Python 模块：

```
import urllib.request
url = (
    "https://raw.githubusercontent.com/rasbt/"
    "LLMs-from-scratch/main/ch05/"
    "01_main-chapter-code/gpt_download.py"
)
filename = url.split('/')[-1]
urllib.request.urlretrieve(url, filename)
```

接下来，在将该文件下载到 Python 会话的本地目录后，应该简单检查该文件的内容，确保它已正确保存并包含有效的 Python 代码。

现在，可以按如下方式从 gpt_download.py 文件中导入 `download_and_load_gpt2` 函数，这将加载 GPT-2 架构设置（`settings`）和权重参数（`params`）到 Python 会话中：

```
from gpt_download import download_and_load_gpt2
settings, params = download_and_load_gpt2(
    model_size="124M", models_dir="gpt2"
)
```

执行此代码将下载与参数量为 1.24 亿的 GPT-2 模型相关的以下 7 个文件。

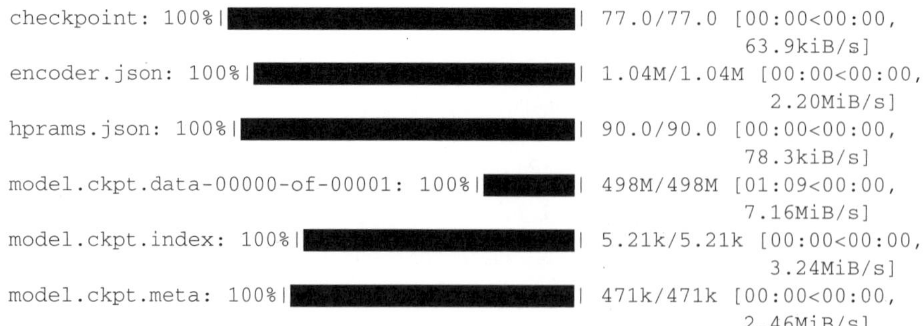

```
checkpoint: 100%|██████████| 77.0/77.0 [00:00<00:00,
                                        63.9kiB/s]
encoder.json: 100%|██████████| 1.04M/1.04M [00:00<00:00,
                                        2.20MiB/s]
hprams.json: 100%|██████████| 90.0/90.0 [00:00<00:00,
                                        78.3kiB/s]
model.ckpt.data-00000-of-00001: 100%|██████████| 498M/498M [01:09<00:00,
                                        7.16MiB/s]
model.ckpt.index: 100%|██████████| 5.21k/5.21k [00:00<00:00,
                                        3.24MiB/s]
model.ckpt.meta: 100%|██████████| 471k/471k [00:00<00:00,
                                        2.46MiB/s]
```

```
vocab.bpe: 100%|████████████████████| 456k/456k [00:00<00:00,
                                              1.70MiB/s]
```

注意 如果下载的代码无法正常工作，那么可能是因为间歇性的互联网连接问题、服务器问题或 OpenAI 共享开源 GPT-2 模型权重方式发生了变化。在这种情况下，请访问本章的在线代码存储库以获取替代和更新的说明。

假设前面的代码已经执行完毕，我们来检查一下 settings 和 params 的内容：

```
print("Settings:", settings)
print("Parameter dictionary keys:", params.keys())
```

输出如下所示：

```
Settings: {'n_vocab': 50257, 'n_ctx': 1024, 'n_embd': 768, 'n_head': 12,
          'n_layer': 12}
Parameter dictionary keys: dict_keys(['blocks', 'b', 'g', 'wpe', 'wte'])
```

settings 和 params 都是 Python 字典。settings 字典存储了大语言模型架构的设置，类似于我们手动定义的 GPT_CONFIG_124M。params 字典包含实际的权重张量。请注意，我们只打印了字典的键，因为打印权重内容会占用太多屏幕空间。不过，可以通过 print(params) 打印整个字典来检查这些权重张量，或者通过相应的字典键（如嵌入层权重）来选择单个张量：

```
print(params["wte"])
print("Token embedding weight tensor dimensions:", params["wte"].shape)
```

词元嵌入层的权重如下所示：

```
[[-0.11010301 ... -0.1363697   0.01506208   0.04531523]
 [ 0.04034033 ...  0.08605453  0.00253983   0.04318958]
 [-0.12746179  ...  0.08991534 -0.12972379 -0.08785918]
 ...
 [-0.04453601 ...   0.10435229  0.09783269 -0.06952604]
 [ 0.1860082  ...  -0.09625227  0.07847701 -0.02245961]
 [ 0.05135201 ...   0.00704835  0.15519823  0.12067825]]
Token embedding weight tensor dimensions: (50257, 768)
```

我们通过 download_and_load_gpt2(model_size="124M", ...)设置下载并加载了最小的 GPT-2 模型的权重。

OpenAI 还提供了更大的模型（参数量分别为 3.55 亿、7.74 亿和 15.58 亿）的权重。如图 5-17 所示，这些不同大小的 GPT 模型的整体架构是相同的，只是不同的架构元素重复的次数不同，嵌入尺寸也不同。本章的剩余代码也适用于这些更大的模型。

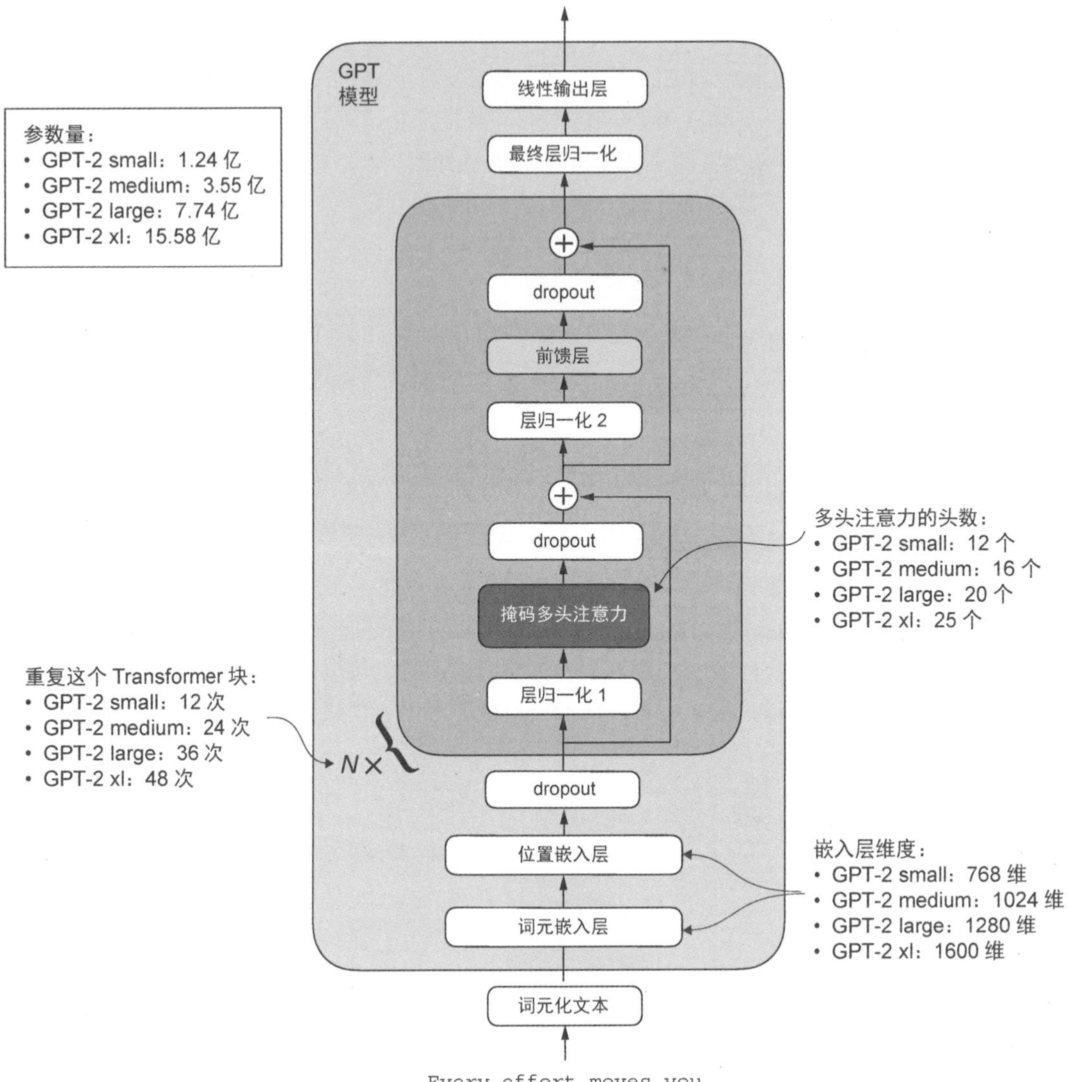

图 5-17　不同大小的 GPT-2 大语言模型的参数量从 1.24 亿到 15.58 亿不等。核心架构相同，唯一的区别是嵌入层大小以及诸如注意力头、Transformer 块等个别组件的重复次数

在将 GPT-2 模型的权重加载到 Python 后，仍然需要将它们从 `settings` 字典和 `params` 字典转移到我们的 `GPTModel` 实例中。首先，创建一个字典，列出图 5-17 中不同 GPT 模型尺寸之间的差异：

```
model_configs = {
    "gpt2-small (124M)": {"emb_dim": 768, "n_layers": 12, "n_heads": 12},
    "gpt2-medium (355M)": {"emb_dim": 1024, "n_layers": 24, "n_heads": 16},
```

```
    "gpt2-large (774M)": {"emb_dim": 1280, "n_layers": 36, "n_heads": 20},
    "gpt2-xl (1558M)": {"emb_dim": 1600, "n_layers": 48, "n_heads": 25},
}
```

如果想加载最小的模型"gpt2-small (124M)"，可以使用 model_configs 表中对应的设置来更新我们之前定义并使用的完整长度的 GPT_CONFIG_124M：

```
model_name = "gpt2-small (124M)"
NEW_CONFIG = GPT_CONFIG_124M.copy()
NEW_CONFIG.update(model_configs[model_name])
```

你可能还记得我们之前使用了 256 个词元长度，但 OpenAI 的原始 GPT-2 模型是使用 1024 个词元长度进行训练的，因此需要相应地更新 NEW_CONFIG：

```
NEW_CONFIG.update({"context_length": 1024})
```

另外，OpenAI 在多头注意力模块的线性层中使用了偏置向量来实现查询矩阵、键矩阵和值矩阵的计算。偏置向量在当前的大语言模型中不常用，因为它们并不提升建模性能，因此不是必要的。然而，由于我们正在使用预训练权重，因此需要匹配相应的设置以保持一致性，并启用这些偏置向量：

```
NEW_CONFIG.update({"qkv_bias": True})
```

现在，可以使用更新后的 NEW_CONFIG 字典来初始化一个新的 GPTModel 实例：

```
gpt = GPTModel(NEW_CONFIG)
gpt.eval()
```

默认情况下，GPTModel 实例使用随机权重初始化以进行预训练。使用 OpenAI 的模型权重的最后一步是用加载到 params 字典中的权重覆盖这些随机权重。为此，首先需要定义一个小的 assign 工具函数，该函数会检查两个张量或数组（left 和 right）是否具有相同的维度或形状，并将 right 张量返回为可训练的 PyTorch 参数。

```
def assign(left, right):
    if left.shape != right.shape:
        raise ValueError(f"Shape mismatch. Left: {left.shape}, "
                          "Right: {right.shape}"
        )
    return torch.nn.Parameter(torch.tensor(right))
```

然后，定义一个 load_weights_into_gpt 函数，将 params 字典中的权重加载到 GPTModel 实例 gpt 中，如代码清单 5-5 所示。

代码清单 5-5　将 OpenAI 的权重加载到 GPT 模型代码中

```
import numpy as np

def load_weights_into_gpt(gpt, params):
```

将模型的位置信息和词元嵌入权重设置为 params 中指定的值

```
gpt.pos_emb.weight = assign(gpt.pos_emb.weight, params['wpe'])
gpt.tok_emb.weight = assign(gpt.tok_emb.weight, params['wte'])

for b in range(len(params["blocks"])):
    q_w, k_w, v_w = np.split(
        (params["blocks"][b]["attn"]["c_attn"])["w"], 3, axis=-1)
    gpt.trf_blocks[b].att.W_query.weight = assign(
        gpt.trf_blocks[b].att.W_query.weight, q_w.T)
    gpt.trf_blocks[b].att.W_key.weight = assign(
        gpt.trf_blocks[b].att.W_key.weight, k_w.T)
    gpt.trf_blocks[b].att.W_value.weight = assign(
        gpt.trf_blocks[b].att.W_value.weight, v_w.T)

    q_b, k_b, v_b = np.split(
        (params["blocks"][b]["attn"]["c_attn"])["b"], 3, axis=-1)
    gpt.trf_blocks[b].att.W_query.bias = assign(
        gpt.trf_blocks[b].att.W_query.bias, q_b)
    gpt.trf_blocks[b].att.W_key.bias = assign(
        gpt.trf_blocks[b].att.W_key.bias, k_b)
    gpt.trf_blocks[b].att.W_value.bias = assign(
        gpt.trf_blocks[b].att.W_value.bias, v_b)

    gpt.trf_blocks[b].att.out_proj.weight = assign(
        gpt.trf_blocks[b].att.out_proj.weight,
        params["blocks"][b]["attn"]["c_proj"]["w"].T)
    gpt.trf_blocks[b].att.out_proj.bias = assign(
        gpt.trf_blocks[b].att.out_proj.bias,
        params["blocks"][b]["attn"]["c_proj"]["b"])
    gpt.trf_blocks[b].ff.layers[0].weight = assign(
        gpt.trf_blocks[b].ff.layers[0].weight,
        params["blocks"][b]["mlp"]["c_fc"]["w"].T)

    gpt.trf_blocks[b].ff.layers[0].bias = assign(
        gpt.trf_blocks[b].ff.layers[0].bias,
        params["blocks"][b]["mlp"]["c_fc"]["b"])
    gpt.trf_blocks[b].ff.layers[2].weight = assign(
        gpt.trf_blocks[b].ff.layers[2].weight,
        params["blocks"][b]["mlp"]["c_proj"]["w"].T)
    gpt.trf_blocks[b].ff.layers[2].bias = assign(
        gpt.trf_blocks[b].ff.layers[2].bias,
        params["blocks"][b]["mlp"]["c_proj"]["b"])

    gpt.trf_blocks[b].norm1.scale = assign(
        gpt.trf_blocks[b].norm1.scale,
        params["blocks"][b]["ln_1"]["g"])
    gpt.trf_blocks[b].norm1.shift = assign(
        gpt.trf_blocks[b].norm1.shift,
        params["blocks"][b]["ln_1"]["b"])
    gpt.trf_blocks[b].norm2.scale = assign(
        gpt.trf_blocks[b].norm2.scale,
        params["blocks"][b]["ln_2"]["g"])
    gpt.trf_blocks[b].norm2.shift = assign(
        gpt.trf_blocks[b].norm2.shift,
        params["blocks"][b]["ln_2"]["b"])
```

np.split 函数用于将注意力和偏置权重平均分为 3 个部分，分别用于查询组件、键组件和值组件

遍历模型中的每一个 Transformer 块

```
gpt.final_norm.scale = assign(gpt.final_norm.scale, params["g"])
gpt.final_norm.shift = assign(gpt.final_norm.shift, params["b"])
gpt.out_head.weight = assign(gpt.out_head.weight, params["wte"])
```

OpenAI 的原始 GPT-2 模型在其输出层中复用了词元嵌入权重，以减少参数总数，这一概念被称为“权重绑定”

在 load_weights_into_gpt 函数中，我们仔细匹配了来自 OpenAI 的权重和我们的 GPTModel 的权重。举个具体的例子，OpenAI 将第一个 Transformer 块的输出投影层的权重张量存储为 params["blocks"][0]["attn"]["c_proj"]["w"]。在我们的实现中，该权重张量对应于 gpt.trf_blocks[b].att.out_proj.weight，其中 gpt 是一个 GPTModel 实例。

改进 load_weights_into_gpt 函数需要进行许多猜测，因为 OpenAI 使用了与我们略有不同的命名规范。然而，assign 函数会在我们尝试匹配两个具有不同维度的张量时提醒我们。此外，如果在这个函数中犯了错误，我们会注意到这一点，因为生成的 GPT 模型将无法产生连贯的文本。

现在尝试实际应用 load_weights_into_gpt，将 OpenAI 模型权重加载到我们的 GPTModel 实例 gpt 中：

```
load_weights_into_gpt(gpt, params)
gpt.to(device)
```

如果模型成功加载，那么现在可以使用之前的 generate 函数来生成新文本：

```
torch.manual_seed(123)
token_ids = generate(
    model=gpt,
    idx=text_to_token_ids("Every effort moves you", tokenizer).to(device),
    max_new_tokens=25,
    context_size=NEW_CONFIG["context_length"],
    top_k=50,
    temperature=1.5
)
print("Output text:\n", token_ids_to_text(token_ids, tokenizer))
```

结果文本如下所示：

```
Output text:
 Every effort moves you toward finding an ideal new way to practice
     something!
What makes us want to be on top of that?
```

我们可以确信已经正确加载了模型权重，因为模型能够生成连贯的文本。在这个过程中的一个微小错误也会导致模型失败。在接下来的章节中，我们将进一步使用这个预训练模型，并对其进行微调，以分类文本和遵循指令。

5

练习 5.5

使用来自 OpenAI 的预训练权重在“The Verdict”数据集上计算 `GPTModel` 的训练集损失和验证集损失。

练习 5.6

尝试使用不同大小的 GPT-2 模型，比如参数量为 15.58 亿的最大模型，并将其生成的文本与参数量为 1.24 亿的模型进行比较。

5.6 小结

- 当大语言模型生成文本时，它们逐个生成词元。
- 默认情况下，下一个词元是通过将模型输出转换为概率分数，并从词汇表中选择与最高概率分数对应的词元来生成的，这被称为“贪婪解码”。
- 通过使用概率采样和温度缩放，可以干预生成文本的多样性和连贯性。
- 在训练过程中，训练集损失和验证集损失可用于衡量大语言模型生成的文本质量。
- 对大语言模型进行预训练涉及改变其参数权重以最小化训练损失。
- 大语言模型的训练循环是深度学习中的一个标准过程，使用了传统的交叉熵损失和 AdamW 优化器。
- 在大型文本语料库上预训练大语言模型既耗时又耗资源，因此可以加载公开可用的权重作为在大型数据集上自行进行预训练的替代方案。

第 6 章

针对分类的微调

本章内容

- ❑ 介绍大语言模型的不同微调方法
- ❑ 为文本分类准备数据集
- ❑ 修改预训练的大语言模型以进行微调
- ❑ 微调大语言模型以识别垃圾消息
- ❑ 评估经过微调的大语言模型分类器的准确性
- ❑ 使用微调后的大语言模型对新数据进行分类

现在我们已经构建了大语言模型的架构，对其进行了预训练，并学习了如何从外部来源（如 OpenAI）将预训练的权重导入模型中。在本章中，我们将通过在特定目标任务（如文本分类）上微调大语言模型，来实践之前的学习成果。我们研究的具体示例是将文本消息分类为“垃圾消息”或“非垃圾消息”。图 6-1 展示了微调大语言模型的两种主要方式：用于分类的微调（第(8)步）和用于执行指令的微调（第(9)步）。

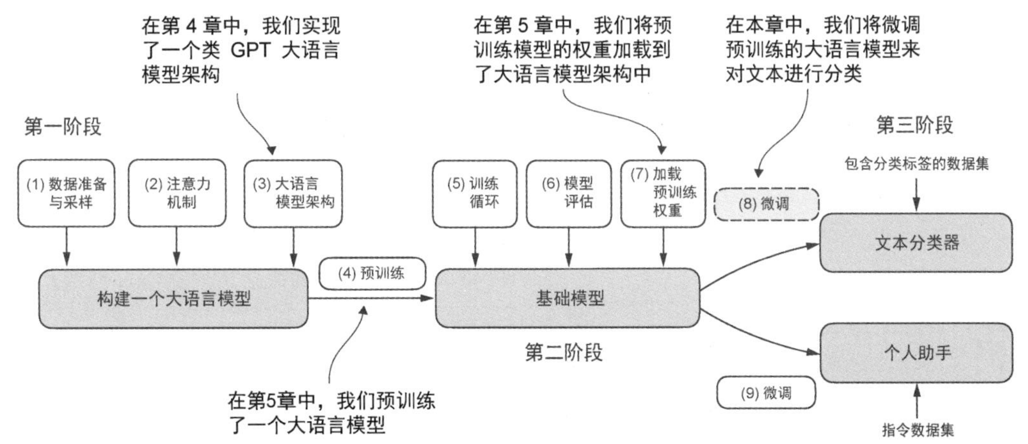

图 6-1　构建大语言模型的 3 个主要阶段。本章重点介绍第三阶段（第(8)步）：将预训练的大语言模型微调为文本分类器

6.1 不同类型的微调

微调语言模型最常见的方法是**指令微调**和**分类微调**。指令微调涉及使用特定的指令数据对一组任务进行训练，以提高语言模型理解和执行自然语言提示词中描述的任务的能力，如图 6-2 所示。

图 6-2　两种指令微调场景。由图的上半部分可知，模型的任务是判断给定文本是否为垃圾消息；由图的下半部分可知，模型被指示将英语句子翻译成德语

对于分类微调，如果你有机器学习的背景，那么可能已经很熟悉这个概念。所谓分类微调，即模型被训练来识别一组特定的类别标签，比如在消息中过滤“垃圾消息”和“非垃圾消息”。这类任务的例子不仅限于大语言模型和电子邮件过滤，还包括从图像中识别不同的植物种类，将新闻文章分类为体育、政治、科技等主题，以及在医学影像中区分良性肿瘤和恶性肿瘤。

关键点是，经过分类微调的模型只能预测它在训练过程中遇到的类别。例如，它可以判断某条内容是“垃圾消息”还是“非垃圾消息”，如图 6-3 所示，但它不能对输入文本进行其他分析或说明。

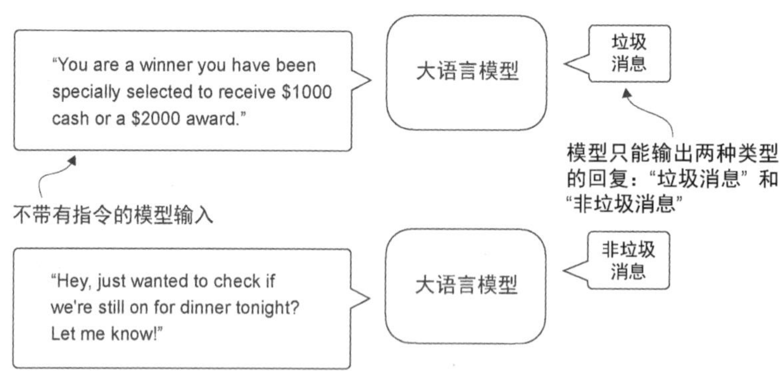

图 6-3　使用大语言模型的文本分类场景。经过垃圾消息数据分类微调的模型在输入时不需要提供额外的指令。与经过指令微调的模型相比，它只能回复“垃圾消息”或“非垃圾消息”

与图 6-3 中描述的分类微调模型相比，经过指令微调的模型通常能够执行更广泛的任务。我们可以将分类微调模型视为高度专业化的模型。一般来说，开发一个专业化的模型比开发在多种任务中表现良好的通用模型更简单。

选择正确的微调方法

指令微调提升了模型基于特定用户指令理解和生成响应的能力。指令微调最适合处理需要应对多种任务的模型，这些任务依赖于复杂的用户指令。通过指令微调，可以提升模型的灵活性和交互质量。而分类微调更适合需要将数据精确分类为预定义类别的任务，比如情感分析或垃圾消息检测。

虽然指令微调更具通用性，但它需要更大的数据集和更多的计算资源来开发精通多种任务的模型。相比之下，分类微调所需的数据和计算资源较少，但它的应用范围局限于模型所训练的特定类别。

6.2 准备数据集

我们将对之前构建并预训练的 GPT 模型进行修改和分类微调。首先，我们将下载并准备数据集，如图 6-4 中突出显示的部分所示。为了提供一个直观且有用的分类微调示例，我们将使用包含垃圾消息和非垃圾消息的文本消息数据集进行演示。

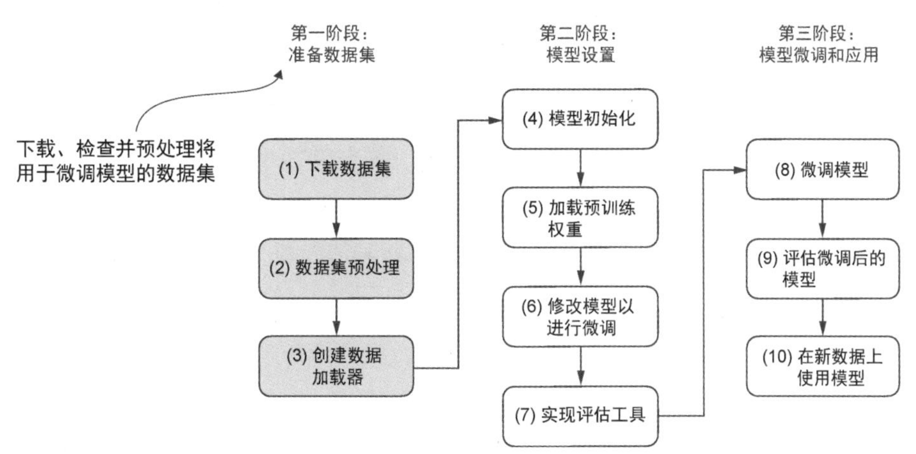

图 6-4 对大语言模型进行分类微调的三阶段过程。第一阶段涉及准备数据集，第二阶段专注于模型设置，第三阶段涵盖模型的微调和应用

注意 文本消息通常是通过手机而不是电子邮件发送的。然而，相同的步骤也适用于电子邮件分类。如果你对此感兴趣，可以参见附录 B 中关于电子邮件垃圾分类数据集的介绍。

第一步是下载数据集，相关操作如代码清单 6-1 所示。

代码清单 6-1　下载和解压数据集

```
import urllib.request
import zipfile
import os
from pathlib import Path

url = "https://archive.ics.uci.edu/static/public/228/sms+spam+collection.zip"
zip_path = "sms_spam_collection.zip"
extracted_path = "sms_spam_collection"
data_file_path = Path(extracted_path) / "SMSSpamCollection.tsv"


def download_and_unzip_spam_data(
        url, zip_path, extracted_path, data_file_path):
    if data_file_path.exists():
        print(f"{data_file_path} already exists. Skipping download "
              "and extraction."
        )
        return

    with urllib.request.urlopen(url) as response:        # 下载文件
        with open(zip_path, "wb") as out_file:
            out_file.write(response.read())

    with zipfile.ZipFile(zip_path, "r") as zip_ref:      # 解压文件
        zip_ref.extractall(extracted_path)

    original_file_path = Path(extracted_path) / "SMSSpamCollection"
    os.rename(original_file_path, data_file_path)        # 添加.tsv 文件扩展名
    print(f"File downloaded and saved as {data_file_path}")

download_and_unzip_spam_data(url, zip_path, extracted_path, data_file_path)
```

在执行上述代码后，数据集将保存为以制表符分隔的文本文件 SMSSpamCollection.tsv，该文件位于 sms_spam_collection 文件夹中。可以使用以下代码将其加载到 pandas `DataFrame` 中。

```
import pandas as pd
df = pd.read_csv(
    data_file_path, sep="\t", header=None, names=["Label", "Text"]
)
df         # 在 Jupyter Notebook 中呈现数据帧，或者使用 print(df)
```

图 6-5 展示了垃圾消息数据集的数据帧。

	标签	文本
0	非垃圾消息	Go until jurong point, crazy.. Available only ...
1	非垃圾消息	Ok lar... Joking wif u oni...
2	垃圾消息	Free entry in 2 a wkly comp to win FA Cup fina...
3	非垃圾消息	U dun say so early hor... U c already then say...
4	非垃圾消息	Nah I don't think he goes to usf, he lives aro...
...	...	...
5571	非垃圾消息	Rofl. Its true to its name

5572 行 × 2 列

图 6-5 SMSSpamCollection 数据集在 pandas DataFrame 中的预览，其中包含了类别标签（“非垃圾消息”或“垃圾消息”）和相应的文本消息。该数据集包含 5572 行（文本消息和标签）

让我们查看一下类别标签的分布：

```
print(df["Label"].value_counts())
```

执行上述代码后，我们发现数据中“非垃圾消息”（ham）的出现频率远高于“垃圾消息”（spam）：

```
Label
ham     4825
spam     747
Name: count, dtype: int64
```

为简单起见，我们会使用一个较小的数据集（这将有助于更快地微调大语言模型），并对数据集进行下采样，使得每个类别包含 747 个实例。

注意 处理类别不平衡的方法有很多，但这些内容超出了本书的范畴。如果你对处理不平衡数据的方法感兴趣，可以在附录 B 中找到更多信息。

可以使用代码清单 6-2 所示的代码进行下采样，并创建一个平衡的数据集。

代码清单 6-2 创建一个平衡的数据集

```
def create_balanced_dataset(df):
    num_spam = df[df["Label"] == "spam"].shape[0]
    ham_subset = df[df["Label"] == "ham"].sample(
        num_spam, random_state=123
    )
    balanced_df = pd.concat([
        ham_subset, df[df["Label"] == "spam"]
    ])
    return balanced_df
```

统计“垃圾消息”的样本数量

随机采样“非垃圾消息”，使其数量与“垃圾消息”一致

将“垃圾消息”与采样后的“非垃圾消息”组合，构成平衡数据集

```
balanced_df = create_balanced_dataset(df)
print(balanced_df["Label"].value_counts())
```

在执行上述代码以平衡数据集之后，可以看到垃圾消息和非垃圾消息的数量已经相等：

```
Label
ham     747
spam    747
Name: count, dtype: int64
```

现在，将“string”类别标签"ham"和"spam"分别转换为整数类别标签 0 和 1：

```
balanced_df["Label"] = balanced_df["Label"].map({"ham": 0, "spam": 1})
```

这个过程类似于将文本转换为词元 ID。然而，与使用由 50 000 多个单词组成的 GPT 词汇表不同，这里我们只处理两个词元 ID：0 和 1。

接下来，如代码清单 6-3 所示，创建一个 random_split 函数，将数据集分成 3 部分：70%用于训练，10%用于验证，20%用于测试。（这些比例在机器学习中很常见，用于训练、调整和评估模型。）

代码清单 6-3　划分数据集

```
def random_split(df, train_frac, validation_frac):

    df = df.sample(
        frac=1, random_state=123
    ).reset_index(drop=True)          # 打乱整个 Dataframe
    train_end = int(len(df) * train_frac)          # 计算拆分索引
    validation_end = train_end + int(len(df) * validation_frac)

                                      # 拆分 Dataframe
    train_df = df[:train_end]
    validation_df = df[train_end:validation_end]
    test_df = df[validation_end:]

    return train_df, validation_df, test_df

train_df, validation_df, test_df = random_split(
    balanced_df, 0.7, 0.1)            # 作为剩余部分，测试集比例被隐含设置为 0.2
```

下面将数据集保存为 CSV（Comma-Separated Value）文件，以便以后重用：

```
train_df.to_csv("train.csv", index=None)
validation_df.to_csv("validation.csv", index=None)
test_df.to_csv("test.csv", index=None)
```

到目前为止，我们已经下载了数据集，对其进行了平衡，并将其拆分为训练子集和验证子集。接下来，我们将创建用于训练模型的 PyTorch 数据加载器。

6.3 创建数据加载器

我们将开发与之前处理文本数据时类似的 PyTorch 数据加载器。之前我们是利用滑动窗口技术来生成统一大小的文本块，然后将其分组为批次，以便更高效地训练模型。每个块可以作为一个独立的训练实例。然而，现在我们处理的是包含不同长度文本消息的垃圾消息数据集。为了像处理文本块那样对这些消息进行批处理，我们有以下两种方案可供选择：

- 将所有消息截断到数据集中最短消息的长度或批次长度；
- 将所有消息填充到数据集中最长消息的长度或批次长度。

第一种方案计算开销更少，但如果较短的消息远小于平均长度或最长消息，那么可能会导致信息丢失，从而降低模型性能。因此，我们选择第二种方案，这样可以保留所有消息的完整内容。

为了实现批处理，将所有消息填充到数据集中最长消息的长度，需要向所有较短的消息添加填充词元。为此，可以使用"<|endoftext|>"作为填充词元。

然而，基于性能与效率的考虑，与其直接将字符串"<|endoftext|>"附加到每条文本消息中，不如将与"<|endoftext|>"对应的词元 ID 添加到编码的文本消息中，如图 6-6 所示。50256 是填充词元"<|endoftext|>"的词元 ID。我们可以使用之前用过的 tiktoken 包中的 GPT-2 分词器来核对词元 ID 是否正确。

```
import tiktoken
tokenizer = tiktoken.get_encoding("gpt2")
print(tokenizer.encode("<|endoftext|>", allowed_special={"<|endoftext|>"}))
```

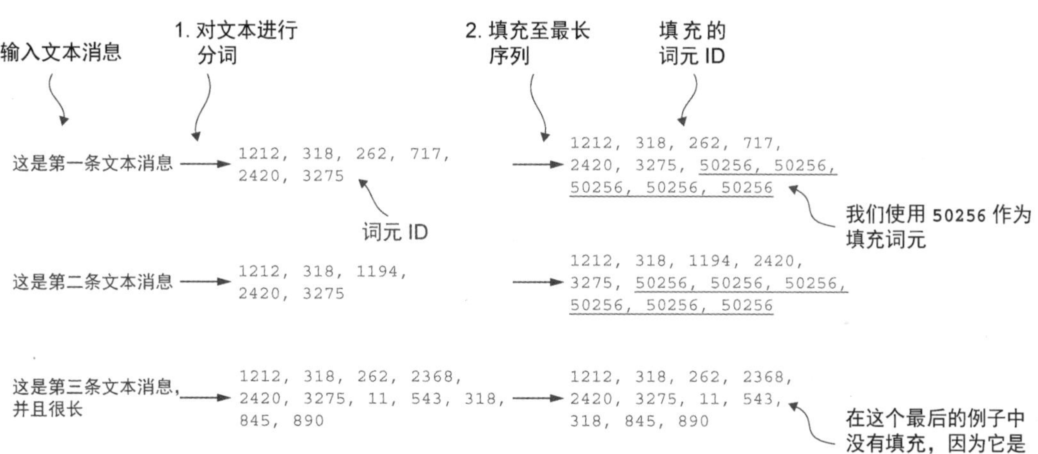

图 6-6 输入文本准备过程。首先，每条输入文本消息被转换为一系列词元 ID。然后，为了确保序列长度一致，较短的序列使用填充词元（在本示例中，词元 ID 为 50256）进行填充，以匹配最长序列的长度

事实上，执行前述代码返回了`[50256]`。

我们首先需要实现一个 PyTorch `Dataset` 类，该类指定了数据的加载方式和处理方式。然后我们才能实例化数据加载器。为此，我们定义了 `SpamDataset` 类来实现图 6-6 中的目标，如代码清单 6-4 所示。这个 `SpamDataset` 类用于处理几个关键任务：将文本消息编码为词元序列、识别训练数据集中最长的序列，以及确保所有其他序列都使用**填充词元**进行填充，以匹配最长序列的长度。

代码清单 6-4　构建一个 PyTorch `Dataset` 类

```
import torch
from torch.utils.data import Dataset

class SpamDataset(Dataset):
    def __init__(self, csv_file, tokenizer, max_length=None,
                 pad_token_id=50256):
        self.data = pd.read_csv(csv_file)
                                                    ◁—— 文本分词
        self.encoded_texts = [
            tokenizer.encode(text) for text in self.data["Text"]
        ]

        if max_length is None:
            self.max_length = self._longest_encoded_length()
        else:
            self.max_length = max_length
                                                    ◁—— 如果序列长度超过 max_length，
            self.encoded_texts = [                      则进行截断
                encoded_text[:self.max_length]
                for encoded_text in self.encoded_texts
            ]

                                                    ◁—— 填充到最长
        self.encoded_texts = [                          序列的长度
            encoded_text + [pad_token_id] *
            (self.max_length - len(encoded_text))
            for encoded_text in self.encoded_texts
        ]


    def __getitem__(self, index):
        encoded = self.encoded_texts[index]
        label = self.data.iloc[index]["Label"]
        return (
            torch.tensor(encoded, dtype=torch.long),
            torch.tensor(label, dtype=torch.long)
        )

    def __len__(self):
        return len(self.data)
```

```
    def _longest_encoded_length(self):
        max_length = 0
        for encoded_text in self.encoded_texts:
            encoded_length = len(encoded_text)
            if encoded_length > max_length:
                max_length = encoded_length
        return max_length
```

`SpamDataset` 类从我们之前创建的 CSV 文件中加载数据，使用 `tiktoken` 中的 GPT-2 分词器对文本进行分词，并将序列**填充**或**截断**到由最长序列或预定义的最大长度确定的统一长度。确保每个输入张量的大小相同对于接下来实现数据批处理是必要的：

```
train_dataset = SpamDataset(
    csv_file="train.csv",
    max_length=None,
    tokenizer=tokenizer
)
```

最长序列长度存储在数据集的 `max_length` 属性中。如果你想查看最长序列定义的词元数量，可以使用以下代码：

```
print(train_dataset.max_length)
```

代码输出的是 `120`，表明最长序列不超过 120 个词元，这是文本消息的常见长度。鉴于模型的上下文长度限制，它可以处理最多 1024 个词元的序列。如果你的数据集中包含更长的文本，可以在创建训练数据集时将 `max_length=1024` 传递进去，以确保数据不会超出模型支持的输入（上下文）长度。

接下来，将验证集和测试集填充到与最长训练序列匹配的长度。重要的是，任何超过最长训练示例长度的验证集和测试集样本都将使用之前定义的 `SpamDataset` 中的代码 `encoded_text[:self.max_length]` 进行截断。这个截断是可选的，你可以将验证集和测试集的 `max_length` 设置为 `None`，前提是这些数据集中的序列长度不超过 1024 个词元。

```
val_dataset = SpamDataset(
    csv_file="validation.csv",
    max_length=train_dataset.max_length,
    tokenizer=tokenizer
)
test_dataset = SpamDataset(
    csv_file="test.csv",
    max_length=train_dataset.max_length,
    tokenizer=tokenizer
)
```

练习 6.1 增加上下文长度

将输入填充到模型支持的最大词元数量，并观察这对预测性能的影响。

使用这些数据集作为输入，我们可以像处理文本数据那样来实例化数据加载器。不同的是，在这种情况下，目标是类别标签，而不是文本中的下一个词元。如果我们选择批次大小为 8，则每个批次将包含 8 个长度为 120 的训练样本以及每个样本对应的类别标签，如图 6-7 所示。

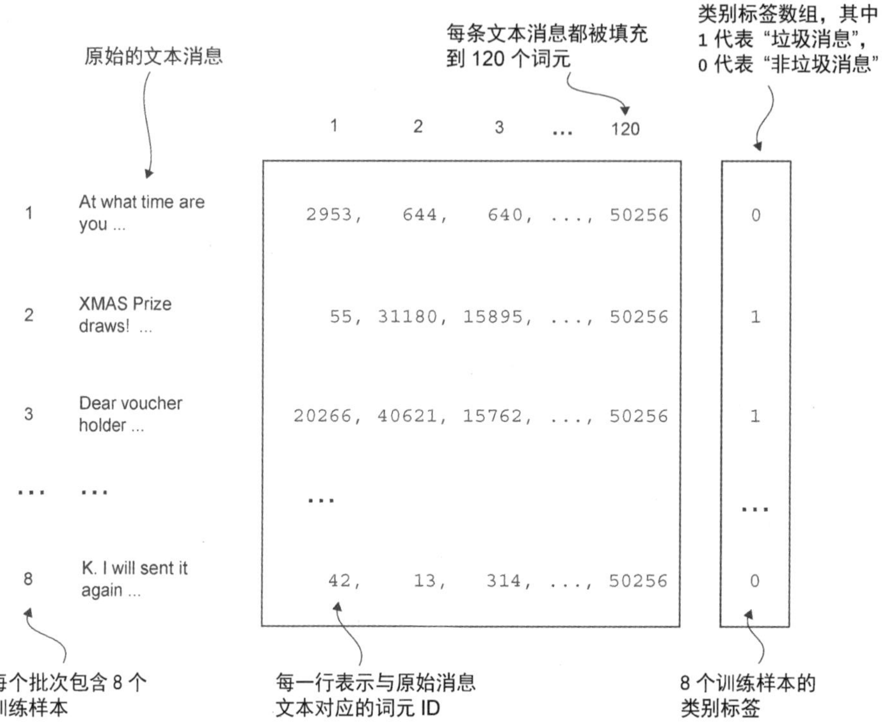

图 6-7　一个包含 8 条文本消息的训练批次，每条文本消息由 120 个词元 ID 组成。类别标签数组存储的是与文本消息对应的 8 个类别标签，这些标签可以是 `0`（"非垃圾消息"）或 `1`（"垃圾消息"）

代码清单 6-5 中的代码创建了训练集、验证集和测试集的数据加载器，这些加载器以大小为 8 的批次加载文本消息和标签。

代码清单 6-5　在 PyTorch 中创建数据加载器

```
from torch.utils.data import DataLoader

num_workers = 0        # 此设置确保了与大多数计算机的兼容性
batch_size = 8
torch.manual_seed(123)

train_loader = DataLoader(
    dataset=train_dataset,
    batch_size=batch_size,
    shuffle=True,
```

```
    num_workers=num_workers,
    drop_last=True,
)
val_loader = DataLoader(
    dataset=val_dataset,
    batch_size=batch_size,
    num_workers=num_workers,
    drop_last=False,
)
test_loader = DataLoader(
    dataset=test_dataset,
    batch_size=batch_size,
    num_workers=num_workers,
    drop_last=False,
)
```

为了确保数据加载器正常工作并返回预期大小的批次，可以迭代训练加载器，并打印最后一个批次的张量维度：

```
for input_batch, target_batch in train_loader:
    pass
print("Input batch dimensions:", input_batch.shape)
print("Label batch dimensions", target_batch.shape)
```

输出如下所示：

```
Input batch dimensions: torch.Size([8, 120])
Label batch dimensions torch.Size([8])
```

如你所见，输入批次包含 8 个训练示例，每个示例有 120 个词元，符合预期。标签张量存储了对应于这 8 个训练示例的类别标签。

最后，为了解数据集的大小，让我们打印每个数据集中的总批次数：

```
print(f"{len(train_loader)} training batches")
print(f"{len(val_loader)} validation batches")
print(f"{len(test_loader)} test batches")
```

每个数据集中的批次数如下所示：

```
130 training batches
19 validation batches
38 test batches
```

现在我们已经准备好数据，接下来需要为微调准备模型。

6.4 初始化带有预训练权重的模型

为了对垃圾消息进行分类微调，我们需要准备模型。首先，初始化预训练模型，如图 6-8 中突出显示的部分所示。

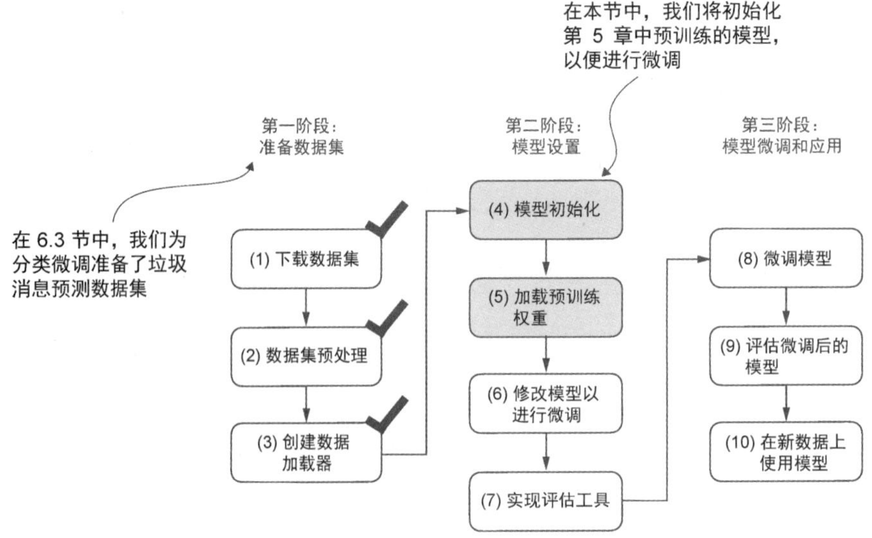

图 6-8　对大语言模型进行分类微调的三阶段过程。在完成第一阶段，即“准备数据集”之后，现在需要初始化大语言模型，然后对其进行微调，以分类垃圾消息

为了开始模型准备过程，我们使用与预训练未标记数据时相同的配置。

```
CHOOSE_MODEL = "gpt2-small (124M)"
INPUT_PROMPT = "Every effort moves"
BASE_CONFIG = {
    "vocab_size": 50257,          ← 词汇表大小
    "context_length": 1024,       ← 上下文长度
    "drop_rate": 0.0,             ← dropout 率
    "qkv_bias": True              ← 查询-键-值偏置
}
model_configs = {
    "gpt2-small (124M)": {"emb_dim": 768, "n_layers": 12, "n_heads": 12},
    "gpt2-medium (355M)": {"emb_dim": 1024, "n_layers": 24, "n_heads": 16},
    "gpt2-large (774M)": {"emb_dim": 1280, "n_layers": 36, "n_heads": 20},
    "gpt2-xl (1558M)": {"emb_dim": 1600, "n_layers": 48, "n_heads": 25},
}
BASE_CONFIG.update(model_configs[CHOOSE_MODEL])
```

接下来，从 gpt_download.py 文件中导入 `download_and_load_gpt2` 函数，并重用 `GPTModel` 类和 `load_weights_into_gpt` 函数（参见第 5 章），将下载的权重加载到 GPT 模型中，如代码清单 6-6 所示。

代码清单 6-6　加载预训练的 GPT 模型

```
from gpt_download import download_and_load_gpt2
from chapter05 import GPTModel, load_weights_into_gpt

model_size = CHOOSE_MODEL.split(" ")[-1].lstrip("(").rstrip(")")
```

```
settings, params = download_and_load_gpt2(
    model_size=model_size, models_dir="gpt2"
)

model = GPTModel(BASE_CONFIG)
load_weights_into_gpt(model, params)
model.eval()
```

在将模型权重加载到 GPTModel 后，重用第 4 章和第 5 章中的文本生成工具函数，以确保模型生成连贯的文本：

```
from chapter04 import generate_text_simple
from chapter05 import text_to_token_ids, token_ids_to_text

text_1 = "Every effort moves you"
token_ids = generate_text_simple(
    model=model,
    idx=text_to_token_ids(text_1, tokenizer),
    max_new_tokens=15,
    context_size=BASE_CONFIG["context_length"]
)
print(token_ids_to_text(token_ids, tokenizer))
```

以下输出显示模型生成了连贯的文本，这表明模型权重已正确加载：

```
Every effort moves you forward.
The first step is to understand the importance of your work
```

在开始将模型微调为垃圾消息分类器之前，让我们输入指令信息，看看模型是否已经能够分类垃圾消息：

```
text_2 = (
    "Is the following text 'spam'? Answer with 'yes' or 'no':"
    " 'You are a winner you have been specially"
    " selected to receive $1000 cash or a $2000 award.'"
)
token_ids = generate_text_simple(
    model=model,
    idx=text_to_token_ids(text_2, tokenizer),
    max_new_tokens=23,
    context_size=BASE_CONFIG["context_length"]
)
print(token_ids_to_text(token_ids, tokenizer))
```

模型的输出如下所示：

```
Is the following text 'spam'? Answer with 'yes' or 'no': 'You are a winner
you have been specially selected to receive $1000 cash
or a $2000 award.'
The following text 'spam'? Answer with 'yes' or 'no': 'You are a winner
```

根据输出结果，显然模型在遵循指令方面存在困难。这一结果是预期中的，因为模型仅经过了预训练，缺乏指令微调。因此，让我们为分类微调准备模型。

6.5 添加分类头

我们需要修改预训练的大语言模型来为分类微调做好准备。为了实现这一点，我们将原始输出层（该输出层会将隐藏表示映射到一张包含 50 257 个词元的词汇表中）替换为一个较小的输出层，该输出层会映射到两个类别：`0`（“非垃圾消息”）和 `1`（“垃圾消息”），如图 6-9 所示。我们使用的是与之前相同的模型，但替换了输出层。

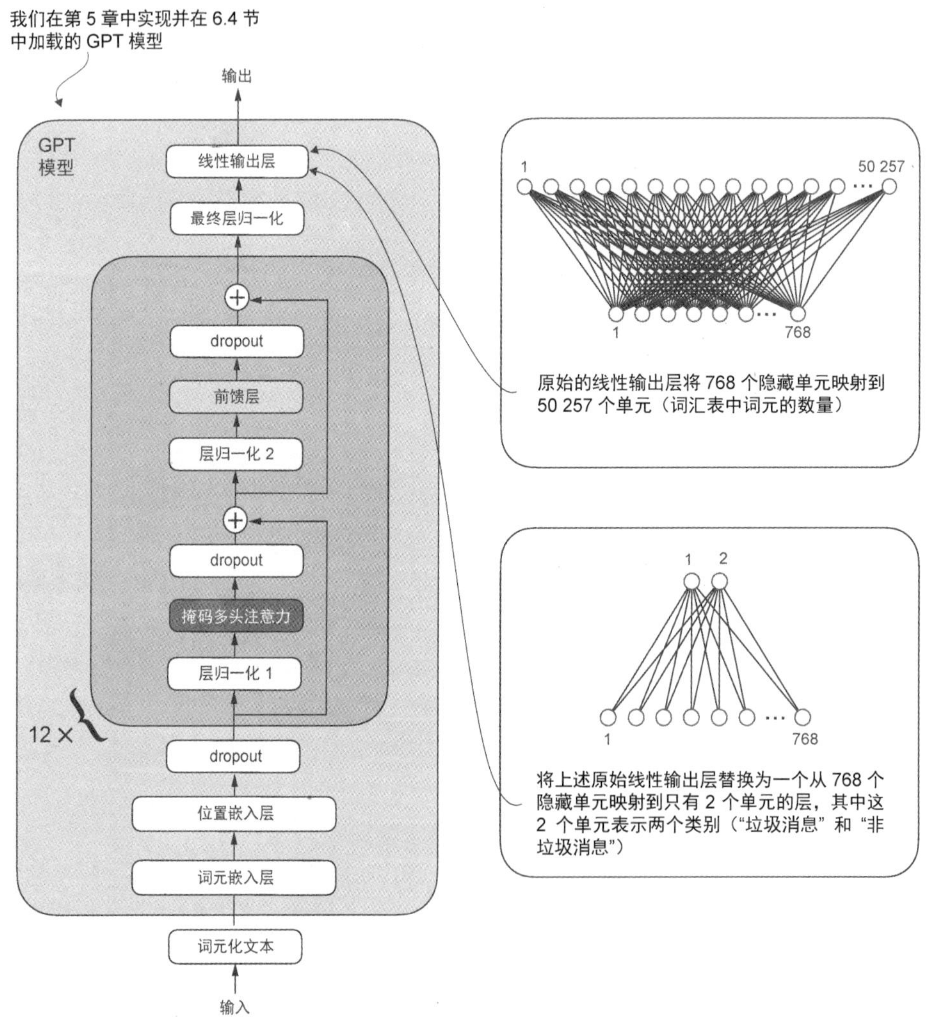

图 6-9　通过调整架构使 GPT 模型适应垃圾消息分类任务。模型初始的线性输出层将 768 个隐藏单元映射到了拥有 50 257 个词元的词汇表中。为了检测垃圾消息，我们将这个层替换为一个新的输出层，该层将相同的 768 个隐藏单元映射到了两个类别，分别表示“垃圾消息”和“非垃圾消息”

输出层节点

从技术上讲，由于这是一个二分类任务，因此我们可以使用单个输出节点。然而，这需要修改损失函数，正如我在“Losses Learned—Optimizing Negative Log-Likelihood and Cross-Entropy in PyTorch”中讨论的那样。因此，我们选择了一种更通用的方法，即令输出节点的数量与类别数量相匹配。例如，对于一个三分类问题(比如将新闻文章分类为“科技”“体育”或“政治”)，我们将使用 3 个输出节点，以此类推。

在尝试修改图 6-9 所示的内容之前，让我们通过 `print(model)` 打印模型架构：

```
GPTModel(
  (tok_emb): Embedding(50257, 768)
  (pos_emb): Embedding(1024, 768)
  (drop_emb): Dropout(p=0.0, inplace=False)
  (trf_blocks): Sequential(
...
    (11): TransformerBlock(
      (att): MultiHeadAttention(
        (W_query): Linear(in_features=768, out_features=768, bias=True)
        (W_key): Linear(in_features=768, out_features=768, bias=True)
        (W_value): Linear(in_features=768, out_features=768, bias=True)
        (out_proj): Linear(in_features=768, out_features=768, bias=True)
        (dropout): Dropout(p=0.0, inplace=False)
      )
      (ff): FeedForward(
        (layers): Sequential(
          (0): Linear(in_features=768, out_features=3072, bias=True)
          (1): GELU()
          (2): Linear(in_features=3072, out_features=768, bias=True)
        )
      )
      (norm1): LayerNorm()
      (norm2): LayerNorm()
      (drop_resid): Dropout(p=0.0, inplace=False)
    )
  )
  (final_norm): LayerNorm()
  (out_head): Linear(in_features=768, out_features=50257, bias=False)
)
```

该输出清晰地展示了我们在第 4 章中讨论的架构。如前所述，`GPTModel` 由嵌入层、12 个相同的 Transformer 块（为简洁起见，这里只展示了最后一个块），以及一个最终层归一化和输出层 `out_head` 组成。

接下来，我们将 `out_head` 替换为新的输出层（参见图 6-9），并对其进行微调。

是微调选定层还是微调所有层

由于模型已经经过了预训练，因此不需要微调所有层。在基于神经网络的语言模型中，较低层通常捕捉基本的语言结构和语义，适用于广泛的任务和数据集，最后几层（靠近输出的层）更侧重于捕捉细微的语言模式和特定任务的特征。因此，只微调最后几层通常就足以使模型适应新任务。同时，仅微调少量层在计算上也更加高效。如果你对此感兴趣，可以在附录 B 中找到更多信息，包括具体对哪些层进行微调的实验。

为了使模型准备好进行分类微调，我们首先**冻结**模型，即将所有层设为不可训练。

```
for param in model.parameters():
    param.requires_grad = False
```

然后，如代码清单 6-7 所示，替换输出层（`model.out_head`），该层原本是将输入映射为 50 257 维，即词汇表的大小（参见图 6-9）。

代码清单 6-7　添加分类层

```
torch.manual_seed(123)
num_classes = 2
model.out_head = torch.nn.Linear(
    in_features=BASE_CONFIG["emb_dim"],
    out_features=num_classes
)
```

为了使代码更通用，我们使用 `BASE_CONFIG["emb_dim"]`，在“`gpt2-small (124M)`”模型中其值等于 768。因此，也可以使用相同的代码来处理更大的 GPT-2 模型变体。

这个新的 `model.out_head` 输出层的 `requires_grad` 属性默认设置为 `True`，这意味着它是模型中唯一在训练过程中会被更新的层。从技术上讲，仅训练刚刚添加的输出层就足够了。然而，正如我在实验中发现的，微调额外的层可以显著提升模型的预测性能。（有关详细信息，请参见附录 B。）我们还将最后一个 Transformer 块和连接该块到输出层的最终层归一化模块设置为可训练，如图 6-10 所示。

为了使最终层归一化和最后一个 Transformer 块可训练，我们将它们各自的 `requires_grad` 设置为 `True`。

```
for param in model.trf_blocks[-1].parameters():
    param.requires_grad = True
for param in model.final_norm.parameters():
    param.requires_grad = True
```

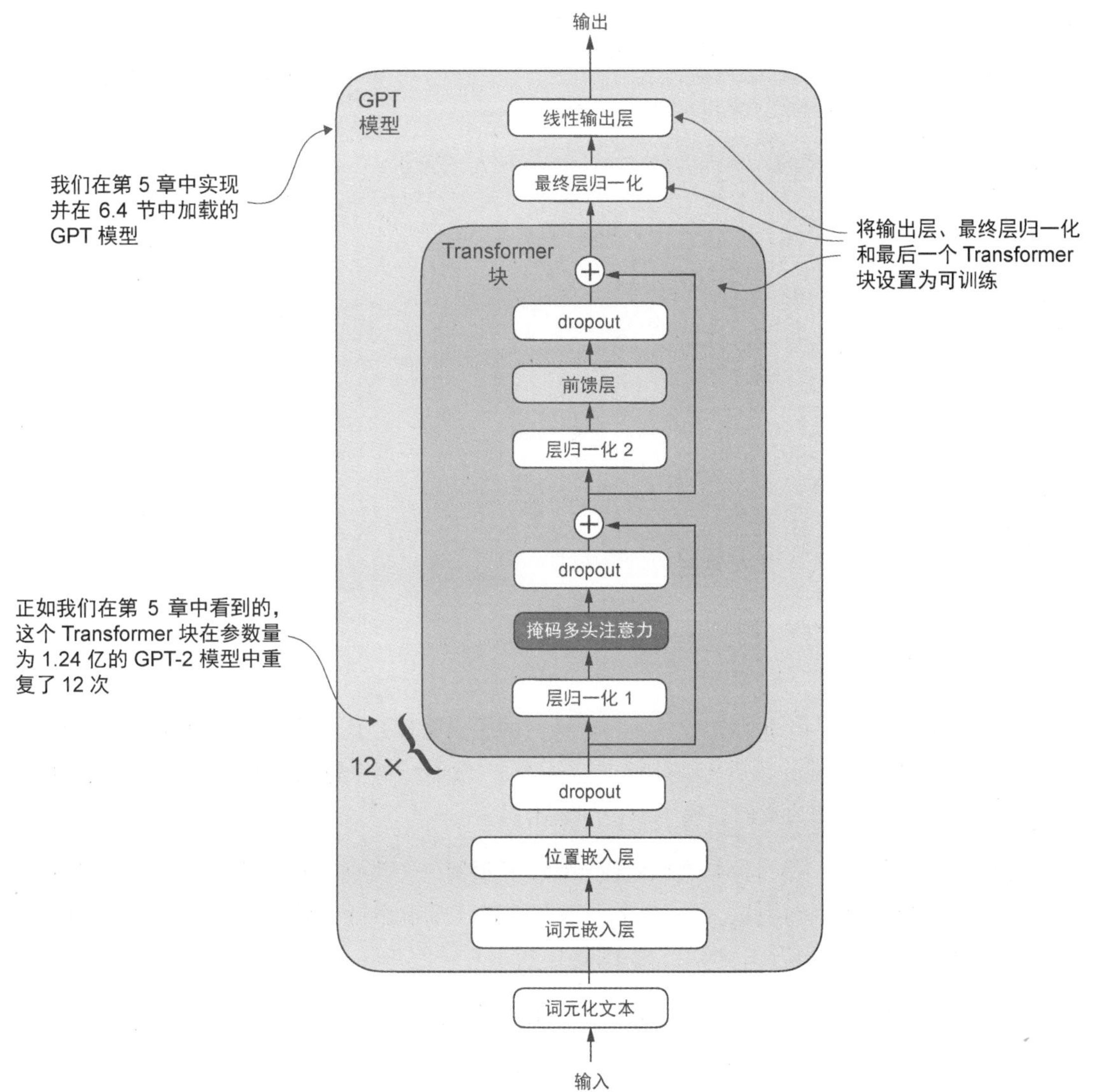

图 6-10 GPT 模型包含 12 个重复的 Transformer 块。除了输出层，我们还将最终层归一化和最后一个 Transformer 块设置为可训练。其余 11 个 Transformer 块和嵌入层则保持为不可训练

练习 6.2 微调整个模型

不只是微调最后一个 Transformer 块，尝试微调整个模型，并评估这对预测性能的影响。

即使添加了新的输出层并标记某些层为可训练或不可训练，我们仍然可以像之前一样使用这个模型。例如，我们可以输入一段与先前示例文本完全相同的文本：

```
inputs = tokenizer.encode("Do you have time")
inputs = torch.tensor(inputs).unsqueeze(0)
print("Inputs:", inputs)
print("Inputs dimensions:", inputs.shape)    ← 形状：(batch_size, num_tokens)
```

输出显示，前面的代码将输入编码为包含 4 个输入词元的张量：

```
Inputs: tensor([[5211,  345,  423,  640]])
Inputs dimensions: torch.Size([1, 4])
```

接下来，可以像往常一样将编码后的词元 ID 传递给模型：

```
with torch.no_grad():
    outputs = model(inputs)
print("Outputs:\n", outputs)
print("Outputs dimensions:", outputs.shape)
```

输出张量如下所示：

```
Outputs:
 tensor([[[-1.5854,  0.9904],
         [-3.7235,  7.4548],
         [-2.2661,  6.6049],
         [-3.5983,  3.9902]]])
Outputs dimensions: torch.Size([1, 4, 2])
```

类似的输入以前会生成一个形状为`[1, 4, 50257]`的输出张量，其中`50257`代表词汇表的大小。输出行数对应于输入词元的数量（在此例中为 4 个）。然而，每个输出的嵌入维度（列数）现在为 2，而不是 50 257，因为我们替换了模型的输出层。

需要注意的是，我们的目标是微调此模型，使其返回一个类别标签，以指出输入是“垃圾消息”还是“非垃圾消息”。因此，我们不需要微调所有 4 个输出行，只需关注一个输出词元，特别是最后一个输出词元对应的行即可，如图 6-11 所示。

要从输出张量中提取最后一个词元，可以使用以下代码：

```
print("Last output token:", outputs[:, -1, :])
```

输出如下所示：

```
Last output token: tensor([[-3.5983, 3.9902]])
```

我们仍然需要将这些值转换为类别标签预测。但是，首先，我们需要弄明白为什么只对最后一个输出词元特别感兴趣。

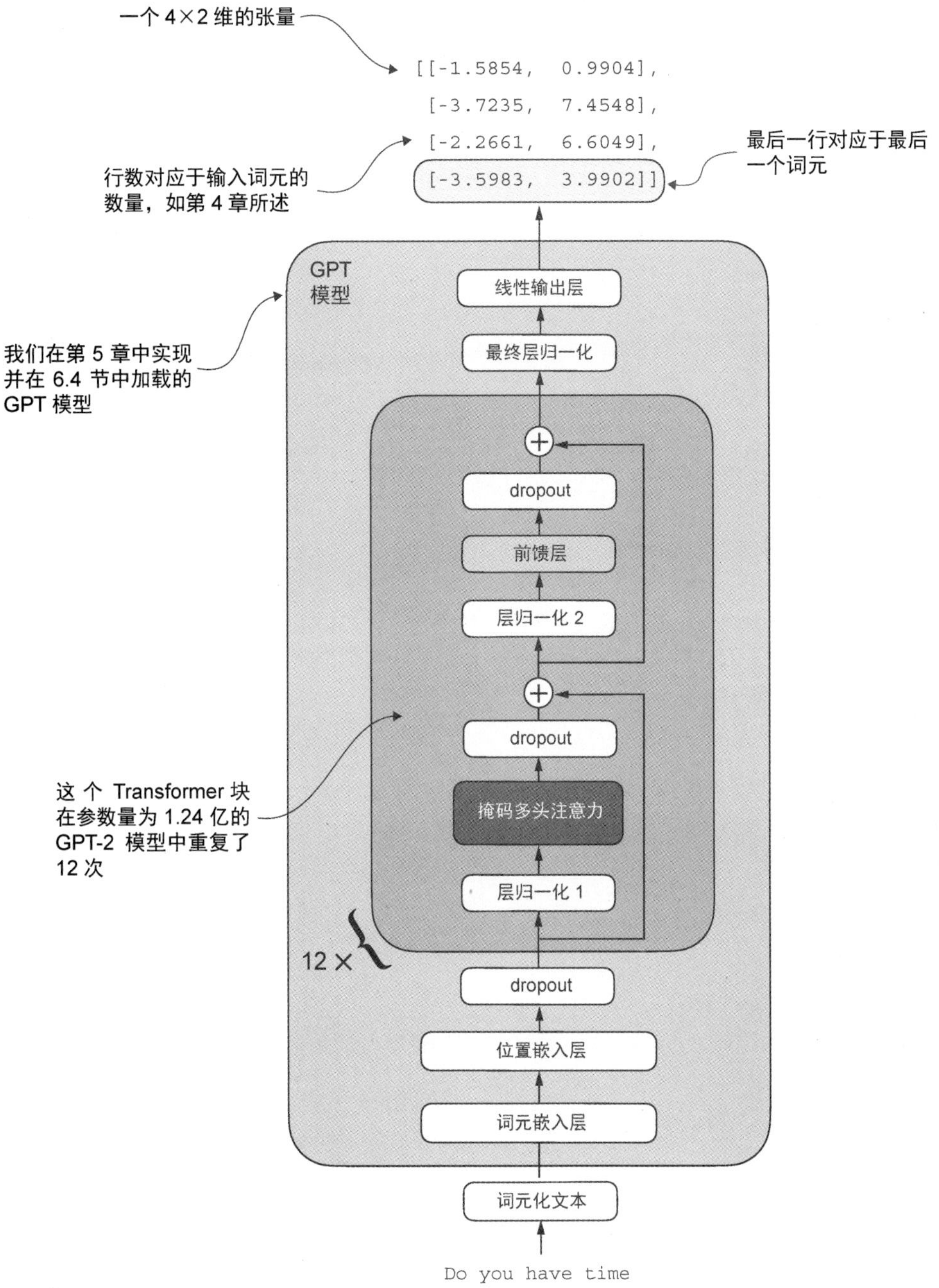

图 6-11 带有4个词元示例输入和输出的GPT模型。修改后的输出层中输出张量由两列组成，在对模型进行垃圾消息分类微调时，我们只关注对应最后一个词元的最后一行

之前我们探讨过注意力机制，它建立了每个输入词元与其他输入词元之间的关系，以及**因果注意力掩码**的概念，这在类 GPT 模型中经常使用（参见第 3 章）。这种掩码限制了一个词元的关注范围，即它只能关注当前及之前的位置，从而确保每个词元只受自己和之前词元的影响，如图 6-12 所示。

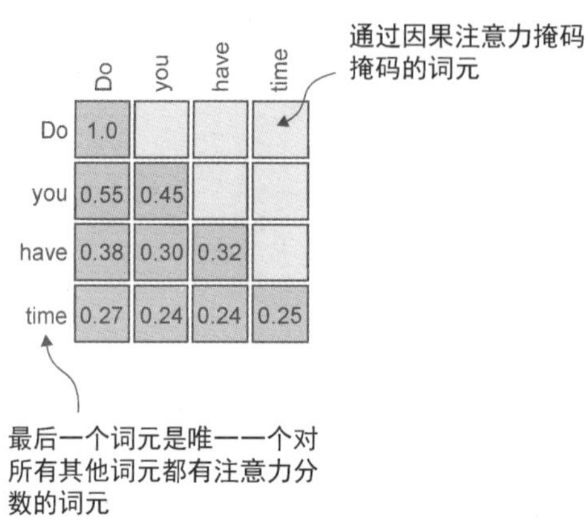

图 6-12　因果注意力机制，其中输入词元之间的注意力分数以矩阵格式显示。空单元格表示由于因果注意力掩码而被掩码的位置，可以防止当前词元关注未来的词元。单元格中的值表示注意力分数，最后一个词元“time”是唯一一个计算前面所有词元注意力分数的词元

根据图 6-12 中的因果注意力掩码设置，序列中的最后一个词元累积了最多的信息，因为它是唯一一个可以访问之前所有数据的词元。因此，对于垃圾消息分类任务，我们在微调过程中会关注这个最后的词元。

现在我们准备将最后的词元转换为类别标签进行预测，并计算模型的初始预测准确率。随后，我们将对模型进行垃圾消息分类任务的微调。

练习 6.3　比较微调第一个词元与微调最后一个词元

尝试微调第一个输出词元。与微调最后一个输出词元相比，注意预测性能的变化。

6.6　计算分类损失和准确率

在微调模型之前，还有一个小任务需要完成：实现微调过程中使用的模型评估函数，如图 6-13 所示。

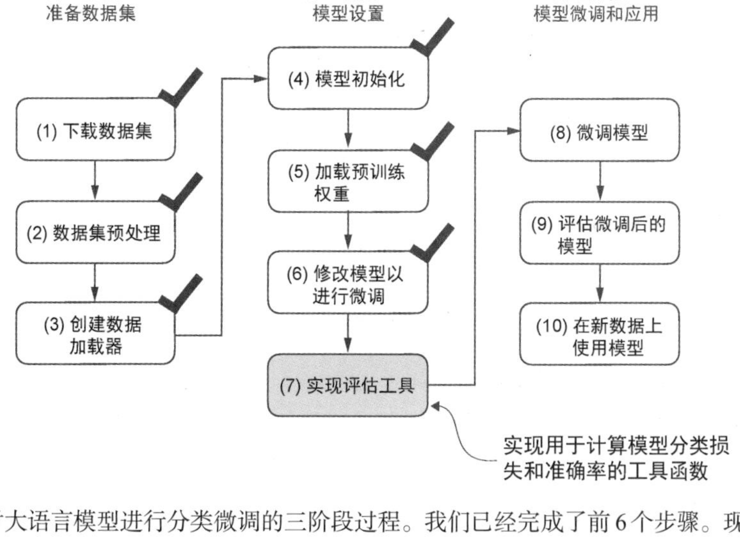

图 6-13 对大语言模型进行分类微调的三阶段过程。我们已经完成了前 6 个步骤。现在，我们准备进行第二阶段的最后一步：实现评估工具，即评估模型性能的函数，以评估模型在微调前、微调中和微调后分类垃圾邮件的性能

在实现评估工具之前，让我们简要讨论一下如何将模型输出转换为类别标签预测。之前我们通过将 50 257 个输出转换为概率（利用 softmax 函数），然后返回最高概率的位置（利用 argmax 函数），来计算大语言模型生成的下一个词元的词元 ID。在这里，我们采取相同的方法来计算模型对于给定输入是预测为“垃圾消息”还是“非垃圾消息”，如图 6-14 所示。唯一的区别是，我们处理的是 2 维而不是 50 257 维的输出。

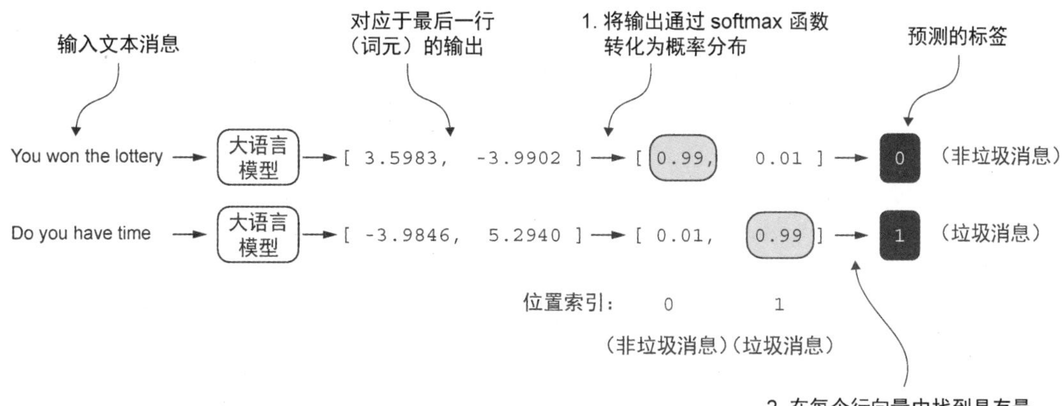

图 6-14 对应于最后一个词元的模型输出被转换为每个输入文本的概率分数。通过查找最高概率分数的索引位置获得类别标签。由于模型尚未训练，因此它错误地预测了垃圾消息标签

让我们通过一个具体的例子来考虑最后一个词元输出：

```
print("Last output token:", outputs[:, -1, :])
```

最后一个词元对应的张量值如下所示：

```
Last output token: tensor([[-3.5983,  3.9902]])
```

我们可以获得以下类别标签：

```
probas = torch.softmax(outputs[:, -1, :], dim=-1)
label = torch.argmax(probas)
print("Class label:", label.item())
```

在这种情况下，代码返回 `1`，意味着模型预测输入文本为“垃圾消息”。在这里使用 softmax 函数是可选的，因为最大的输出直接对应于最高的概率分数。因此，可以简化代码，不使用 softmax：

```
logits = outputs[:, -1, :]
label = torch.argmax(logits)
print("Class label:", label.item())
```

这个概念可以用于计算分类准确率，衡量数据集中正确预测的百分比。

为了确定分类准确率，我们将基于 argmax 的预测代码应用于数据集中的所有示例，并通过定义 `calc_accuracy_loader` 函数计算正确预测的比例，如代码清单 6-8 所示。

代码清单 6-8　计算分类准确率

```
def calc_accuracy_loader(data_loader, model, device, num_batches=None):
    model.eval()
    correct_predictions, num_examples = 0, 0

    if num_batches is None:
        num_batches = len(data_loader)
    else:
        num_batches = min(num_batches, len(data_loader))
    for i, (input_batch, target_batch) in enumerate(data_loader):
        if i < num_batches:
            input_batch = input_batch.to(device)
            target_batch = target_batch.to(device)


            with torch.no_grad():
                logits = model(input_batch)[:, -1, :]      ◁── 最后一个输出词元的 logits
            predicted_labels = torch.argmax(logits, dim=-1)

            num_examples += predicted_labels.shape[0]
            correct_predictions += (
                (predicted_labels == target_batch).sum().item()
            )
```

```
        else:
            break
    return correct_predictions / num_examples
```

接下来，使用该函数来确定各个数据集的分类准确率。我们用 10 个批次的数据进行估计以提高效率：

```
device = torch.device("cuda" if torch.cuda.is_available() else "cpu")
model.to(device)

torch.manual_seed(123)
train_accuracy = calc_accuracy_loader(
    train_loader, model, device, num_batches=10
)
val_accuracy = calc_accuracy_loader(
    val_loader, model, device, num_batches=10
)
test_accuracy = calc_accuracy_loader(
    test_loader, model, device, num_batches=10
)

print(f"Training accuracy: {train_accuracy*100:.2f}%")
print(f"Validation accuracy: {val_accuracy*100:.2f}%")
print(f"Test accuracy: {test_accuracy*100:.2f}%")
```

通过设备设置，如果支持 NVIDIA CUDA 的 GPU 可用，那么模型会自动在 GPU 上运行，否则会在 CPU 上运行。输出结果如下所示：

```
Training accuracy: 46.25%
Validation accuracy: 45.00%
Test accuracy: 48.75%
```

可以看到，预测准确率接近随机预测，在这种情况下为 50%。为了提高预测准确率，需要对模型进行微调。

然而，在开始微调模型之前，需要定义训练期间要优化的损失函数。我们的目标是最大化模型的垃圾消息分类准确率，这意味着前面的代码应该输出正确的类别标签：`0` 表示非垃圾消息，`1` 表示垃圾消息。

由于分类准确率不是一个可微分的函数，这里我们使用交叉熵损失作为替代来最大化准确率。因此，`calc_loss_batch` 函数保持不变，唯一的调整是专注于优化最后一个词元（`model(input_batch)[:, -1, :]`）而不是所有词元（`model(input_batch)`）。

```
def calc_loss_batch(input_batch, target_batch, model, device):
    input_batch = input_batch.to(device)
    target_batch = target_batch.to(device)
    logits = model(input_batch)[:, -1, :]    # 最后一个输出词元的 logits
    loss = torch.nn.functional.cross_entropy(logits, target_batch)
    return loss
```

我们使用 calc_loss_batch 函数来计算从之前定义的数据加载器中获得的单个批次的损失。为了计算数据加载器中所有批次的损失，可以像之前一样定义 calc_loss_loader 函数，如代码清单 6-9 所示。

代码清单 6-9　计算分类损失

```
def calc_loss_loader(data_loader, model, device, num_batches=None):
    total_loss = 0.
    if len(data_loader) == 0:
        return float("nan")
    elif num_batches is None:
        num_batches = len(data_loader)
    else:
        num_batches = min(num_batches, len(data_loader))   ← 确保批次数量不超过数据加载器中的批次数量
    for i, (input_batch, target_batch) in enumerate(data_loader):
        if i < num_batches:
            loss = calc_loss_batch(
                input_batch, target_batch, model, device
            )
            total_loss += loss.item()
        else:
            break
    return total_loss / num_batches
```

类似于计算训练集准确率，现在计算每个数据集的初始损失：

```
with torch.no_grad():                                   ← 禁用梯度以提高效率，因为我们尚未进行训练
    train_loss = calc_loss_loader(
        train_loader, model, device, num_batches=5
    )
    val_loss = calc_loss_loader(val_loader, model, device, num_batches=5)
    test_loss = calc_loss_loader(test_loader, model, device, num_batches=5)
print(f"Training loss: {train_loss:.3f}")
print(f"Validation loss: {val_loss:.3f}")
print(f"Test loss: {test_loss:.3f}")
```

初始损失值如下所示。

```
Training loss: 2.453
Validation loss: 2.583
Test loss: 2.322
```

接下来，我们将实现一个训练函数来微调模型，这意味着调整模型以最小化训练集损失。最小化训练集损失将有助于提高分类准确率，这也是我们的总体目标。

6.7　在有监督数据上微调模型

我们需要定义并使用训练函数来微调预训练的大语言模型，提高其垃圾消息分类准确率。如图 6-15 所示，训练循环与我们用于预训练的整体训练循环几乎相同，唯一的区别是要计算分类

准确率，而不是生成文本样本来评估模型。

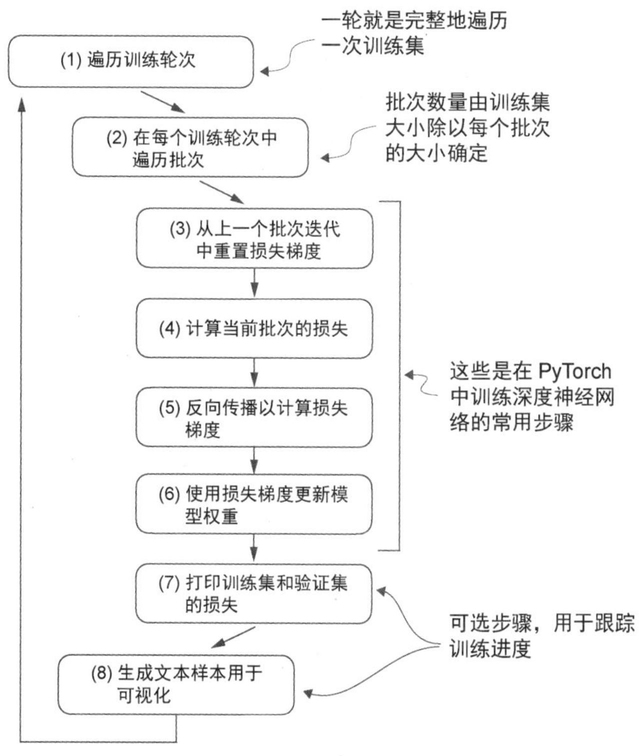

图 6-15 在 PyTorch 中训练深度神经网络的典型训练循环包含多个步骤，涉及对训练集中的批次进行多轮迭代。在每次循环中，我们计算每个训练集批次的损失以确定损失梯度，然后使用这些梯度来更新模型权重，以便训练集损失最小化

如代码清单 6-10 所示，训练函数实现了图 6-15 所展示的概念，该函数与用于预训练模型的 `train_model_simple` 函数非常相似。不过，我们现在跟踪的是已经看到的训练样本数量（`examples_seen`），而不是词元数量，并且我们在每轮后会计算准确率，而不是打印一个文本样本。

代码清单 6-10 微调模型进行垃圾消息分类

```
def train_classifier_simple(
        model, train_loader, val_loader, optimizer, device,
        num_epochs, eval_freq, eval_iter):
    train_losses, val_losses, train_accs, val_accs = [], [], [], []    # 初始化列表以跟踪损失和所见样本
    examples_seen, global_step = 0, -1

    for epoch in range(num_epochs):    # 主训练循环
        model.train()    # 设置模型为训练模式
```

```
        for input_batch, target_batch in train_loader:
            optimizer.zero_grad()
            loss = calc_loss_batch(
                input_batch, target_batch, model, device
            )
            loss.backward()
            optimizer.step()
            examples_seen += input_batch.shape[0]
            global_step += 1

            if global_step % eval_freq == 0:
                train_loss, val_loss = evaluate_model(
                    model, train_loader, val_loader, device, eval_iter)
                train_losses.append(train_loss)
                val_losses.append(val_loss)
                print(f"Ep {epoch+1} (Step {global_step:06d}): "
                      f"Train loss {train_loss:.3f}, "
                      f"Val loss {val_loss:.3f}"
                )

        train_accuracy = calc_accuracy_loader(
            train_loader, model, device, num_batches=eval_iter
        )
        val_accuracy = calc_accuracy_loader(
            val_loader, model, device, num_batches=eval_iter
        )

        print(f"Training accuracy: {train_accuracy*100:.2f}% | ", end="")
        print(f"Validation accuracy: {val_accuracy*100:.2f}%")
        train_accs.append(train_accuracy)
        val_accs.append(val_accuracy)

    return train_losses, val_losses, train_accs, val_accs, examples_seen
```

重置上一次批次迭代的损失梯度

计算损失梯度

使用损失梯度更新模型权重

新设置：跟踪样本而不是词元

可选的评估步骤

每轮训练后计算准确率

evaluate_model 函数与我们用于预训练的版本完全相同。

```
def evaluate_model(model, train_loader, val_loader, device, eval_iter):
    model.eval()
    with torch.no_grad():
        train_loss = calc_loss_loader(
            train_loader, model, device, num_batches=eval_iter
        )
        val_loss = calc_loss_loader(
            val_loader, model, device, num_batches=eval_iter
        )
    model.train()
    return train_loss, val_loss
```

接下来，初始化优化器，设置训练的轮数，并使用 train_classifier_simple 函数启动训练。在 M3 MacBook Air 笔记本电脑上训练大约需要 6 分钟，而在 V100 或 A100 GPU 上训练不到半分钟即可完成：

```
import time

start_time = time.time()
torch.manual_seed(123)
optimizer = torch.optim.AdamW(model.parameters(), lr=5e-5, weight_decay=0.1)
num_epochs = 5

train_losses, val_losses, train_accs, val_accs, examples_seen = \
    train_classifier_simple(
        model, train_loader, val_loader, optimizer, device,
        num_epochs=num_epochs, eval_freq=50,
        eval_iter=5
    )

end_time = time.time()
execution_time_minutes = (end_time - start_time) / 60
print(f"Training completed in {execution_time_minutes:.2f} minutes.")
```

我们在训练过程中看到的输出如下所示。

```
Ep 1 (Step 000000): Train loss 2.153, Val loss 2.392
Ep 1 (Step 000050): Train loss 0.617, Val loss 0.637
Ep 1 (Step 000100): Train loss 0.523, Val loss 0.557
Training accuracy: 70.00% | Validation accuracy: 72.50%
Ep 2 (Step 000150): Train loss 0.561, Val loss 0.489
Ep 2 (Step 000200): Train loss 0.419, Val loss 0.397
Ep 2 (Step 000250): Train loss 0.409, Val loss 0.353
Training accuracy: 82.50% | Validation accuracy: 85.00%
Ep 3 (Step 000300): Train loss 0.333, Val loss 0.320
Ep 3 (Step 000350): Train loss 0.340, Val loss 0.306
Training accuracy: 90.00% | Validation accuracy: 90.00%
Ep 4 (Step 000400): Train loss 0.136, Val loss 0.200
Ep 4 (Step 000450): Train loss 0.153, Val loss 0.132
Ep 4 (Step 000500): Train loss 0.222, Val loss 0.137
Training accuracy: 100.00% | Validation accuracy: 97.50%
Ep 5 (Step 000550): Train loss 0.207, Val loss 0.143
Ep 5 (Step 000600): Train loss 0.083, Val loss 0.074
Training accuracy: 100.00% | Validation accuracy: 97.50%
Training completed in 5.65 minutes.
```

接下来，我们将使用 Matplotlib 绘制训练集和验证集的损失函数曲线，如代码清单 6-11 所示。

代码清单 6-11 绘制分类损失曲线

```
import matplotlib.pyplot as plt

def plot_values(
        epochs_seen, examples_seen, train_values, val_values,
        label="loss"):
    fig, ax1 = plt.subplots(figsize=(5, 3))
```

绘制训练集损失和验证集损失与轮数的关联

```
    ax1.plot(epochs_seen, train_values, label=f"Training {label}")
    ax1.plot(
        epochs_seen, val_values, linestyle="-.",
        label=f"Validation {label}"
    )
    ax1.set_xlabel("Epochs")
    ax1.set_ylabel(label.capitalize())
    ax1.legend()
                                             为所见样本创建
                                             第二个 x 轴
    ax2 = ax1.twiny()           <—————————————
    ax2.plot(examples_seen, train_values, alpha=0)    <— 不可见的图形
    ax2.set_xlabel("Examples seen")                      用于对齐刻度

    fig.tight_layout()                <— 调整布局以
    plt.savefig(f"{label}-plot.pdf")     腾出空间
    plt.show()

epochs_tensor = torch.linspace(0, num_epochs, len(train_losses))
examples_seen_tensor = torch.linspace(0, examples_seen, len(train_losses))

plot_values(epochs_tensor, examples_seen_tensor, train_losses, val_losses)
```

图 6-16 显示了生成的损失曲线。

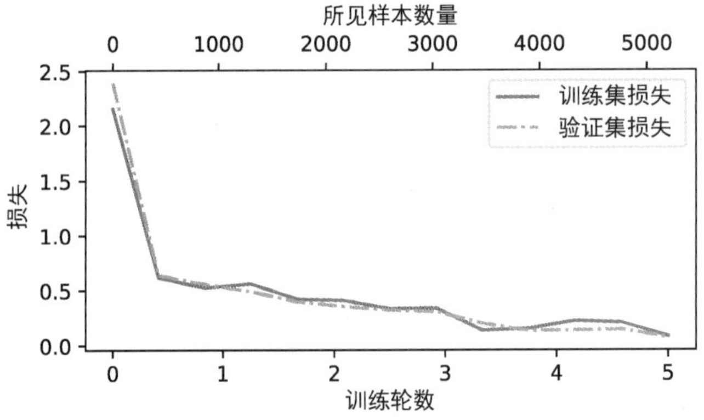

图 6-16　模型在 5 轮内的训练集损失和验证集损失。训练集损失（实线）和验证集损失（虚线）在第一轮急剧下降，并逐渐在第五轮趋于稳定。这表明模型的学习进展良好，并且能够从训练数据中学习，同时在未见过的验证数据上也表现出良好的泛化能力

根据图 6-16 的明显下降趋势，可以看出模型正在有效地从训练数据中学习，几乎没有过拟合的迹象。也就是说，训练集和验证集的损失之间没有明显的差距。

选择训练轮数

之前，在初始化训练时，我们将轮数设置为 5 轮。轮数的选择取决于数据集和任务的难度，并没有通用的解决方案，不过通常情况下，5 轮是一个不错的起点。如果模型在前几轮之后出现过拟合（参见图 6-16 的损失曲线），则可能需要减少轮数。相反，如果趋势表明验证集损失可能随着进一步训练而改善，则应该增加轮数。在这种情况下，5 轮是合理的，因为没有早期过拟合的迹象，且验证集损失接近于 0。

使用相同的 plot_values 函数，现在我们来绘制分类准确率图表：

```
epochs_tensor = torch.linspace(0, num_epochs, len(train_accs))
examples_seen_tensor = torch.linspace(0, examples_seen, len(train_accs))

plot_values(
    epochs_tensor, examples_seen_tensor, train_accs, val_accs,
    label="accuracy"
)
```

图 6-17 显示了生成的准确率。模型在第四轮和第五轮后达到了相对较高的训练集准确率和验证集准确率。重要的是，我们在使用 train_classifier_simple 函数时将 eval_iter 设置为 5，这意味着为了提高训练过程中的效率，训练集和验证集的性能评估仅基于 5 轮。

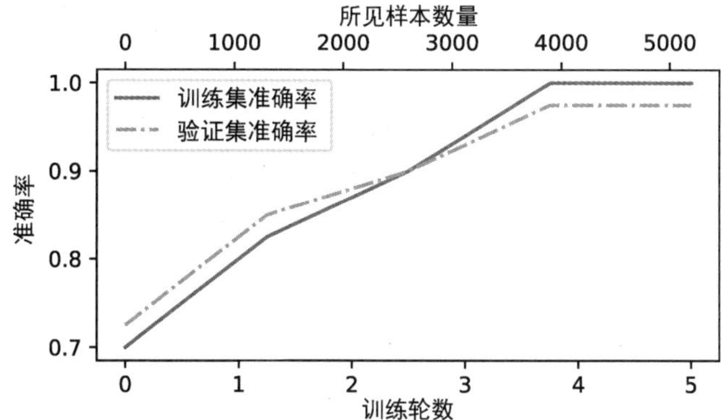

图 6-17 训练集准确率（实线）和验证集准确率（虚线）在前几轮显著上升，随后趋于平稳，几乎达到了近乎完美的准确率分数（1.0）。这两条线在整个训练过程中相距较近，表明模型并没有过拟合训练数据

现在，需要通过运行以下代码来计算整个数据集在训练集、验证集和测试集上的性能指标，这次不用定义 eval_iter 值：

```
train_accuracy = calc_accuracy_loader(train_loader, model, device)
val_accuracy = calc_accuracy_loader(val_loader, model, device)
test_accuracy = calc_accuracy_loader(test_loader, model, device)
```

```
print(f"Training accuracy: {train_accuracy*100:.2f}%")
print(f"Validation accuracy: {val_accuracy*100:.2f}%")
print(f"Test accuracy: {test_accuracy*100:.2f}%")
```

得到的准确率值如下所示：

```
Training accuracy: 97.21%
Validation accuracy: 97.32%
Test accuracy: 95.67%
```

训练集和测试集的性能几乎相同。训练集和测试集的准确率的轻微差异表明训练数据的过拟合很小。通常，验证集的准确率会比测试集的准确率稍高，因为模型开发过程中往往会调整超参数以提升在验证集上的性能，这可能导致模型在测试集上并不完全适用。这种情况很常见，但可以通过调整模型设置[比如增加 dropout 率（`drop_rate`）或优化器配置中的权重衰减参数（`weight_decay`）]来尽量缩小这种差距。

6.8　使用大语言模型作为垃圾消息分类器

在对模型进行微调和评估后，现在可以使用它来分类垃圾消息（参见图 6-18）。让我们使用微调后的基于 GPT 的模型进行垃圾消息分类。代码清单 6-12 中的 `classify_review` 函数遵循了与我们之前在 `SpamDataset` 中实现的类似的数据预处理步骤。在将文本处理成词元 ID 后，该函数会使用模型预测一个整数类别标签（类似于我们在 6.6 节中实现的内容），并返回相应的类名称。

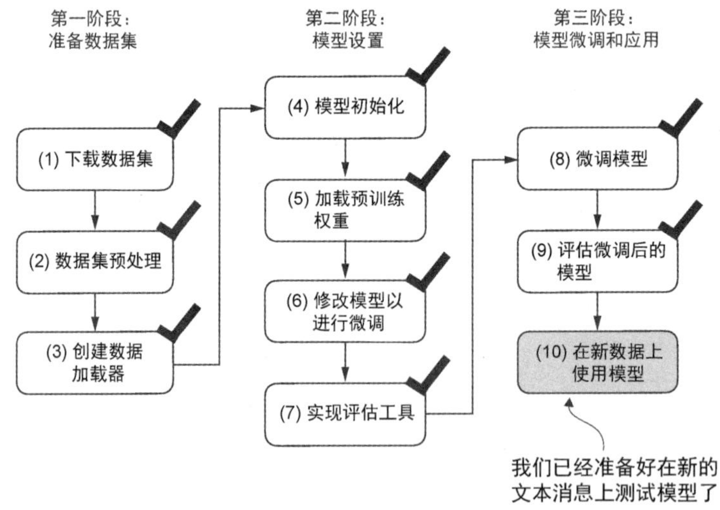

图 6-18　对大语言模型进行分类微调的三阶段过程。第(10)步是第三阶段的最后一步——使用微调后的模型来分类新的垃圾消息

代码清单 6-12 使用模型对新的文本进行分类

```
def classify_review(
        text, model, tokenizer, device, max_length=None,
        pad_token_id=50256):
    model.eval()

    input_ids = tokenizer.encode(text)                          # 准备模型的输入数据
    supported_context_length = model.pos_emb.weight.shape[0]

    input_ids = input_ids[:min(                                 # 截断过长的序列
        max_length, supported_context_length
    )]

    input_ids += [pad_token_id] * (max_length - len(input_ids))  # 填充序列至最长序列长度

    input_tensor = torch.tensor(
        input_ids, device=device
    ).unsqueeze(0)                                              # 添加批次维度

    with torch.no_grad():                                       # 推理时不需要计算梯度
        logits = model(input_tensor)[:, -1, :]                  # 最后一个输出词元的 logits
    predicted_label = torch.argmax(logits, dim=-1).item()

    return "spam" if predicted_label == 1 else "not spam"       # 返回分类结果
```

尝试在一个示例文本上使用 `classify_review` 函数：

```
text_1 = (
    "You are a winner you have been specially"
    " selected to receive $1000 cash or a $2000 award."
)

print(classify_review(
    text_1, model, tokenizer, device, max_length=train_dataset.max_length
))
```

模型正确预测了“垃圾消息”。让我们尝试另一个示例：

```
text_2 = (
    "Hey, just wanted to check if we're still on"
    " for dinner tonight? Let me know!"
)

print(classify_review(
    text_2, model, tokenizer, device, max_length=train_dataset.max_length
))
```

模型再次做出正确预测并返回“非垃圾消息”标签。

6

最后，让我们保存模型，这样将来想要重用该模型就无须重新训练了。可以使用 torch.save 方法：

```
torch.save(model.state_dict(), "review_classifier.pth")
```

保存后，可以像下面这样加载模型。

```
model_state_dict = torch.load("review_classifier.pth", map_location=device)
model.load_state_dict(model_state_dict)
```

6.9　小结

- 微调大语言模型有不同的策略，包括分类微调和指令微调。
- 分类微调涉及通过添加一个小型分类层来替换大语言模型的输出层。
- 在将文本消息分类为“垃圾消息”或“非垃圾消息”的例子中，新的分类层只有两个输出节点。之前，我们使用的输出节点数量与词汇表中的唯一词元数量相等（50 257 个）。
- 与预训练时预测文本中的下一个词元不同，分类微调训练模型输出正确的类别标签，比如“垃圾消息”或“非垃圾消息”。
- 与预训练相似，微调的模型输入是将文本转换为词元 ID。
- 在微调大语言模型之前，我们会将预训练模型加载为基础模型。
- 分类模型的评估包括计算分类准确率（正确预测的比例或百分比）。
- 分类模型的微调使用与大语言模型预训练相同的交叉熵损失函数。

第 7 章

通过微调遵循人类指令

本章内容

- 大语言模型的指令微调过程
- 为有监督指令微调准备数据集
- 将指令数据组织成训练批次
- 加载预训练的大语言模型并根据人类指令进行微调
- 提取大语言模型生成的指令响应以进行评估
- 评估指令微调后的大语言模型

前面我们实现了大语言模型架构，进行了预训练，并从外部来源将预训练好的模型权重加载到模型中。接下来，我们将专注于将大语言模型微调到一个特定的分类任务上，即区分“垃圾消息”和“非垃圾消息”。现在，我们将实现微调大语言模型以遵循人类指令的过程，如图 7-1 所示。在开发用于聊天机器人应用程序、个人助理和其他对话任务的大语言模型时，指令微调是主要技术之一。

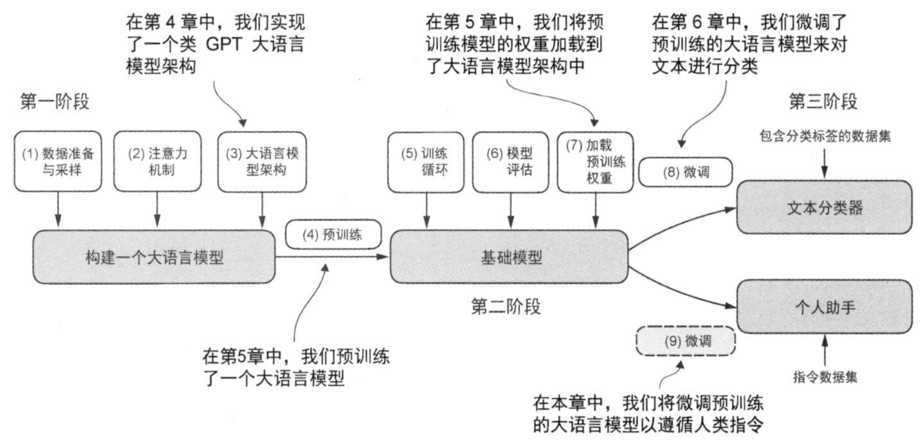

图 7-1　构建大语言模型的 3 个主要阶段。本章重点介绍第三阶段的第(9)步：微调预训练的大语言模型以遵循人类指令

图 7-1 显示了微调大语言模型的两种主要方式：用于文本分类的微调（第(8)步）和微调大语言模型以遵循人类指令（第(9)步）。我们在第 6 章中实现了第(8)步。现在，我们将使用**指令数据集**来微调大语言模型。

7.1　指令微调介绍

现在我们知道，大语言模型的预训练是通过让模型学会逐个生成单词来实现的。预训练后的大语言模型能够进行**文本补全**，这意味着给定任意一个片段作为输入，模型能够生成一个句子或撰写一个段落。然而，预训练后的大语言模型在执行特定指令时往往表现不佳，比如无法完成像“纠正这段文字的语法”或“将这段话变成被动语态”这样的指令。本章将通过一个具体的例子，展示如何加载预训练后的大语言模型以进行**指令微调**（也被称为**有监督指令微调**）。

在本章中，我们将专注于提高大语言模型遵循指令并生成合理回复的能力，如图 7-2 所示。准备数据集是指令微调的一个关键部分。因此，接下来我们将从准备数据集开始，完成指令微调过程中 3 个阶段的所有步骤，如图 7-3 所示。

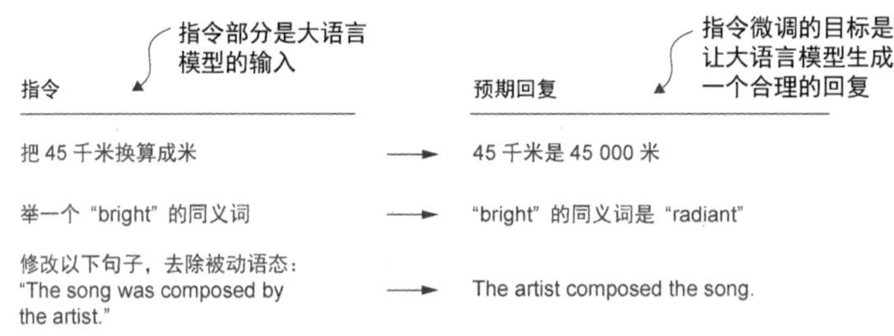

图 7-2　一些由大语言模型处理以生成预期回复的指令示例

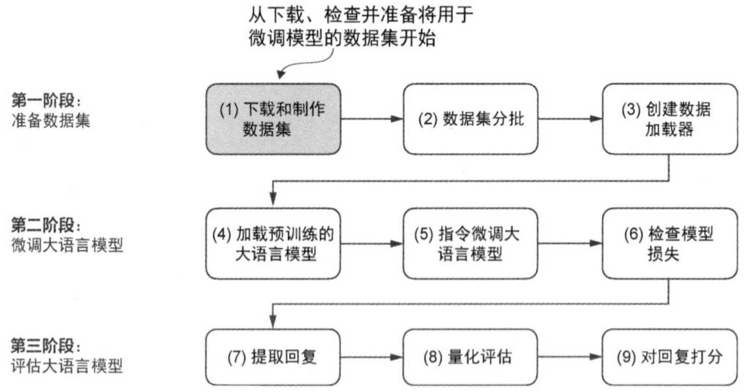

图 7-3　对大语言模型进行指令微调的三阶段过程。第一阶段涉及准备数据集，第二阶段专注于模型配置和微调，第三阶段涵盖模型性能的评估。我们将从第一阶段的第(1)步开始：下载和制作数据集

7.2 为有监督指令微调准备数据集

让我们下载并制作用于指令微调预训练的大语言模型的指令数据集。本章使用的指令数据集包含 1100 个**指令-回复对**，类似于图 7-2 中的示例。这个数据集是专门为本书创建的，但如果你对此感兴趣，也可以在附录 B 中找到其他公开可用的指令数据集。

代码清单 7-1 中的代码实现并执行了一个函数来下载这个数据集，该数据集保存在一个相对较小的 JSON 格式的文件中（仅 204 KB）。JSON（JavaScript 对象表示法）是一种既便于人类阅读又适合机器处理的数据交换结构，有点儿类似于 Python 字典。

代码清单 7-1 下载数据集

```
import json
import os
import urllib

def download_and_load_file(file_path, url):
    if not os.path.exists(file_path):
        with urllib.request.urlopen(url) as response:
            text_data = response.read().decode("utf-8")
        with open(file_path, "w", encoding="utf-8") as file:
            file.write(text_data)
    with open(file_path, "r") as file:
        data = json.load(file)
    return data

file_path = "instruction-data.json"
url = (
    "https://raw.githubusercontent.com/rasbt/LLMs-from-scratch"
    "/main/ch07/01_main-chapter-code/instruction-data.json"
)


data = download_and_load_file(file_path, url)
print("Number of entries:", len(data))
```

执行上述代码产生的输出如下所示：

```
Number of entries: 1100
```

从 JSON 文件中加载的 `data` 列表包含了 1100 个指令数据集样本，让我们打印其中一个来看看它长什么样：

```
print("Example entry:\n", data[50])
```

示例样本的内容如下所示：

```
Example entry:
 {'instruction': 'Identify the correct spelling of the following word.',
  'input': 'Ocassion', 'output': "The correct spelling is 'Occasion.'"}
```

可以发现，示例样本是一个包含'instruction'、'input'和'output'3 个键的 Python 字典对象。

再来看另一个例子：

```
print("Another example entry:\n", data[999])
```

根据这个样本的内容，'input'键对应的内容偶尔会是空的：

```
Another example entry:
 {'instruction': "What is an antonym of 'complicated'?",
  'input': '',
  'output': "An antonym of 'complicated' is 'simple'."}
```

指令微调需要在一个明确提供输入-输出对（如同从 JSON 文件中提取的各个样本）的数据集上训练模型。在获得这些样本后，有多种方法可以将样本制作成适用于大语言模型的格式。

图 7-4 展示了两种样本格式，这通常也被称为**提示词风格**，常用于训练知名的大语言模型，比如 Alpaca 和 Phi-3。

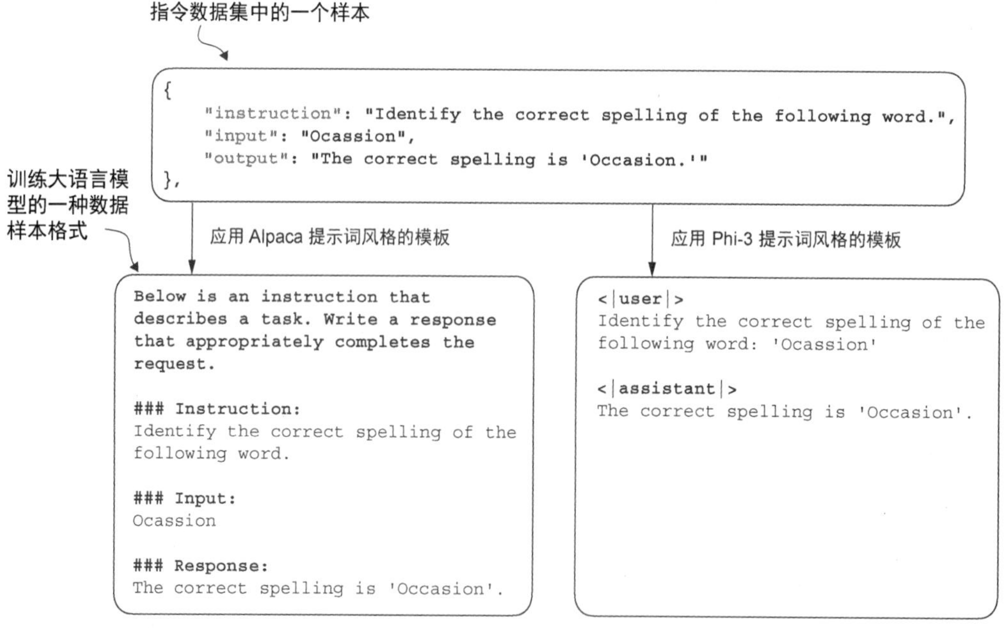

图 7-4　大语言模型指令微调中不同提示词风格的比较。Alpaca 风格（左）为指令、输入和回复定义了不同的小节，其采用的是结构化的形式；Phi-3 风格（右）则使用了更简单的形式，主要借助的是特殊词元<|user|>和<|assistant|>

Alpaca 是最早公开详细说明其指令微调过程的大语言模型之一。我们提到微软开发的 Phi-3 是为了说明提示词风格的多样性。考虑到 Alpaca 提示词风格很大程度上奠定了指令微调的基础，是最流行的提示词风格之一，本章的其余部分将默认使用 Alpaca 提示词风格。

练习 7.1　改变提示词风格

在使用 Alpaca 提示词风格微调模型之后，尝试使用图 7-4 中展示的 Phi-3 提示词风格，观察其是否会影响模型回复的质量。

下面定义一个 format_input 函数，然后我们可以使用它将 data 列表中的样本转换成 Alpaca 风格的输入格式，如代码清单 7-2 所示。

代码清单 7-2　实现提示词格式函数

```
def format_input(entry):
    instruction_text = (
        f"Below is an instruction that describes a task. "
        f"Write a response that appropriately completes the request."
        f"\n\n### Instruction:\n{entry['instruction']}"
    )

    input_text = (
        f"\n\n### Input:\n{entry['input']}" if entry["input"] else ""
    )
    return instruction_text + input_text
```

将字典 entry 作为输入，format_input 函数会构造一个格式化的字符串。让我们把它应用于之前打印过的数据集样本 data[50]来看看效果：

```
model_input = format_input(data[50])
desired_response = f"\n\n### Response:\n{data[50]['output']}"
print(model_input + desired_response)
```

带格式的输入就像下面这样：

```
Below is an instruction that describes a task. Write a response that
appropriately completes the request.

### Instruction:
Identify the correct spelling of the following word.

### Input:
Ocassion

### Response:
The correct spelling is 'Occasion.'
```

值得注意的是，如果'input'键对应的值是空的，那么 format_input 函数就会跳过可选的 ### Input:部分。可以把 format_input 函数用在我们之前检查过的 data[999]上：

```
model_input = format_input(data[999])
desired_response = f"\n\n### Response:\n{data[999]['output']}"
print(model_input + desired_response)
```

输出表明，携带空'input'的样本应用格式后得到的模型输入不会包含### Input:小节。

```
Below is an instruction that describes a task. Write a response that
appropriately completes the request.

### Instruction:
What is an antonym of 'complicated'?

### Response:
An antonym of 'complicated' is 'simple'.
```

在设置 PyTorch 数据集加载器之前，还需要将数据集分为训练集、验证集和测试集，所用方法与我们在第 6 章中处理垃圾消息分类数据集时相似。代码清单 7-3 展示了如何设置这些数据集的比例。

代码清单 7-3　划分数据集

```
train_portion = int(len(data) * 0.85)    ← 使用 85%的数据作为训练集
test_portion = int(len(data) * 0.1)    ← 使用 10%的数据作为测试集
val_portion = len(data) - train_portion - test_portion    ← 使用剩下的 5%的数据作为验证集

train_data = data[:train_portion]
test_data = data[train_portion:train_portion + test_portion]
val_data = data[train_portion + test_portion:]

print("Training set length:", len(train_data))
print("Validation set length:", len(val_data))
print("Test set length:", len(test_data))
```

划分之后，数据集各个部分的大小如下所示：

```
Training set length: 935
Validation set length: 55
Test set length: 110
```

在成功下载并划分数据集，且对数据集的提示词格式有了清晰的理解后，现在可以开始实现指令微调的核心过程了。接下来，我们将专注于构建用于微调大语言模型的训练批次的方法。

7.3　将数据组织成训练批次

本节是指令微调过程的实现阶段，整体流程如图 7-5 所示。接下来，我们将专注于有效构建训练批次。该过程需要定义一种方法，以确保模型在微调期间正确接收到经过格式化的训练数据。

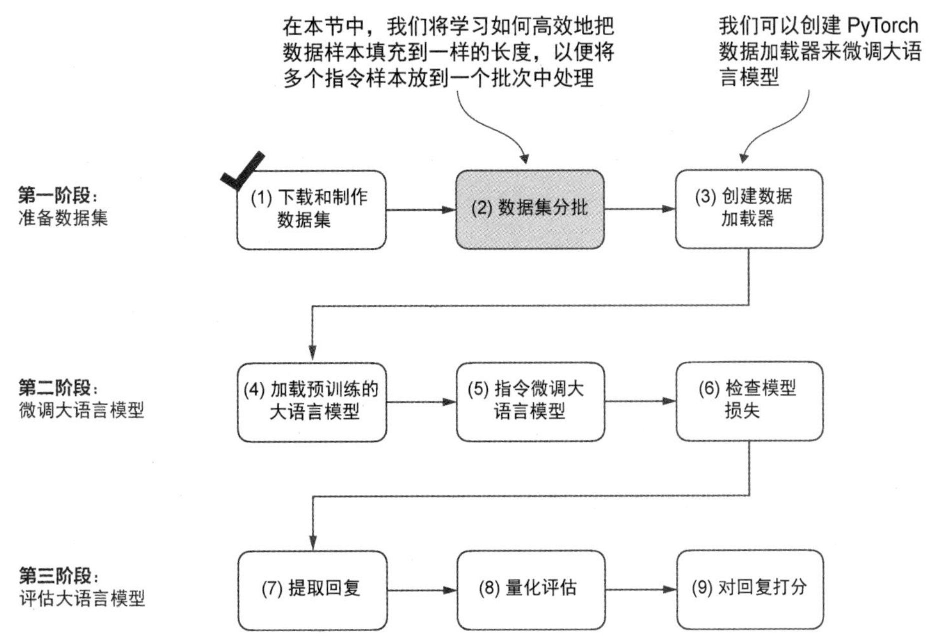

图 7-5 对大语言模型进行指令微调的三阶段过程。接下来，我们将仔细研究第一阶段的第(2)步：整合训练批次

在第 6 章中，训练批次是通过 PyTorch 的 `DataLoader` 类自动创建的，该类使用默认的**聚合**（collate）函数将样本列表组合成训练批次。聚合函数的作用是将单个数据样本列表合并为一个批次，以便模型在训练时能够高效地处理。

然而，指令微调的批次处理稍微有些复杂，因为需要创建一个自定义的聚合函数，然后再将其集成到 `DataLoader` 中。我们将实现这个自定义聚合函数，以满足指令微调数据集的特定需求和格式。

接下来，我们将分几步来解决**批次处理**的问题，包括编码自定义聚合函数，如图 7-6 所示。首先，为了完成第(2.1)步和第(2.2)步，如代码清单 7-4 所示，我们将编写一个 `InstructionDataset` 类，该类会应用 `format_input` 函数并对数据集中所有输入进行**预词元化**（pretokenize），类似于第 6 章中的 `SpamDataset`。这两个步骤将在 `InstructionDataset` 的`__init__`构造方法中实现，如图 7-7 所示。

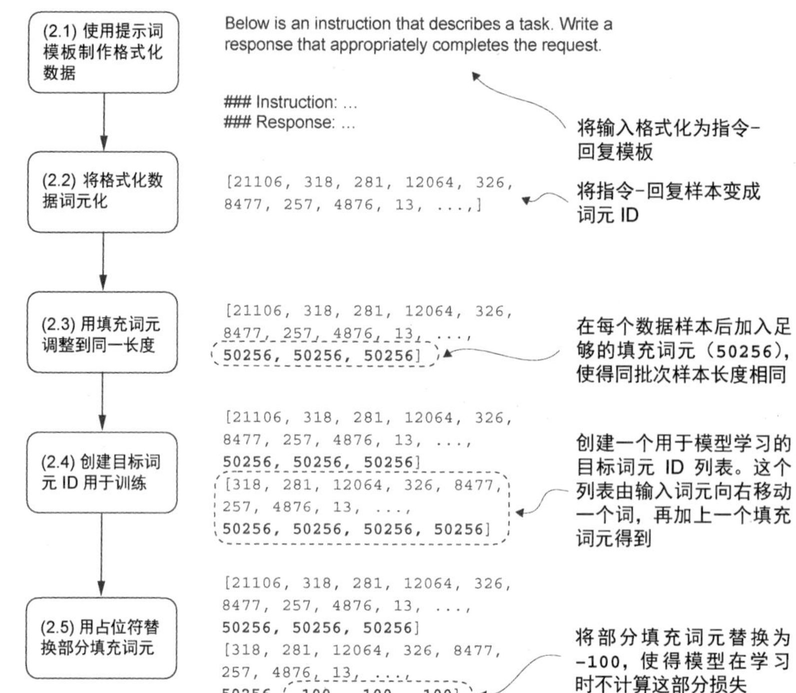

图 7-6　实现批处理过程包括以下 5 个子步骤：(2.1)应用提示词模板；(2.2)使用前几章提到的词元化方法；(2.3)添加填充词元；(2.4)创建目标词元 ID；(2.5)在损失函数中用`-100` 占位符词元来掩码填充词元

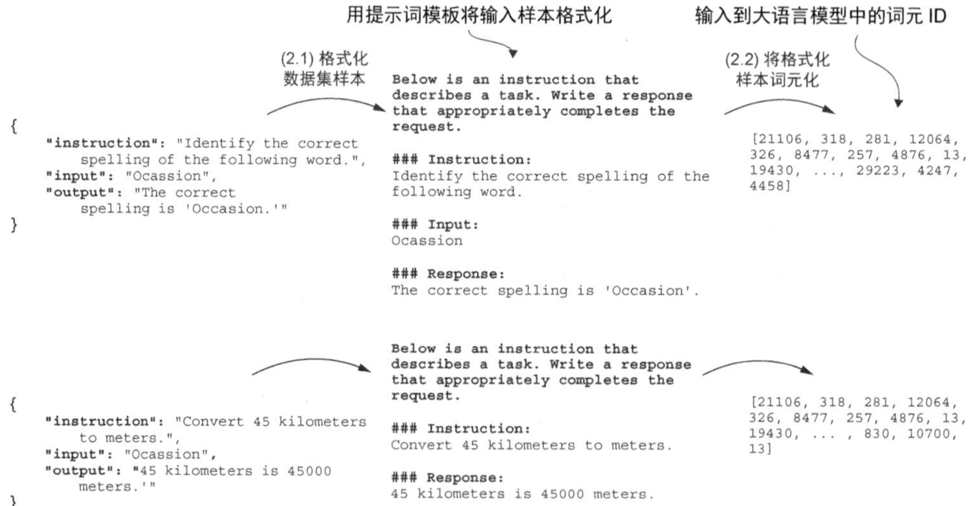

图 7-7　实现批处理过程的前两个步骤：使用特定的提示词模板格式化数据集样本(2.1)；将格式化样本词元化(2.2)，从而生成模型能够处理的词元 ID 序列

代码清单 7-4 实现一个指令数据集类

```
import torch
from torch.utils.data import Dataset

class InstructionDataset(Dataset):
    def __init__(self, data, tokenizer):
        self.data = data
        self.encoded_texts = []
        for entry in data:
            instruction_plus_input = format_input(entry)      # 预词元化文本
            response_text = f"\n\n### Response:\n{entry['output']}"
            full_text = instruction_plus_input + response_text
            self.encoded_texts.append(
                tokenizer.encode(full_text)
            )

    def __getitem__(self, index):
        return self.encoded_texts[index]

    def __len__(self):
        return len(self.data)
```

与文本分类微调的方法类似，我们希望通过将多个训练示例聚合到一个批次中来加速训练，这就需要将所有输入填充到相似的长度。同样，我们仍使用<|endoftext|>作为填充词元。

一个值得注意的细节是，可以直接将<|endoftext|>对应的词元 ID 拼接到预词元化的模型输入中，而无须将<|endoftext|>拼接在输入文本的末尾。可以使用分词器的.encode 方法对<|endoftext|>进行编码，以确定应该使用哪个词元 ID：

```
import tiktoken
tokenizer = tiktoken.get_encoding("gpt2")
print(tokenizer.encode("<|endoftext|>", allowed_special={"<|endoftext|>"}))
```

得到的词元 ID 是 50256。

接下来，在第(2.3)步（参见图 7-6）中，我们将采取更复杂的方法，开发一个自定义聚合函数来传递给数据加载器。该函数可以将每个批次中的训练示例填充到相同长度，同时允许不同批次具有不同长度，如图 7-8 所示。这种方法通过仅扩展序列以匹配每个批次中最长的序列，从而减少了不必要的填充。

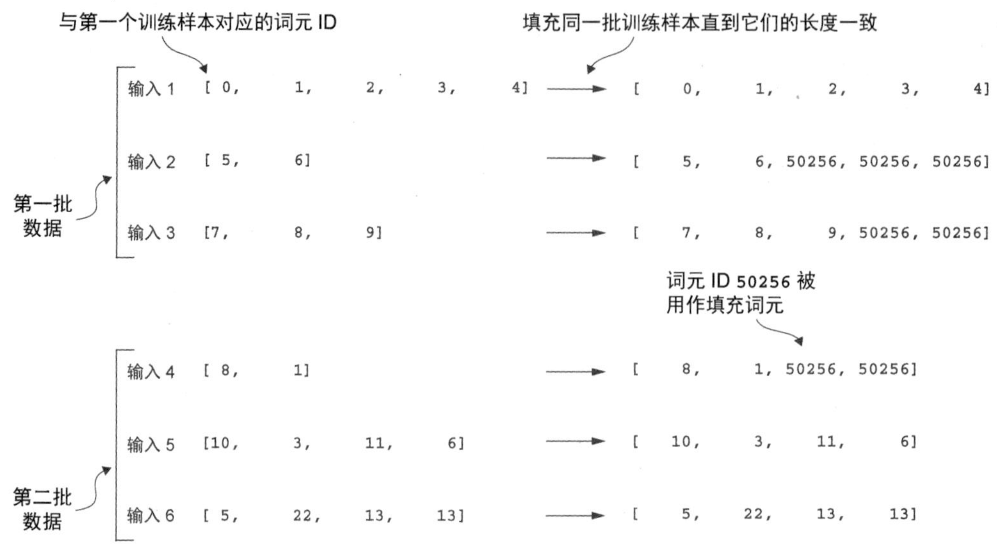

图 7-8　使用词元 ID 50256 对批次中的训练样本进行填充，以确保每个批次的长度一致。但每个批次的长度可能不同，比如第一批数据就与第二批数据长度不同

可以用一个自定义的聚合函数来实现填充过程：

```
def custom_collate_draft_1(
    batch,
    pad_token_id=50256,
    device="cpu"
):
    batch_max_length = max(len(item)+1 for item in batch)    # 找到批次中最长的序列
    inputs_lst = []

    for item in batch:                                        # 填充并准备输入
        new_item = item.copy()
        new_item += [pad_token_id]


        padded = (
            new_item + [pad_token_id] *
            (batch_max_length - len(new_item))
        )
        inputs = torch.tensor(padded[:-1])                    # 删除之前添加的额外填充词元
        inputs_lst.append(inputs)

    inputs_tensor = torch.stack(inputs_lst).to(device)        # 输入列表变成一个张量并转移到目标设备
    return inputs_tensor
```

这里的 `custom_collate_draft_1` 旨在与 PyTorch `DataLoader` 集成，但它也可以独立使用。现在，我们将独立运行和测试它，以确保其功能正常。让我们试试将 3 个不同长度的输入聚合成一个批次，并使得每个示例的长度相同：

```
inputs_1 = [0, 1, 2, 3, 4]
inputs_2 = [5, 6]
inputs_3 = [7, 8, 9]
batch = (
    inputs_1,
    inputs_2,
    inputs_3
)
print(custom_collate_draft_1(batch))
```

得到的批次如下所示：

```
tensor([[     0,      1,      2,      3,      4],
        [     5,      6, 50256, 50256, 50256],
        [     7,      8,      9, 50256, 50256]])
```

该输出表明，所有输入（包含 5 个词元 ID）都被填充到最长的输入列表 `inputs_1` 的长度。

我们刚刚实现了第一个自定义的聚合函数，用于从输入列表中创建批次。然而，正如之前所提到的，我们还需要生成与输入词元 ID 批次对应的目标词元 ID。这些目标词元 ID（参见图 7-9）非常重要，因为它们代表我们期望模型生成的内容，并且在训练中用来计算损失，以便进行权重更新。因此，我们需要对自定义聚合函数进行修改，以便除了输入词元 ID 之外，还能返回目标词元 ID。

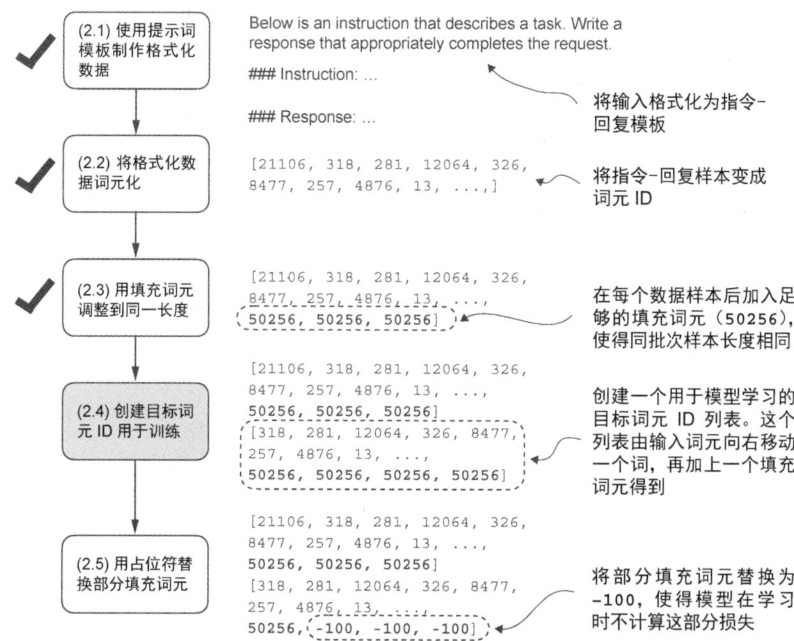

图 7-9 实现批处理过程包括 5 个子步骤。此刻我们关注第(2.4)步，这一步构建了目标词元 ID。这一步至关重要，因为它使得模型能够学习并预测需要生成的词元

与我们预训练大语言模型时的做法相似，目标词元 ID 与输入词元 ID 相对应，但向左移动了一个位置。这样的设计（参见图 7-10）使得大语言模型能够学习如何预测序列中的下一个词元。

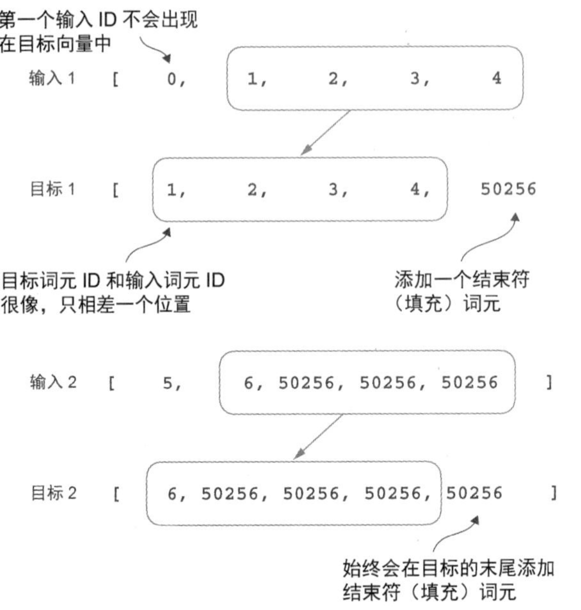

图 7-10　大语言模型指令微调过程中使用的输入词元和目标词元之间的对应关系。对每个输入序列而言，首先将其向左移动一个词元的位置，然后将输入序列的第一个词元忽略，最后在尾部加入结束符词元即可得到其对应的目标序列

下面这段代码通过更新聚合函数实现了为输入词元 ID 生成目标词元 ID 的功能：

```
def custom_collate_draft_2(
    batch,
    pad_token_id=50256,
    device="cpu"
):
    batch_max_length = max(len(item)+1 for item in batch)
    inputs_lst, targets_lst = [], []

    for item in batch:
        new_item = item.copy()
        new_item += [pad_token_id]
        padded = (
            new_item + [pad_token_id] *
            (batch_max_length - len(new_item))
        )
        inputs = torch.tensor(padded[:-1])      # 截断输入的最后一个词元
        targets = torch.tensor(padded[1:])      # 向左移动一个位置得到目标
        inputs_lst.append(inputs)
        targets_lst.append(targets)
```

```
        inputs_tensor = torch.stack(inputs_lst).to(device)
        targets_tensor = torch.stack(targets_lst).to(device)
        return inputs_tensor, targets_tensor

    inputs, targets = custom_collate_draft_2(batch)
    print(inputs)
    print(targets)
```

将这段代码应用到我们之前定义的包含 3 个输入列表的 batch 变量上，新的 custom_collate_draft_2 函数现在可以同时返回输入和目标批次。

```
tensor([[    0,     1,     2,     3,     4],
        [    5,     6, 50256, 50256, 50256],
        [    7,     8,     9, 50256, 50256]])
tensor([[    1,     2,     3,     4, 50256],
        [    6, 50256, 50256, 50256, 50256],
        [    8,     9, 50256, 50256, 50256]])
```

第一个张量代表输入

第二个张量代表目标

在下一步中，我们会为所有填充词元都分配一个-100 占位符值（参见图 7-11 突出显示的部分）。这个特殊值使我们能够在计算训练损失时排除填充词元的影响，从而确保只有有效的数据会影响模型的学习。我们将在实现此修改后更详细地讨论这一过程。（值得说明的是，分类微调时无须担心这个问题，因为我们只根据最后的输出词元对模型进行训练。）

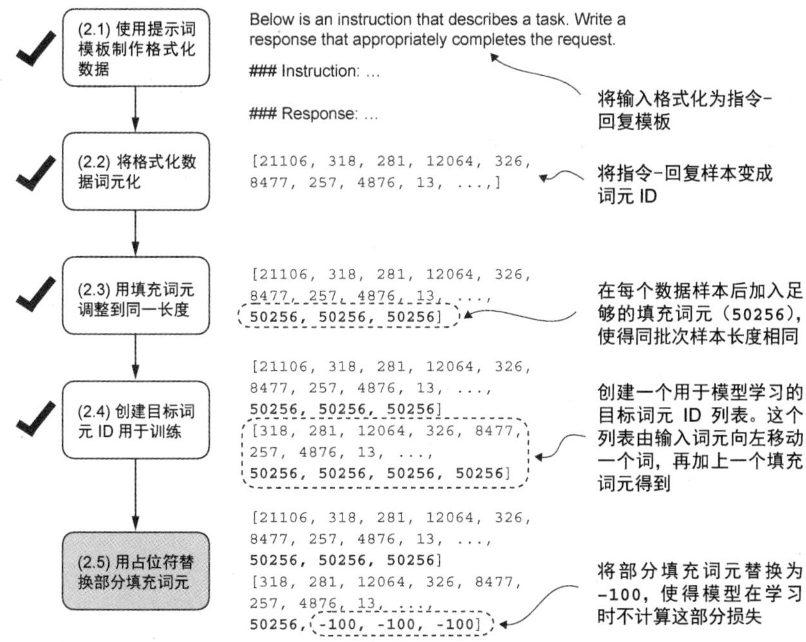

图 7-11 实现批处理过程包括 5 个子步骤。在创建目标序列的过程中，我们将输入词元序列向左移动一个位置并附加一个结束符词元。接下来，在第(2.5)步中，我们将结束符（填充）词元替换为占位符值（-100）

7

不过，值得注意的是，我们在目标列表中保留了一个结束符词元，ID 为 50256，如图 7-12 所示。保留此词元有助于大语言模型学会何时根据指令生成结束符词元，一般我们将其作为生成的回复已经完成的指示符。

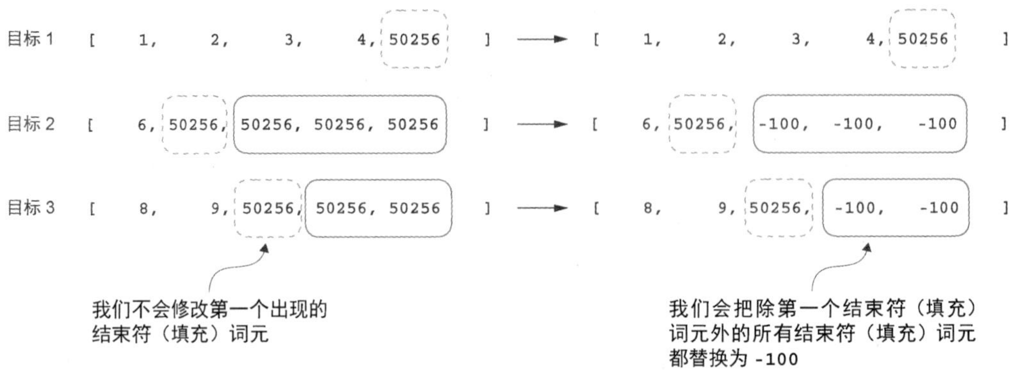

图 7-12　实现批处理过程的第(2.4)步说明了准备训练数据时目标批次的词元替换过程。在这一过程中，我们将每个目标序列中除第一个结束符（填充）词元外的所有结束符（填充）词元替换为占位符值-100，同时保留第一个结束符（填充）词元

在代码清单 7-5 中，我们修改了自定义聚合函数，以将目标列表中 ID 为 50256 的词元替换为-100。此外，我们还引入了一个 allowed_max_length 参数，以选择性地限制样本的长度。这一调整在处理超过 GPT-2 模型支持的 1024 个词元上下文大小的数据集时将非常有用。

代码清单 7-5　实现一个自定义的批聚合函数

```
def custom_collate_fn(
    batch,
    pad_token_id=50256,
    ignore_index=-100,
    allowed_max_length=None,
    device="cpu"
):
    batch_max_length = max(len(item)+1 for item in batch)
    inputs_lst, targets_lst = [], []

    for item in batch:
        new_item = item.copy()
        new_item += [pad_token_id]


        padded = (                                      # 将序列填充至
            new_item + [pad_token_id] *                 # max_length
            (batch_max_length - len(new_item))
        )
        inputs = torch.tensor(padded[:-1])              # 截断输入的最后一个词元
        targets = torch.tensor(padded[1:])              # 向左移动一个位置得到目标
```

```
        mask = targets == pad_token_id
        indices = torch.nonzero(mask).squeeze()
        if indices.numel() > 1:
            targets[indices[1:]] = ignore_index

        if allowed_max_length is not None:
            inputs = inputs[:allowed_max_length]
            targets = targets[:allowed_max_length]

        inputs_lst.append(inputs)
        targets_lst.append(targets)

    inputs_tensor = torch.stack(inputs_lst).to(device)
    targets_tensor = torch.stack(targets_lst).to(device)
    return inputs_tensor, targets_tensor
```

把目标序列中除第一个填充词元外的所有填充词元都替换为 **ignore_index**

可选地截断至最大序列长度

让我们在之前创建的样本批次上再尝试一下新的聚合函数，来看看它是否按预期工作：

```
inputs, targets = custom_collate_fn(batch)
print(inputs)
print(targets)
```

结果如下所示，其中第一个张量代表输入，第二个张量代表目标：

```
tensor([[    0,     1,     2,     3,     4],
        [    5,     6, 50256, 50256, 50256],
        [    7,     8,     9, 50256, 50256]])
tensor([[    1,     2,     3,     4, 50256],
        [    6, 50256,  -100,  -100,  -100],
        [    8,     9, 50256,  -100,  -100]])
```

看起来修改后的聚合函数在正常工作，它成功地在目标列表对应位置插入了词元 ID `-100`。但是，这一调整背后的逻辑是什么呢？让我们探讨一下此修改的根本目的。

为方便理解，可以考虑一个简单的示例，其中输出逻辑值（logits）的每一维都对应着模型词汇表中的一个潜在词元。下面的代码展示了在训练过程中交叉熵损失（参见第 5 章）是如何计算的，这一过程与我们在预训练和分类微调模型时的操作类似：

```
logits_1 = torch.tensor(
    [[-1.0, 1.0],      # 第一个词元的预测
     [-0.5, 1.5]]      # 第二个词元的预测
)
targets_1 = torch.tensor([0, 1]) # 要生成的正确词元索引
loss_1 = torch.nn.functional.cross_entropy(logits_1, targets_1)
print(loss_1)
```

上述代码计算得到的损失值是 `1.1269`：

```
tensor(1.1269)
```

正如预期的那样，增加一个额外的词元会影响损失的计算：

```
logits_2 = torch.tensor(
    [[-1.0, 1.0],
     [-0.5, 1.5],
     [-0.5, 1.5]]        <-- 新的第三个词元的预测
)
targets_2 = torch.tensor([0, 1, 1])
loss_2 = torch.nn.functional.cross_entropy(logits_2, targets_2)
print(loss_2)
```

在加入第三个词元后，损失值变成了 0.7936。

到目前为止，我们已经使用 PyTorch 的交叉熵损失函数进行了若干简单示例计算，这个损失函数正是我们在预训练和分类微调时使用的损失函数。接下来，来看一个有趣的情况：如果将第三个目标词元 ID 替换为-100，会发生什么呢？

```
targets_3 = torch.tensor([0, 1, -100])
loss_3 = torch.nn.functional.cross_entropy(logits_2, targets_3)
print(loss_3)
print("loss_1 == loss_3:", loss_1 == loss_3)
```

现在输出如下所示：

```
tensor(1.1269)
loss_1 == loss_3: tensor(True)
```

得到的损失与之前示例计算中的损失相同。换言之，此时交叉熵损失函数忽略了 targets_3 向量中的第三项（-100）所对应的损失。（如果你对此感兴趣，可以尝试将-100 替换为其他非 0 或 1 的词元，你将会发现错误。）

那么，-100 究竟有什么特别之处，使交叉熵损失能够忽略它呢？原来，在 PyTorch 中，交叉熵函数的默认设置为 cross_entropy(..., ignore_index=-100)。这意味着它会忽略标记为-100 的目标。我们利用这个 ignore_index 来忽略那些用于填充训练示例以使每个批次具有相同长度的额外结束符（填充）词元。然而，我们需要在目标中保留结束符词元 ID 50256，因为它有助于大语言模型学习生成结束符词元，从而在适当的时候结束回复。

除了掩码填充词元，实践中我们通常还会掩码与指令相关的目标词元，如图 7-13 所示。通过掩码与指令对应的目标词元，交叉熵损失可以仅针对生成的回复目标词元进行计算。因此，模型的训练更专注于生成准确的回复，而非记住指令，这样可以帮助减少过拟合。

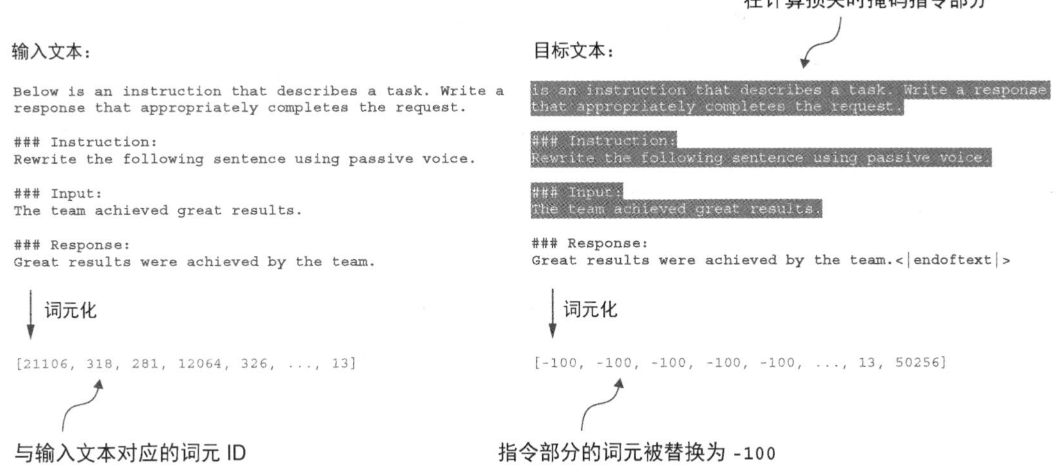

图 7-13 训练期间，格式化输入文本被词元化并送入大语言模型中（左）；大语言模型准备的目标文本，我们可以选择掩码指令部分，即将相应的词元替换为损失的 `ignore_index` 值`-100`（右）

截至目前，研究人员对在指令微调过程中是否应掩码指令部分的损失仍存在分歧。例如，Shi 等人在 2024 年发表的论文“Instruction Tuning With Loss Over Instructions”中指出，不掩码指令可以提升大语言模型的性能（详细信息参见附录 B）。在本节中，我们不掩码指令部分，并将掩码指令部分的实验作为一个可选的练习。

练习 7.2 指令与输入掩码

在完成本节内容，并使用 `InstructionDataset` 微调模型后，尝试将指令和输入部分的词元替换为`-100` 来实践图 7-13 中的指令掩码方法。然后评估该方法是否会对模型的性能有益。

7.4 创建指令数据集的数据加载器

我们已经完成多个步骤，成功实现了用于指令数据集的 `InstructionDataset` 类和 `custom_collate_fn` 函数。如图 7-14 所示，现在我们可以收获劳动成果了，只需将 `InstructionDataset` 对象和 `custom_collate_fn` 函数传入 PyTorch 数据加载器即可。在大语言模型的指令微调过程中，这些加载器将自动聚合并随机打乱用于迭代训练的数据。

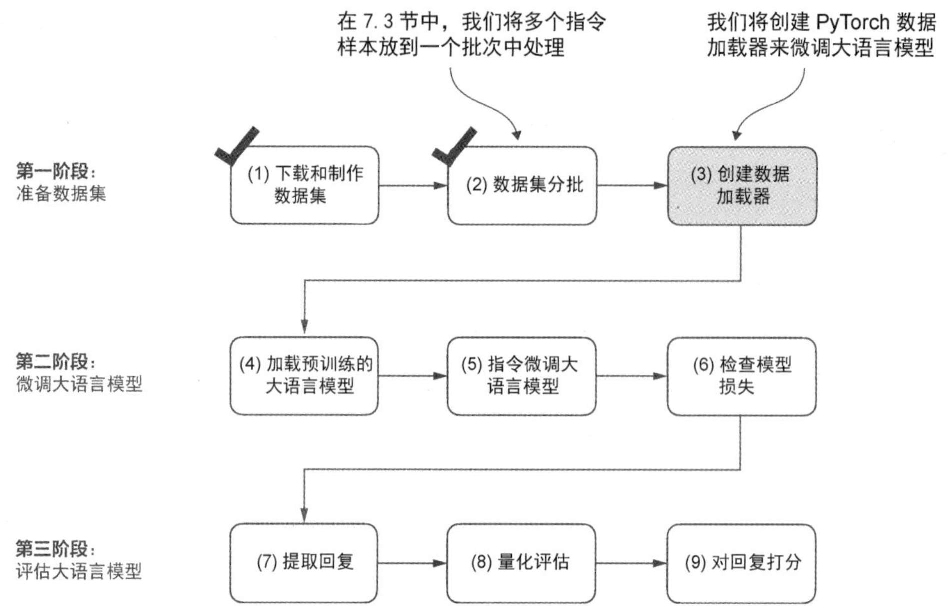

图 7-14　对大语言模型进行指令微调的三阶段过程。到目前为止，我们已经准备好数据集，并实现了一个自定义的聚合函数来对指令数据集进行分批处理。现在，我们可以开始创建训练集、验证集和测试集，并使用数据加载器加载它们来完成大语言模型的指令微调与评估

在创建数据加载器之前，还需要讨论一下 custom_collate_fn 的设备设置。该函数包含将输入和目标张量（如 torch.stack(inputs_lst).to(device)）移动到指定设备的代码，这个设备既可以是"cpu"或"cuda"（适用于 NVIDIA GPU），也可以是"mps"（适用于配备 Apple Silicon 芯片的 Mac）。

注意　使用"mps"设备可能会导致数值结果与本章内容存在差异，因为 PyTorch 中对 Apple Silicon 的支持仍然处于实验阶段。

在之前的代码中，我们是在模型训练循环时才将数据移动到目标设备（例如，当 device="cuda"时，数据被移动到 GPU 内存）。现在，将这一过程写在聚合函数中带来了一些好处，因为它可以在训练循环之外的后台执行，从而避免在模型训练期间阻塞 GPU。

可以使用以下代码初始化变量 device：

```
device = torch.device("cuda" if torch.cuda.is_available() else "cpu")
# if torch.backends.mps.is_available():
#     device = torch.device("mps")"
print("Device:", device)
```

取消注释这两行就可以在 Apple Silicon 芯片上使用 GPU

这段代码将根据你的设备打印"Device: cpu"或"Device: cuda"。

为了在将custom_collate_fn函数应用于PyTorch DataLoader类时重用所选择的设备设置，我们利用Python的functools标准库中的partial函数创建该函数的新版本并预先填充设备参数。此外，可以将allowed_max_length设置为1024，这样数据就会被截断到GPT-2模型支持的最大上下文长度，稍后我们将对其进行微调。

```
from functools import partial

customized_collate_fn = partial(
    custom_collate_fn,
    device=device,
    allowed_max_length=1024
)
```

接下来，可以像我们之前所做的那样设置数据加载器，但是这次要使用自定义的聚合函数来做批处理，如代码清单7-6所示。

代码清单7-6 初始化数据加载器

```
from torch.utils.data import DataLoader

num_workers = 0      # 如果你的操作系统支持 Python 进程的并行，那么可以加大这个数值
batch_size = 8

torch.manual_seed(123)

train_dataset = InstructionDataset(train_data, tokenizer)
train_loader = DataLoader(
    train_dataset,
    batch_size=batch_size,
    collate_fn=customized_collate_fn,
    shuffle=True,
    drop_last=True,
    num_workers=num_workers
)

val_dataset = InstructionDataset(val_data, tokenizer)
val_loader = DataLoader(
    val_dataset,
    batch_size=batch_size,
    collate_fn=customized_collate_fn,
    shuffle=False,
    drop_last=False,
    num_workers=num_workers
)

test_dataset = InstructionDataset(test_data, tokenizer)
test_loader = DataLoader(
    test_dataset,
    batch_size=batch_size,
```

```
        collate_fn=customized_collate_fn,
        shuffle=False,
        drop_last=False,
        num_workers=num_workers
    )
```

来看看训练加载器 `train_loader` 产生的输入批次和目标批次的维度：

```
print("Train loader:")
for inputs, targets in train_loader:
    print(inputs.shape, targets.shape)
```

输出如下所示（为节省空间做了截断）：

```
Train loader:
torch.Size([8, 61]) torch.Size([8, 61])
torch.Size([8, 76]) torch.Size([8, 76])
torch.Size([8, 73]) torch.Size([8, 73])
...
torch.Size([8, 74]) torch.Size([8, 74])
torch.Size([8, 69]) torch.Size([8, 69])
```

该输出表明，第一个输入批次和目标批次的维度为 8×61，其中 8 是批次大小，61 是该批次中每个训练样本的词元数量。第二个输入批次和目标批次中的词元数量则有 76 个，与第一个不同。由于我们使用了自定义的聚合函数，因此数据加载器能够创建不同长度的批次。在 7.5 节中，我们将加载一个预训练的大语言模型，并利用这个数据加载器对该模型进行微调。

7.5　加载预训练的大语言模型

我们在准备用于指令微调的数据集上投入了大量时间，这是监督微调过程中的关键环节。指令微调的许多其他方面与预训练相似，因此我们可以重用之前章节中的大部分代码。

在开始指令微调之前，需要加载一个你希望进行微调的预训练 GPT 模型（参见图 7-15），加载过程与我们在前面章节中的操作一致。然而，这次我们不再使用参数量为 1.24 亿的最小的 GPT 模型，而是加载参数量为 3.55 亿的中等规模的 GPT 模型。这是因为参数量为 1.24 亿的模型容量过于有限，无法通过指令微调获得令人满意的结果。具体来说，较小的模型在学习高质量的指令遵循任务时，缺乏执行该任务所需的复杂模式和细微行为的能力。

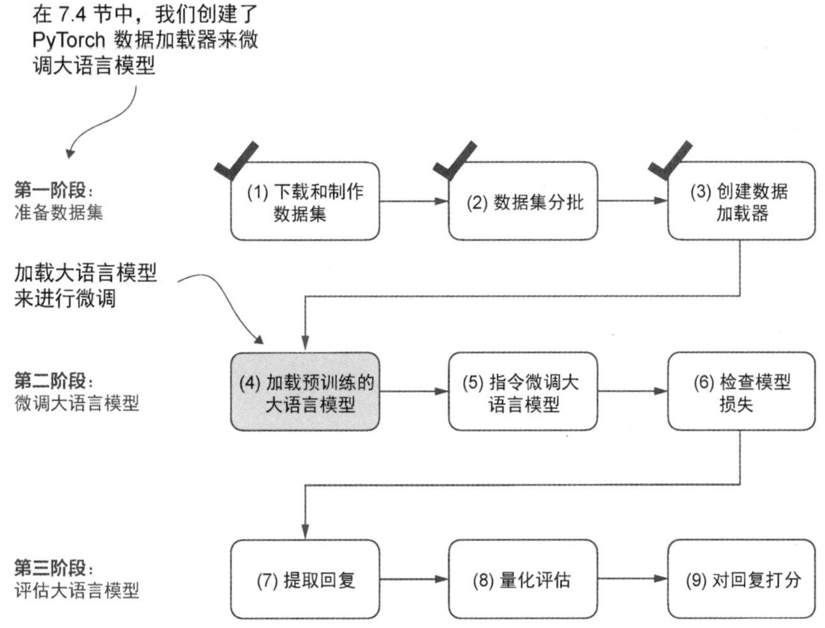

图 7-15　对大语言模型进行指令微调的三阶段过程。在数据集准备好之后，大语言模型的指令微调过程从加载预训练大语言模型的权重开始，这为后续训练奠定了基础

加载预训练模型所需的代码与预训练数据（参见 5.5 节）和文本分类微调（参见 6.4 节）时使用的代码相同，唯一不同的是，这次我们指定的是“gpt2-medium (355M)”而不是“gpt2-small (124M)”，如代码清单 7-7 所示。

注意　执行代码清单 7-7 将开始下载中等规模的 GPT 模型，其存储需求约为 1.42 GB。这大约是最小的 GPT 模型所需存储空间的 3 倍。

代码清单 7-7　加载预训练模型

```
from gpt_download import download_and_load_gpt2
from chapter04 import GPTModel
from chapter05 import load_weights_into_gpt

BASE_CONFIG = {
    "vocab_size": 50257,     # 词汇表大小
    "context_length": 1024, # 上下文长度
    "drop_rate": 0.0,        # dropout 率
    "qkv_bias": True         # 查询-键-值偏置
}

model_configs = {
    "gpt2-small (124M)": {"emb_dim": 768, "n_layers": 12, "n_heads": 12},
    "gpt2-medium (355M)": {"emb_dim": 1024, "n_layers": 24, "n_heads": 16},
```

```
    "gpt2-large (774M)": {"emb_dim": 1280, "n_layers": 36, "n_heads": 20},
    "gpt2-xl (1558M)": {"emb_dim": 1600, "n_layers": 48, "n_heads": 25},
}

CHOOSE_MODEL = "gpt2-medium (355M)"
BASE_CONFIG.update(model_configs[CHOOSE_MODEL])

model_size = CHOOSE_MODEL.split(" ")[-1].lstrip("(").rstrip(")")

settings, params = download_and_load_gpt2(
    model_size=model_size,
    models_dir="gpt2"
)

model = GPTModel(BASE_CONFIG)
load_weights_into_gpt(model, params)
model.eval();
```

执行代码后，必需的文件会被下载到本地。

```
checkpoint: 100%|██████████| 77.0/77.0 [00:00<00:00, 156kiB/s]
encoder.json: 100%|██████████| 1.04M/1.04M [00:02<00:00, 467kiB/s]
hparams.json: 100%|██████████| 91.0/91.0 [00:00<00:00, 198kiB/s]
model.ckpt.data-00000-of-00001: 100%|██████████| 1.42G/1.42G
[05:50<00:00, 4.05MiB/s]
model.ckpt.index: 100%|██████████| 10.4k/10.4k [00:00<00:00, 18.1MiB/s]
model.ckpt.meta: 100%|██████████| 927k/927k [00:02<00:00, 454kiB/s]
vocab.bpe: 100%|██████████| 456k/456k [00:01<00:00, 283kiB/s]
```

现在，让我们先花一些时间，通过将模型输出与预期的回复进行比较，来评估预训练的大语言模型在验证任务上的表现。这将为我们提供一个模型的基准性能指标，该指标反映了模型在未经微调的情况下在指令遵循任务中的表现情况，并能帮助我们更好地理解微调后的效果。下面我们将使用验证集中第一个样本进行评估：

```
torch.manual_seed(123)
input_text = format_input(val_data[0])
print(input_text)
```

该样本的指令内容如下所示：

```
Below is an instruction that describes a task. Write a response that
appropriately completes the request.

### Instruction:
Convert the active sentence to passive: 'The chef cooks the meal every day.'
```

接下来，使用 generate 函数生成模型的回复，我们在第 5 章中使用过这个函数：

```
from chapter05 import generate, text_to_token_ids, token_ids_to_text

token_ids = generate(
    model=model,
```

```
    idx=text_to_token_ids(input_text, tokenizer),
    max_new_tokens=35,
    context_size=BASE_CONFIG["context_length"],
    eos_id=50256,
)
generated_text = token_ids_to_text(token_ids, tokenizer)
```

generate 函数返回的是拼接在一起的输入和输出文本。这种返回值在之前的章节中非常有用，因为未经微调的大语言模型主要用来做文本补全，而将文本补全的输入和输出连接在一起便会形成连贯易读的文本。然而，当评估模型在特定任务上的表现时，我们通常希望仅关注模型生成的回复。

为了抽取模型的回复，需要在生成的文本 generated_text 中减去输入指令的长度：

```
response_text = generated_text[len(input_text):].strip()
print(response_text)
```

这段代码将输入文本从生成的文本开头移除，留下的仅是模型生成的回复。接下来，使用 strip() 函数去除字符串前后的空白字符，得到的输出如下所示：

```
### Response:

The chef cooks the meal every day.

### Instruction:

Convert the active sentence to passive: 'The chef cooks the
```

上述输出显示，预训练模型还不能正确遵循给定的指令。尽管它“有模有样”地生成了回复部分 ### Response，但只是简单地重复了输入的句子和部分指令，未能按照要求将主动句转换为被动句。因此，我们需要实施微调过程，以提升模型理解和正确回复此类请求的能力。

7.6 在指令数据上微调大语言模型

是时候对大语言模型进行指令微调了（参见图 7-16）。我们将利用 7.5 节中加载的预训练模型，并进一步使用本章早期准备的指令数据集对其进行训练。在处理指令数据集时我们已经花费了大量精力，因此接下来的微调过程可以复用第 5 章中介绍的损失计算和训练迭代函数。

```
from chapter05 import (
    calc_loss_loader,
    train_model_simple
)
```

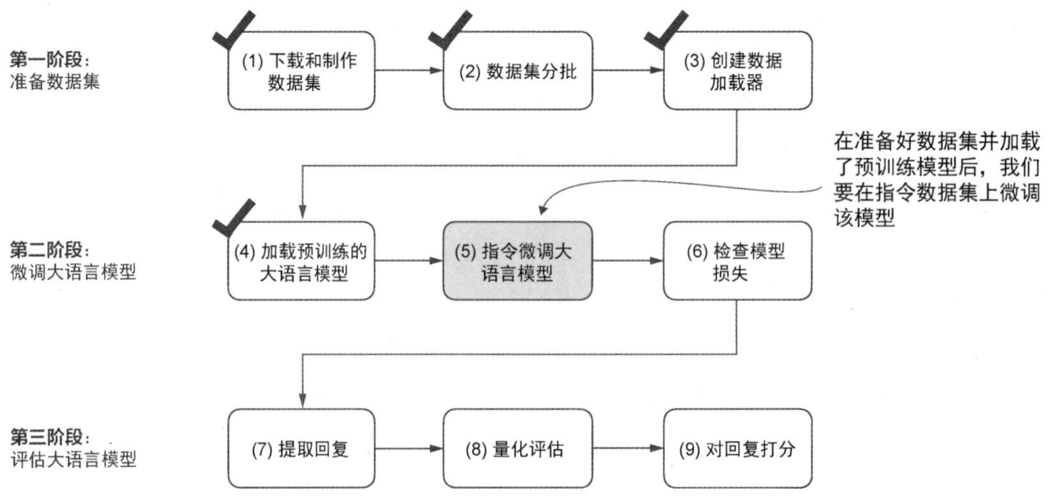

图 7-16　对大语言模型进行指令微调的三阶段过程。在第(5)步，我们将在先前准备好的指令数据集上训练加载了预训练权重的模型

开始训练之前，先计算一下模型在训练集和验证集上的初始损失：

```
model.to(device)
torch.manual_seed(123)

with torch.no_grad():
    train_loss = calc_loss_loader(
        train_loader, model, device, num_batches=5
    )
    val_loss = calc_loss_loader(
        val_loader, model, device, num_batches=5
)

print("Training loss:", train_loss)
print("Validation loss:", val_loss)
```

初始损失值如下所示，和前面一样，我们的目标是最小化损失。

```
Training loss: 3.825908660888672
Validation loss: 3.7619335651397705
```

硬件设备有限制该怎么办

使用和训练相对比较大的模型（如参数量为 3.55 亿的 GPT-2 medium）比使用较小的模型（如参数量为 1.24 亿的 GPT-2 small）更耗费计算资源。如果你的设备存在硬件限制，那么可以通过将 `CHOOSE_MODEL = "gpt2-medium (355M)"` 改为 `CHOOSE_MODEL = "gpt2-small (124M)"` 来切换到更小的模型（参见 7.5 节）。如果不存在硬件限制，那么为了加速模型训练，请考虑使用 GPU。本书对应的代码仓库中列出了许多可用的云 GPU。

表 7-1 展示了在不同设备（包括 CPU 和 GPU）上训练 GPT-2 各个型号的参考运行时间。在兼容的 GPU 上运行本书代码不需要做任何改动，且可以极大地加速训练。对于本章展示的所有结果，我使用的是 GPT-2 medium，并在单张 A100 GPU 卡上进行了训练。

表 7-1 在不同设备上训练 GPT-2 各个型号的参考运行时间

模型名称	设　备	训练两轮所需时间
gpt2-medium (355M)	CPU (M3 MacBook Air)	15.78 分钟
gpt2-medium (355M)	GPU (NVIDIA L4)	1.83 分钟
gpt2-medium (355M)	GPU (NVIDIA A100)	0.86 分钟
gpt2-small (124M)	CPU (M3 MacBook Air)	5.74 分钟
gpt2-small (124M)	GPU (NVIDIA L4)	0.69 分钟
gpt2-small (124M)	GPU (NVIDIA A100)	0.39 分钟

在准备好模型和数据加载器后，现在可以开始训练模型了。代码清单 7-8 中的代码设置了训练过程，包括初始化优化器、设定训练轮数、定义评估的频率和起始上下文（start_context）。在这里，起始上下文是指在训练过程中，评估大语言模型在 7.5 节中介绍的第一个验证集指令（val_data[0]）上生成的回复。

代码清单 7-8 对预训练的大语言模型进行指令微调

```
import time

start_time = time.time()
torch.manual_seed(123)
optimizer = torch.optim.AdamW(
    model.parameters(), lr=0.00005, weight_decay=0.1
)
num_epochs = 2

train_losses, val_losses, tokens_seen = train_model_simple(
    model, train_loader, val_loader, optimizer, device,
    num_epochs=num_epochs, eval_freq=5, eval_iter=5,
    start_context=format_input(val_data[0]), tokenizer=tokenizer
)

end_time = time.time()
execution_time_minutes = (end_time - start_time) / 60
print(f"Training completed in {execution_time_minutes:.2f} minutes.")
```

以下输出展示了模型在两轮内的训练进展，其中损失的持续下降表明其在遵循指令和生成恰当回复方面的能力正在不断提升：

```
Ep 1 (Step 000000): Train loss 2.637, Val loss 2.626
Ep 1 (Step 000005): Train loss 1.174, Val loss 1.103
Ep 1 (Step 000010): Train loss 0.872, Val loss 0.944
```

```
Ep 1 (Step 000015): Train loss 0.857, Val loss 0.906
...
Ep 1 (Step 000115): Train loss 0.520, Val loss 0.665
Below is an instruction that describes a task. Write a response that
appropriately completes the request.  ### Instruction: Convert the
active sentence to passive: 'The chef cooks the meal every day.'
### Response: The meal is prepared every day by the chef.<|endoftext|>
The following is an instruction that describes a task.
Write a response that appropriately completes the request.
### Instruction: Convert the active sentence to passive:
Ep 2 (Step 000120): Train loss 0.438, Val loss 0.670
Ep 2 (Step 000125): Train loss 0.453, Val loss 0.685
Ep 2 (Step 000130): Train loss 0.448, Val loss 0.681
Ep 2 (Step 000135): Train loss 0.408, Val loss 0.677
...
Ep 2 (Step 000230): Train loss 0.300, Val loss 0.657
Below is an instruction that describes a task. Write a response
that appropriately completes the request.  ### Instruction:
Convert the active sentence to passive: 'The chef cooks the meal
every day.'  ### Response: The meal is cooked every day by the
chef.<|endoftext|>The following is an instruction that describes
a task. Write a response that appropriately completes the request.
### Instruction: What is the capital of the United Kingdom
Training completed in 0.87 minutes.
```

训练输出日志表明模型正在快速学习，因为在两轮内训练集和验证集的损失值持续下降，这表明模型逐渐提高了理解和遵循所给指令的能力。（由于模型在两轮内的损失已经降到较低的水平，因此延长训练到第三轮或更多轮并无必要，甚至可能适得其反，导致过拟合加剧。）

此外，每一轮结束时生成的回复让我们能够检查模型在验证集示例中正确执行给定任务的进展。在这个例子中，模型成功地将主动句“The chef cooks the meal every day.”转化为了被动句“The meal is cooked every day by the chef.”

稍后我们将更详细地回顾和评估模型的回复质量。现在，让我们查看训练集损失曲线和验证集损失曲线，以便深入了解模型的学习过程。为此，我们将使用与预训练阶段相同的 `plot_losses` 函数。

```
from chapter05 import plot_losses
epochs_tensor = torch.linspace(0, num_epochs, len(train_losses))
plot_losses(epochs_tensor, tokens_seen, train_losses, val_losses)
```

从图 7-17 的损失图中可以看出，模型在训练集和验证集上的表现随着训练进行得到了显著改善。在初期阶段，损失的快速下降表明模型迅速从数据中捕捉到有意义的模式和特征。随着训练进入第二轮，损失虽然继续下降，但下降的速度有所放缓。这表明模型正在微调已经学习的特征，并逐渐收敛到一种稳定的解决方案。

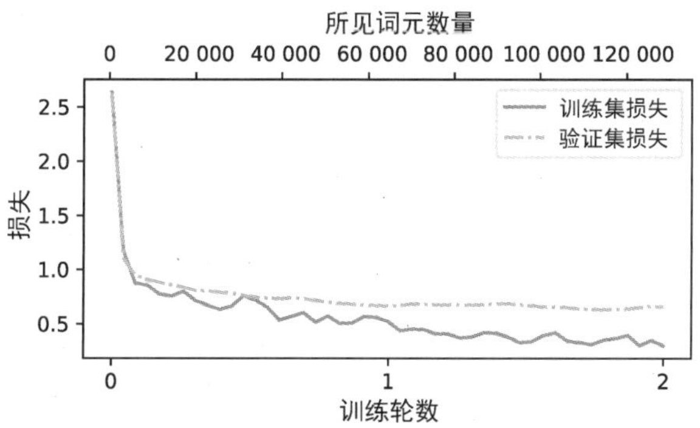

图 7-17 两轮内的训练集损失和验证集损失趋势。实线表示训练集损失呈现出明显的快速下降后趋于稳定的趋势，虚线表示验证集损失也呈现出相似的模式

虽然图 7-17 的损失图显示出模型正在有效地进行训练，但对模型来说最关键的还是其在回复质量和准确性方面的表现。因此，接下来我们将提取回复，并以一种可以评估和量化质量的格式存储模型的回复。

练习 7.3 在原始的 Alpaca 数据集上进行微调

Alpaca 数据集由斯坦福大学的研究人员开发，它是最早也是最受欢迎的指令数据集之一，包含 52 002 条样本。作为这里使用的 instruction-data.json 文件的替代品，请考虑在 Alpaca 数据集上微调一个大语言模型。

Alpaca 数据集包含 52 002 条样本，大概是我们使用的数据集的 50 倍，而且大多数样本比我们的数据集长一些。因此，强烈建议使用 GPU 来完成训练，它将极大加速微调过程。如果你在微调过程中遇到了内存不足（out-of-memory）的错误，那么可以考虑将 `batch_size` 从 8 降低到 4、2 甚至是 1。将 `allowed_max_length` 从 1024 降低到 512 或 256 也可以帮助解决内存不足问题。

7.7 抽取并保存模型回复

我们已经在指令数据集的训练集上完成了对大语言模型的微调，现在要在模型未见过的测试集上评估模型的性能。首先，提取测试集中每个输入对应的模型生成的回复，并将这些回复收集起来进行人工分析。然后，对大语言模型进行评估以量化模型回复的质量，如图 7-18 所示。

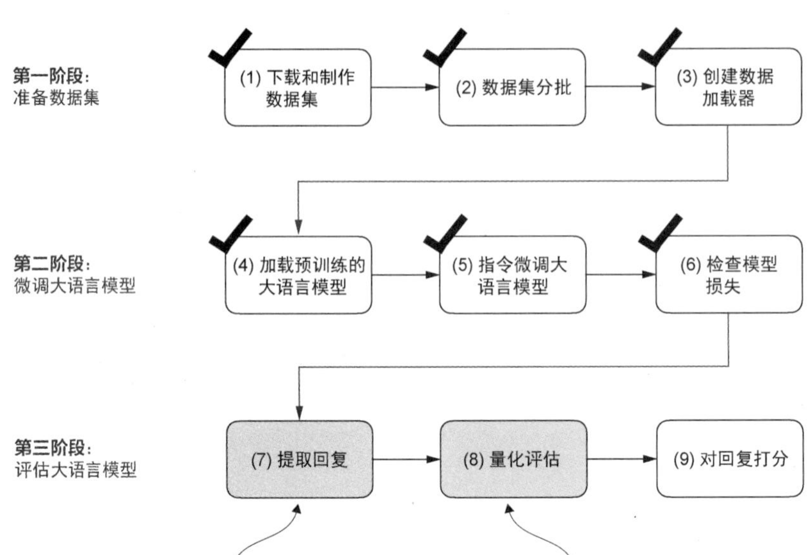

图 7-18　对大语言模型进行指令微调的三阶段过程。在第三阶段的前两个步骤中，我们提取并收集保留的测试数据集上的模型回复，以便进行更深入的分析。然后我们对模型进行评估，以量化指令微调后大语言模型的性能

为完成回复指令的步骤，可以使用 `generate` 函数。接下来，将模型的回复与测试集前面 3 个条目的预期回复并排打印，以便进行比较。

```
torch.manual_seed(123)

for entry in test_data[:3]:
    input_text = format_input(entry)
    token_ids = generate(
        model=model,
        idx=text_to_token_ids(input_text, tokenizer).to(device),
        max_new_tokens=256,
        context_size=BASE_CONFIG["context_length"],
        eos_id=50256
    )
    generated_text = token_ids_to_text(token_ids, tokenizer)

    response_text = (
        generated_text[len(input_text):]
        .replace("### Response:", "")
        .strip()
    )
    print(input_text)
    print(f"\nCorrect response:\n>> {entry['output']}")
    print(f"\nModel response:\n>> {response_text.strip()}")
    print("-------------------------------------")
```

遍历前 3 个测试样本

使用 7.5 节中引入的生成函数

前面提到过，`generate` 函数会返回拼接在一起的输入文本和输出文本，因此我们会对 `generated_text` 内容使用切片和 `.replace()` 方法，以提取模型的回复。以下是相关的指令、测试集上的预期回复和模型的实际回复。

任务指令：

Rewrite the sentence using a simile.

任务输入：

The car is very fast.

预期回复：

>> The car is as fast as lightning.

模型回复：

>> The car is as fast as a bullet.

任务指令：

What type of cloud is typically associated with thunderstorms?

预期回复：

>> The type of cloud typically associated with thunderstorms is cumulonimbus.

模型回复：

>> The type of cloud associated with thunderstorms is a cumulus cloud.

任务指令：

Name the author of *Pride and Prejudice*.

预期回复：

>> Jane Austen.

模型回复：

>> The author of *Pride and Prejudice* is Jane Austen.

根据测试集的指令、预期回复和模型的实际回复，可以看出模型的表现相对不错。第一个指令和最后一个指令的答案都是正确的，而第二个指令的答案虽然与正确答案接近，但并不完全准确。模型给出的回答是“cumulus cloud”（积云），而不是“cumulonimbus”（积雨云）。不过，积云确实可以发展成积雨云，而积雨云能够引发雷暴。

更重要的是，模型评估并不像分类微调那样简单。在文本分类时，我们只需通过计算正确的垃圾消息与非垃圾消息分类标签的比例来获取准确性。然而，在实践中，对指令微调的大语言模型（如聊天机器人）的评估需要多种方法。

- 短答案和多项选择的基准测试，比如“Measuring Massive Multitask Language Understanding”（MMLU），主要考查模型的综合知识。
- 与其他大语言模型进行人类偏好比较，比如 LMSYS 聊天机器人竞技场。
- 使用其他大语言模型（如 GPT-4）来自动评估回复的对话基准，比如 AlpacaEval。

在实际操作中，同时考虑这 3 种评估方法（多项选择问答、人类评估，以及衡量对话性能的自动化指标）是有必要的。不过，由于我们的重点是评估对话性能而不仅仅是模型回答多项选择问题的能力，因此人类评估和自动化指标可能更加相关。

对话性能

大语言模型的对话性能是指它们在理解上下文、细微差别和意图的基础上，进行类似人类沟通的能力。这种性能涵盖了多项技能，包括提供相关且连贯的回答、保持一致性，以及能够适应不同的主题和交流风格。

人类评估虽然能够提供宝贵的见解，但在处理大量回复时可能相对费时费力。例如，阅读并为所有 1100 个回复打分将需要花费大量的精力。

因此，考虑到当前任务的规模，我们将实施一种类似于自动化对话基准的方法，利用另一个大语言模型来自动评估回复。通过这种方法，我们可以高效地评估生成的回复质量，而不需要大量人力参与，从而节省时间和资源，同时仍能获得有意义的性能指标。

我们要采用的是一种受 AlpacaEval 启发的方法，使用另一个大语言模型来评估微调后的模型的回复。然而，与依赖公开的基准数据集不同，我们将使用自定义的测试集。这种定制化使我们能够在预期的用例背景下对模型性能进行更有针对性和相关性的评估。这些用例在我们的指令数据集中有所体现。

为了给评估过程准备预期回复，我们将生成的模型响应附加到 `test_set` 字典中，并将更新后的数据保存为 instruction-data-with-response.json 文件以便记录。此外，通过保存该文件，我们可以在后续的 Python 会话中轻松加载和分析这些响应。

代码清单 7-9 以与之前相同的方式使用了 `generate` 方法。然而，这次我们将遍历整个 `test_set`，并且不再只是打印模型回复，而是将它们添加到 `test_set` 字典中。

代码清单 7-9 生成测试集上的回复

```
from tqdm import tqdm

for i, entry in tqdm(enumerate(test_data), total=len(test_data)):
    input_text = format_input(entry)

    token_ids = generate(
        model=model,
        idx=text_to_token_ids(input_text, tokenizer).to(device),
        max_new_tokens=256,
        context_size=BASE_CONFIG["context_length"],
        eos_id=50256
    )
    generated_text = token_ids_to_text(token_ids, tokenizer)

    response_text = (
        generated_text[len(input_text):]
        .replace("### Response:", "")
        .strip()
    )
    test_data[i]["model_response"] = response_text

with open("instruction-data-with-response.json", "w") as file:
    json.dump(test_data, file, indent=4)       # 为格式美观而指定缩进
```

在 A100 GPU 上处理数据集大约花了 1 分钟，而在 M3 MacBook Air 上花了 6 分钟：

```
100%|██████████| 110/110 [01:05<00:00, 1.68it/s]
```

让我们通过检查其中一个测试样本来确认回复是否被成功加入 `test_set` 字典中：

```
print(test_data[0])
```

输出结果显示 `model_response` 已经被成功加入：

```
{'instruction': 'Rewrite the sentence using a simile.',
 'input': 'The car is very fast.',
 'output': 'The car is as fast as lightning.',
 'model_response': 'The car is as fast as a bullet.'}
```

最后，把模型保存到 gpt2-medium355M-sft.pth 文件中，以便将来的项目可以复用这个模型：

```
import re

file_name = f"{re.sub(r'[ ()]', '', CHOOSE_MODEL) }-sft.pth"    # 去除文件名中的空白字符和括号
torch.save(model.state_dict(), file_name)
print(f"Model saved as {file_name}")
```

保存的模型随后可以通过 `model.load_state_dict(torch.load("gpt2-medium355M-sft.pth"))` 来加载。

7.8 评估微调后的大语言模型

之前，我们通过查看指令微调模型在测试集的 3 个样本上的回复来评估其性能。虽然这种方法能大致了解模型的表现，但在处理大量回复时并不适用。因此，我们实现了一种方法，即利用另一个更强大的模型自动评估微调后的大语言模型的回复，如图 7-19 所示。

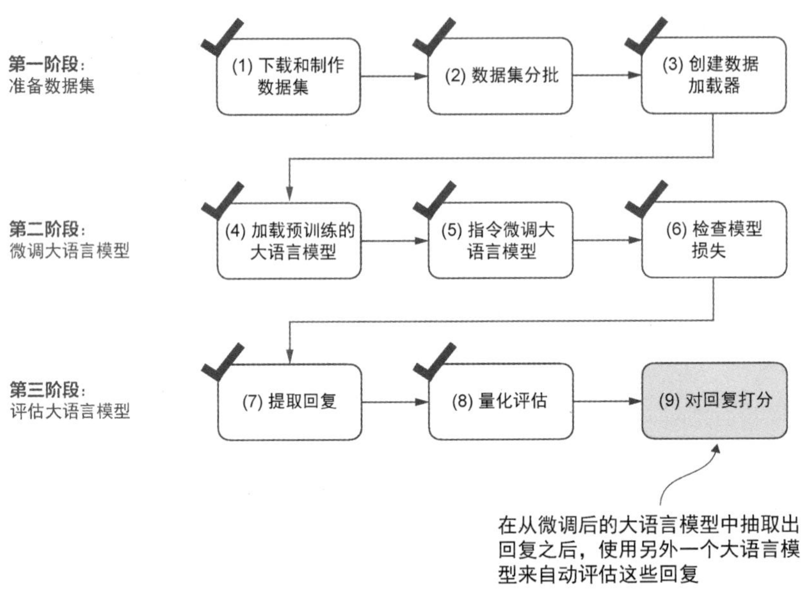

图 7-19 对大语言模型进行指令微调的三阶段过程。在这个指令微调流水线的最后一步，我们通过评估模型在测试集上生成的回复质量来量化微调模型的性能

为实现自动化的测试集响应评估，我们使用了由 Meta AI 开发的现有的经过指令微调后参数量为 80 亿的 Llama3 模型。该模型可以通过开源的 Ollama 应用程序在本地运行。

注意 Ollama 是一款高效的应用程序，专为在笔记本电脑上运行大语言模型而设计。作为开源 llama.cpp 库的包装器，它旨在用纯 C/C++实现大语言模型，以最大限度提高效率。不过，Ollama 仅用于生成文本（推理），不支持大语言模型的训练或微调。

通过 Web API 来使用更大的模型

参数量为 80 亿的 Llama 3 模型是一款非常强大的本地可运行的大语言模型，但它的性能仍然不及 OpenAI 提供的 GPT-4 等大语言模型。如果你希望了解如何通过 OpenAI API 利用 GPT-4 来评估生成的模型回复，可以参考本书附带的补充材料，其中提供了一个可选的 Jupyter Notebook。

要执行接下来的代码，需要先下载并安装 Ollama，然后按照相关说明进行操作。

- 对于 macOS 和 Windows 用户，请打开下载的 Ollama 应用程序。如果系统提示你安装命令行使用，请选择“是”。
- 对于 Linux 用户，请使用 Ollama 网站上提供的安装命令。

在编写模型评估代码之前，先下载 Llama 3 模型，并通过命令行终端确认 Ollama 是否正常工作。要在命令行中使用 Ollama，需要启动 Ollama 应用程序，或在一个单独的终端中运行 `ollama serve`，如图 7-20 所示。

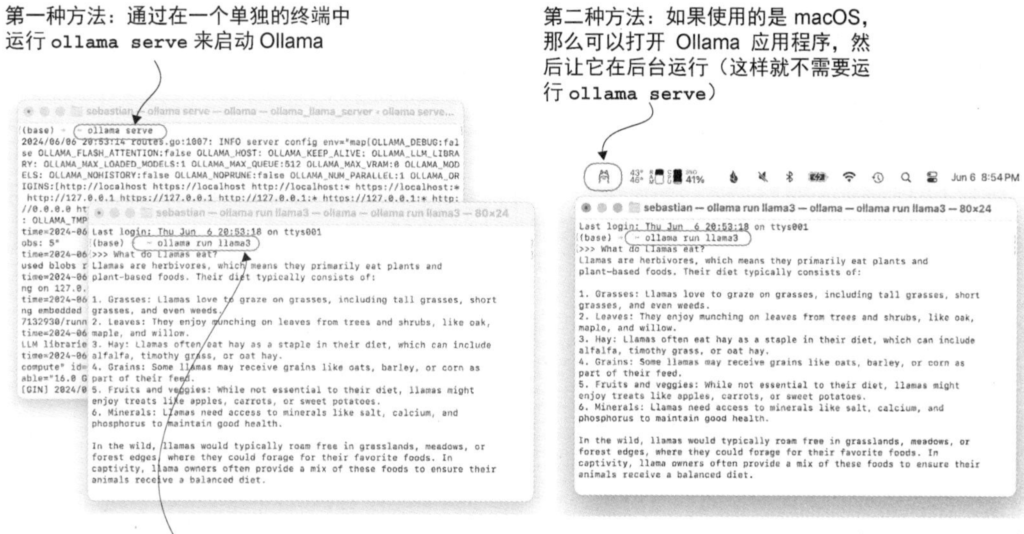
第一种方法：通过在一个单独的终端中
运行 ollama serve 来启动 Ollama
第二种方法：如果使用的是 macOS，
那么可以打开 Ollama 应用程序，然
后让它在后台运行（这样就不需要运
行 ollama serve）

然后运行 **ollama run llama3** 来下载和使用参数量为 80 亿的 Llama 3 模型

图 7-20 两种运行 Ollama 的方法。左图展示了使用 `ollama serve` 来启动 Ollama。右图展示了 macOS上的第二种方法，即在后台运行Ollama应用程序而无须使用命令 `ollama serve` 来启动

无论是使用 Ollama 应用程序，还是在一个单独的终端中运行 `ollama serve`，在命令行中（而不是 Python 会话中）执行以下命令即可试用参数量为 80 亿的 Llama 3 模型：

```
ollama run llama3
```

首次执行该命令时，这个占用 4.7 GB 存储空间的模型将会自动下载。输出如下所示。

```
pulling manifest
pulling 6a0746a1ec1a... 100% |████████████████| 4.7 GB
pulling 4fa551d4f938... 100% |████████████████| 12 KB
pulling 8ab4849b038c... 100% |████████████████| 254 B
pulling 577073ffcc6c... 100% |████████████████| 110 B
```

```
pulling 3f8eb4da87fa... 100% |████████████████| 485 B
verifying sha256 digest
writing manifest
removing any unused layers
success
```

可用的 Ollama 模型

ollama run llama3 命令中的 llama3 指的是经过指令微调的参数量为 80 亿的 Llama 3 模型。使用 Ollama 搭配 Llama 3 模型大约需要 16 GB 的内存（RAM）。如果你的机器内存不足，那么可以尝试使用更小的模型，比如通过运行 ollama run phi3 来使用参数量为 38 亿的 Phi-3 模型，这个模型仅需大约 8 GB 的内存。

对于更强大的计算机，还可以通过将 llama3 替换为 llama3:70b 来使用参数量为 700 亿的更大的 Llama 3 模型。但需要注意的是，这个模型所需的计算资源会显著增加。

模型下载完成后，你将进入一个可以与模型进行交互的命令行界面。例如，你可以试着问模型："What do llamas eat?"

```
>>> What do llamas eat?
Llamas are ruminant animals, which means they have a four-chambered
stomach and eat plants that are high in fiber. In the wild,
llamas typically feed on:

1. Grasses: They love to graze on various types of grasses, including tall
grasses, wheat, oats, and barley.
```

请注意，你看到的回复可能会与上述内容有所不同，因为截至目前，Ollama 并不是确定性的。

你可以通过输入/bye 来结束此次 ollama run llama3 会话。但在本章的剩余部分，请确保 ollama serve 命令或 Ollama 应用程序处于运行状态。

接下来，在使用 Ollama 评估测试集回复之前，以下代码将验证 Ollama 会话是否正常运行：

```
import psutil

def check_if_running(process_name):
    running = False
    for proc in psutil.process_iter(["name"]):
        if process_name in proc.info["name"]:
            running = True
            break
    return running

ollama_running = check_if_running("ollama")

if not ollama_running:
    raise RuntimeError(
        "Ollama not running. Launch ollama before proceeding."
```

```
)
print("Ollama running:", check_if_running("ollama"))
```

执行上述代码后理应显示 `Ollama running: True`。但如果它显示的是 `False`，那么请确认 `ollama serve` 指令或 Ollama 应用程序是否仍在运行中。

在新的 Python 会话中运行代码

如果你已经关掉了 Python 会话，或者想在一个不同的 Python 会话中运行剩下的代码，请使用以下代码。这段代码加载了我们之前创建的指令和回复数据文件，并重新定义了函数 `format_input`（进度条工具 `tqdm` 稍后会启用）。

```
import json
from tqdm import tqdm

file_path = "instruction-data-with-response.json"
with open(file_path, "r") as file:
    test_data = json.load(file)

def format_input(entry):
    instruction_text = (
        f"Below is an instruction that describes a task. "
        f"Write a response that appropriately completes the request."
        f"\n\n### Instruction:\n{entry['instruction']}"
    )


    input_text = (
        f"\n\n### Input:\n{entry['input']}" if entry["input"] else ""
    )
    return instruction_text + input_text
```

`ollama run` 命令的一个替代品是使用 Python 通过 REST API 来与模型进行交互。代码清单 7-10 中的 `query_model` 函数就展示了如何使用该 API。

代码清单 7-10 与本地部署的 Ollama 模型交互

```
import urllib.request

def query_model(
    prompt,
    model="llama3",
    url="http://localhost:11434/api/chat"
):
    data = {                                  # 创建字典格式的数据
        "model": model,
        "messages": [
            {"role": "user", "content": prompt}
        ],
```

7

```
        "options": {                              ◁  设置种子得到确定性
            "seed": 123,                              的返回结果
            "temperature": 0,
            "num_ctx": 2048
        }
    }

                                                      将字典变成 JSON 格式的
    payload = json.dumps(data).encode("utf-8")    ◁   字符串，并编码为字节
    request = urllib.request.Request(
        url,
        data=payload,                                 创建一个请求对象，
        method="POST"                                 将方法设置为 POST，
    )                                                 并加入必要的请求头

    request.add_header("Content-Type", "application/json")

    response_data = ""
    with urllib.request.urlopen(request) as response:   ◁  发送请求
        while True:                                        并捕获模
            line = response.readline().decode("utf-8")     型回复
            if not line:
                break
            response_json = json.loads(line)
            response_data += response_json["message"]["content"]

    return response_data
```

在运行这个笔记本中的后续代码单元之前，请确保 Ollama 仍在运行。之前的代码单元应输出 `Ollama running: True`，这是在确认模型处于活动状态并准备接收请求。

以下是使用我们刚实现的 `query_model` 函数的示例：

```
model = "llama3"
result = query_model("What do Llamas eat?", model)
print(result)
```

获得的回复如下所示：

```
Llamas are ruminant animals, which means they have a four-chambered
stomach that allows them to digest plant-based foods. Their diet
typically consists of:

1. Grasses: Llamas love to graze on grasses, including tall grasses,
short grasses, and even weeds.
...
```

利用之前定义的 `query_model` 函数，我们可以评估微调模型生成的回复。该函数通过将模型生成的回复与测试集中的预期回复进行对比，利用 Llama 3 模型为我们的微调模型的回复打分，评分范围为 0 到 100。

首先，把这个方法用在我们之前检查过的测试集的前 3 个样本上：

```
for entry in test_data[:3]:
    prompt = (
        f"Given the input `{format_input(entry)}` "
        f"and correct output `{entry['output']}`, "
        f"score the model response `{entry['model_response']}`"
        f" on a scale from 0 to 100, where 100 is the best score. "
    )
    print("\nDataset response:")
    print(">>", entry['output'])
    print("\nModel response:")
    print(">>", entry["model_response"])
    print("\nScore:")
    print(">>", query_model(prompt))
    print("\n-------------------------")
```

这段代码会打印与下面类似的输出（在撰写本书时，Ollama还不完全确定，因此生成的文本可能有所变化）。

预期回复：

>> The car is as fast as lightning.

模型回复：

>> The car is as fast as a bullet.

分数：

>> I'd rate the model response "The car is as fast as a bullet." an 85 out of 100.

Here's why:

The response uses a simile correctly, comparing the speed of the car to something else (in this case, a bullet).

The comparison is relevant and makes sense, as bullets are known for their high velocity.

The phrase "as fast as" is used correctly to introduce the simile.

The only reason I wouldn't give it a perfect score is that some people might find the comparison slightly less vivid or evocative than others. For example, comparing something to lightning (as in the original response) can be more dramatic and attention grabbing. However, "as fast as a bullet" is still a strong and effective simile that effectively conveys the idea of the car's speed.

Overall, I think the model did a great job!

预期回复：

>> The type of cloud typically associated with thunderstorms is cumulonimbus.

模型回复：

>> The type of cloud associated with thunderstorms is a cumulus cloud.

分数：

>> I'd score this model response as 40 out of 100.

Here's why:

The model correctly identifies that thunderstorms are related to clouds (correctly identifying the type of phenomenon).

However, it incorrectly specifies the type of cloud associated with thunderstorms. Cumulus clouds are not typically associated with thunderstorms; cumulonimbus clouds are.

The response lacks precision and accuracy in its description.

Overall, while the model attempts to address the instruction, it provides an incorrect answer, which is a significant error.

预期回复：

>> Jane Austen.

模型回复：

>> The author of *Pride and Prejudice* is Jane Austen.

分数：

>> I'd rate my own response as 95 out of 100.

Here's why:

The response accurately answers the question by naming the author of *Pride and Prejudice* as Jane Austen.

The response is concise and clear, making it easy to understand.

There are no grammatical errors or ambiguities that could lead to confusion.

The only reason I wouldn't give myself a perfect score is that the response is slightly redundant—it's not necessary to rephrase the question in the answer. A more concise response would be simply "Jane Austen."

模型打分时生成的解释表明，Llama 3 模型可以进行合理的评估，比如能够在模型的答案不完全正确时给予部分分数。例如，在对“cumulus cloud”（积云）答案的评估中，评估模型能够发现微调模型产生回复的部分正确性。

除了分数，之前的提示词让模型返回的是非常详细的评估。现在我们可以修改提示词，让模型仅生成从 0 到 100 的整数分数，其中 100 代表最佳分数。这样的修改使我们比较容易计算模型的平均分数，从而对其性能进行更简洁和定量的评估。下面的代码清单 7-11 中的 generate_model_scores 函数使用了修改后的提示词"Respond with the integer number only."要求模型仅返回整数。

代码清单 7-11 评估指令微调后的大语言模型

```
def generate_model_scores(json_data, json_key, model="llama3"):
    scores = []
    for entry in tqdm(json_data, desc="Scoring entries"):
        prompt = (
            f"Given the input `{format_input(entry)}` "
            f"and correct output `{entry['output']}`, "
            f"score the model response `{entry[json_key]}`"
            f" on a scale from 0 to 100, where 100 is the best score. "
            f"Respond with the integer number only."
        )
        score = query_model(prompt, model)
        try:
            scores.append(int(score))
        except ValueError:
            print(f"Could not convert score: {score}")
            continue

    return scores
```

修改提示词，以便仅返回分数

对整个 test_data 集应用 generate_model_scores 函数，这在 M3 Macbook Air 上大约需要 1 分钟：

```
scores = generate_model_scores(test_data, "model_response")
print(f"Number of scores: {len(scores)} of {len(test_data)}")
print(f"Average score: {sum(scores)/len(scores):.2f}\n")
```

结果如下所示：

```
Scoring entries: 100%|████████████████████| 110/110
[01:10<00:00,  1.56it/s]
Number of scores: 110 of 110
Average score: 50.32
```

评估结果表明，微调后的模型平均分数超过 50，这为与其他模型进行比较或尝试使用不同的训练配置来提升模型性能提供了有用的基准。

需要注意的是，在本书撰写之时，Ollama 在不同操作系统上并不是完全确定的，这意味着你得到的分数可能与之前的分数略有不同。为了获得更可靠的结果，可以多次重复评估并计算结果分数的平均值。

为了进一步提升模型的性能，也可以探索以下策略：

- 在微调过程中调整超参数，比如学习率、批次大小或训练轮数；
- 增加训练数据集的规模或多样化的示例，以涵盖更广泛的话题和风格；
- 尝试不同的提示词或指令格式，以更有效地引导模型的回复；
- 使用更大的预训练模型，以便更好地捕捉复杂模式并生成更准确的回复。

注意　作为参考，使用本书描述的方法时，Llama 3-8B 基础模型在测试集上的平均分数为 58.51，而经过微调的 Llama 3-8B 指令模型在通用指令跟随数据集上的平均分数达到了 82.6，表现非常出色。

练习 7.4　使用 LoRA 进行参数高效微调

为了更高效地对大语言模型进行指令微调，请修改本章中的代码，并使用附录E中的低秩适应方法（LoRA）。然后比较修改前后的训练时间和模型性能。

7.9　结论

本章标志着我们的大语言模型开发旅程的结束。我们已经涵盖了所有重要的步骤，包括实现大语言模型架构、预训练大语言模型，以及针对特定任务对大语言模型进行微调。这些内容在图 7-21 中也进行了总结。

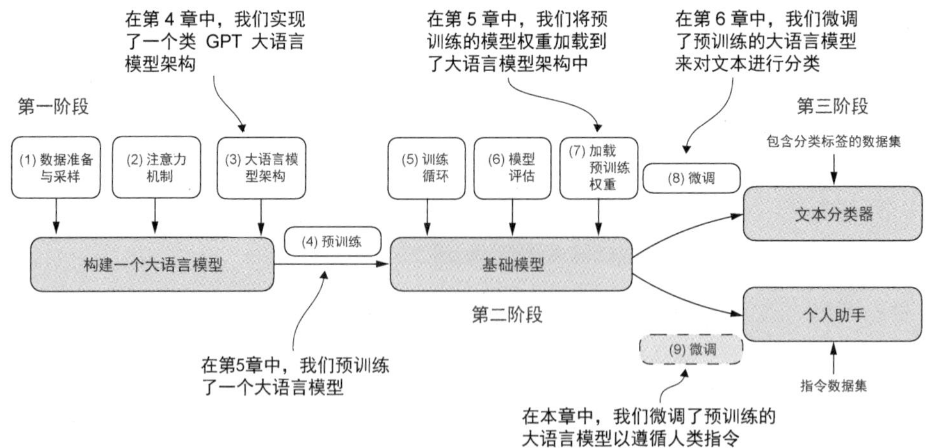

图 7-21　构建大语言模型的 3 个主要阶段

接下来，让我们探讨一些值得研究的方向。

7.9.1　下一步

虽然本书已经介绍了最关键的步骤，但在指令微调后还有一个可选步骤：偏好微调。偏好微调非常适合定制模型，以便更好地满足特定用户的偏好。如果你想进一步了解这方面的内容，可以访问本书 GitHub 仓库中的 04_preference-tuning-with-dpo 文件夹。

除了本书所涵盖的主要内容，GitHub 仓库中还有许多你可能会觉得有用的补充材料。如果你想学习这些额外的资源，请访问仓库 README 页面的附加材料（Bonus Material）部分。

7.9.2　跟上领域的最新进展

人工智能和大语言模型研究领域正在飞速（而且根据不同的人的看法，可能是令人兴奋的）发展。跟上最新进展的一种方式是浏览 arXiv 上的最新研究论文。此外，许多研究人员和从业者在社交媒体平台[如 X（前 Twitter）和 Reddit]上非常活跃，经常分享和讨论最新的发展动态。特别是 r/LocalLLaMA 这个 Reddit 子版块，它是一个很好的资源，能够帮助你与社区建立联系，并随时了解最新的工具和趋势。我也会定期分享见解，并在我的博客上撰写关于大语言模型研究的最新内容。

7.9.3　写在最后

希望你在从头开始实现一个大语言模型，以及编写预训练与微调函数的过程中获得了乐趣。在我看来，从零开始构建大语言模型是深入理解大语言模型如何工作的最佳方式。希望这种实践方法能为你提供有价值的见解，并为大语言模型的开发打下坚实的基础。

虽然本书的主要目的是教育，但你可能会对在现实世界的应用程序中使用不同且更强大的大语言模型感兴趣。为此，我推荐你了解一些流行的工具，比如 Axolotl 或 LitGPT，我也在积极参与这些工具的开发。

感谢你和我一起踏上这段学习旅程，祝你在大语言模型和人工智能这个激动人心的领域中未来一切顺利！

7.10　小结

- 指令微调的过程是将预训练的大语言模型调整为能够遵循人类的指令并生成所需的回复。
- 准备数据集的步骤包括下载指令-回复数据集、整理数据格式，以及将其拆分为训练集、验证集和测试集。

- 训练批次是通过自定义聚合函数构建的，该函数负责填充序列、创建目标词元 ID，并掩码填充词元。
- 我们加载了一个参数量为 3.55 亿的预训练 GPT-2 medium 模型来作为指令微调的起始点。
- 预训练模型在指令数据集上进行微调，使用的是与预训练相似的训练循环方法。
- 评估阶段包括从测试集中提取模型的回复并对其进行评分（例如，使用另一个大语言模型进行评分）。
- Ollama 应用程序配备了一个参数量为 80 亿的 Llama 模型，可以自动对微调模型在测试集上产生的回复进行评分，并提供一个平均分以量化性能。

附录 A

PyTorch 简介

本附录旨在为你提供必要的技能和知识，以便将深度学习付诸实践并从零开始实现大语言模型。我们将使用 PyTorch 作为本书的主要工具，这是一个广泛应用的 Python 深度学习库。

首先，我们将指导你搭建一个支持 PyTorch 和 GPU 的深度学习工作台。然后，我们将介绍张量的基本概念及其在 PyTorch 中的用法。接下来，我们将深入探讨 PyTorch 的自动微分引擎，这一特性使我们能够方便且高效地使用反向传播，这也是神经网络训练的重要环节。

本附录的目标是为那些刚接触 PyTorch 深度学习的读者提供入门资料。虽然我们会从零开始讲解 PyTorch，但不会覆盖其所有功能，而是聚焦于实现大语言模型所需的 PyTorch 的基本概念。如果你对深度学习已有一定了解，那么可以跳过本附录，直接往下阅读。

A.1 什么是 PyTorch

PyTorch 是一个开源的基于 Python 的深度学习库。根据 Papers With Code 这个跟踪和分析研究论文平台的数据，自 2019 年以来，PyTorch 已成为研究领域使用最广泛的深度学习库，并且领先优势显著。此外，根据 2022 年 Kaggle 数据科学与机器学习调查，大约 40%的受访者正在使用 PyTorch，并且这一比例每年都在增长。

PyTorch 之所以如此受欢迎，原因之一在于其用户友好的界面和高效性。它不仅易于使用，还保留了高度的灵活性，允许专业用户深入修改模型的底层组件，以实现个性化和优化。总之，对许多从业者和研究人员而言，PyTorch 在可用性和特性之间提供了恰到好处的平衡。

A.1.1 PyTorch 的三大核心组件

PyTorch 是一个相对全面的库，我们可以通过关注其三大核心组件来理解它，如图 A-1 所示。

首先，PyTorch 是一个**张量库**，它扩展了 NumPy 基于数组的编程功能，增加了 GPU 加速特性，从而实现了 CPU 和 GPU 之间的无缝计算切换。其次，PyTorch 是一个**自动微分引擎**，也称为 autograd，它能够自动计算张量操作的梯度，从而简化反向传播和模型优化。最后，PyTorch

是一个**深度学习库**，它提供了模块化、灵活且高效的构建块（包括预训练模型、损失函数和优化器），能够帮助研究人员和开发人员轻松设计和训练各种深度学习模型。

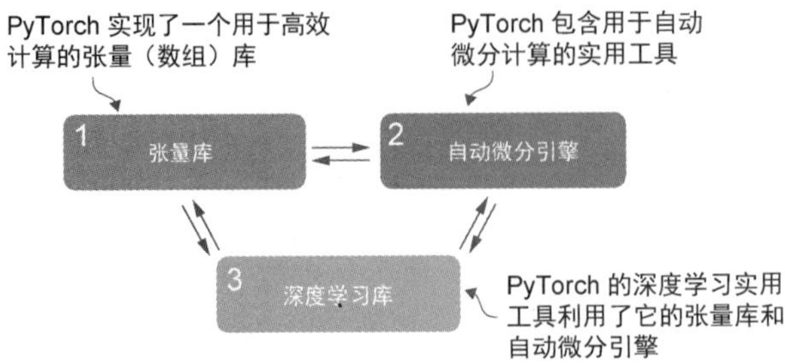

图 A-1　PyTorch 的三大核心组件包括作为计算基础构建块的张量库、用于模型优化的自动微分引擎以及深度学习工具函数，这使得实现和训练深度神经网络模型更加容易

A.1.2　定义深度学习

在新闻中，大语言模型通常被称为“人工智能模型”。然而，大语言模型实际上也是一种深度神经网络，而 PyTorch 是一个深度学习库。是不是听起来有些困惑？在继续之前，让我们简要总结一下这些术语之间的关系。

人工智能的基本目标是创建能够执行通常需要人类智能水平的任务的计算机系统。这些任务包括自然语言理解、模式识别和决策制定。（尽管取得了显著进展，但人工智能仍远未达到这种通用智能的水平。）

如图 A-2 所示，**机器学习**是人工智能的一个子领域，专注于学习算法的开发和改进。机器学习背后的主要理念是使计算机能够从数据中学习，并在没有被明确编程的情况下进行预测或决策。这涉及开发能够识别模式、从历史数据中学习，并随着时间的推移通过更多数据和反馈提升性能的算法。

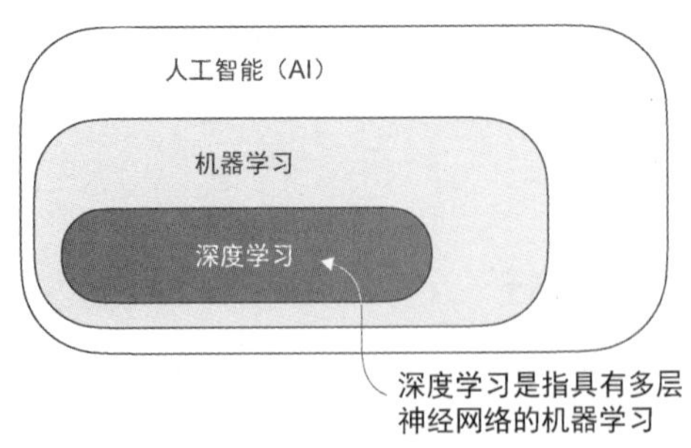

图 A-2　深度学习是机器学习的一个子类别，专注于实现深度神经网络。机器学习是人工智能的一个子类别，涉及从数据中学习的算法。人工智能是一个更广泛的概念，指的是机器能够执行通常需要人类智能水平的任务

机器学习在人工智能的演变中发挥了重要作用，为我们今天所看到的许多进展（包括大语言模型）提供了动力。机器学习还支持在线零售商和流媒体服务使用的推荐系统、垃圾邮件过滤、虚拟助手中的语音识别，甚至自动驾驶汽车等技术。机器学习的引入和发展显著增强了人工智能的能力，使其超越传统的基于规则的系统，并能够适应新的输入或变化的环境。

深度学习是机器学习的一个子类别，专注于深度神经网络的训练和应用。这些深度神经网络最初受到人脑工作原理（特别是许多神经元之间的相互连接）的启发。深度学习中的“深度”指的是人工神经元或节点的多个隐藏层，这些层使它们能够对数据中的复杂非线性关系进行建模。与传统机器学习技术擅长简单模式识别不同，深度学习擅长处理诸如图像、音频、文本之类的非结构化数据，因此特别适合用于大语言模型。

机器学习和深度学习中典型的预测建模工作流程（也称为**监督学习**）如图 A-3 所示。

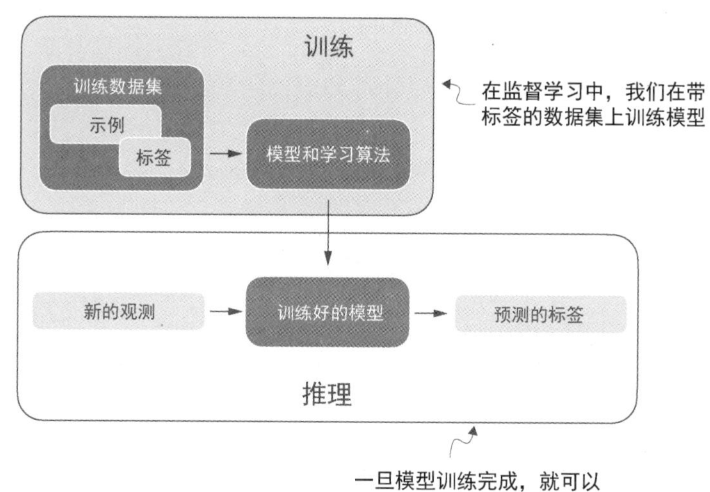

图 A-3　监督学习的预测建模工作流程包括一个训练阶段，在该阶段中，模型在训练数据集中带标签的示例上进行训练。训练好的模型随后可用于预测新观测数据的标签

通过使用学习算法，模型可以在由示例和相应标签组成的训练数据集上进行训练。例如，在垃圾邮件分类器的案例中，训练数据集由电子邮件及其“垃圾消息”和“非垃圾消息”标签组成，这些标签是由人类标注的。然后，训练好的模型可以在新的样本（新的电子邮件）上使用，以预测这些样本的未知标签（“垃圾消息”或“非垃圾消息”）。当然，我们还希望在训练阶段和推断阶段之间添加模型评估，以确保模型在实际应用之前满足性能标准。

如果想要训练大语言模型来对文本进行分类，那么训练和使用大语言模型的工作流程与图 A-3 中描述的类似。即使你关注的是训练大语言模型来生成文本（这也是我们的主要关注点），图 A-3 仍然适用。在这种情况下，预训练期间的标签可以从文本本身获取（第 1 章介绍的下一单词预测任务)。在推理时，大语言模型将在给定输入提示词的情况下生成全新的文本(而不是预测标签)。

A.1.3　安装 PyTorch

PyTorch 可以像其他任何 Python 库或包一样进行安装。然而，由于 PyTorch 是一个包含 CPU 和 GPU 兼容代码的综合性库，安装过程可能需要额外说明。

> **Python 版本**
>
> 许多科学计算库不会立即支持最新版本的 Python。因此，在安装 PyTorch 时，建议使用比最新版本旧一到两个版本的 Python。如果最新的 Python 版本是 Python 3.13，那么推荐使用 Python 3.11 或 Python 3.12。

例如，PyTorch 有两个版本：一个是仅支持 CPU 计算的精简版，另一个是支持 CPU 和 GPU 计算的完整版。如果你的机器有一个兼容 CUDA 的 GPU(理想情况下是 NVIDIA T4、RTX 2080 Ti 或更新的型号)，那么推荐安装 GPU 版本。以下是在代码终端中安装 PyTorch 的默认命令：

```
pip install torch
```

假设你的计算机支持兼容 CUDA 的 GPU。在这种情况下，如果你正在使用的 Python 环境已安装必要的依赖项(如 `pip`)，那么系统将自动安装支持 CUDA 加速的 PyTorch 版本。

注意　截至本书撰写之时，PyTorch 还通过 ROCm 增加了对 AMD GPU 的实验性支持。有关更多说明，请参见 PyTorch 官方网站。

为了明确安装兼容 CUDA 的 PyTorch 版本，通常最好指定你希望 PyTorch 兼容的 CUDA 版本。PyTorch 官方网站提供了在不同操作系统上安装兼容 CUDA 的 PyTorch 版本的命令。图 A-4 展示了一个命令，该命令将安装 PyTorch，以及本书中可选的 `torchvision` 库和 `torchaudio` 库。

本书中使用的是 PyTorch 2.4.0，为了确保与本书的兼容性，建议你使用以下命令安装该版本：

```
pip install torch==2.4.0
```

然而，如前所述，由于操作系统不同，你的安装命令可能与此处显示的略有不同。因此，建议你访问 PyTorch 官方网站并使用安装菜单(参见图 A-4)选择适合你操作系统的安装命令。记得在命令中将 `torch` 替换为 `torch==2.4.0`。

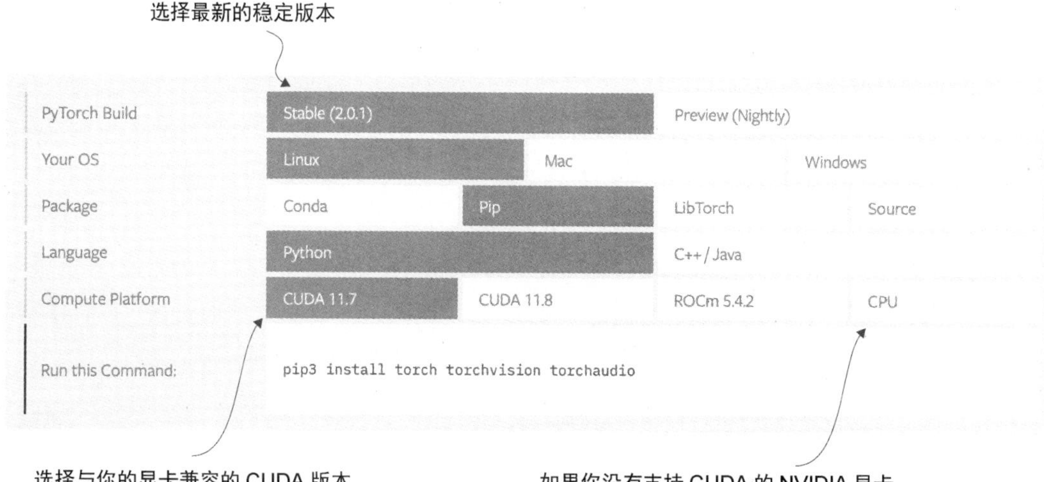

图 A-4　请访问 PyTorch 官方网站获取 PyTorch 安装推荐，以自定义并选择适合你操作系统的安装命令

要检查 PyTorch 的版本，请在 PyTorch 中执行以下代码：

```
import torch
torch.__version__
```

这将打印如下内容。

```
'2.4.0'
```

PyTorch 和 Torch

Python 库之所以被命名为 PyTorch，主要是因为它是 Torch 库的延续，但适用于 Python（因此称为“PyTorch”）。“Torch”这个名字承认了该库源于 Torch。Torch 是一个广泛支持机器学习算法的科学计算框架，最初使用 Lua 编程语言创建。

如果你正在寻找有关设置 Python 环境或安装本书中使用的其他库的额外建议和说明，可以参考本书的补充代码材料。

安装 PyTorch 后，可以通过在 Python 中运行以下代码来检查安装是否识别了内置的 NVIDIA GPU：

```
import torch
torch.cuda.is_available()
```

这将返回以下内容：

```
True
```

如果命令返回 True，那么说明一切正常。如果命令返回 False，则说明你的计算机可能没有兼容的 GPU，或者 PyTorch 没有识别到它。虽然本书前面在实现大语言模型时并未要求运行 GPU（出于教育目的），但 GPU 可以显著加快与深度学习相关的计算。

如果你无法访问 GPU，那么可以试试一些按小时收费的云计算服务商提供的 GPU 计算服务。一个流行的类似 Jupyter Notebook 的环境是 Google Colab，截至本书撰写之时，它可以提供有限时间的 GPU 访问。在 Runtime 菜单中，可以选择使用 GPU，如图 A-5 所示。

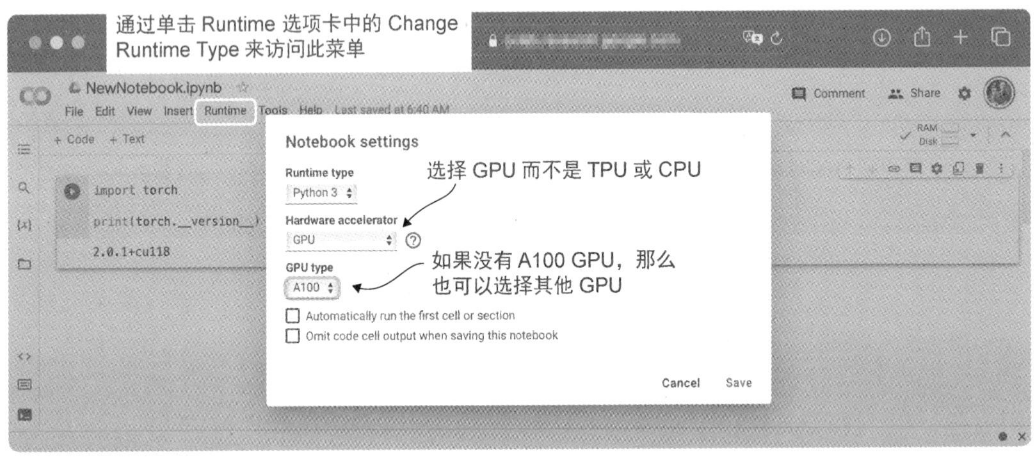

图 A-5　在 Google Colab 的 Runtime → Change Runtime Type 菜单下选择一个 GPU 设备

Apple Silicon 上的 PyTorch

如果你拥有一台带有 Apple Silicon 芯片的苹果 Mac（如 M1、M2、M3 或更新型号），那么可以利用其能力加速 PyTorch 代码执行。要在 PyTorch 中使用 Apple Silicon 芯片，首先需要按常规安装 PyTorch。然后，可以在 Python 中运行一个简单的代码片段，以检查你的 Mac 是否支持使用 Apple Silicon 芯片加速 PyTorch：

```
print(torch.backends.mps.is_available())
```

如果返回 True，那么就意味着你的 Mac 具有可用于加速 PyTorch 代码的 Apple Silicon 芯片。

练习 A.1

在你的计算机上安装和设置 PyTorch。

练习 A.2

运行 https://mng.bz/o05v 上的补充代码，检查你的环境是否正确设置。

A.2 理解张量

张量表示一个数学概念，它可以将向量和矩阵推广到潜在的更高维度。换句话说，张量是可以通过其阶数（或秩）来表征的数学对象，其中阶数提供了维度的数量。例如，标量（仅是一个数值）是秩为 0 的张量，向量是秩为 1 的张量，矩阵是秩为 2 的张量，如图 A-6 所示。

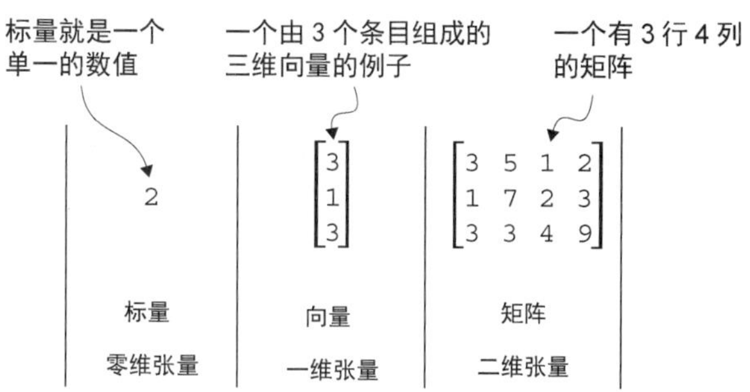

图 A-6　不同秩的张量。这里零维对应于秩 0，一维对应于秩 1，二维对应于秩 2。一个由 3 个元素组成的三维向量仍然是秩为 1 的张量

从计算的角度来看，张量是一种数据容器。例如，张量可用于存储多维数据，其中每个维度表示一个不同的特征。像 PyTorch 这样的张量库能够高效地创建、操作和计算这些数组。在这个上下文中，张量库的功能类似于数组库。

PyTorch 张量类似于 NumPy 数组，但具有几个对深度学习至关重要的附加功能。例如，PyTorch 添加了一个自动微分引擎，简化了**梯度计算**（参见 A.4 节）。PyTorch 张量还支持 GPU 计算，以加速深度神经网络的训练（参见 A.9 节）。

具有与 NumPy 类似 API 的 PyTorch

PyTorch 采用了大部分 NumPy 数组 API 和语法来进行张量操作。如果你对 NumPy 不熟悉，可以通过我的文章“Scientific Computing in Python: Introduction to NumPy and Matplotlib”简要了解最相关的概念。

A.2.1 标量、向量、矩阵和张量

如前所述，PyTorch 张量是用于与数组类似结构的数据容器。标量是零维张量（例如，仅一个数值），向量是一维张量，矩阵是二维张量。对于更高维的张量没有特定的术语，因此通常将三维张量称为“3D 张量”，以此类推。可以使用 `torch.tensor()` 函数创建 PyTorch 的 `Tensor` 类对象，如代码清单 A-1 所示。

代码清单 A-1 创建 PyTorch 张量

```
import torch

tensor0d = torch.tensor(1)                  ◁ 从 Python 整数创建一个零维张量（标量）

tensor1d = torch.tensor([1, 2, 3])          ◁ 从 Python 列表创建一个一维张量（向量）

tensor2d = torch.tensor([[1, 2],
                         [3, 4]])           ◁ 从嵌套的 Python 列表创建一个二维张量

tensor3d = torch.tensor([[[1, 2], [3, 4]],
                         [[5, 6], [7, 8]]]) ◁ 从嵌套的 Python 列表创建一个三维张量
```

A.2.2 张量数据类型

PyTorch 采用 Python 默认的 64 位整数数据类型。可以通过张量的 `.dtype` 属性来访问张量的数据类型，如下所示：

```
tensor1d = torch.tensor([1, 2, 3])
print(tensor1d.dtype)
```

输出如下所示：

```
torch.int64
```

如果使用 Python 浮点数创建张量，那么 PyTorch 默认会创建具有 32 位精度的张量：

```
floatvec = torch.tensor([1.0, 2.0, 3.0])
print(floatvec.dtype)
```

输出如下所示：

```
torch.float32
```

这种选择主要是为了在精度和计算效率之间取得平衡。32 位浮点数在大多数深度学习任务中提供了足够的精度，同时其消耗的内存和计算资源比 64 位浮点数更少。此外，GPU 架构对 32 位计算进行了优化，使用这种数据类型可以显著加快模型训练和推理速度。

还可以使用张量的 `.to` 方法更改精度。以下代码演示了如何将 64 位整数张量更改为 32 位浮

点张量：

```
floatvec = tensor1d.to(torch.float32)
print(floatvec.dtype)
```

这将返回以下内容。

```
torch.float32
```

有关 PyTorch 中提供的不同张量数据类型的更多信息，请查阅其官方文档。

A.2.3 常见的 PyTorch 张量操作

本书无法全面覆盖所有 PyTorch 张量操作和命令。然而，我们将在介绍它们时简要描述相关操作。

我们已经介绍了创建新张量的 torch.tensor() 函数：

```
tensor2d = torch.tensor([[1, 2, 3],
                         [4, 5, 6]])
print(tensor2d)
```

这将打印以下内容：

```
tensor([[1, 2, 3],
        [4, 5, 6]])
```

此外，.shape 属性允许我们访问张量的形状：

```
print(tensor2d.shape)
```

输出如下所示：

```
torch.Size([2, 3])
```

如你所见，.shape 返回的是 [2, 3]，这意味着该张量有 2 行 3 列。要将该张量变为 3×2 的形状，可以使用 .reshape 方法：

```
print(tensor2d.reshape(3, 2))
```

这将打印以下内容：

```
tensor([[1, 2],
        [3, 4],
        [5, 6]])
```

然而，请注意，在 PyTorch 中，重塑张量更常用的命令是 .view()：

```
print(tensor2d.view(3, 2))
```

输出如下所示：

```
tensor([[1, 2],
        [3, 4],
        [5, 6]])
```

类似于.reshape 和.view，在某些情况下，PyTorch 提供了多种语法选项来执行相同的计算。PyTorch 最初遵循了原始 Lua 版本 Torch 的语法约定，但后来应用户的要求，添加了与 NumPy 类似的语法。(.view()和.reshape()的微妙区别在于它们对内存布局的处理方式：.view()要求原始数据是连续的，如果不是，它将无法工作，而.reshape()会工作，如有必要，它会复制数据以确保所需的形状。)

接下来，可以使用.T 来转置张量，这意味着将其沿对角线翻转。请注意，这与重塑张量并不相同，你可以从以下结果中看到这一点：

```
print(tensor2d.T)
```

输出如下所示：

```
tensor([[1, 4],
        [2, 5],
        [3, 6]])
```

最后，PyTorch 中常用的矩阵相乘方法是.matmul 方法：

```
print(tensor2d.matmul(tensor2d.T))
```

输出如下所示：

```
tensor([[14, 32],
        [32, 77]])
```

然而，也可以使用@运算符，它能够更简洁地实现相同的功能：

```
print(tensor2d @ tensor2d.T)
```

输出如下所示：

```
tensor([[14, 32],
        [32, 77]])
```

如前所述，我们会在需要时介绍额外的操作。如果你希望浏览 PyTorch 中所有不同的张量操作(大多数操作我们不需要)，建议查看其官方文档。

A.3　将模型视为计算图

现在让我们来了解一下 PyTorch 的自动微分引擎，也称为 autograd。PyTorch 的 autograd 系统能够在动态计算图中自动计算梯度。

计算图是一种有向图，主要用于表达和可视化数学表达式。在深度学习的背景下，计算图列出了计算神经网络输出所需的计算顺序——我们需要用它来计算反向传播所需的梯度，这是神经网络的主要训练算法。

让我们通过一个具体的例子来说明计算图的概念。代码清单 A-2 实现了一个简单逻辑回归分类器的前向传播（预测步骤），我们可以将其看作一个单层神经网络。它会返回一个介于 0 和 1 之间的分数，当计算损失时，这个分数会与真实的类别标签（0 或 1）进行比较。

代码清单 A-2　逻辑回归的前向传播

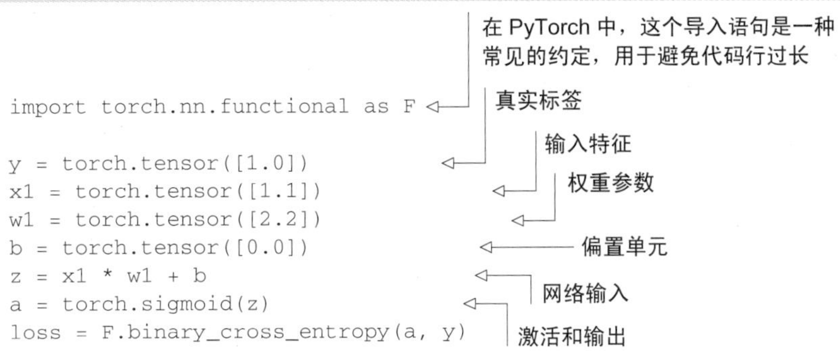

```
import torch.nn.functional as F

y = torch.tensor([1.0])
x1 = torch.tensor([1.1])
w1 = torch.tensor([2.2])
b = torch.tensor([0.0])
z = x1 * w1 + b
a = torch.sigmoid(z)
loss = F.binary_cross_entropy(a, y)
```


即使没有完全理解上述代码中的所有部分，也不要担心。这个例子的重点不是实现一个逻辑回归分类器，而是为了说明如何将一系列计算看作一个计算图，如图 A-7 所示。

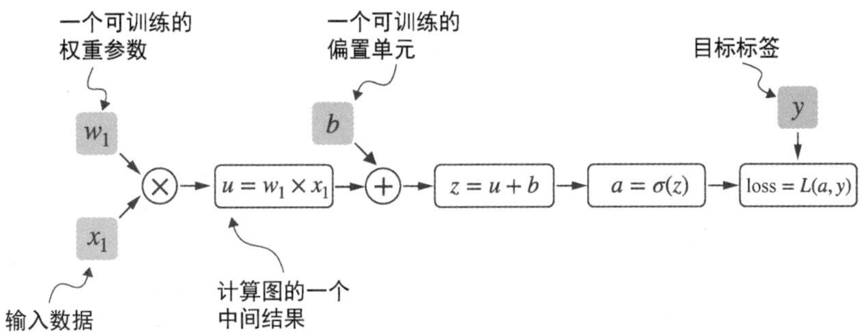

图 A-7　逻辑回归的前向传播作为一个计算图。输入特征 x_1 与模型权重 w_1 相乘，并在加上偏置后通过激活函数 σ 传递。损失是通过比较模型输出 a 与给定标签 y 来计算的

实际上，PyTorch 在后台构建了这样一个计算图，我们可以利用它来计算损失函数相对于模型参数（这里是 w_1 和 b）的梯度，从而训练模型。

A.4 轻松实现自动微分

如果在 PyTorch 中进行计算，那么只要其终端节点之一的 `requires_grad` 属性被设置为 `True`，PyTorch 默认就会在内部构建一个计算图。这在我们想要计算梯度时非常有用。在训练神经网络时，需要使用反向传播算法计算梯度。反向传播可以被视为微积分中**链式法则**在神经网络中的应用，如图 A-8 所示。

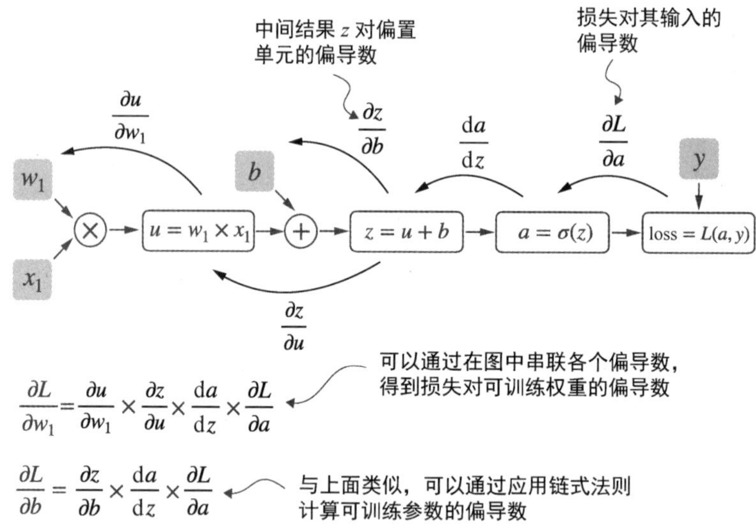

图 A-8 在计算图中计算损失梯度的最常见方法是从右向左应用链式法则，这也称为“反向模型自动求导”或“反向传播”。我们从输出层（或损失本身）开始，向后通过网络一直到输入层。这么做是为了计算损失相对于网络中每个参数（权重和偏置）的梯度，从而为训练过程中如何更新这些参数提供信息

偏导数和梯度

图 A-8 展示了偏导数，它测量的是一个函数相对于其中一个变量变化的速率。**梯度**是一个向量，包含了一个多变量函数（输入变量超过一个的函数）的所有偏导数。

如果你不太熟悉或记不清微积分中的偏导数、梯度或链式法则，不用担心。从高层次来看，你只需要知道链式法则如何在计算图中根据模型参数来计算损失函数的梯度即可。这提供了更新每个参数以最小化损失函数所需的信息，而这个损失函数作为衡量模型性能的代理，可以通过诸如梯度下降之类的方法来实现。我们将在 A.7 节中重新审视在 PyTorch 中实现这一训练循环的计算过程。

那么，这一切与之前提到的 PyTorch 库的第二个组件——自动微分（autograd）引擎有何关联？PyTorch 的 autograd 引擎在后台通过跟踪在张量上执行的每个操作来构建计算图。然后，通

过调用 grad 函数，可以计算损失相对于模型参数 w1 的梯度，如代码清单 A-3 所示。

代码清单 A-3　通过 autograd 计算梯度

```
import torch.nn.functional as F
from torch.autograd import grad

y = torch.tensor([1.0])
x1 = torch.tensor([1.1])
w1 = torch.tensor([2.2], requires_grad=True)
b = torch.tensor([0.0], requires_grad=True)

z = x1 * w1 + b
a = torch.sigmoid(z)

loss = F.binary_cross_entropy(a, y)

grad_L_w1 = grad(loss, w1, retain_graph=True)
grad_L_b = grad(loss, b, retain_graph=True)
```

默认情况下，PyTorch 在计算梯度后会销毁计算图以释放内存。然而，由于我们即将再次使用这个计算图，因此可以设置 **retain_graph=True**，使其保留在内存中

给定模型参数的损失梯度结果值如下所示：

```
print(grad_L_w1)
print(grad_L_b)
```

这将打印如下内容：

```
(tensor([-0.0898]),)
(tensor([-0.0817]),)
```

这里我们手动使用了 grad 函数，这在实验、调试和概念演示中很有用。但是，在实际操作中，PyTorch 提供了更高级的工具来自动化这个过程。例如，我们可以对损失函数调用 .backward 方法，随后 PyTorch 将计算计算图中所有叶节点的梯度，这些梯度将通过张量的 .grad 属性进行存储：

```
loss.backward()
print(w1.grad)
print(b.grad)
```

输出如下所示：

```
(tensor([-0.0898]),)
(tensor([-0.0817]),)
```

我给你提供了很多信息，你可能会被微积分的概念弄得有些不知所措，但不用担心。虽然这些微积分术语是为了解释 PyTorch 的 autograd 组件，但你需要记住的仅仅是 PyTorch 通过 .backward 方法为我们处理了微积分问题——我们不需要手动计算任何导数或梯度。

A.5　实现多层神经网络

接下来，我们将 PyTorch 视为实现深度神经网络的库来进行重点探讨。为了提供一个具体的例子，我们来看看多层感知机（multilayer perceptron），即全连接神经网络，如图 A-9 所示。

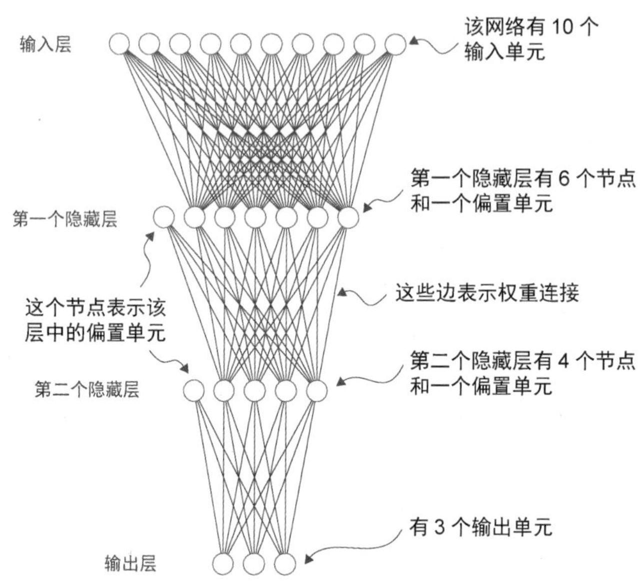

图 A-9　一个具有两个隐藏层的多层感知机。每个节点表示各自层中的一个单元。为了方便展示，这里每层都只有几个节点

在 PyTorch 中实现神经网络时，可以通过子类化 `torch.nn.Module` 类来定义我们自己的自定义网络架构。这个 `Module` 基类提供了很多功能，使得构建和训练模型变得更加容易。例如，它允许我们封装层和操作，并跟踪模型的参数。

在这个子类中，我们在 `__init__` 构造函数中定义网络层，并在 `forward` 方法中指定层与层之间的交互。`forward` 方法描述了输入数据如何通过网络传递，并形成计算图。相比之下，`backward` 方法通常不需要我们自己实现，它在训练期间用于计算给定模型参数的损失函数的梯度（参见 A.7 节）。代码清单 A-4 通过实现一个具有两个隐藏层的经典的多层感知机展示了 `Module` 类的典型用法。

代码清单 A-4　一个具有两个隐藏层的多层感知机

```
class NeuralNetwork(torch.nn.Module):
    def __init__(self, num_inputs, num_outputs):    <-- 将输入和输出的数量编码为变量，使我们可以在具有不同特征数量和类别数量的数据集上重复使用相同的代码
        super().__init__()

        self.layers = torch.nn.Sequential(
```

```
            # 第一个隐藏层
            torch.nn.Linear(num_inputs, 30),
            torch.nn.ReLU(),

            # 第二个隐藏层
            torch.nn.Linear(30, 20),
            torch.nn.ReLU(),

            # 输出层
            torch.nn.Linear(20, num_outputs),
        )

    def forward(self, x):
        logits = self.layers(x)
        return logits
```

线性层将输入节点和输出节点的数量作为参数

非线性激活函数被放置在隐藏层之间

一个隐藏层的输出节点数量必须与下一层的输入节点数量相匹配

最后一层的输出称为 logits

然后，可以像下面这样实例化一个新的神经网络对象：

```
model = NeuralNetwork(50, 3)
```

在使用这个新模型对象之前，可以调用 print 函数来查看模型结构的摘要：

```
print(model)
```

这将打印以下内容：

```
NeuralNetwork(
  (layers): Sequential(
    (0): Linear(in_features=50, out_features=30, bias=True)
    (1): ReLU()
    (2): Linear(in_features=30, out_features=20, bias=True)
    (3): ReLU()
    (4): Linear(in_features=20, out_features=3, bias=True)
  )
)
```

请注意，在实现 NeuralNetwork 类时，我们使用了 Sequential 类。虽然 Sequential 并非必需，但如果有一系列想要按特定顺序执行的层（正如本例中的情况），那么使用它可以让我们的工作更轻松。因此，在__init__构造函数中实例化 self.layers = Sequential(...)后，只需在 NeuralNetwork 的 forward 方法中调用 self.layers，而无须单独调用每个层。

接下来，检查一下该模型的可训练参数总数：

```
num_params = sum(p.numel() for p in model.parameters() if p.requires_grad)
print("Total number of trainable model parameters:", num_params)
```

这将打印以下内容：

```
Total number of trainable model parameters: 2213
```

每一个 requires_grad=True 的参数都会被视为可训练参数，并在训练期间进行更新（参见 A.7 节）。

对于前面我们提到的具有两个隐藏层的神经网络模型，这些可训练参数包含在 torch.nn.Linear 层中。Linear 层会将输入与权重矩阵相乘，并加上一个偏置向量。这有时被称为**前馈层**或**全连接层**。

基于这里执行的 print(model) 调用，可以看到第一个 Linear 层在 layers 属性中的索引位置是 0。可以通过以下方式访问对应的权重参数矩阵：

```
print(model.layers[0].weight)
```

这将打印以下内容：

```
Parameter containing:
tensor([[ 0.1174, -0.1350, -0.1227,  ...,  0.0275, -0.0520, -0.0192],
        [-0.0169,  0.1265,  0.0255,  ..., -0.1247,  0.1191, -0.0698],
        [-0.0973, -0.0974, -0.0739,  ..., -0.0068, -0.0892,  0.1070],
        ...,
        [-0.0681,  0.1058, -0.0315,  ..., -0.1081, -0.0290, -0.1374],
        [-0.0159,  0.0587, -0.0916,  ..., -0.1153,  0.0700,  0.0770],
        [-0.1019,  0.1345, -0.0176,  ...,  0.0114, -0.0559, -0.0088]],
       requires_grad=True)
```

由于这个大矩阵未完全显示出来，因此我们使用 .shape 属性来查看其维度：

```
print(model.layers[0].weight.shape)
```

结果如下所示：

```
torch.Size([30, 50])
```

（同样，可以通过 model.layers[0].bias 访问偏置向量。）

这里的权重矩阵是一个 30×50 的矩阵，可以看到 requires_grad 被设置为 True（意味着该矩阵是可训练的）——这是 torch.nn.Linear 中权重和偏置的默认设置。

如果你在自己的计算机上执行前面的代码，那么权重矩阵中的数值可能会与本书展示的有所不同。模型权重会用小的随机数进行初始化，每次实例化网络时这些数值都会不同。在深度学习中，使用小的随机数初始化模型权重是为了在训练过程中打破对称性。否则，各节点将执行相同的操作并在反向传播过程中进行相同的更新，导致网络无法学习从输入到输出的复杂映射关系。

然而，虽然我们希望继续使用小的随机数作为层权重的初始值，但可以通过 manual_seed 来为 PyTorch 的随机数生成器设定种子，从而使随机数初始化可重复：

```
torch.manual_seed(123)
model = NeuralNetwork(50, 3)
print(model.layers[0].weight)
```

结果如下所示：

```
Parameter containing:
tensor([[-0.0577,  0.0047, -0.0702,  ...,  0.0222,  0.1260,  0.0865],
        [ 0.0502,  0.0307,  0.0333,  ...,  0.0951,  0.1134, -0.0297],
        [ 0.1077, -0.1108,  0.0122,  ...,  0.0108, -0.1049, -0.1063],
        ...,
        [-0.0787,  0.1259,  0.0803,  ...,  0.1218,  0.1303, -0.1351],
        [ 0.1359,  0.0175, -0.0673,  ...,  0.0674,  0.0676,  0.1058],
        [ 0.0790,  0.1343, -0.0293,  ...,  0.0344, -0.0971, -0.0509]],
       requires_grad=True)
```

现在我们已经花了一些时间检查 `NeuralNetwork` 实例，接下来简单看看如何通过前向传播使用它：

```
torch.manual_seed(123)
X = torch.rand((1, 50))
out = model(X)
print(out)
```

结果如下所示：

```
tensor([[-0.1262,  0.1080, -0.1792]], grad_fn=<AddmmBackward0>)
```

在上述代码中，我们生成了一个单一的随机训练样本 `X` 作为示例输入（注意，我们的网络期望接收 50 维的特征向量），并将其输入模型，从而得到了 3 个分数。当我们调用 `model(x)`时，它会自动执行模型的前向传播。

前向传播是指从输入张量开始到计算获得输出张量的过程。这一过程包括将输入数据从输入层开始，经由隐藏层，最后传递至输出层，贯穿整个神经网络的所有层次。

结果中返回的 3 个数值对应于分配给每个输出节点的分数。注意输出张量还包含了一个 `grad_fn` 值。

这里，`grad_fn=<AddmmBackward0>`表示计算图中用于计算某个变量的最后一个函数。具体来说，`grad_fn=<AddmmBackward0>`意味着我们正在查看的张量是通过矩阵乘法和加法操作创建的。PyTorch 会在反向传播期间使用这些信息来计算梯度。`grad_fn=<AddmmBackward0>`中的`<AddmmBackward0>`指定了执行的操作。在这种情况下，它执行的是一个 `Addmm` 操作。`Addmm` 代表的是矩阵乘法（`mm`）后接加法（`Add`）的组合运算。

如果只想使用网络进行预测而不进行训练或反向传播（比如在训练之后使用它进行预测），那么为反向传播构建这个计算图可能会浪费资源，因为它会执行不必要的计算并消耗额外的内存。因此，当使用模型进行推理（比如做出预测）而不是训练时，最好的做法是使用 `torch.no_grad()`上下文管理器。这会告诉 PyTorch 无须跟踪梯度，从而可以显著节省内存和计算资源：

```
with torch.no_grad():
    out = model(X)
print(out)
```

结果如下所示：

```
tensor([[-0.1262,  0.1080, -0.1792]])
```

在 PyTorch 中，通常的做法是让模型返回最后一层的输出（logits），而不将这些输出传递给非线性激活函数。这是因为 PyTorch 常用的损失函数会将 softmax（或二分类时的 sigmoid）操作与负对数似然损失结合在一个类中。这样做是为了提高数值计算的效率和稳定性。因此，如果想为预测结果计算类别成员概率，那么就需要显式调用 softmax 函数：

```
with torch.no_grad():
    out = torch.softmax(model(X), dim=1)
print(out)
```

这将打印以下内容：

```
tensor([[0.3113, 0.3934, 0.2952]]))
```

现在这些值可以解释为类别成员的概率，并且它们的总和大约为 1。对于这个随机输入，这些值大致相等，这是未经过训练的随机初始化模型的预期结果。

A.6　设置高效的数据加载器

在我们能够训练模型之前，必须简要讨论如何在 PyTorch 中创建高效的数据加载器，这些加载器将在训练过程中被迭代使用。PyTorch 中数据加载的整体思路如图 A-10 所示。

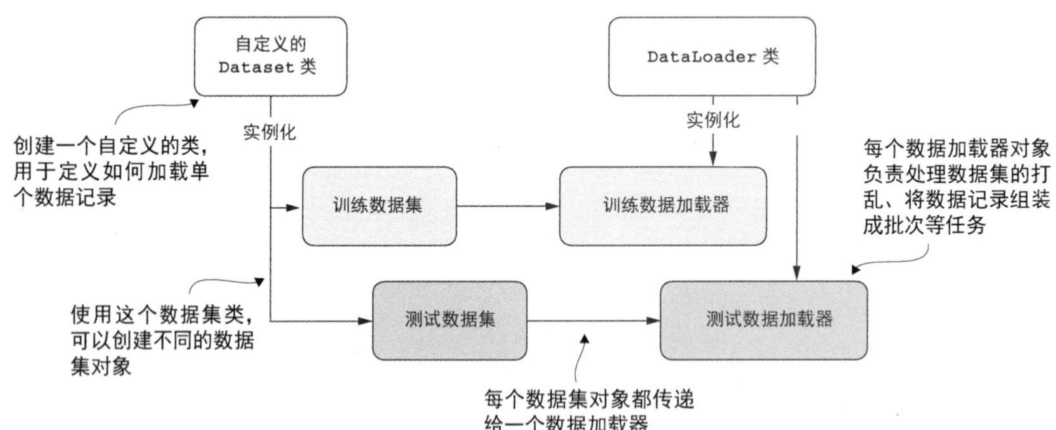

图 A-10　PyTorch 实现了 `Dataset` 类和 `DataLoader` 类。`Dataset` 类用于实例化定义如何加载每条数据记录的对象。`DataLoader` 类负责处理数据的打乱和组装成批次

根据图 A-10，我们将实现一个自定义的 Dataset 类，用于创建训练数据集和测试数据集，然后再用这些数据集创建数据加载器。我们首先创建一个简单的示例数据集，其中包含 5 个训练示例，每个示例有两个特征。与训练示例一起，我们还创建了一个包含相应类别标签的张量：3 个示例属于类别标签 0，两个示例属于类别标签 1。此外，我们还构建了一个包含两个样本的测试集。创建此数据集的代码如代码清单 A-5 所示。

代码清单 A-5　创建一个小型示例数据集

```
X_train = torch.tensor([
    [-1.2, 3.1],
    [-0.9, 2.9],
    [-0.5, 2.6],
    [2.3, -1.1],
    [2.7, -1.5]
])
y_train = torch.tensor([0, 0, 0, 1, 1])

X_test = torch.tensor([
    [-0.8, 2.8],
    [2.6, -1.6],
])
y_test = torch.tensor([0, 1])
```

注意　PyTorch 要求类别标签从标签 0 开始，并且最大的类别标签值不得超过输出节点数减 1（因为 Python 的索引从 0 开始）。因此，如果我们有类别标签 0、1、2、3 和 4，那么神经网络的输出层应包含 5 个节点。

接下来，我们通过继承 PyTorch 的 Dataset 父类来创建一个自定义数据集类 ToyDataset，如代码清单 A-6 所示。

代码清单 A-6　定义一个自定义的 Dataset 类

```
from torch.utils.data import Dataset

class ToyDataset(Dataset):
    def __init__(self, X, y):
        self.features = X
        self.labels = y

    def __getitem__(self, index):
        one_x = self.features[index]      # 检索一条数据记录及其
        one_y = self.labels[index]        # 对应标签的说明
        return one_x, one_y

    def __len__(self):
        return self.labels.shape[0]       # 返回数据集总长度的说明

train_ds = ToyDataset(X_train, y_train)
test_ds = ToyDataset(X_test, y_test)
```

这个自定义的 ToyDataset 类的目的是实例化一个 PyTorch DataLoader。在进行这一步之前，让我们先简要回顾一下 ToyDataset 代码的一般结构。

在 PyTorch 中，自定义的 Dataset 类的 3 个主要组成部分是__init__方法、__getitem__方法和__len__方法(参见代码清单 A-6)。在__init__方法中，我们设置一些可以在__getitem__方法和__len__方法中访问的属性。这些属性可以是文件路径、文件对象、数据库连接器等。由于我们创建了一个位于内存中的张量数据集，因此只需将 X 和 y 分配给这些代表张量对象的占位符属性即可。

在__getitem__方法中，我们定义了通过索引返回数据集中单个项目的具体指令。这指的是与单个训练示例或测试实例对应的特征和类别标签。(数据加载器将提供这个索引，稍后我们会介绍。)

最后，__len__方法包含了检索数据集长度的指令。在这里，我们使用张量的.shape 属性来返回特征数组中的行数。就训练数据集而言，我们有 5 行数据，下面可以再次确认一下：

```
print(len(train_ds))
```

结果如下所示。

```
5
```

现在我们已经定义了一个可用于示例数据集的 PyTorch Dataset 类，我们可以使用 PyTorch 的 DataLoader 类从中进行采样，如代码清单 A-7 所示。

代码清单 A-7　实例化数据加载器

```
from torch.utils.data import DataLoader


torch.manual_seed(123)

train_loader = DataLoader(
    dataset=train_ds,          <-- 之前创建的示例数据集实例作为数据加载器的输入
    batch_size=2,
    shuffle=True,              <-- 是否打乱数据
    num_workers=0              <-- 后台进程的数量
)

test_loader = DataLoader(
    dataset=test_ds,
    batch_size=2,
    shuffle=False,             <-- 测试数据集无须打乱顺序
    num_workers=0
)
```

在实例化训练数据加载器后，可以对其进行迭代。对 test_loader 的迭代与之类似，但为简洁

起见，这里省略了具体细节：

```
for idx, (x, y) in enumerate(train_loader):
    print(f"Batch {idx+1}:", x, y)
```

结果如下所示：

```
Batch 1: tensor([[-1.2000,  3.1000],
                 [-0.5000,  2.6000]]) tensor([0, 0])
Batch 2: tensor([[ 2.3000, -1.1000],
                 [-0.9000,  2.9000]]) tensor([1, 0])
Batch 3: tensor([[ 2.7000, -1.5000]]) tensor([1])
```

根据前面的输出，可以看到 train_loader 迭代了训练数据集，每个训练示例正好访问一次。这被称为一个训练轮次。由于我们使用 torch.manual_seed(123)设置了随机数生成器，因此你应该得到完全相同的训练示例打乱顺序。然而，当你再次迭代数据集时，你会发现打乱的顺序已经发生变化。这是为了防止深度神经网络在训练过程中陷入重复更新循环。

我们在这里指定的批次大小为 2，但第三批次仅包含一个示例。这是因为我们有 5 个训练示例，而 5 不能被 2 整除。

在实践中，如果一个训练轮次的最后一个批次显著小于其他批次，那么可能会影响训练过程中的收敛。为此，可以设置 drop_last=True，这将在每轮中丢弃最后一个批次，如代码清单 A-8 所示。

代码清单 A-8 一个丢弃最后一个批次的训练加载器

```
train_loader = DataLoader(
    dataset=train_ds,
    batch_size=2,
    shuffle=True,
    num_workers=0,
    drop_last=True
)
```

现在，迭代训练加载器，可以看到最后一个批次被省略了：

```
for idx, (x, y) in enumerate(train_loader):
    print(f"Batch {idx+1}:", x, y)
```

结果如下所示。

```
Batch 1: tensor([[-0.9000,  2.9000],
        [ 2.3000, -1.1000]]) tensor([0, 1])
Batch 2: tensor([[ 2.7000, -1.5000],
        [-0.5000,  2.6000]]) tensor([1, 0])
```

最后，我们来讨论 DataLoader 中的 num_workers=0 设置。这个参数在 PyTorch 的 DataLoader 函数中对于并行加载和预处理数据至关重要。当 num_workers 设置为 0 时，数据加载将在主进程而不是单独的工作进程中进行。这看起来似乎没有问题，但在使用 GPU 训练较大的网络时，这可能会导致模型训练显著减慢。这是因为 CPU 不仅要处理深度学习模型，还要花时间加载和预处理数据。因此，GPU 在等待 CPU 完成这些任务时可能会闲置。相反，当 num_workers 设置为大于 0 的数值时，会启动多个工作进程并行加载数据，从而释放主进程专注于训练模型，并更好地利用系统资源（参见图 A-11）。

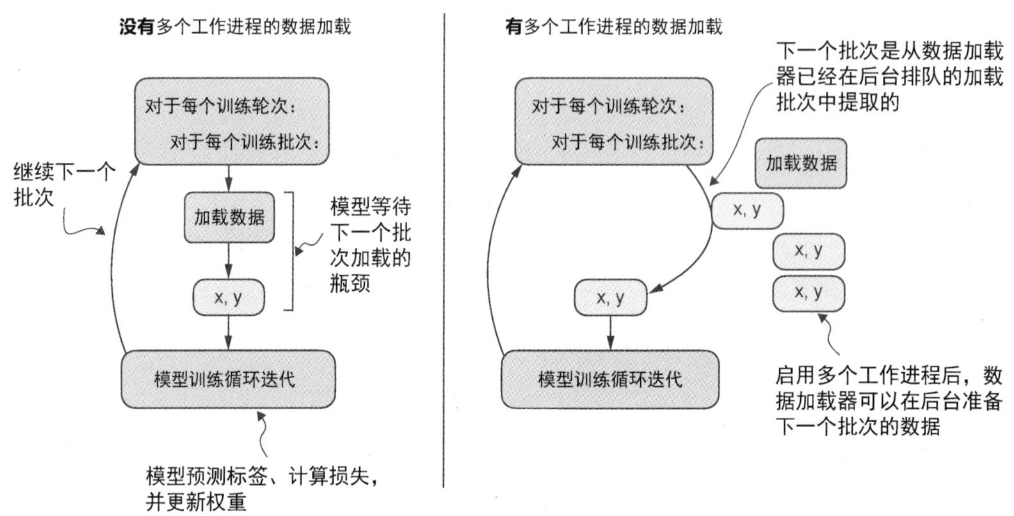

图 A-11　在没有多个工作进程的情况下加载数据（设置 num_workers=0）会导致数据加载瓶颈，模型会在下一个批次加载完成前处于空闲状态（左）。如果启用多个工作进程，那么数据加载器可以在后台排队下一个批次的数据（右）

然而，如果你处理的是非常小的数据集，那么可能并不需要将 num_workers 设置为 1 或更大的数值，因为总训练时间只需几秒。因此，如果你使用的是小型数据集或交互式环境（如 Jupyter Notebook），那么增加 num_workers 可能不会显著提高速度，反而会导致一些问题。一个潜在的问题是，启动多个工作进程的开销可能会比实际数据加载所需的时间更长，尤其是数据集很小的时候。

此外，对于 Jupyter Notebook，将 num_workers 设置为大于 0 有时可能会导致不同进程之间资源共享的问题，从而引发错误或导致笔记本崩溃。因此，理解这种权衡并对 num_workers 参数进行合理设置是非常重要的。如果使用得当，这可以成为一个有益的工具，但应根据你的特定数据集大小和计算环境进行调整，以获得最佳效果。

根据我的经验，设置 num_workers=4 通常会在许多真实世界数据集上获得最佳性能，但最佳设置取决于你的硬件和用于加载 Dataset 类中训练示例的代码。

A.7 典型的训练循环

现在让我们在示例数据集上训练一个神经网络。代码清单 A-9 展示了训练过程。

代码清单 A-9　在 PyTorch 中进行神经网络训练

```
import torch.nn.functional as F

torch.manual_seed(123)
model = NeuralNetwork(num_inputs=2, num_outputs=2)
optimizer = torch.optim.SGD(
    model.parameters(), lr=0.5
)

num_epochs = 3
for epoch in range(num_epochs):

    model.train()
    for batch_idx, (features, labels) in enumerate(train_loader):
        logits = model(features)

        loss = F.cross_entropy(logits, labels)

        optimizer.zero_grad()
        loss.backward()
        optimizer.step()

        ### LOGGING
        print(f"Epoch: {epoch+1:03d}/{num_epochs:03d}"
              f" | Batch {batch_idx:03d}/{len(train_loader):03d}"
              f" | Train Loss: {loss:.2f}")

    model.eval()
    # 插入可选的模型评估代码
```

该数据集有两个特征和两个类别

优化器需要知道哪些参数需要优化

将上一轮的梯度置 0，以防止意外的梯度累积

优化器使用梯度更新模型参数

根据模型参数计算损失的梯度

运行上述代码会产生以下输出：

```
Epoch: 001/003 | Batch 000/002 | Train Loss: 0.75
Epoch: 001/003 | Batch 001/002 | Train Loss: 0.65
Epoch: 002/003 | Batch 000/002 | Train Loss: 0.44
Epoch: 002/003 | Batch 001/002 | Trainl Loss: 0.13
Epoch: 003/003 | Batch 000/002 | Train Loss: 0.03
Epoch: 003/003 | Batch 001/002 | Train Loss: 0.00
```

如你所见，损失在 3 轮后降至 0，这表明模型已经在训练集上收敛。这里初始化了一个具有两个输入和两个输出的模型，因为我们的示例数据集有两个输入特征和两个类别标签需要预测。我们使用了一个学习率（`lr`）为 0.5 的随机梯度下降（`SGD`）优化器。学习率是一个超参数，意味着这是可调的设置，我们必须根据观察到的损失进行实验。理想情况下，我们希望选择一个学习率，使得损失在一定轮数后收敛——轮数是另一个需要选择的超参数。

练习 A.3

代码清单 A-9 中介绍的神经网络有多少个参数?

在实际操作中，我们通常会使用第三个数据集，即所谓“验证数据集”，来找到最优的超参数设置。验证集类似于测试集。然而，虽然我们只想精确地使用一次测试集以避免评估偏差，但通常会多次使用验证集来调整模型设置。

我们还引入了新的设置：`model.train()`和 `model.eval()`。顾名思义，这些设置用于将模型置于训练模式或评估模式。这对于在训练和推断过程中具有不同行为的组件（如 dropout 或批归一化层）是必要的。由于我们的 `NeuralNetwork` 类中没有受到这些设置影响的 dropout 或其他组件，因此在之前的代码中并未使用 `model.train()`和 `model.eval()`。然而，最好还是包含这些设置，以避免在更改模型架构或重用代码训练其他模型时出现意外行为。

正如之前讨论的那样，我们直接将 logits 传递给 `cross_entropy` 损失函数，后者会在内部应用 softmax 函数，以提高效率并增强数值稳定性。接下来，调用 `loss.backward()`会计算由 PyTorch 在后台构建的计算图中的梯度。`optimizer.step()`方法会利用这些梯度来更新模型参数以最小化损失。对 SGD 优化器而言，这意味着将梯度与学习率相乘，然后将缩放后的负梯度加到参数上。

注意　为了避免不必要的梯度累积，确保在每次更新中调用 `optimizer.zero_grad()`来将梯度重置为 0，这很重要。否则，梯度会逐渐累积起来，这往往是我们不愿意见到的。

在训练好模型后，可以使用它进行预测：

```
model.eval()
with torch.no_grad():
    outputs = model(X_train)
print(outputs)
```

结果如下所示：

```
tensor([[ 2.8569, -4.1618],
        [ 2.5382, -3.7548],
        [ 2.0944, -3.1820],
        [-1.4814,  1.4816],
        [-1.7176,  1.7342]])
```

为了获得类别成员概率，可以使用 PyTorch 的 softmax 函数：

```
torch.set_printoptions(sci_mode=False)
probas = torch.softmax(outputs, dim=1)
print(probas)
```

输出如下所示:

```
tensor([[    0.9991,      0.0009],
        [    0.9982,      0.0018],
        [    0.9949,      0.0051],
        [    0.0491,      0.9509],
        [    0.0307,      0.9693]])
```

来看一下上面代码输出的第 1 行。在这里，第一个值（列）表示该训练示例属于类别标签 0 的概率为 99.91%，属于类别标签 1 的概率为 0.09%。（这里使用 `set_printoptions` 是为了让输出更加易读。）

可以使用 PyTorch 的 argmax 函数将这些概率值转换为类别标签预测。如果设置 `dim=1`，它将返回每行中最大值的索引位置（设置 `dim=0` 则返回每列中最大值的索引位置）:

```
predictions = torch.argmax(probas, dim=1)
print(predictions)
```

这将打印如下内容:

```
tensor([0, 0, 0, 1, 1])
```

请注意，为了获得类别标签，计算 softmax 概率并非必需步骤，也可以直接对 logits（输出）应用 argmax 函数:

```
predictions = torch.argmax(outputs, dim=1)
print(predictions)
```

输出如下所示:

```
tensor([0, 0, 0, 1, 1])
```

在这里，我们计算了训练数据集的预测标签。鉴于训练数据集相对较小，我们可以通过肉眼将其与真实的训练标签进行比较，结果显示模型预测的准确率为 100%。可以使用比较运算符`==`来再次确认这一点:

```
predictions == y_train
```

结果如下所示:

```
tensor([True, True, True, True, True])
```

使用 `torch.sum` 可以计算正确预测的数量:

```
torch.sum(predictions == y_train)
```

输出如下所示:

```
5
```

由于数据集由 5 个训练示例组成，我们的 5 个预测全部正确，准确率为 5/5 × 100% = 100%。

为了使预测准确率的计算更加通用，让我们实现一个 compute_accuracy 函数，如代码清单 A-10 所示。

代码清单 A-10　一个计算预测准确率的函数

```
def compute_accuracy(model, dataloader):

    model = model.eval()
    correct = 0.0
    total_examples = 0

    for idx, (features, labels) in enumerate(dataloader):

        with torch.no_grad():
            logits = model(features)

        predictions = torch.argmax(logits, dim=1)
        compare = labels == predictions          # 根据标签是否匹配，返回一个 True/False 值的张量
        correct += torch.sum(compare)            # 求和操作计算 True 值的数量
        total_examples += len(compare)

    return (correct / total_examples).item()    # 正确预测的比例是一个介于 0 和 1 之间的值。调用 .item() 会将张量的值以 Python 浮点数的形式返回
```

这段代码通过迭代数据加载器来计算正确预测的数量和比例。在处理大规模数据集时，由于内存限制，通常我们只能对数据集的一小部分调用模型。这里的 compute_accuracy 函数是一种通用方法，适用于任意大小的数据集，因为在每次迭代中，模型所接收的数据集块的大小与训练期间的批次大小相同。compute_accuracy 函数的内部逻辑类似于我们之前将 logits 转换为类别标签时使用的方法。

接下来，可以将该函数应用于训练数据：

```
print(compute_accuracy(model, train_loader))
```

结果如下所示：

```
1.0
```

类似地，可以在测试集上应用这个函数：

```
print(compute_accuracy(model, test_loader))
```

这将打印如下内容。

```
1.0
```

A.8　保存和加载模型

现在我们的模型已经训练好了，接下来看看如何保存它，以便以后可以重用。下面是在 PyTorch 中保存和加载模型的推荐方法：

```
torch.save(model.state_dict(), "model.pth")
```

模型的 `state_dict` 是一个 Python 字典对象，它可以将模型中的每一层映射到其可训练参数（权重和偏置）。model.pth 是保存到磁盘的模型文件的任意文件名，我们可以使用任何名称和文件后缀，不过.pth 和.pt 是最常见的约定。

保存模型后，可以从磁盘中恢复它：

```
model = NeuralNetwork(2, 2)
model.load_state_dict(torch.load("model.pth"))
```

`torch.load("model.pth")`函数读取文件 model.pth，并重建包含模型参数的 Python 字典对象，`model.load_state_dict()`则将这些参数应用到模型中，有效地恢复了我们保存模型时模型的学习状态。

在同一会话中执行此代码时，`model = NeuralNetwork(2, 2)`这一行并不是严格必需的。然而，这里包含它是为了说明我们需要在内存中拥有一个模型的实例，这样才能应用保存的参数。此外，`NeuralNetwork(2, 2)`的架构必须与最初保存的模型完全匹配。

A.9　使用 GPU 优化训练性能

接下来，让我们探讨如何利用 GPU 来加速深度神经网络的训练。（相较于普通 CPU，GPU 能够显著提升训练速度。）首先，我们将了解 PyTorch 中 GPU 计算的主要概念。然后，我们将在单个 GPU 上训练模型。最后，我们将讨论如何使用多个 GPU 进行分布式训练。

A.9.1　在 GPU 设备上运行 PyTorch

修改训练循环使其便于在 GPU 上运行相对简单，只需更改 3 行代码即可（参见 A.7 节）。在进行这些修改之前，理解 PyTorch 中 GPU 计算的主要概念非常重要。在 PyTorch 中，设备是执行计算和存储数据的地方。CPU 和 GPU 是设备的示例。如果一个 PyTorch 张量存放在某个设备上，那么其操作也会在同一个设备上执行。

来看一下这一过程是如何进行的。假设你已经安装了兼容 GPU 的 PyTorch 版本（参见 A.1.3 节），可以使用以下代码再次检查一下你的运行环境是否真的支持 GPU 计算：

```
print(torch.cuda.is_available())
```

结果如下所示：

```
True
```

现在，假设我们有两个张量可以相加。默认情况下，这个计算将在 CPU 上执行：

```
tensor_1 = torch.tensor([1., 2., 3.])
tensor_2 = torch.tensor([4., 5., 6.])
print(tensor_1 + tensor_2)
```

输出如下所示：

```
tensor([5., 7., 9.])
```

现在可以使用`.to()`方法。这个方法与我们用来更改张量数据类型的方法（参见 A.2.2 节）相同，它能够将这些张量转移到 GPU 上并在那里执行加法操作：

```
tensor_1 = tensor_1.to("cuda")
tensor_2 = tensor_2.to("cuda")
print(tensor_1 + tensor_2)
```

输出如下所示：

```
tensor([5., 7., 9.], device='cuda:0')
```

生成的张量现在包含了设备信息 `device='cuda:0'`，这意味着这些张量位于第一个 GPU 上。如果你的机器有多个 GPU，那么可以指定要将张量转移到哪个 GPU 上。这可以通过在传输命令中指定设备 ID 来实现，比如使用`.to("cuda:0")`、`.to("cuda:1")`等命令。

然而，所有的张量必须位于同一个设备上。否则，如果一个张量位于 CPU，另一个张量位于 GPU，计算就会失败：

```
tensor_1 = tensor_1.to("cpu")
print(tensor_1 + tensor_2)
```

结果如下所示：

```
RuntimeError      Traceback (most recent call last)
<ipython-input-7-4ff3c4d20fc3> in <cell line: 2>()
      1 tensor_1 = tensor_1.to("cpu")
----> 2 print(tensor_1 + tensor_2)
RuntimeError: Expected all tensors to be on the same device, but found at
least two devices, cuda:0 and cpu!
```

总之，只需要将张量传输到同一个 GPU 设备上，PyTorch 会处理其余的工作。

A.9.2　单个 GPU 训练

我们已经熟悉了将张量传输到 GPU 的过程，现在可以修改训练循环以在 GPU 上运行。这一步仅需要更改 3 行代码，如代码清单 A-11 所示。

代码清单 A-11　GPU 上的训练循环

```
torch.manual_seed(123)
model = NeuralNetwork(num_inputs=2, num_outputs=2)

device = torch.device("cuda")          <-- 定义一个默认使用GPU 的设备变量
model = model.to(device)               <-- 将模型转移到GPU 上

optimizer = torch.optim.SGD(model.parameters(), lr=0.5)

num_epochs = 3

for epoch in range(num_epochs):

    model.train()
    for batch_idx, (features, labels) in enumerate(train_loader):
        features, labels = features.to(device), labels.to(device)   <-- 将数据转移到GPU 上
        logits = model(features)
        loss = F.cross_entropy(logits, labels) # Loss function

        optimizer.zero_grad()
        loss.backward()
        optimizer.step()

        ### LOGGING
        print(f"Epoch: {epoch+1:03d}/{num_epochs:03d}"
              f" | Batch {batch_idx:03d}/{len(train_loader):03d}"
              f" | Train/Val Loss: {loss:.2f}")

    model.eval()
    # 插入可选的模型评估代码
```

运行上述代码将输出以下内容，类似于在 CPU 上获得的结果（参见 A.7 节）：

```
Epoch: 001/003 | Batch 000/002 | Train/Val Loss: 0.75
Epoch: 001/003 | Batch 001/002 | Train/Val Loss: 0.65
Epoch: 002/003 | Batch 000/002 | Train/Val Loss: 0.44
Epoch: 002/003 | Batch 001/002 | Train/Val Loss: 0.13
Epoch: 003/003 | Batch 000/002 | Train/Val Loss: 0.03
Epoch: 003/003 | Batch 001/002 | Train/Val Loss: 0.00
```

可以使用`.to("cuda")`来代替 `device = torch.device("cuda")`。将张量传输到`"cuda"`而不是 `torch.device("cuda")`也可以工作，并且更简洁（参见 A.9.1 节）。还可以修改该语句，这样即使没有 GPU，代码也能在 CPU 上执行。这被认为是分享 PyTorch 代码时的最佳实践：

```
device = torch.device("cuda" if torch.cuda.is_available() else "cpu")
```

在当前修改后的训练循环中，由于从 CPU 转移到 GPU 的内存传输成本，我们可能不会看到速度的提升。然而，我们可以期待在训练深度神经网络，尤其是大语言模型时，会有显著的速度提升。

macOS 上的 PyTorch

如果使用的是带有 Apple Silicon 芯片（如 M1、M2、M3 或更新型号）的 Apple Mac，而不是带有 NVIDIA GPU 的计算机，你可以将以下代码

```
device = torch.device("cuda" if torch.cuda.is_available() else "cpu")
```

更改为

```
device = torch.device(
    "mps" if torch.backends.mps.is_available() else "cpu"
)
```

来充分利用该芯片的优势。

练习 A.4

比较矩阵乘法在 CPU 和 GPU 上的运行时间。在多大尺寸的矩阵上，你开始看到 GPU 上的矩阵乘法比 CPU 上的矩阵乘法更快？（提示：在 Jupyter Notebook 中使用`%timeit`命令来比较运行时间。例如，对于矩阵 `a` 和 `b`，在新的笔记本单元中运行命令`%timeit a @ b`。）

A.9.3 使用多个 GPU 训练

分布式训练的概念是将模型训练分配到多个 GPU 和机器上。为什么要这样做？虽然在单个 GPU 或机器上训练模型是可行的，但这个过程可能会非常耗时。通过将训练过程分布到多台机器上（每台机器可能有多个 GPU），可以显著减少训练时间。这在模型开发的实验阶段尤为重要，因为可能需要进行大量训练迭代来微调模型参数和架构。

注意 本书并不要求访问或使用多个 GPU。本节内容是为那些对 PyTorch 中的多 GPU 计算工作原理感兴趣的读者准备的。

让我们从分布式训练最基础的案例开始：PyTorch 的分布式数据并行（`DistributedDataParallel`，DDP）策略。DDP 通过将输入数据分割到可用设备上并同时处理这些数据子集来实现并行化。

这是如何工作的呢？PyTorch 会在每个 GPU 上启动一个独立的进程，每个进程都会接收并保存一份模型副本，这些副本在训练过程中会进行同步。假设有两个 GPU，我们想要用它们来训练一个神经网络，如图 A-12 所示。

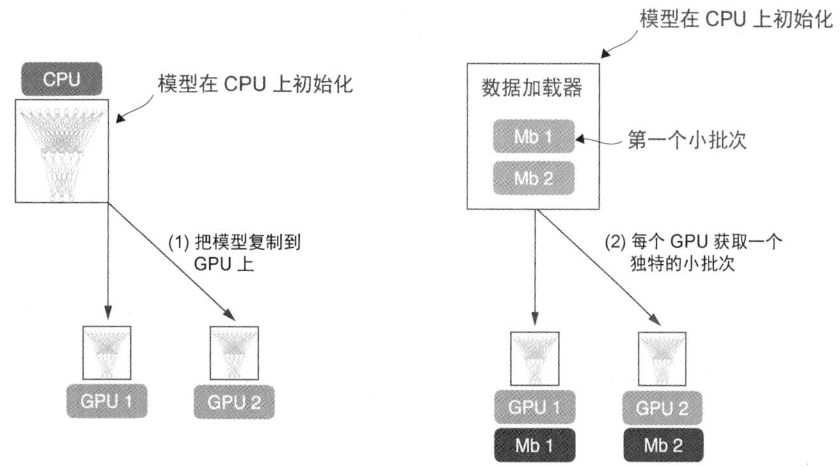

图 A-12 在 DDP 中，模型和数据的传输涉及两个关键步骤。首先，在每个 GPU 上创建模型的副本。然后，将输入数据划分为独特的小批次，分别传递给每个模型副本

每个 GPU 都会接收到一份模型副本。然后，在每次训练迭代中，每个模型都会从数据加载器中接收一个小批次（或简称“批次”）数据。可以使用 `DistributedSampler` 来确保在使用 DDP 时，每个 GPU 接收到的批次不同且不重叠。

由于每个模型副本会看到不同的训练数据样本，因此模型副本在反向传播时将返回不同的 logits 并计算出不同的梯度。然后，这些梯度在训练过程中会被平均和同步，以便更新模型。通过这种方式，可以确保模型不会出现分歧，如图 A-13 所示。

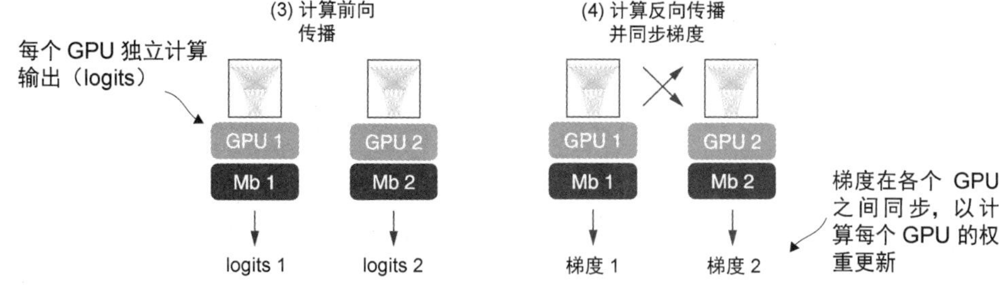

图 A-13 在 DDP 中，前向传播和反向传播在每个 GPU 上独立执行，各自处理其对应的数据子集。一旦前向传播和反向传播完成，每个 GPU 上各个模型副本的梯度会在所有 GPU 之间同步。这可以确保每个模型副本具有相同的更新权重

使用 DDP 的好处在于，与单个 GPU 相比，它能够更快地处理数据集。除去设备之间由于使用 DDP 而产生的少量通信开销，理论上使用两个 GPU 可以将训练一轮的时间缩短一半。时间效率会随着 GPU 数量的增加而提高，如果有 8 个 GPU，那么可以将一轮的处理速度提高 8 倍，以此类推。

注意　DDP 在交互式 Python 环境（如 Jupyter Notebook）中无法正常运行，因为这些环境处理多进程的方式与独立的 Python 脚本不同。因此，代码清单 A-12 的代码应作为脚本执行，而不是在像 Jupyter 这样的笔记本接口中运行。DDP 需要生成多个进程，每个进程都应有自己的 Python 解释器实例。

现在让我们看看这在实践中是如何工作的。为简洁起见，我们将专注于需要为 DDP 训练调整的核心代码部分。然而，如果你想要在自己的多 GPU 机器或自选的云实例上运行代码，那么应该使用本书 GitHub 仓库中提供的独立脚本。

首先，导入一些用于分布式训练的 PyTorch 附加子模块、类和函数，如代码清单 A-12 所示。

代码清单 A-12　用于分布式训练的 PyTorch 工具

```
import torch.multiprocessing as mp
from torch.utils.data.distributed import DistributedSampler
from torch.nn.parallel import DistributedDataParallel as DDP
from torch.distributed import init_process_group, destroy_process_group
```

在深入讨论使训练与 DDP 兼容的更改之前，先简要回顾一下与 `DistributedDataParallel` 类一起使用的这些新导入的工具的原理和用途。

PyTorch 的 `multiprocessing` 子模块包含诸如 `multiprocessing.spawn` 之类的函数，我们将使用这些函数来生成多个进程，然后再并行地将一个函数应用于多个输入。我们将为每个 GPU 生成一个训练进程。如果想要为训练生成多个进程，则需要用一种方法将数据集划分给这些不同的进程。为此，可以使用 `DistributedSampler`。

`init_process_group` 和 `destroy_process_group` 用于初始化和退出分布式训练模式。`init_process_group` 函数应在训练脚本开始时调用，以初始化分布式设置中每个进程的进程组，而 `destroy_process_group` 应在训练脚本结束时调用，以销毁给定的进程组并释放其资源。代码清单 A-13 展示了这些新组件如何用于实现我们之前实现的 `NeuralNetwork` 模型的 DDP 训练。

代码清单 A-13　使用 `DistributedDataParallel` 策略进行模型训练

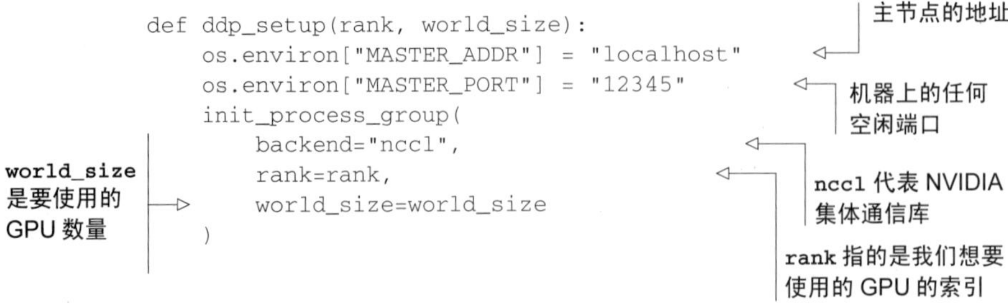

```
def ddp_setup(rank, world_size):
    os.environ["MASTER_ADDR"] = "localhost"
    os.environ["MASTER_PORT"] = "12345"
    init_process_group(
        backend="nccl",
        rank=rank,
        world_size=world_size
    )
```

```
    torch.cuda.set_device(rank)        ◁— 设置当前的 GPU 设备，以便在
                                          其上分配张量并执行操作
def prepare_dataset():
    # 插入数据集准备代码
    train_loader = DataLoader(
        dataset=train_ds,
        batch_size=2,
        shuffle=False,                 ◁— DistributedSampler 现在负责打乱数据
        pin_memory=True,               ◁— 在 GPU 上训练时启用更快的内存传输
        drop_last=True,
        sampler=DistributedSampler(train_ds)   ◁— 将数据集分割成不同且
    )                                             不重叠的子集，以供每个
    return train_loader, test_loader              进程（GPU）使用

def main(rank, world_size, num_epochs):    ◁— 运行模型训练的主函数
    ddp_setup(rank, world_size)
    train_loader, test_loader = prepare_dataset()
    model = NeuralNetwork(num_inputs=2, num_outputs=2)
    model.to(rank)
    optimizer = torch.optim.SGD(model.parameters(), lr=0.5)
    model = DDP(model, device_ids=[rank])
    for epoch in range(num_epochs):
        for features, labels in train_loader:
                features, labels = features.to(rank), labels.to(rank)   ◁— rank 是 GPU 的 ID
                # 插入模型预测和反向传播代码
                print(f"[GPU{rank}] Epoch: {epoch+1:03d}/{num_epochs:03d}"
                      f" | Batchsize {labels.shape[0]:03d}"
                      f" | Train/Val Loss: {loss:.2f}")

    model.eval()
    train_acc = compute_accuracy(model, train_loader, device=rank)
    print(f"[GPU{rank}] Training accuracy", train_acc)
    test_acc = compute_accuracy(model, test_loader, device=rank)
    print(f"[GPU{rank}] Test accuracy", test_acc)
    destroy_process_group()            ◁— 清理资源分配

if __name__ == "__main__":
    print("Number of GPUs available:", torch.cuda.device_count())
    torch.manual_seed(123)
    num_epochs = 3
    world_size = torch.cuda.device_count()
    mp.spawn(main, args=(world_size, num_epochs), nprocs=world_size)   ◁— 使用多个进程启动主函数，其中 nprocs=world_size
                                                                           意味着每个 GPU 一个进程
```

在运行这段代码之前，除了前面的注释外，让我们总结一下它的工作原理。最后的`__name__ == "__main__"`子句包含当我们以 Python 脚本形式运行代码而不是将其作为模块导入时执行的代码。

该代码首先使用`torch.cuda.device_count()`打印可用 GPU 的数量，设置随机种子以确保可重复性，然后使用 PyTorch 的 `multiprocessing.spawn` 函数生成新进程。这里，`spawn`

函数为每个 GPU 启动一个进程，设置 nproces=world_size，其中 world_size 是可用 GPU 的数量。这个 spawn 函数会启动我们在同一脚本中定义的主函数，并通过 args 提供一些额外的参数。请注意，主函数有一个 rank 参数，我们在 mp.spawn()调用中并未包含它。这是因为 rank（我们用作 GPU ID 的进程 ID）已经自动传递了。

主函数通过 ddp_setup（我们定义的另一个函数）设置分布式环境、加载训练集和测试集、设置模型，并执行训练。与单个 GPU 训练（参见 A.9.2 节）相比，现在我们通过.to(rank)将模型和数据传输到目标设备，其中 rank 用于指代 GPU 设备 ID。此外，我们通过 DDP 封装模型，从而在训练期间实现不同 GPU 之间梯度的同步。训练完成后，我们评估模型，使用 destroy_process_group()来干净地退出分布式训练并释放已分配的资源。

之前我们提到过，每个 GPU 将接收不同的训练数据子样本。为确保这一点，我们在训练加载器中设置 sampler=DistributedSampler(train_ds)。

最后一个要讨论的函数是 ddp_setup。它设置主节点的地址和端口以便不同进程之间进行通信、使用 NCCL 后端（专为 GPU 之间的通信设计）初始化进程组，并设置 rank（进程标识符）和 world_size（进程总数）。最后，它指定与当前模型训练进程 rank 相对应的 GPU 设备。

在多 GPU 机器上选择可用的 GPU

如果你希望在多 GPU 机器上限制用于训练的 GPU 数量，那么最简单的方法是使用 CUDA_VISIBLE_DEVICES 环境变量。假设你的机器有多个 GPU，而你只想使用一个 GPU，比如索引为 0 的 GPU。你可以从终端运行以下代码，而不是使用 python some_script.py：

```
CUDA_VISIBLE_DEVICES=0 python some_script.py
```

或者，如果你的机器有 4 个 GPU，而你只想使用第一个和第三个 GPU，那么可以使用：

```
CUDA_VISIBLE_DEVICES=0,2 python some_script.py
```

以这种方式设置 CUDA_VISIBLE_DEVICES 是一种简单有效的管理 GPU 分配的方法，无须修改 PyTorch 脚本。

现在，运行这段代码，来看一下它在实际中是如何工作的，方法是从终端以脚本形式启动代码：

```
python ch02-DDP-script.py
```

请注意，它应该在单 GPU 和多 GPU 机器上都能正常工作。如果在单 GPU 机器上运行这段代码，那么应该可以看到以下输出：

```
PyTorch version: 2.2.1+cu117
CUDA available: True
```

```
Number of GPUs available: 1
[GPU0] Epoch: 001/003 | Batchsize 002 | Train/Val Loss: 0.62
[GPU0] Epoch: 001/003 | Batchsize 002 | Train/Val Loss: 0.32
[GPU0] Epoch: 002/003 | Batchsize 002 | Train/Val Loss: 0.11
[GPU0] Epoch: 002/003 | Batchsize 002 | Train/Val Loss: 0.07
[GPU0] Epoch: 003/003 | Batchsize 002 | Train/Val Loss: 0.02
[GPU0] Epoch: 003/003 | Batchsize 002 | Train/Val Loss: 0.03
[GPU0] Training accuracy 1.0
[GPU0] Test accuracy 1.0
```

代码输出看起来与 A.9.2 节中使用单个 GPU 的情况相似，这是一个很好的有效性检查。

现在，如果在一台有两个 GPU 的机器上运行相同的命令和代码，那么应该可以看到以下结果：

```
PyTorch version: 2.2.1+cu117
CUDA available: True
Number of GPUs available: 2
[GPU1] Epoch: 001/003 | Batchsize 002 | Train/Val Loss: 0.60
[GPU0] Epoch: 001/003 | Batchsize 002 | Train/Val Loss: 0.59
[GPU0] Epoch: 002/003 | Batchsize 002 | Train/Val Loss: 0.16
[GPU1] Epoch: 002/003 | Batchsize 002 | Train/Val Loss: 0.17
[GPU0] Epoch: 003/003 | Batchsize 002 | Train/Val Loss: 0.05
[GPU1] Epoch: 003/003 | Batchsize 002 | Train/Val Loss: 0.05
[GPU1] Training accuracy 1.0
[GPU0] Training accuracy 1.0
[GPU1] Test accuracy 1.0
[GPU0] Test accuracy 1.0
```

正如预期的那样，可以看到一些批次在第一个 GPU（`GPU0`）上处理，而其他批次在第二个 GPU（`GPU1`）上处理。然而，我们在打印训练准确率和测试准确率时看到了重复的输出行。每个进程（换句话说，每个 GPU）独立打印测试准确率。由于 DDP 将模型复制到了每个 GPU，并且每个进程独立运行，因此如果测试循环中有打印语句，那么所有进程都会执行它，从而导致输出行重复。如果这让你感到困扰，那么可以使用每个进程的 `rank` 来控制打印语句：

```
if rank == 0:                                    # 仅在第一个进程中打印
    print("Test accuracy: ", accuracy)
```

简而言之，这就是通过 DDP 进行分布式训练的工作原理。如果你对更多细节感兴趣，建议查看官方 API 文档。

用于多 GPU 训练的可替代 PyTorch API

如果你更喜欢在 PyTorch 中使用更简单的多 GPU 方法，可以考虑使用像开源 Fabric 库这样的附加 API。我在“Accelerating PyTorch Model Training: Using Mixed-Precision and Fully Sharded Data Parallelism”一文中对此进行了介绍。

A.10 小结

- PyTorch 是一个开源库，包含 3 个核心组件：张量库、自动微分函数和深度学习工具。
- PyTorch 的张量库类似于 NumPy 等数组库。
- 在 PyTorch 中，张量是表示标量、向量、矩阵和更高维数组的类数组数据结构。
- PyTorch 张量可以在 CPU 上执行，但 PyTorch 张量格式的一个主要优势是它支持 GPU 加速计算。
- PyTorch 中的自动微分（autograd）功能使我们能够方便地使用反向传播训练神经网络，而无须手动推导梯度。
- PyTorch 的深度学习工具提供了创建自定义深度神经网络的构建块。
- PyTorch 提供了 `Dataset` 类和 `DataLoader` 类来建立高效的数据加载流水线。
- 在 CPU 或单个 GPU 上训练模型是最简单的。
- 如果有多个 GPU 可用，那么使用 `DistributedDataParallel` 是 PyTorch 中加速训练的最简单方式。

附录 B

参考文献和延伸阅读

第 1 章

定制构建的大语言模型能够超越通用大语言模型，彭博社的一个团队通过从零开始使用金融数据对 GPT 进行预训练，证明了这一点。这个定制的大语言模型在金融任务上的表现优于 ChatGPT，同时在通用大语言模型基准中保持了良好的性能：

- "BloombergGPT: A Large Language Model for Finance"（由 Wu Shijie 等人于 2023 年发表）。

同时，现有的大语言模型也可以通过适应和微调来超越通用大语言模型。来自 Google Research 和 Google DeepMind 的团队在医学领域进行了验证：

- "Towards Expert-Level Medical Question Answering with Large Language Models"（由 Karan Singhal 等人于 2023 年发表）。

以下论文提出了原始的 Transformer 架构：

- "Attention Is All You Need"（由 Ashish Vaswani 等人于 2017 年发表）。

关于原始编码器风格的 Transformer，即 BERT，可以参考下述论文：

- "BERT: Pre-training of Deep Bidirectional Transformers for Language Understanding"（由 Jacob Devlin 等人于 2018 年发表）。

以下论文描述了解码器风格的 GPT-3 模型，该模型启发了现代大语言模型，并将在本书中作为从头开始实现大语言模型的模板：

- "Language Models are Few-Shot Learners"（由 Tom B. Brown 等人于 2020 年发表）。

以下论文介绍了用于图像分类的原始视觉 Transformer，表明 Transformer 架构不仅限于文本输入：

- "An Image is Worth 16 × 16 Words: Transformers for Image Recognition at Scale"（由 Alexey Dosovitskiy 等人于 2020 年发表）。

以下实验性（目前尚不流行）的大语言模型架构示例表明，并非所有大语言模型都需要基于 Transformer 架构：

- “RWKV: Reinventing RNNs for the Transformer Era”（由 Bo Peng 等人于 2023 年发表）；
- “Hyena Hierarchy: Towards Larger Convolutional Language Models”（由 Michael Poli 等人于 2023 年发表）；
- “Mamba: Linear-Time Sequence Modeling with Selective State Spaces”（由 Albert Gu 和 Tri Dao 于 2023 年发表）。

Meta AI 的模型是一种流行的类 GPT 模型的实现，与 GPT-3 和 ChatGPT 不同，它是公开可用的：

- “Llama 2: Open Foundation and Fine-Tuned Chat Models”（由 Hugo Touvron 等人于 2023 年发表）。

如果你对 1.5 节中提到的数据集引用感兴趣，可以参考由 Eleuther AI 策划的公开可用的 The Pile 数据集：

- “The Pile: An 800GB Dataset of Diverse Text for Language Modeling”（由 Leo Gao 等人于 2020 年发表）。

以下论文提供了用于微调 GPT-3 的 InstructGPT 的参考，相关内容在 1.6 节中提到过，并在第 7 章中进行了更详细的讨论：

- “Training Language Models to Follow Instructions with Human Feedback”（由 Ouyang Long 等人于 2022 年发表）。

第 2 章

如果你对嵌入空间、潜在空间、向量表示等概念感兴趣，可以在我以下图书的第 1 章中找到更多信息：

- 《大模型技术 30 讲》[①]。

以下论文深入讨论了如何将字节对编码用作分词方法：

- “Neural Machine Translation of Rare Words with Subword Units”（由 Rico Sennrich 等人于 2023 年发表）。

用于训练 GPT-2 的字节对编码分词器的代码已由 OpenAI 开源：

① 该书已由人民邮电出版社图灵公司出版，详见 ituring.com.cn/book/3351。——编者注

- https://github.com/openai/gpt-2/blob/master/src/encoder.py。

OpenAI 提供了一个交互式 Web UI，以演示 GPT 模型中字节对分词器的工作机制：

- https://platform.openai.com/tokenizer。

如果你有兴趣从头开始编码和训练 BPE 分词器，Andrej Karpathy 的 GitHub 仓库 `minbpe` 提供了一个最小且可读的实现：

- “A Minimal Implementation of a BPE Tokenizer”。

如果你有兴趣研究其他流行的大语言模型使用的替代分词方案，可以参考 SentencePiece 和 WordPiece 的相关论文：

- “SentencePiece: A Simple and Language Independent Subword Tokenizer and Detokenizer for Neural Text Processing”（由 Taku Kudo 和 John Richardson 于 2018 年发表）；
- “Fast WordPiece Tokenization”（由 Song Xinying 等人于 2020 年发表）。

第 3 章

如果你对 Bahdanau 注意力机制在 RNN 和语言翻译中的详细研究感兴趣，可以查阅以下论文：

- “Neural Machine Translation by Jointly Learning to Align and Translate”（由 Dzmitry Bahdanau、Kyunghyun Cho 和 Yoshua Bengio 于 2014 年发表）。

自注意力的概念最初是以缩放点积注意力的形式在原始 Transformer 论文中提出的：

- “Attention Is All You Need”（由 Ashish Vaswani 等人于 2017 年发表）。

FlashAttention 是一种高效的自注意力机制实现，通过优化内存访问模式来加速计算过程。FlashAttention 在数学上与标准自注意力机制相同，但优化了计算过程以提高效率：

- “FlashAttention: Fast and Memory-Efficient Exact Attention with IO-Awareness”（由 Tri Dao 等人于 2022 年发表）；
- “FlashAttention-2: Faster Attention with Better Parallelism and Work Partitioning”（由 Tri Dao 于 2023 年发表）。

PyTorch 实现了一个自注意力和因果注意力函数，支持 FlashAttention 以提高效率。该函数目前处于测试阶段，可能会发生变化：

- `scaled_dot_product_attention` 文档。

此外，PyTorch 还基于 `scaled_dot_product` 函数实现了一个高效的 `MultiHeadAttention` 类：

- MultiHeadAttention 文档。

dropout 是一种在神经网络中使用的正则化技术，通过在训练期间随机丢弃神经元及其连接来防止过拟合：

- “Dropout: A Simple Way to Prevent Neural Networks from Overfitting”（由 Nitish Srivastava 等人于 2014 年发表）。

尽管基于缩放点积注意力的多头注意力仍然是实践中最常见的自注意力变体，但在以下论文中，作者发现，在没有值权重矩阵和投影层的情况下也可以实现良好的性能：

- “Simplifying Transformer Blocks”（由 Bobby He 和 Thomas Hofmann 于 2023 年发表）。

第 4 章

以下论文介绍了一种通过归一化隐藏层内神经元的总输入来稳定隐藏状态动态神经网络的技术，相较于之前发布的方法，该方法显著减少了训练时间：

- “Layer Normalization”（由 Jimmy Lei Ba、Jamie Ryan Kiros 和 Geoffrey E. Hinton 于 2016 年发表）。

Post-LayerNorm 用于原始 Transformer 模型，在自注意力和前馈网络之后进行层归一化。相比之下，GPT-2 和较新的大语言模型等采用 Pre-LayerNorm，它们在这些组件之前进行层归一化，这样可以带来更稳定的训练动态，并且在某些情况下已被证明能够提升性能，就像以下论文中讨论的那样：

- “On Layer Normalization in the Transformer Architecture”（由 Xiong Ruibin 等人于 2020 年发表）；
- “ResiDual: Transformer with Dual Residual Connections”（由 Xie Shufang 等人于 2023 年发表）。

现代大语言模型中常用的一个 LayerNorm 变体是 RMSNorm，因为它的计算效率更高。该变体通过仅使用输入的均方根进行归一化简化了归一化过程，无须在平方之前减去均值。这意味着在计算放缩之前，它不会对数据进行中心化操作。RMSNorm 的详细描述见以下论文：

- “Root Mean Square Layer Normalization”（由 Zhang Biao 和 Rico Sennrich 于 2019 年发表）。

高斯误差线性单元（GELU）激活函数结合了经典的 ReLU 激活函数与正态分布的累积分布函数的特性，能够有效建模层输出，在深度学习模型中实现随机正则化和非线性：

- “Gaussian Error Linear Units (GELUs)”（由 Dan Hendricks 和 Kevin Gimpel 于 2016 年发表）。

GPT-2 论文介绍了一系列基于 Transformer 的大语言模型，它们的参数量分别为 1.24 亿、

3.55 亿、7.74 亿和 15 亿：

- “Language Models Are Unsupervised Multitask Learners”（由 Alec Radford 等人于 2019 年发表）。

OpenAI 的 GPT-3 使用了与 GPT-2 基本相同的架构，其最大版本（参数量为 1750 亿）比 GPT-2 的最大版本大 100 倍，并且接受了更多数据的训练。如果你对此感兴趣，可以参考 OpenAI 的 GPT-3 官方论文以及 Lambda Labs 的技术概述，后者提到在单个 RTX 8000 消费级 GPU 上训练 GPT-3 需要 665 年：

- “Language Models are Few-Shot Learners”（由 Tom B. Brown 等人于 2023 年发表）；
- “OpenAI’s GPT-3 Language Model: A Technical Overview”。

NanoGPT 是一个提供简约而高效的 GPT-2 模型（类似于本书中实现的模型）实现的代码库。尽管本书中的代码与 NanoGPT 有所不同，但该库为我们提供了将大型 GPT Python 父类实现重组为更小子模块的思路：

- “NanoGPT, a Repository for Training Medium-Sized GPTs”。

下面这篇内容丰富的博客文章指出，当上下文大小小于 32 000 个词元时，大语言模型中大部分计算是在前馈层而非注意力层中进行的：

- “In the Long (Context) Run”（由 Harm de Vries 发布）。

第 5 章

有关损失函数的详细说明以及应用对数变换以便于数学优化的信息，请参阅我在 YouTube 上的讲座视频：

- L8.2 Logistic Regression Loss Function。

以下讲座和代码示例解释了 PyTorch 的交叉熵函数背后的工作原理：

- L8.7.1 OneHot Encoding and Multi-category Cross Entropy；
- Understanding Onehot Encoding and Cross Entropy in PyTorch。

以下两篇论文详细介绍了用于预训练大语言模型的数据集、超参数和架构细节：

- “Pythia: A Suite for Analyzing Large Language Models Across Training and Scaling”（由 Stella Biderman 等人于 2023 年发表）；
- “OLMo: Accelerating the Science of Language Models”（由 Dirk Groeneveld 等人于 2024 年发表）。

本书提供的以下补充代码包含了准备 60 000 本来自古腾堡计划的公共领域图书用于大语言

模型训练的说明：

- ❑ Pretraining GPT on the Project Gutenberg Dataset。

第 5 章讨论了大语言模型的预训练，附录 D 涵盖了更高级的训练技术，比如线性预热和余弦衰减。以下论文发现，类似的技术可以成功应用于继续预训练已经训练过的大语言模型，并提供了额外的技巧和见解：

- ❑ "Simple and Scalable Strategies to Continually Pre-train Large Language Models"（由 Adam Ibrahim 等人于 2024 年发表）。

BloombergGPT 是一个领域特定的大语言模型示例，它是在通用文本和特定领域（特别是金融领域）文本语料库上训练而成：

- ❑ "BloombergGPT: A Large Language Model for Finance"（由 Wu Shijie 等人于 2023 年发表）。

GaLore 是一个近期的研究项目，旨在提升大语言模型预训练的效率。所需的代码更改简单到只需将训练函数中的 PyTorch `AdamW` 优化器替换为 `galore-torch` Python 包所提供的 `GaLoreAdamW` 优化器即可：

- ❑ "GaLore: Memory-Efficient LLM Training by Gradient Low-Rank Projection"（由 Zhao Jiawei 等人于 2024 年发表）；
- ❑ GaLore 代码存储库。

以下论文和资源共享了公开可用的大语言模型预训练数据集，其中包含数百 GB 到 TB 的文本数据：

- ❑ "Dolma: An Open Corpus of Three Trillion Tokens for LLM Pretraining Research"（由 Luca Soldaini 等人于 2024 年发表）；
- ❑ "The Pile：An 800GB Dataset of Diverse Text for Language Modeling"（由 Leo Gao 等人于 2020 年发表）；
- ❑ "The RefinedWeb Dataset for Falcon LLM: Outperforming Curated Corpora with Web Data, and Web Data Only"（由 Guilherme Penedo 等人于 2023 年发表）；
- ❑ "RedPajama"（作者：Together AI）；
- ❑ FineWeb 数据集，其中包括来自 CommonCrawl 的超过 15 万亿个词元的经过清理和去重的英文网页数据。

以下是最初介绍 Top-*k* 采样的论文：

- ❑ "Hierarchical Neural Story Generation"（由 Angela Fan 等人于 2018 年发表）。

Top-*k* 采样的另一种选择是 Top-*p* 采样（第 5 章中未介绍）。Top-*p* 采样从累积概率超过阈值 *p*

的最小 Top 词元集合中进行选择，而 Top-*k* 采样按概率从 Top *k* 个词元中进行选择：

- Top-*p* 采样（https://en.wikipedia.org/wiki/Top-p_sampling）。

束搜索（第 5 章中未介绍）是一种替代解码算法，通过在每一步仅保留分数最高的部分序列来生成输出序列，以平衡效率和质量：

- "Diverse Beam Search: Decoding Diverse Solutions from Neural Sequence Models"（由 Ashwin K Vijayakumar 等人于 2016 年发表）。

第 6 章

以下是讨论不同类型的微调的其他资源：

- "Using and Finetuning Pretrained Transformers"；
- "Finetuning Large Language Models"。

其他实验，包括对第一个输出词元与最后一个输出词元进行微调的比较，可以在本书的补充代码材料中找到：

- Additional Classification Finetuning Experiments。

对于二元分类任务（如垃圾邮件分类），技术上可以仅使用单个（而不是两个）输出节点，正如我在以下文章中讨论的那样：

- "Losses Learned—Optimizing Negative Log-Likelihood and Cross-Entropy in PyTorch"。

可以在以下文章中找到有关微调大语言模型不同层的其他实验。该文章表明，除了输出层，微调最后一个 Transformer 块也可以显著提升预测性能：

- "Finetuning Large Language Models"。

可以在不平衡学习文档中找到处理不平衡分类数据集的其他资源和信息：

- Imbalanced-Learn User Guide。

如果你对对垃圾邮件而非垃圾信息进行分类感兴趣，可以参考以下资源。它以非常方便的 CSV 格式（类似于第 6 章中使用的数据集格式）提供了大型垃圾邮件分类数据集：

- Email Spam Classification Dataset。

GPT-2 是基于 Transformer 架构的解码器模块，其主要目的是生成新文本。作为替代方案，基于编码器的模型（如 BERT 和 RoBERTa）可以有效地完成分类任务：

- "BERT: Pre-training of Deep Bidirectional Transformers for Language Understanding"（由 Jacob Devlin 等人于 2018 年发表）；

- "RoBERTa: A Robustly Optimized BERT Pretraining Approach"（由 Liu Yinhan 等人于 2019 年发表）；
- "Additional Experiments Classifying the Sentiment of 50k IMDB Movie Reviews"。

最近的研究表明，通过在分类微调期间去除因果掩码以及其他修改，可以进一步提升分类性能：

- "Label Supervised LLaMA Finetuning"（由 Li Zongxi 等人于 2023 年发表）；
- "LLM2Vec: Large Language Models Are Secretly Powerful Text Encoders"（由 Parishad BehnamGhader 等人于 2024 年发表）。

第 7 章

用于指令微调的 Alpaca 数据集包含 52 000 个指令-响应对，是第一个也是最流行的公开指令微调数据集之一：

- "Stanford Alpaca: An Instruction-Following Llama Model"。

以下是适用于指令微调的其他可公开访问的数据集。

- LIMA
  - 如果想获取更多信息，请参考论文"LIMA: Less Is More for Alignment"（由 Zhou Chunting 等人于 2023 年发表）。
- UltraChat
  - 一个包含 805 000 个指令-响应对的大规模数据集。如果想获取更多信息，请参考论文"Enhancing Chat Language Models by Scaling Highquality Instructional Conversations"（由 Ning Ding 等人于 2023 年发表）。
- Alpaca GPT4
  - 类似于 Alpaca 的数据集，包含使用 GPT-4 而不是 GPT-3.5 生成的 52 000 个指令-回复对。

Phi-3 是一个参数量为 38 亿的模型，据报道，其指令微调变体可与更大的专有模型（如 GPT-3.5）相媲美：

- "Phi-3 Technical Report: A Highly Capable Language Model Locally on Your Phone"（由 Marah Abdin 等人于 2024 年发表）。

研究人员提出了一种合成指令数据生成方法，利用经过指令微调的 Llama 3 模型生成了 300 000 个高质量的指令-响应对。经过微调的预训练 Llama 3 基础模型在性能上与原始指令微调的 Llama 3 模型相当：

- "Magpie: Alignment Data Synthesis from Scratch by Prompting Aligned LLMs with Nothing"（由 Xu Zhangchen 等人于 2024 年发表）。

研究表明，在指令微调过程中不对指令和输入进行掩码，能够有效提升在多种自然语言处理任务和开放式生成基准上的表现，尤其是当训练数据集中包含长指令和短输出或仅使用少量训练样本时：

- "Instruction Tuning with Loss Over Instructions"（由 Shi Zhengyan 等人于 2024 年发表）。

Prometheus 和 PHUDGE 是公开可用的大语言模型，在可定制的标准评估长格式响应方面与 GPT-4 相当。然而，由于在撰写本书时，Ollama 不支持这两个模型，导致其无法在笔记本电脑上高效执行，因此我们未使用它们：

- "Prometheus: Inducing Finegrained Evaluation Capability in Language Models"（由 Seungone Kim 等人于 2023 年发表）；
- "PHUDGE: Phi-3 as Scalable Judge"（由 Mahesh Deshwal 和 Apoorva Chawla 于 2024 年发表）；
- "Prometheus 2: An Open Source Language Model Specialized in Evaluating Other Language Models"（由 Seungone Kim 等人于 2024 年发表）。

以下论文的结果支持这样的观点：大语言模型主要在预训练期间获取事实知识，而微调主要提高其利用这些知识的效率。此外，本研究探讨了使用新事实信息微调大语言模型对其使用已有知识能力的影响，揭示出模型学习新事实的速度较慢，并且在微调过程中引入新知识会增加模型生成错误信息的倾向：

- "Does Fine-Tuning LLMs on New Knowledge Encourage Hallucinations?"（由 Zorik Gekhman 等人于 2024 年发表）。

偏好微调是指令微调之后的一个可选步骤，旨在使大语言模型更符合人类偏好。以下文章提供了有关此过程的更多信息：

- "LLM Training: RLHF and Its Alternatives"；
- "Tips for LLM Pretraining and Evaluating Reward Models"。

附录 A

虽然附录 A 足以让你快速上手，但如果你希望获得更全面的深度学习介绍，我推荐阅读以下图书：

- 《Python 机器学习：基于 PyTorch 和 Scikit-Learn》（作者：Sebastian Raschka、Hayden Liu 和 Vahid Mirjalili）；
- 《PyTorch 深度学习实战》（作者：Eli Stevens、Luca Antiga 和 Thomas Viehmann）。

为了更全面地介绍张量的概念，你可以在 YouTube 上查看我录制的 15 分钟视频教程：

- Lecture 4.1: Tensors in Deep Learning。

如果你想了解更多关于机器学习中模型评估的内容，推荐阅读我的下面这篇文章：

- "Model Evaluation, Model Selection, and Algorithm Selection in Machine Learning"。

如果你有兴趣复习或简单了解微积分，可以到我的网站上免费获取一章关于微积分的内容：

- Introduction to Calculus。

为什么 PyTorch 不会在后台自动调用 `optimization.zero_grad()`？在某些情况下，可能需要累积梯度，PyTorch 允许我们进行这种选择。如果你想了解更多关于梯度累积的信息，请参阅我的下面这篇文章：

- "Finetuning Large Language Models on a Single GPU Using Gradient Accumulation"。

本附录介绍了 DDP，这是一种跨多个 GPU 训练深度学习模型的流行方法。对于那些单个模型无法适合 GPU 的更高级用例，还可以考虑使用 PyTorch 的完全分片数据并行（FSDP）方法，该方法执行分布式数据并行并将大型层分布在不同的 GPU 上。有关更多信息，请参阅此概述以及 API 文档的更多链接：

- "Introducing PyTorch Fully Sharded Data Parallel (FSDP) API"。

附录 C

练习的解决方案

关于练习答案的完整代码示例可以在本书的 GitHub 代码仓库中找到。

第 2 章

练习 2.1

可以通过每次只使用一个字符串作为分词器编码函数的输入来获取对应的单个词元 ID：

```
print(tokenizer.encode("Ak"))
print(tokenizer.encode("w"))
# ...
```

这将打印如下内容。

```
[33901]
[86]
# ...
```

接下来，也可以通过下面的代码来恢复原来的字符串：

```
print(tokenizer.decode([33901, 86, 343, 86, 220, e5e]))
```

这将返回如下内容。

```
'Akwirw ier'
```

练习 2.2

使用 `max_length=2, stride=2` 选项的数据加载器的代码：

```
dataloader = create_dataloader(
    raw_text, batch_size=4, max_length=2, stride=2
)
```

会产生如下形式的批次数据。

```
tensor([[  40,  367],
        [2885, 1464],
```

```
        [1807, 3619],
        [ 402,  271]])
```

使用 max_length=8, stride=2 选项的第二个数据加载器的代码：

```
dataloader = create_dataloader(
    raw_text, batch_size=4, max_length=8, stride=2
)
```

产生的示例批次数据如下所示。

```
tensor([[   40,   367,  2885,  1464,  1807,  3619,   402,   271],
        [ 2885,  1464,  1807,  3619,   402,   271, 10899,  2138],
        [ 1807,  3619,   402,   271, 10899,  2138,   257,  7026],
        [  402,   271, 10899,  2138,   257,  7026, 15632,   438]])
```

第 3 章

练习 3.1

正确的权重赋值的代码如下所示。

```
sa_v1.W_query = torch.nn.Parameter(sa_v2.W_query.weight.T)
sa_v1.W_key = torch.nn.Parameter(sa_v2.W_key.weight.T)
sa_v1.W_value = torch.nn.Parameter(sa_v2.W_value.weight.T)
```

练习 3.2

为了让输出的维度变为 2（类似于我们在单头注意力中所做的那样），需要把投影的维度从 d_out 改成 1。

```
d_out = 1
mha = MultiHeadAttentionWrapper(d_in, d_out, block_size, 0.0, num_heads=2)
```

练习 3.3

最小的 GPT-2 模型的初始化代码如下所示。

```
block_size = 1024
d_in, d_out = 768, 768
num_heads = 12
mha = MultiHeadAttention(d_in, d_out, block_size, 0.0, num_heads)
```

第 4 章

练习 4.1

可以通过以下方式分别计算前馈模块和注意力模块中的参数量：

```
block = TransformerBlock(GPT_CONFIG_124M)

total_params = sum(p.numel() for p in block.ff.parameters())
```

```
print(f"Total number of parameters in feed forward module: {total_params:,}")

total_params = sum(p.numel() for p in block.att.parameters())
print(f"Total number of parameters in attention module: {total_params:,}")
```

可以看到，前馈模块的参数量大约是注意力模块的两倍。

```
Total number of parameters in feed forward module: 4,722,432
Total number of parameters in attention module: 2,360,064
```

练习 4.2

为了实例化其他大小的 GPT 模型，可以通过以下方式修改配置字典（此处以 GPT-2 xl 为例）：

```
GPT_CONFIG = GPT_CONFIG_124M.copy()
GPT_CONFIG["emb_dim"] = 1600
GPT_CONFIG["n_layers"] = 48
GPT_CONFIG["n_heads"] = 25
model = GPTModel(GPT_CONFIG)
```

接着，复用 4.6 节的代码，可以计算出当前模型的参数量和显存需求。

```
gpt2-xl:
Total number of parameters: 1,637,792,000
Number of trainable parameters considering weight tying: 1,557,380,800
Total size of the model: 6247.68 MB
```

练习 4.3

在第 4 章中，我们在 3 个地方使用了 dropout 层：嵌入层、快捷连接层和多头注意力模块。可以通过在配置文件中分别设置每层的 dropout 率，然后相应地调整代码实现来控制这些层的 dropout 率。

修改后的配置如下所示：

```
GPT_CONFIG_124M = {
    "vocab_size": 50257,
    "context_length": 1024,
    "emb_dim": 768,
    "n_heads": 12,
    "n_layers": 12,
    "drop_rate_attn": 0.1,        <-- 多头注意力的dropout
    "drop_rate_shortcut": 0.1,    <-- 快捷连接的dropout
    "drop_rate_emb": 0.1,         <-- 嵌入层的dropout
    "qkv_bias": False
}
```

修改后的 `TransformerBlock` 和 `GPTModel` 如下所示。

```
class TransformerBlock(nn.Module):
    def __init__(self, cfg):
```

```
        super().__init__()
        self.att = MultiHeadAttention(
            d_in=cfg["emb_dim"],
            d_out=cfg["emb_dim"],
            context_length=cfg["context_length"],
            num_heads=cfg["n_heads"],
            dropout=cfg["drop_rate_attn"],        ◁ 多头注意力的 dropout
            qkv_bias=cfg["qkv_bias"])
        self.ff = FeedForward(cfg)
        self.norm1 = LayerNorm(cfg["emb_dim"])
        self.norm2 = LayerNorm(cfg["emb_dim"])
        self.drop_shortcut = nn.Dropout(          快捷连接的 dropout
            cfg["drop_rate_shortcut"]
        )

    def forward(self, x):
        shortcut = x
        x = self.norm1(x)
        x = self.att(x)
        x = self.drop_shortcut(x)
        x = x + shortcut

        shortcut = x
        x = self.norm2(x)
        x = self.ff(x)
        x = self.drop_shortcut(x)
        x = x + shortcut
        return x


class GPTModel(nn.Module):
    def __init__(self, cfg):
        super().__init__()
        self.tok_emb = nn.Embedding(
            cfg["vocab_size"], cfg["emb_dim"]
        )
        self.pos_emb = nn.Embedding(
            cfg["context_length"], cfg["emb_dim"]
        )
        self.drop_emb = nn.Dropout(cfg["drop_rate_emb"])    ◁ 嵌入层的 dropout
        self.trf_blocks = nn.Sequential(
            *[TransformerBlock(cfg) for _ in range(cfg["n_layers"])])

        self.final_norm = LayerNorm(cfg["emb_dim"])
        self.out_head = nn.Linear(
            cfg["emb_dim"], cfg["vocab_size"], bias=False
        )

    def forward(self, in_idx):
        batch_size, seq_len = in_idx.shape
        tok_embeds = self.tok_emb(in_idx)
        pos_embeds = self.pos_emb(
            torch.arange(seq_len, device=in_idx.device)
        )
```

```
        x = tok_embeds + pos_embeds
        x = self.drop_emb(x)
        x = self.trf_blocks(x)
        x = self.final_norm(x)
        logits = self.out_head(x)
        return logits
```

第 5 章

练习 5.1

可以使用本节定义的 print_sampled_tokens 函数来打印词元（或单词）pizza 被采样的次数。让我们从 5.3.1 节中定义的代码开始。

当温度设置为 0 或 0.1 时，词元 pizza 被采样 0 次；而当温度调高到 5 时，它被采样 32 次。因此，我们可以估算出它被采样的概率为 32/1000 × 100% = 3.2%，而其真正的概率是 4.3%，可以在缩放的 softmax 概率张量（scaled_probas[2][6]）中找到。

练习 5.2

当需要对大语言模型输出的多样性和随机性进行调整时，一般要设置 Top-k 采样和温度缩放系数。

当使用相对较小的 Top-k 值（比如小于 10）且温度低于 1 时，模型的输出会变得不那么随机，而是更具确定性。在这种设置下，模型生成的文本更加可预测、连贯，并且更接近训练数据中最可能的结果。

这种低 k 值和低温度设置的应用场景主要包括正式文件或报告，此时清晰度和准确性是最重要的。其他应用示例包括强调精确性的任务，比如技术分析或代码生成等。此外，问答和教育内容同样需要准确的答案，因此低于 1 的温度设置非常有帮助。

相反，较大的 Top-k 值（比如 20 到 40 的范围）和温度高于 1 的设置在使用大语言模型进行头脑风暴或创作创意内容（如小说）时会更加有效。

练习 5.3

有多种方法可以使 generate 函数的输出变得确定。

(1) 将 top_k 设置为 None，并且不进行温度缩放。

(2) 将 top_k 设置为 1。

练习 5.4

总的来说，需要加载本章中保存的模型和优化器：

```
checkpoint = torch.load("model_and_optimizer.pth")
model = GPTModel(GPT_CONFIG_124M)
model.load_state_dict(checkpoint["model_state_dict"])
optimizer = torch.optim.AdamW(model.parameters(), lr=5e-4, weight_decay=0.1)
optimizer.load_state_dict(checkpoint["optimizer_state_dict"])
```

接下来，调用 `train_simple_function` 函数，并将 `num_epochs` 设置为 `1`，以便对模型进行另一轮的训练。

练习 5.5

可以使用下面的代码来计算 `GPTModel` 的训练集损失和验证集损失：

```
train_loss = calc_loss_loader(train_loader, gpt, device)
val_loss = calc_loss_loader(val_loader, gpt, device)
```

在参数量为 1.24 亿的模型上的损失如下所示。

```
Training loss: 3.754748503367106
Validation loss: 3.559617757797241
```

主要观察结果是训练集和验证集的性能相近。这可能有多种原因。

(1) “The Verdict” 并未包含在 OpenAI 训练的 GPT-2 的预训练数据集中。因此，模型并没有显著地过拟合训练集，而是在 “The Verdict” 的训练集和验证集上表现得同样出色。（验证集的损失略低于训练集的损失，这在深度学习中比较少见。然而，这可能是由于随机噪声造成的，因为数据集相对较小。实际上，如果没有过拟合，训练集和验证集的性能应该大致相同。）

(2) “The Verdict” 是 GPT-2 训练数据集的一部分。在这种情况下，我们无法判断模型是否对训练数据过拟合，因为验证集也可能用于训练。为了评估过拟合的程度，需要找一个在 OpenAI 完成 GPT-2 训练后生成的新数据集，以确保它不可能是预训练数据的一部分。

练习 5.6

在本章中，我们测试了最小的 GPT-2 模型，其参数量仅为 1.24 亿。这样做是为了尽可能降低资源需求。不过，你可以通过非常小的代码更改轻松尝试更大的模型。如果要从加载 1.24 亿的模型变成加载 15.88 亿的模型，那么只需更改以下两行代码：

```
hparams, params = download_and_load_gpt2(model_size="124M", models_dir="gpt2")
model_name = "gpt2-small (124M)"
```

更新后的代码如下所示。

```
hparams, params = download_and_load_gpt2(model_size="1558M", models_dir="gpt2")
model_name = "gpt2-xl (1558M)"
```

第 6 章

练习 6.1

可以通过在初始化数据集时将最大长度设置为 max_length = 1024 来将输入填充到模型支持的最大词元数量：

```
train_dataset = SpamDataset(..., max_length=1024, ...)
val_dataset = SpamDataset(..., max_length=1024, ...)
test_dataset = SpamDataset(..., max_length=1024, ...)
```

然而，额外的填充会导致测试集的准确率骤降到 78.33%（相对于 6.7 节中的 95.67%）。

练习 6.2

可以通过删除下面的代码来选择微调整个模型而不只是最后一个 Transformer 块：

```
for param in model.parameters():
    param.requires_grad = False
```

这个改动会让测试集的准确率提升 1%，达到 96.67%（相对于 6.7 节中的 95.67%）。

练习 6.3

除了最后一个输出词元，也可以选择微调第一个输出词元，只需把代码中任何出现 model(input_batch)[:, -1, :]的位置改为 model(input_batch)[:, 0, :]即可。

正如预期的那样，因为第一个输出词元比最后一个输出词元包含的信息要少，所以这个改动会导致测试集准确率显著下降到 75%（相对于 6.7 节中的 95.67%）。

第 7 章

练习 7.1

如图 7-4 所示，在给定一个样本输入后，Phi-3 的提示词风格是下面这样的：

```
<|user|>
Identify the correct spelling of the following word: 'Occasion'

<|assistant|>
The correct spelling is 'Occasion'.
```

为了用上这个模板，可以像下面这样修改 format_input 函数：

```
def format_input(entry):
    instruction_text = (
        f"<|user|>\n{entry['instruction']}"
    )
```

```
    input_text = f"\n{entry['input']}" if entry["input"] else ""
    return instruction_text + input_text
```

最后，当收集测试集上的回复时，还必须更新从生成的回复中提取的方式：

```
for i, entry in tqdm(enumerate(test_data), total=len(test_data)):
    input_text = format_input(entry)
    tokenizer=tokenizer
    token_ids = generate(
        model=model,
        idx=text_to_token_ids(input_text, tokenizer).to(device),
        max_new_tokens=256,
        context_size=BASE_CONFIG["context_length"],
        eos_id=50256
    )
    generated_text = token_ids_to_text(token_ids, tokenizer)
    response_text = (                                    # 改动：将### Response
        generated_text[len(input_text):]                 # 改为<|assistant|>
        .replace("<|assistant|>:", "")
        .strip()
    )
    test_data[i]["model_response"] = response_text
```

使用 Phi-3 模板对模型进行微调比使用 Alpaca 速度大约快 17%，因为模型的输入更短了。最终的分数接近 50，和使用 Alpaca 提示词风格时的分数差不多。

练习 7.2

为了掩码指令，如图 7-13 所示，需要对 `InstructionDataset` 类和 `custom_collate_fn` 函数进行一些小的修改。可以修改 `InstructionDataset` 类来记录指令的长度，随后在编写聚合函数时使用这些长度来定位目标中的指令内容位置，如下所示：

```
class InstructionDataset(Dataset):
    def __init__(self, data, tokenizer):
        self.data = data
        self.instruction_lengths = []        # 记录指令长度的单独列表
        self.encoded_texts = []

        for entry in data:
            instruction_plus_input = format_input(entry)
            response_text = f"\n\n### Response:\n{entry['output']}"
            full_text = instruction_plus_input + response_text

            self.encoded_texts.append(
                tokenizer.encode(full_text)
            )
            instruction_length = (
                len(tokenizer.encode(instruction_plus_input)
            )
            self.instruction_lengths.append(instruction_length)    # 收集指令长度
```

```
    def __getitem__(self, index):
        return self.instruction_lengths[index], self.encoded_texts[index]

    def __len__(self):
        return len(self.data)
```

分别返回指令长度和文本

接下来，更新 custom_collate_fn 函数。由于 InstructionDataset 数据集的变化，现在每个批次是一个包含(instruction_length, item)的元组，而不是只有 item。此外，我们还在目标 ID 列表中掩码了相应的指令词元：

```
def custom_collate_fn(
    batch,
    pad_token_id=50256,
    ignore_index=-100,
    allowed_max_length=None,
    device="cpu"
):

    batch_max_length = max(len(item)+1 for instruction_length, item in batch)
    inputs_lst, targets_lst = [], []

    for instruction_length, item in batch:
        new_item = item.copy()
        new_item += [pad_token_id]
        padded = (
            new_item + [pad_token_id] * (batch_max_length - len(new_item)
        )
        inputs = torch.tensor(padded[:-1])
        targets = torch.tensor(padded[1:])
        mask = targets == pad_token_id
        indices = torch.nonzero(mask).squeeze()
        if indices.numel() > 1:
            targets[indices[1:]] = ignore_index

        targets[:instruction_length-1] = -100

        if allowed_max_length is not None:
            inputs = inputs[:allowed_max_length]
            targets = targets[:allowed_max_length]

        inputs_lst.append(inputs)
        targets_lst.append(targets)

    inputs_tensor = torch.stack(inputs_lst).to(device)
    targets_tensor = torch.stack(targets_lst).to(device)

    return inputs_tensor, targets_tensor
```

现在，一个批次是一个元组

在目标中掩码所有的输入和指令词元

在评估使用这种指令掩码方法微调的模型时，其表现略逊一筹（比使用第 7 章中的 Ollama Llama 3 方法大约低 4 分）。这与论文“Instruction Tuning With Loss Over Instructions”中的观察结果一致。

练习 7.3

要在原始的 Alpaca 数据集上微调模型，只需将文件 URL 从

```
url = "https://raw.githubusercontent.com/rasbt/LLMs-from-scratch/main/ch07/
01_main-chapter-code/instruction-data.json"
```

更改为以下形式：

```
url = "https://raw.githubusercontent.com/tatsu-lab/stanford_alpaca/main/
alpaca_data.json"
```

请注意，该数据集包含 52 000 个样本（是本章的 51 倍），而且这些样本的长度也超过了本章中处理的样本。

因此，强烈建议在 GPU 上进行训练。

如果遇到内存不足的错误，那么可以考虑将 `batch_size` 从 8 降低到 4、2 甚至是 1。除了降低批次大小，还可以将 `allowed_max_length` 从 1024 降低到 512 或 256。

练习 7.4

为了用 LoRA 指令微调该模型，可以使用附录 E 中列举的相关类和函数：

```
from appendix_E import LoRALayer, LinearWithLoRA, replace_linear_with_lora
```

接下来，把下列代码添加到 7.5 节的模型加载代码后即可：

```
total_params = sum(p.numel() for p in model.parameters() if p.requires_grad)
print(f"Total trainable parameters before: {total_params:,}")

for param in model.parameters():
    param.requires_grad = False

total_params = sum(p.numel() for p in model.parameters() if p.requires_grad)
print(f"Total trainable parameters after: {total_params:,}")
replace_linear_with_lora(model, rank=16, alpha=16)

total_params = sum(p.numel() for p in model.parameters() if p.requires_grad)
print(f"Total trainable LoRA parameters: {total_params:,}")
model.to(device)
```

请注意，在 NVIDIA L4 GPU 上，使用 LoRA 微调模型的时间为 1 分 30 秒，而原始代码需要 1 分 48 秒。因此，在这种情况下，LoRA 的运行速度快了大约 28%。使用本章中的 Ollama Llama 3 方法进行评估时，分数大约为 50，接近原始模型的分数。

附录 A

练习 A.1

如果你在设置 Python 环境时需要进一步的帮助，可选的“Python 安装提示”文档（https://github.com/rasbt/LLMs-from-scratch/tree/main/setup/01_optional-python-setup-preferences）提供了额外的建议和技巧。

练习 A.2

如果你需要验证你的环境是否设置正确，可选的“本书使用的安装库”文档（https://github.com/rasbt/LLMs-from-scratch/tree/main/setup/02_installing-python-libraries）提供了相关的工具和指导。

练习 A.3

该网络包含两个输入和两个输出。此外，还有两个隐藏层，节点数量分别为 30 和 20。可以通过编程方式来计算参数的数量，具体方法如下所示：

```
model = NeuralNetwork(2, 2)
num_params = sum(p.numel() for p in model.parameters() if p.requires_grad)
print("Total number of trainable model parameters:", num_params)
```

这将返回如下内容。

```
752
```

也可以手动进行计算，具体方法如下。

- **第一个隐藏层**：2 个输入节点 × 30 个隐藏节点 + 30 个偏置单元。
- **第二个隐藏层**：30 个输入节点 × 20 个节点 + 20 个偏置单元。
- **输出层**：20 个输入节点 × 2 个输出节点 + 2 个偏置单元。

最后，将每层的参数相加得到 $2 \times 30 + 30 + 30 \times 20 + 20 + 20 \times 2 + 2 = 752$。

练习 A.4

确切的运行时间结果将取决于实验所使用的硬件。在我的实验中，即使是进行小规模矩阵乘法，也会观察到 GPU 带来的显著加速，尤其是使用连接到 V100 GPU 的 Google Colab 实例时，具体结果如下所示：

```
a = torch.rand(100, 200)
b = torch.rand(200, 300)
%timeit a@b
```

当在 CPU 上执行时，结果如下所示：

```
63.8 µs ± 8.7 µs per loop
```

当在 GPU 上执行如下代码：

```
a, b = a.to("cuda"), b.to("cuda")
%timeit a @ b
```

结果如下所示：

```
13.8 µs ± 425 ns per loop
```

在这种情况下，在 V100 的机器上，这个计算会快将近 4 倍。

附录 D

为训练循环添加更多细节和优化功能

本附录对第 5 章至第 7 章中讨论的预训练和微调过程的训练函数进行了改进。具体来说，我们引入了**学习率预热**（learning rate warmup）、**余弦衰减**（cosine decay）、**梯度裁剪**（gradient clipping）等技术。接下来，我们会将这些技术融入训练函数中，并对大语言模型进行预训练。

为了确保代码的完整性，我们将重新初始化第 5 章中训练的模型：

```
import torch
from chapter04 import GPTModel

GPT_CONFIG_124M = {
    "vocab_size": 50257,          # 词汇表大小

    "context_length": 256,        # 缩短后的上下文长度（原本长度：1024）
    "emb_dim": 768,               # 嵌入维度
    "n_heads": 12,                # 注意力头的数量
    "n_layers": 12,               # 模型层数
    "drop_rate": 0.1,             # dropout 率
    "qkv_bias": False             # 查询-键-值偏置
}
device = torch.device("cuda" if torch.cuda.is_available() else "cpu")
torch.manual_seed(123)
model = GPTModel(GPT_CONFIG_124M)
model.to(device)
model.eval()
```

在初始化模型之后，需要初始化数据加载器。首先，我们将加载短篇小说 *The Verdict*：

```
import os
import urllib.request

file_path = "the-verdict.txt"

url = (
    "https://raw.githubusercontent.com/rasbt/LLMs-from-scratch/"
    "main/ch02/01_main-chapter-code/the-verdict.txt"
```

```
)

if not os.path.exists(file_path):
    with urllib.request.urlopen(url) as response:
        text_data = response.read().decode('utf-8')
    with open(file_path, "w", encoding="utf-8") as file:
        file.write(text_data)
else:
    with open(file_path, "r", encoding="utf-8") as file:
        text_data = file.read()
```

接下来，将 text_data 加载进数据加载器中。

```
from previous_chapters import create_dataloader_v1

train_ratio = 0.90
split_idx = int(train_ratio * len(text_data))
torch.manual_seed(123)
train_loader = create_dataloader_v1(
    text_data[:split_idx],
    batch_size=2,
    max_length=GPT_CONFIG_124M["context_length"],
    stride=GPT_CONFIG_124M["context_length"],
    drop_last=True,
    shuffle=True,
    num_workers=0
)
val_loader = create_dataloader_v1(
    text_data[split_idx:],
    batch_size=2,
    max_length=GPT_CONFIG_124M["context_length"],
    stride=GPT_CONFIG_124M["context_length"],
    drop_last=False,
    shuffle=False,
    num_workers=0
)
```

D.1　学习率预热

学习率预热可以帮助稳定复杂模型（如大语言模型）的训练过程。这个过程可以逐步将学习率从一个非常低的初始值（initial_lr）提升到用户设定的最大值（peak_lr）。在训练开始时使用较小的权重更新，有助于降低模型在训练过程中遭遇大幅度、不稳定更新的风险。

假设我们计划训练一个大语言模型 15 轮，开始时设定的初始学习率为 0.0001，随后将其提升至最大学习率 0.01：

```
n_epochs = 15
initial_lr = 0.0001
peak_lr = 0.01
```

预热步骤的数量通常设置为总步骤数的 0.1%到 20%。可以通过以下方式进行计算：

```
total_steps = len(train_loader) * n_epochs
warmup_steps = int(0.2 * total_steps)      ◁── 20%预热
print(warmup_steps)
```

这段代码将输出 27，这意味着在前 27 个训练步骤中，我们将控制学习率从 0.0001 逐步提高到 0.01。

接下来，我们将实现一个简单的训练循环模板，以演示这个预热过程：

```
optimizer = torch.optim.AdamW(model.parameters(), weight_decay=0.1)
lr_increment = (peak_lr - initial_lr) / warmup_steps

global_step = -1
track_lrs = []

for epoch in range(n_epochs):
    for input_batch, target_batch in train_loader:
        optimizer.zero_grad()
        global_step += 1

        if global_step < warmup_steps:
            lr = initial_lr + global_step * lr_increment
        else:
            lr = peak_lr

        for param_group in optimizer.param_groups:
            param_group["lr"] = lr
        track_lrs.append(optimizer.param_groups[0]["lr"])
```

这一增量取决于在预热步骤中每一步对 **initial_lr** 的增加量

在每一轮中，执行一个经典的训练循环，以在训练数据加载器上对批数据进行迭代

如果还在预热阶段，就更新学习率

将计算后的学习率应用到优化器上

一个完整的训练循环通常会计算损失和模型更新，但为简化起见，这里省略了这些步骤

运行上述代码后，我们将可视化训练循环中学习率的变化，以确认学习率预热是否如预期那样有效。

```
import matplotlib.pyplot as plt

plt.ylabel("Learning rate")
plt.xlabel("Step")
total_training_steps = len(train_loader) * n_epochs
plt.plot(range(total_training_steps), track_lrs);
plt.show()
```

如图 D-1 所示，学习率从一个比较小的值开始，并在 27 步内逐渐增加，直到在第 27 步达到最大值。

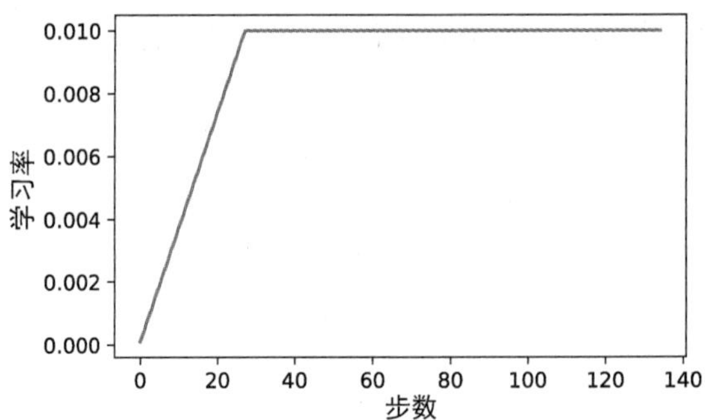

图 D-1　学习率预热在前 27 步会增加学习率。在第 27 步，学习率抵达顶点值 0.010，然后在剩下的时间内保持不变

接下来，我们将进一步调整学习率，使其在达到最大值后逐渐降低，这将有助于提高模型的训练效果。

D.2　余弦衰减

还有一种广泛应用于复杂深度神经网络和大语言模型训练的技术是**余弦衰减**。这种方法在训练过程中可以调节学习率，使其在预热阶段后呈现余弦曲线的变化。

在其流行的变体中，余弦衰减可以将学习率降低到接近零，模拟半个余弦周期的轨迹。学习率的逐渐降低旨在减缓模型更新权重的速度。这一点特别重要，因为它有助于降低训练过程中超过损失最小值的风险，从而确保后期训练的稳定性。

可以通过添加余弦衰减来修改训练循环模板：

```
import math

min_lr = 0.1 * initial_lr
track_lrs = []
lr_increment = (peak_lr - initial_lr) / warmup_steps
global_step = -1

for epoch in range(n_epochs):
    for input_batch, target_batch in train_loader:
        optimizer.zero_grad()
        global_step += 1

        if global_step < warmup_steps:                      ◁ 使用线性预热
            lr = initial_lr + global_step * lr_increment
        else:                                                 ◁ 在预热后使用余弦衰减
            progress = ((global_step - warmup_steps) /
                        (total_training_steps - warmup_steps))
            lr = min_lr + (peak_lr - min_lr) * 0.5 * (
                1 + math.cos(math.pi * progress)
```

```
        )

        for param_group in optimizer.param_groups:
            param_group["lr"] = lr
        track_lrs.append(optimizer.param_groups[0]["lr"])
```

为了确认学习率如预期那样改变了，我们再把学习率画出来看看。

```
plt.ylabel("Learning rate")
plt.xlabel("Step")
plt.plot(range(total_training_steps), track_lrs)
plt.show()
```

最终的学习率图（参见图 D-2）表明，学习率从线性预热阶段开始，在 27 步内逐渐增加，直到在第 27 步达到最大值。在这 27 步的线性预热之后，余弦衰减开始起作用，学习率会逐渐降低，直到达到最小值。

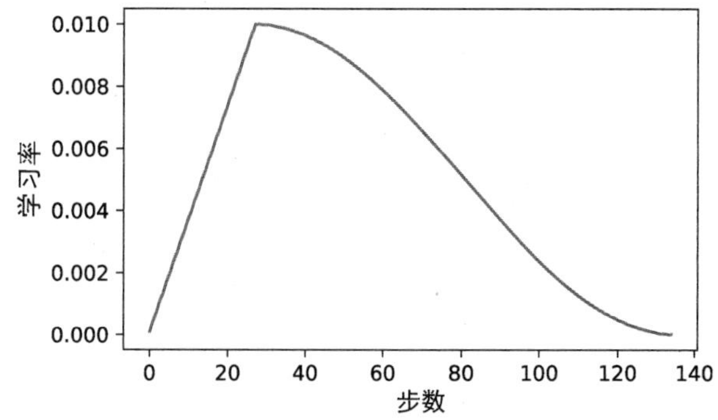

图 D-2　在最初的 27 步线性学习率预热之后，紧接着是一个余弦衰减过程，这个过程会使学习率在半个余弦周期内逐渐降低，直到训练结束时达到其最小值

D.3　梯度裁剪

梯度裁剪也是增强大语言模型训练稳定性的一种重要技术。该方法涉及设定一个阈值，超过该阈值的梯度会被缩放到预定的最大值。这种做法可以确保在反向传播过程中，对模型参数的更新保持在一个可控的范围内。

例如，在 PyTorch 的 `clip_grad_norm_` 函数中设置 `max_norm=1.0`，可以确保梯度的范数不超过 1.0。这里的“范数”是指梯度向量在模型参数空间内的长度或大小，特别指的是 L2 范数，即欧几里得范数。

如果用数学语言表示，那么对于一个由分量 $\boldsymbol{v}=[v_1, v_2, \cdots, v_n]$ 组成的向量 $\boldsymbol{v}$，其 L2 范数为：

$$|\boldsymbol{v}|_2=\sqrt{v_1^2+v_2^2+\cdots+v_n^2}$$

这种计算方法同样适用于矩阵。假设有像下面这样的一个梯度矩阵：

$$\boldsymbol{G} = \begin{bmatrix} 1 & 2 \\ 3 & 4 \end{bmatrix}$$

如果想要将这些梯度的最大范数剪裁为 1，那么首先需要计算这些梯度的 L2 范数，计算公式为：

$$|\boldsymbol{G}|_2 = \sqrt{1^2 + 2^2 + 2^2 + 4^2} = \sqrt{25} = 5$$

由于 $|\boldsymbol{G}|_2 = 5$ 超出了我们的最大范数限制 1，因此需要缩小梯度，以确保它们的范数恰好为 1。这个过程通过一个缩放因子来实现，计算公式为 max_norm/$|\boldsymbol{G}|_2 = 1/5$。因此，调整后的梯度矩阵 $\boldsymbol{G}'$ 为：

$$\boldsymbol{G}' = \frac{1}{5} \times \boldsymbol{G} = \begin{bmatrix} \frac{1}{5} & \frac{2}{5} \\ \frac{2}{5} & \frac{4}{5} \end{bmatrix}$$

为了演示梯度裁剪的过程，首先需要初始化一个新模型，并计算训练批次的损失，这个过程与标准训练循环类似：

```
from chapter05 import calc_loss_batch

torch.manual_seed(123)
model = GPTModel(GPT_CONFIG_124M)
model.to(device)
loss = calc_loss_batch(input_batch, target_batch, model, device)
loss.backward()
```

当调用`.backward()`方法时，PyTorch 会计算损失的梯度，并将其存储在每个模型权重（参数）张量的`.grad`属性中。

为了解释这一点，可以定义一个 `find_highest_gradient` 工具函数，以便在调用`.backward()`后，扫描模型权重张量的所有`.grad`属性，从中找出最大的梯度值：

```
def find_highest_gradient(model):
    max_grad = None
    for param in model.parameters():
        if param.grad is not None:
            grad_values = param.grad.data.flatten()
            max_grad_param = grad_values.max()
            if max_grad is None or max_grad_param > max_grad:
                max_grad = max_grad_param
    return max_grad
print(find_highest_gradient(model))
```

上面代码找到的最大梯度值如下所示：

```
tensor(0.0411)
```

接下来，让我们进行梯度裁剪，观察这将如何影响最大的梯度值：

```
torch.nn.utils.clip_grad_norm_(model.parameters(), max_norm=1.0)
print(find_highest_gradient(model))
```

在应用最大范数为 1 的梯度裁剪后，最大的梯度值明显小于之前的值。

```
tensor(0.0185)
```

D.4　修改的训练函数

最后，我们通过引入本章提到的 3 个概念（线性预热、余弦衰减和梯度裁剪）来改进 `train_model_simple` 训练函数（参见第 5 章）。这些方法共同作用，有助于稳定大语言模型的训练。

与注释的 `train_model_simple` 相比，修改后的代码如下所示：

```
from chapter05 import evaluate_model, generate_and_print_sample


def train_model(model, train_loader, val_loader, optimizer, device,
                n_epochs, eval_freq, eval_iter, start_context, tokenizer,
                warmup_steps, initial_lr=3e-05, min_lr=1e-6):

    train_losses, val_losses, track_tokens_seen, track_lrs = [], [], [], []
    tokens_seen, global_step = 0, -1

    peak_lr = optimizer.param_groups[0]["lr"]      # 从优化器中检索出最初的学习率，假设我们使用它作为学习率的最大值
    total_training_steps = len(train_loader) * n_epochs      # 计算训练过程中所有的迭代步数
    lr_increment = (peak_lr - initial_lr) / warmup_steps      # 计算在预热阶段学习率的增量

    for epoch in range(n_epochs):
        model.train()
        for input_batch, target_batch in train_loader:
            optimizer.zero_grad()
            global_step += 1

            if global_step < warmup_steps:      # 根据现在的阶段调整学习率（预热或余弦衰减）
                lr = initial_lr + global_step * lr_increment
            else:
                progress = ((global_step - warmup_steps) /
                            (total_training_steps - warmup_steps))
                lr = min_lr + (peak_lr - min_lr) * 0.5 * (
                    1 + math.cos(math.pi * progress))
            for param_group in optimizer.param_groups:      # 在优化器上应用计算后的学习率
                param_group["lr"] = lr
            track_lrs.append(lr)
            loss = calc_loss_batch(input_batch, target_batch, model, device)
```

```
            loss.backward()

            if global_step >= warmup_steps:
                torch.nn.utils.clip_grad_norm_(
                    model.parameters(), max_norm=1.0
                )

            optimizer.step()
            tokens_seen += input_batch.numel()

            if global_step % eval_freq == 0:
                train_loss, val_loss = evaluate_model(
                    model, train_loader, val_loader,
                    device, eval_iter
                )
                train_losses.append(train_loss)
                val_losses.append(val_loss)
                track_tokens_seen.append(tokens_seen)
                print(f"Ep {epoch+1} (Iter {global_step:06d}): "
                      f"Train loss {train_loss:.3f}, "
                      f"Val loss {val_loss:.3f}"
                )


        generate_and_print_sample(
            model, tokenizer, device, start_context
        )
    return train_losses, val_losses, track_tokens_seen, track_lrs
```

在预热阶段后使用梯度裁剪来避免梯度爆炸

与第 5 章中的 **train_model_simple** 函数相比，接下来的所有内容都没变

定义了 train_model 函数后，可以像使用 train_model_simple 方法进行预训练那样，以类似的方式来训练模型：

```
import tiktoken

torch.manual_seed(123)
model = GPTModel(GPT_CONFIG_124M)
model.to(device)
peak_lr = 0.001
optimizer = torch.optim.AdamW(model.parameters(), weight_decay=0.1)
tokenizer = tiktoken.get_encoding("gpt2")

n_epochs = 15
train_losses, val_losses, tokens_seen, lrs = train_model(
    model, train_loader, val_loader, optimizer, device, n_epochs=n_epochs,
    eval_freq=5, eval_iter=1, start_context="Every effort moves you",
    tokenizer=tokenizer, warmup_steps=warmup_steps,
    initial_lr=1e-5, min_lr=1e-5
)
```

在 MacBook Air 或类似的笔记本电脑上，训练大约需要 5 分钟即可完成，并将输出以下内容：

```
Ep 1 (Iter 000000): Train loss 10.934, Val loss 10.939
Ep 1 (Iter 000005): Train loss 9.151, Val loss 9.461
```

```
Every effort moves you,,,,,,,,,,,,,,,,,,,,,,,,,,,,,,,,,,,,,,,,,,,,,,,,,,
Ep 2 (Iter 000010): Train loss 7.949, Val loss 8.184
Ep 2 (Iter 000015): Train loss 6.362, Val loss 6.876
Every effort moves you,,,,,,,,,,,,,,,,,,, the,,,,,,,,, the,,,,,,,,,,,
the,,,,,,,,
...
Ep 15 (Iter 000130): Train loss 0.035, Val loss 6.938
Every effort moves you?"  "Yes--quite insensible to the irony. She wanted him
vindicated--and by me!"  He laughed again, and threw back his head to look up
at the sketch of the donkey. "There were days when I
```

与预训练过程相似，由于数据集非常小且被多次迭代，因此模型在训练几轮后就会开始过拟合。不过，可以确认这个函数在有效地降低训练集的损失。

我们鼓励你在更大的文本数据集上进行模型训练，并将使用这种更复杂的训练函数获得的结果与使用 `train_model_simple` 函数获得的结果进行对比。

附录 E

使用 LoRA 进行参数高效微调

LoRA（低秩自适应）是应用最广泛的**参数高效微调**技术之一。以下讨论基于第 6 章中提供的垃圾消息分类微调示例。然而，LoRA 微调同样适用于第 7 章中讨论的监督**指令微调**。

E.1 LoRA 简介

LoRA 是一种通过仅调整模型权重参数的一小部分，使预训练模型更好地适应特定且通常较小的数据集的技术。“低秩”指的是将模型调整限制在总权重参数空间的较小维度子空间，从而有效捕获训练过程中对权重参数变化影响最大的方向。LoRA 方法之所以有用且广受欢迎，是因为它能够高效地对大模型进行特定任务的微调，显著降低了通常所需的计算成本和资源。

假设一个大型权重矩阵 $\boldsymbol{W}$ 与特定层相关联，LoRA 可以应用于大语言模型中的所有线性层。不过，为了便于说明，我们将重点关注单个层。

在训练深度神经网络时，反向传播过程中我们会学习一个矩阵 $\Delta\boldsymbol{W}$，其中包含了更新原始权重参数以最小化训练期间损失函数所需的信息。接下来，我们会将“权重”一词用作模型权重参数的简写。

在常规训练和微调中，权重更新定义如下所示：

$$\boldsymbol{W}_{\text{updated}} = \boldsymbol{W} + \Delta\boldsymbol{W}$$

LoRA 方法由 Hu 等人提出，它通过学习权重更新 $\Delta\boldsymbol{W}$ 的近似值，提供了一种更有效的替代方法：

$$\Delta\boldsymbol{W} \approx \boldsymbol{AB}$$

在此方法中，$\boldsymbol{A}$ 和 $\boldsymbol{B}$ 是两个比 $\boldsymbol{W}$ 小得多的矩阵，$\boldsymbol{AB}$ 表示 $\boldsymbol{A}$ 和 $\boldsymbol{B}$ 之间的矩阵乘法。

利用 LoRA，可以重新定义之前的权重更新公式。

$$\boldsymbol{W}_{\text{updated}} = \boldsymbol{W} + \boldsymbol{AB}$$

图 E-1 并列展示了全量微调与 LoRA 的权重更新方法。

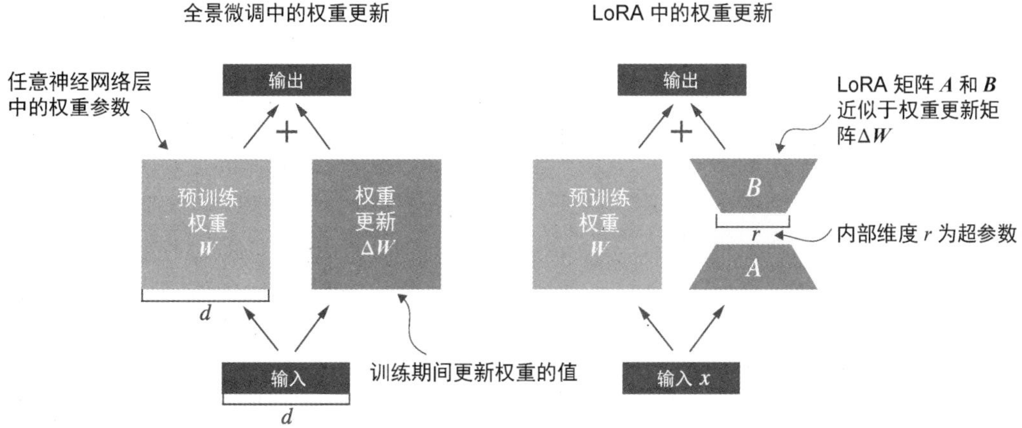

图 E-1　权重更新方法对比：全景微调与 LoRA。全景微调涉及直接用 $\Delta \boldsymbol{W}$ 更新预训练的权重矩阵 $\boldsymbol{W}$（左）。而 LoRA 使用两个较小的矩阵 $\boldsymbol{A}$ 和 $\boldsymbol{B}$ 来近似 $\Delta \boldsymbol{W}$，其中矩阵乘积 $\boldsymbol{AB}$ 被加到 $\boldsymbol{W}$ 上，r 表示内部维度，它是一个可调的超参数（右）

如果仔细观察，你可能会注意到图 E-1 中全量微调和 LoRA 的可视化表示与之前提出的公式略有不同。这种变化是由于矩阵乘法的分配律，它允许我们将原始权重与更新后的权重分开，而不是将它们组合在一起。例如，在全景微调中，当以 x 作为输入数据时，可以将计算表示为如下形式：

$$x(\boldsymbol{W} + \Delta \boldsymbol{W}) = x\boldsymbol{W} + x\Delta \boldsymbol{W}$$

同样，可以将 LoRA 表示为以下公式：

$$x(\boldsymbol{W} + \boldsymbol{AB}) = x\boldsymbol{W} + x\boldsymbol{AB}$$

除了可以减少训练期间需要更新的权重数量，将 LoRA 权重矩阵与原始模型权重分开的能力使 LoRA 在实践中更加有用。实际上，这一特性允许预训练的模型权重保持不变，并且在使用模型时可以动态地应用 LoRA 矩阵。

保持 LoRA 的权重分离在实践中非常有用，因为它使得模型定制变得更加灵活，无须存储多个完整版本的大语言模型。这降低了存储需求并提高了可扩展性，因为在为每个特定客户或应用程序进行定制时，只需调整和保存较小的 LoRA 矩阵即可。

接下来，让我们看看如何使用 LoRA 对大语言模型进行微调以实现垃圾消息分类，就像第 6 章中的微调示例那样。

E.2　准备数据集

在将 LoRA 应用于垃圾消息分类示例之前，需要加载所使用的数据集和预训练模型。这里的代码与第 6 章中的数据准备部分相同。（可以直接打开并运行第 6 章的 Jupyter Notebook，然后在其中插入 E.4 节的 LoRA 代码，而无须重复代码。）

首先，下载数据集并将其保存为 CSV 文件，如代码清单 E-1 所示。

代码清单 E-1　下载和准备数据集

```
from pathlib import Path
import pandas as pd
from ch06 import (
    download_and_unzip_spam_data,
    create_balanced_dataset,
    random_split
)

url = \
"https://archive.ics.uci.edu/static/public/228/sms+spam+collection.zip"
zip_path = "sms_spam_collection.zip"
extracted_path = "sms_spam_collection"
data_file_path = Path(extracted_path) / "SMSSpamCollection.tsv"

download_and_unzip_spam_data(url, zip_path, extracted_path, data_file_path)

df = pd.read_csv(
    data_file_path, sep="\t", header=None, names=["Label", "Text"]
)
balanced_df = create_balanced_dataset(df)
balanced_df["Label"] = balanced_df["Label"].map({"ham": 0, "spam": 1})

train_df, validation_df, test_df = random_split(balanced_df, 0.7, 0.1)
train_df.to_csv("train.csv", index=None)
validation_df.to_csv("validation.csv", index=None)
test_df.to_csv("test.csv", index=None)
```

接下来，创建 `SpamDataset` 实例，如代码清单 E-2 所示。

代码清单 E-2　实例化 PyTorch 数据集

```
import torch
from torch.utils.data import Dataset
import tiktoken
from chapter06 import SpamDataset

tokenizer = tiktoken.get_encoding("gpt2")
train_dataset = SpamDataset("train.csv", max_length=None,
    tokenizer=tokenizer
)
val_dataset = SpamDataset("validation.csv",
    max_length=train_dataset.max_length, tokenizer=tokenizer
```

```
)
test_dataset = SpamDataset(
    "test.csv", max_length=train_dataset.max_length, tokenizer=tokenizer
)
```

创建 PyTorch 数据集对象后，实例化数据加载器，如代码清单 E-3 所示。

代码清单 E-3　创建 PyTorch 数据加载器

```
from torch.utils.data import DataLoader

num_workers = 0
batch_size = 8

torch.manual_seed(123)

train_loader = DataLoader(
    dataset=train_dataset,
    batch_size=batch_size,
    shuffle=True,
    num_workers=num_workers,
    drop_last=True,
)

val_loader = DataLoader(
    dataset=val_dataset,
    batch_size=batch_size,
    num_workers=num_workers,
    drop_last=False,
)

test_loader = DataLoader(
    dataset=test_dataset,
    batch_size=batch_size,
    num_workers=num_workers,
    drop_last=False,
)
```

在验证步骤中，迭代数据加载器，并检查每个批次是否包含 8 个训练示例，且每个示例由 120 个词元组成：

```
print("Train loader:")
for input_batch, target_batch in train_loader:
    pass

print("Input batch dimensions:", input_batch.shape)
print("Label batch dimensions", target_batch.shape)
```

输出如下所示：

```
Train loader:
Input batch dimensions: torch.Size([8, 120])
Label batch dimensions torch.Size([8])
```

最后，打印每个数据集中的批次总数：

```
print(f"{len(train_loader)} training batches")
print(f"{len(val_loader)} validation batches")
print(f"{len(test_loader)} test batches")
```

在这种情况下，每个数据集的批次数量如下所示。

```
130 training batches
19 validation batches
38 test batches
```

E.3 初始化模型

我们复用第 6 章中的代码来加载和准备预训练的 GPT 模型。首先，下载模型权重，并将其加载到 `GPTModel` 类中，如代码清单 E-4 所示。

代码清单 E-4　加载预训练的 GPT 模型

```
from gpt_download import download_and_load_gpt2
from chapter04 import GPTModel
from chapter05 import load_weights_into_gpt


CHOOSE_MODEL = "gpt2-small (124M)"
INPUT_PROMPT = "Every effort moves"

BASE_CONFIG = {
    "vocab_size": 50257,          # 词汇表大小
    "context_length": 1024,       # 上下文长度
    "drop_rate": 0.0,             # dropout 率
    "qkv_bias": True              # 查询-键-值偏置
}

model_configs = {
    "gpt2-small (124M)": {"emb_dim": 768, "n_layers": 12, "n_heads": 12},
    "gpt2-medium (355M)": {"emb_dim": 1024, "n_layers": 24, "n_heads": 16},
    "gpt2-large (774M)": {"emb_dim": 1280, "n_layers": 36, "n_heads": 20},
    "gpt2-xl (1558M)": {"emb_dim": 1600, "n_layers": 48, "n_heads": 25},
}

BASE_CONFIG.update(model_configs[CHOOSE_MODEL])

model_size = CHOOSE_MODEL.split(" ")[-1].lstrip("(").rstrip(")")
settings, params = download_and_load_gpt2(
    model_size=model_size, models_dir="gpt2"
)

model = GPTModel(BASE_CONFIG)
load_weights_into_gpt(model, params)
model.eval()
```

为了确保模型加载正确，仔细检查一下它是否可以生成连贯的文本：

```
from chapter04 import generate_text_simple
from chapter05 import text_to_token_ids, token_ids_to_text

text_1 = "Every effort moves you"

token_ids = generate_text_simple(
    model=model,
    idx=text_to_token_ids(text_1, tokenizer),
    max_new_tokens=15,
    context_size=BASE_CONFIG["context_length"]
)

print(token_ids_to_text(token_ids, tokenizer))
```

以下输出显示模型生成了连贯的文本，这表明模型权重已正确加载：

```
Every effort moves you forward.
The first step is to understand the importance of your work
```

接下来，准备进行分类微调的模型，类似于第 6 章，我们会替换输出层：

```
torch.manual_seed(123)
num_classes = 2
model.out_head = torch.nn.Linear(in_features=768, out_features=num_classes)
device = torch.device("cuda" if torch.cuda.is_available() else "cpu")
model.to(device)
```

最后，计算未微调模型的初始分类准确率（预计约为 50%，这表明该模型无法可靠地区分垃圾消息和非垃圾消息）：

```
from chapter06 import calc_accuracy_loader

torch.manual_seed(123)
train_accuracy = calc_accuracy_loader(
    train_loader, model, device, num_batches=10
)
val_accuracy = calc_accuracy_loader(
    val_loader, model, device, num_batches=10
)
test_accuracy = calc_accuracy_loader(
    test_loader, model, device, num_batches=10
)


print(f"Training accuracy: {train_accuracy*100:.2f}%")
print(f"Validation accuracy: {val_accuracy*100:.2f}%")
print(f"Test accuracy: {test_accuracy*100:.2f}%")
```

初始预测准确率如下所示。

```
Training accuracy: 46.25%
Validation accuracy: 45.00%
Test accuracy: 48.75%
```

E.4　使用 LoRA 进行参数高效微调

接下来，我们将使用 LoRA 来调整或微调大语言模型。我们首先初始化一个 LoRA 层，它创建了矩阵 ***A*** 和 ***B***，并设置了 `alpha` 缩放因子和 `rank`（*r*）。该层可以接受输入并计算相应的输出，如图 E-2 所示。

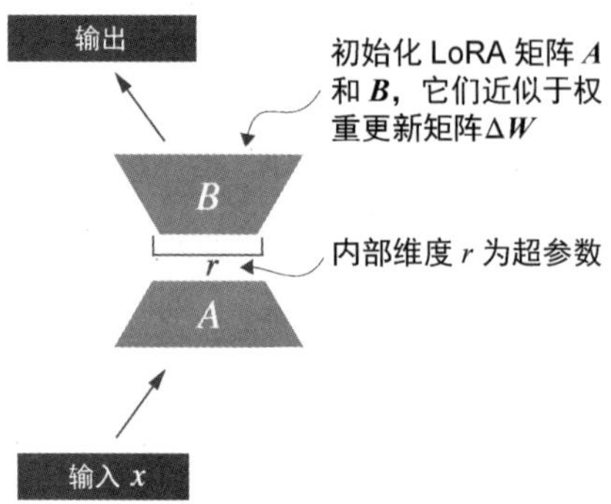

图 E-2　LoRA 矩阵 ***A*** 和 ***B*** 应用于层输入并参与计算模型输出。这些矩阵的内部维度 *r* 作为一种权衡，可通过改变 ***A*** 和 ***B*** 的大小来调整可训练参数的数量

在代码中，该 LoRA 层可以按如下方式（参见代码清单 E-5）实现。

代码清单 E-5　实现 LoRA 层

```
import math

class LoRALayer(torch.nn.Module):
    def __init__(self, in_dim, out_dim, rank, alpha):
        super().__init__()
        self.A = torch.nn.Parameter(torch.empty(in_dim, rank))
        torch.nn.init.kaiming_uniform_(self.A, a=math.sqrt(5))
        self.B = torch.nn.Parameter(torch.zeros(rank, out_dim))
        self.alpha = alpha

    def forward(self, x):
        x = self.alpha * (x @ self.A @ self.B)
        return x
```

在 PyTorch 中对线性层进行相同的初始化

`rank` 控制着矩阵 ***A*** 和 ***B*** 的内部维度。本质上，该设置决定了 LoRA 引入的额外参数量，从而在模型的适应性和效率之间建立平衡。

另一个重要的设置是 `alpha`，它作为低秩自适应输出的缩放因子，主要决定了适应层的输出对原始层输出的影响程度。这可以被视为调节低秩适应对层输出影响的一种方式。到目前为止，我们实现的 `LoRALayer` 类使我们能够对层的输入进行转换。

在 LoRA 中，典型的目标是替换现有的线性层，从而允许权重更新直接应用于已有的预训练权重，如图 E-3 所示。

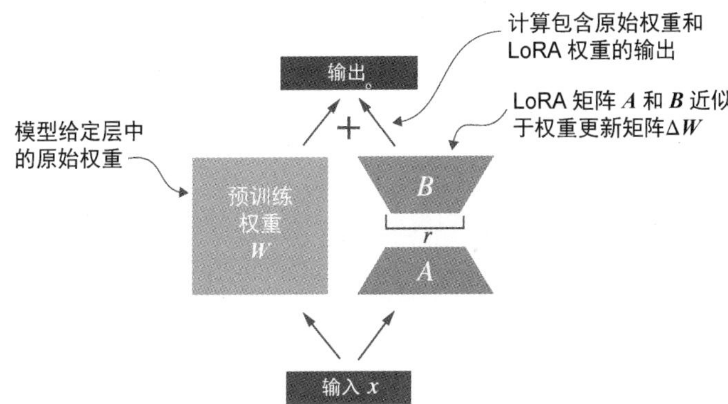

图 E-3 LoRA 集成到模型层中的过程。一个层的原始预训练权重 $\boldsymbol{W}$ 与来自 LoRA 矩阵 $\boldsymbol{A}$ 和 $\boldsymbol{B}$ 的输出相结合，LoRA 矩阵近似于权重更新矩阵 $\Delta\boldsymbol{W}$。最终输出通过将使用 LoRA 权重调整后的层输出与原始输出相加而计算得出

为了整合原始线性层的权重，现在创建一个 `LinearWithLoRA` 层。该层利用之前实现的 `LoRALayer`，旨在替换神经网络中现有的线性层，比如 `GPTModel` 中的自注意力模块或前馈模块，如代码清单 E-6 所示。

代码清单 E-6 用 `LinearWithLoRA` 层替换 `Linear` 层

```
class LinearWithLoRA(torch.nn.Module):
    def __init__(self, linear, rank, alpha):
        super().__init__()
        self.linear = linear
        self.lora = LoRALayer(
            linear.in_features, linear.out_features, rank, alpha
        )

    def forward(self, x):
        return self.linear(x) + self.lora(x)
```

上述代码将标准线性层与 `LoRALayer` 结合在了一起。`forward` 方法通过将原始线性层和 LoRA 层的结果相加来计算输出。

由于权重矩阵 $\boldsymbol{B}$（`LoRALayer` 中的 `self.B`）被初始化为零值，因此矩阵 $\boldsymbol{A}$ 和 $\boldsymbol{B}$ 的乘积将产生零矩阵。这确保了乘法不会改变原始权重，因为加零不会对它们产生影响。

为了将 LoRA 应用到之前定义的 `GPTModel` 中，我们引入了 `replace_linear_ with_lora` 函数。该函数会将模型中所有现有的 `Linear` 层替换为新创建的 `LinearWithLoRA` 层。

```
def replace_linear_with_lora(model, rank, alpha):
    for name, module in model.named_children():
        if isinstance(module, torch.nn.Linear):     # 使用 LinearWithLoRA 层替换 Linear 层
```

```
        setattr(model, name, LinearWithLoRA(module, rank, alpha))
    else:
        replace_linear_with_lora(module, rank, alpha)
```

递归地使用相同的函数处理子模块

现在我们已经实现了所有必要的代码，将 GPTModel 中的 Linear 层替换为新开发的 LinearWithLoRA 层，以便进行参数高效微调。接下来，我们将把 LinearWithLoRA 应用到 GPTModel 的多头注意力模块、前馈模块以及输出层中的所有 Linear 层，如图 E-4 所示。

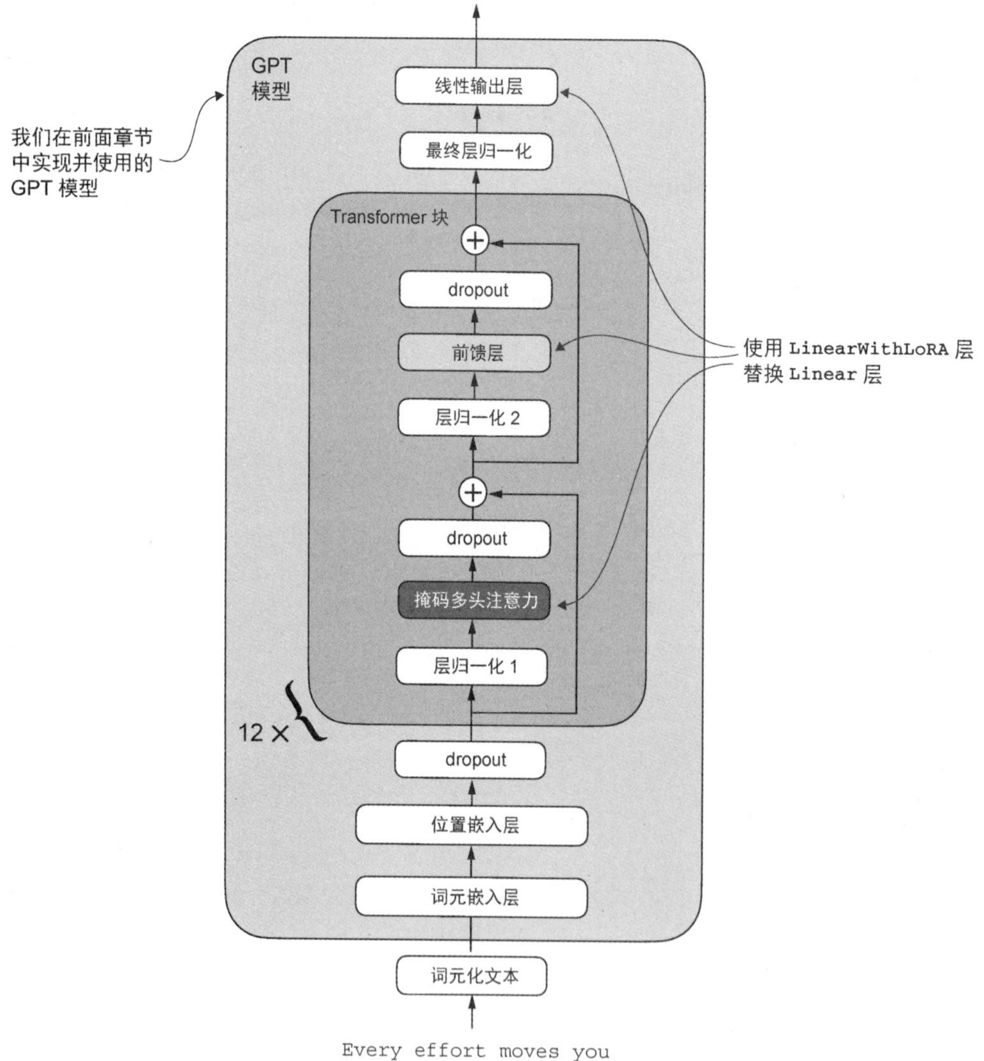

图 E-4　GPT 模型的架构。它突出了模型中 Linear 层升级为 LinearWithLoRA 层以进行参数高效微调的部分

在使用 LinearWithLoRA 层升级之前，首先冻结原始模型的参数：

```
total_params = sum(p.numel() for p in model.parameters() if p.requires_grad)
print(f"Total trainable parameters before: {total_params:,}")

for param in model.parameters():
    param.requires_grad = False
total_params = sum(p.numel() for p in model.parameters() if p.requires_grad)
print(f"Total trainable parameters after: {total_params:,}")
```

现在，可以看到在 1.24 亿个模型参数中，没有一个是可训练的：

```
Total trainable parameters before: 124,441,346
Total trainable parameters after: 0
```

接下来，使用 replace_linear_with_lora 来替换 Linear 层：

```
replace_linear_with_lora(model, rank=16, alpha=16)
total_params = sum(p.numel() for p in model.parameters() if p.requires_grad)
print(f"Total trainable LoRA parameters: {total_params:,}")
```

在添加 LoRA 层后，可训练的模型参数量如下所示：

```
Total trainable LoRA parameters: 2,666,528
```

如你所见，使用 LoRA 时，我们将可训练参数的数量减少到了原来的 1/50。将 rank 和 alpha 设置为 16 是一个不错的默认选择，但增加 rank 参数也很常见，这反过来会增加可训练参数的数量。通常选择将 alpha 设置为 rank 的一半、两倍或等于 rank 的值。

接下来，通过打印模型架构来验证各层是否已按预期修改：

```
device = torch.device("cuda" if torch.cuda.is_available() else "cpu")
model.to(device)
print(model)
```

输出如下所示：

```
GPTModel(
  (tok_emb): Embedding(50257, 768)
  (pos_emb): Embedding(1024, 768)
  (drop_emb): Dropout(p=0.0, inplace=False)
  (trf_blocks): Sequential(
    ...
    (11): TransformerBlock(
      (att): MultiHeadAttention(
        (W_query): LinearWithLoRA(
          (linear): Linear(in_features=768, out_features=768, bias=True)
          (lora): LoRALayer()
        )
        (W_key): LinearWithLoRA(
          (linear): Linear(in_features=768, out_features=768, bias=True)
          (lora): LoRALayer()
```

```
          )
          (W_value): LinearWithLoRA(
            (linear): Linear(in_features=768, out_features=768, bias=True)
            (lora): LoRALayer()
          )
          (out_proj): LinearWithLoRA(
            (linear): Linear(in_features=768, out_features=768, bias=True)
            (lora): LoRALayer()
          )
          (dropout): Dropout(p=0.0, inplace=False)
        )
        (ff): FeedForward(
          (layers): Sequential(
            (0): LinearWithLoRA(
              (linear): Linear(in_features=768, out_features=3072, bias=True)
              (lora): LoRALayer()
            )
            (1): GELU()
            (2): LinearWithLoRA(
              (linear): Linear(in_features=3072, out_features=768, bias=True)
              (lora): LoRALayer()
            )
          )
        )
        (norm1): LayerNorm()
        (norm2): LayerNorm()
        (drop_resid): Dropout(p=0.0, inplace=False)
      )
    )
    (final_norm): LayerNorm()
    (out_head): LinearWithLoRA(
      (linear): Linear(in_features=768, out_features=2, bias=True)
      (lora): LoRALayer()
    )
  )
```

该模型现在包含新的 `LinearWithLoRA` 层，这些层由设置为不可训练的原始 `Linear` 层和新的 LoRA 层组成，我们将对后者进行微调。

在开始微调模型之前，先计算一下初始分类准确率：

```
torch.manual_seed(123)

train_accuracy = calc_accuracy_loader(
    train_loader, model, device, num_batches=10
)
val_accuracy = calc_accuracy_loader(
    val_loader, model, device, num_batches=10
)
test_accuracy = calc_accuracy_loader(
    test_loader, model, device, num_batches=10
)
```

```
print(f"Training accuracy: {train_accuracy*100:.2f}%")
print(f"Validation accuracy: {val_accuracy*100:.2f}%")
print(f"Test accuracy: {test_accuracy*100:.2f}%")
```

得到的准确率值如下所示：

```
Training accuracy: 46.25%
Validation accuracy: 45.00%
Test accuracy: 48.75%
```

这些准确率值与第 6 章中的值相同。出现这一结果是因为 LoRA 矩阵 ***B*** 被初始化为零，因此矩阵 ***AB*** 的乘积产生了零矩阵。这确保了乘法不会改变原始权重，因为加零不会对它们产生影响。

现在，进入令人兴奋的部分——使用第 6 章中的训练函数来微调模型，如代码清单 E-7 所示。在 M3 MacBook Air 笔记本电脑上，训练大约需要 15 分钟；而在 V100 或 A100 GPU 上，训练时间不到半分钟。

代码清单 E-7 使用 LoRA 层微调模型

```
import time
from chapter06 import train_classifier_simple

start_time = time.time()
torch.manual_seed(123)
optimizer = torch.optim.AdamW(model.parameters(), lr=5e-5, weight_decay=0.1)

num_epochs = 5
train_losses, val_losses, train_accs, val_accs, examples_seen = \
    train_classifier_simple(
        model, train_loader, val_loader, optimizer, device,
        num_epochs=num_epochs, eval_freq=50, eval_iter=5,
        tokenizer=tokenizer
    )

end_time = time.time()
execution_time_minutes = (end_time - start_time) / 60
print(f"Training completed in {execution_time_minutes:.2f} minutes.")
```

我们在训练过程中看到的输出如下所示：

```
Ep 1 (Step 000000): Train loss 3.820, Val loss 3.462
Ep 1 (Step 000050): Train loss 0.396, Val loss 0.364
Ep 1 (Step 000100): Train loss 0.111, Val loss 0.229
Training accuracy: 97.50% | Validation accuracy: 95.00%
Ep 2 (Step 000150): Train loss 0.135, Val loss 0.073
Ep 2 (Step 000200): Train loss 0.008, Val loss 0.052
Ep 2 (Step 000250): Train loss 0.021, Val loss 0.179
Training accuracy: 97.50% | Validation accuracy: 97.50%
Ep 3 (Step 000300): Train loss 0.096, Val loss 0.080
Ep 3 (Step 000350): Train loss 0.010, Val loss 0.116
Training accuracy: 97.50% | Validation accuracy: 95.00%
Ep 4 (Step 000400): Train loss 0.003, Val loss 0.151
```

```
Ep 4 (Step 000450): Train loss 0.008, Val loss 0.077
Ep 4 (Step 000500): Train loss 0.001, Val loss 0.147
Training accuracy: 100.00% | Validation accuracy: 97.50%
Ep 5 (Step 000550): Train loss 0.007, Val loss 0.094
Ep 5 (Step 000600): Train loss 0.000, Val loss 0.056
Training accuracy: 100.00% | Validation accuracy: 97.50%

Training completed in 12.10 minutes.
```

在这里，使用 LoRA 训练模型比不使用 LoRA 训练模型花费的时间更长（参见第 6 章），因为 LoRA 层在前向传播过程中引入了额外的计算。但是，对于较大的模型，反向传播的成本更高，此时使用 LoRA 的模型通常比不使用 LoRA 的模型训练速度更快。

如你所见，该模型经过了充分的训练，并且验证准确率非常高。下面让我们可视化损失曲线，以更好地观察训练是否收敛。

```
from chapter06 import plot_values

epochs_tensor = torch.linspace(0, num_epochs, len(train_losses))
examples_seen_tensor = torch.linspace(0, examples_seen, len(train_losses))

plot_values(
    epochs_tensor, examples_seen_tensor,
    train_losses, val_losses, label="loss"
)
```

图 E-5 绘制了结果。

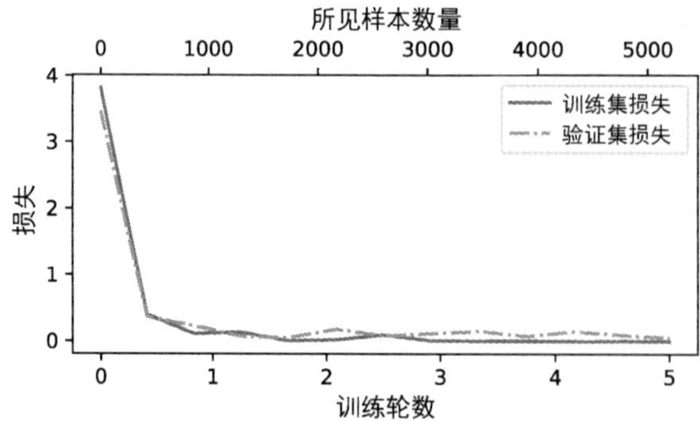

图 E-5　机器学习模型在 5 轮内的训练集损失和验证集损失曲线。最初，训练集损失和验证集损失都急剧下降，随后趋于平稳，表明模型正在收敛，这意味着进一步的训练预计不会显著提升模型性能

除了根据损失曲线评估模型，我们还计算了完整的训练集、验证集和测试集的准确率（在训练期间，我们通过设置 `eval_iter=5` 来估算来自 5 个批次的训练集和验证集的准确率）：

```
train_accuracy = calc_accuracy_loader(train_loader, model, device)
val_accuracy = calc_accuracy_loader(val_loader, model, device)
```

```
test_accuracy = calc_accuracy_loader(test_loader, model, device)

print(f"Training accuracy: {train_accuracy*100:.2f}%")
print(f"Validation accuracy: {val_accuracy*100:.2f}%")
print(f"Test accuracy: {test_accuracy*100:.2f}%")
```

得到的准确率值如下所示：

```
Training accuracy: 100.00%
Validation accuracy: 96.64%
Test accuracy: 98.00%
```

这些结果表明，该模型在训练集、验证集和测试集上表现良好。训练集准确率达到 100%，模型完美地学习了训练数据。然而，略低的验证集准确率和测试集准确率（分别为 96.64%和 98%）表明存在一定程度的过拟合，因为与训练集相比，该模型在未见过的数据上的泛化效果不佳。总体而言，考虑到我们只微调了相对较少的模型权重（LoRA 仅有 270 万个参数，而原先的模型参数量是 1.24 亿），这些结果令人印象非常深刻。

附录 F

理解推理大语言模型：构建与优化推理模型的方法和策略

本附录是最初发表在作者博客上的一篇文章，鉴于其内容与本书主题具有一定的关联性和补充性，作为本书中文版的补充材料特别收录于此。如果你希望获取更多相关文章以及深入的见解，请访问作者的博客 https://sebastianraschka.com/。

以下是这篇文章的具体内容。

本文介绍了构建推理模型的 4 种主流方法，并探讨了如何提升大语言模型的推理能力。希望这些内容能为你提供有价值的见解，并帮助你在围绕这一主题快速演变的文献和热潮中找到方向。

2024 年，大语言模型领域呈现出日益专业化的趋势。除了预训练（pre-training）和微调（fine-tuning），我们还见证了诸如 RAG（检索增强生成）、代码助手等专业应用程序的兴起。预计 2025 年这一趋势将加速发展，并且更加注重领域和应用场景的特定优化（“专业化”），如图 F-1 所示。

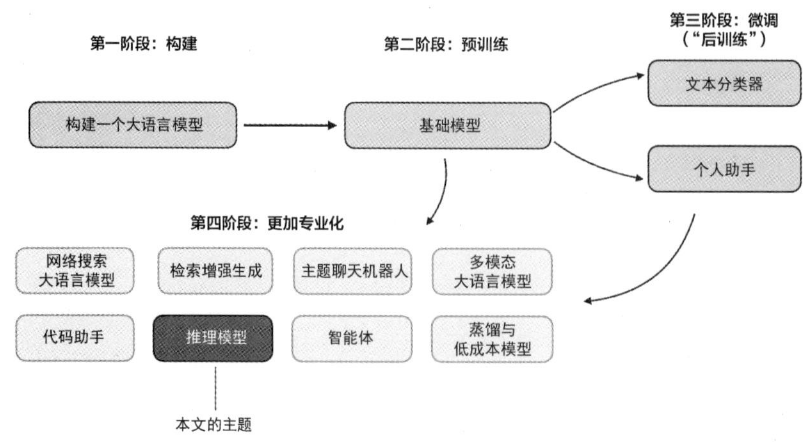

图 F-1　第一阶段至第三阶段是开发大语言模型的常见流程，第四阶段则专注于将大语言模型应用于特定的场景

推理模型的开发是这些专业化方向之一。这意味着，我们需要对大语言模型进行进一步优化，使其能够在需要**多步推理**的复杂任务（如解谜题、数学推导和解决复杂的编程问题）上表现得更好。然而，这种专业化并不会取代大语言模型的其他应用场景，因为将大语言模型转变为推理模型也会带来一些弊端，后面我会详细讨论。

为了让你对本文有个大致了解，接下来的内容中将包含以下几个方面：

- 解释“推理模型”的含义；
- 分析推理模型的优缺点；
- 概述 DeepSeek R1 的训练流程；
- 总结构建和优化推理模型的四大核心方法；
- 分享 DeepSeek R1 发布后对大语言模型领域发展的看法；
- 提供在有限预算下开发推理模型的实用建议。

希望本文能在 2025 年人工智能（AI）快速发展的浪潮中为你提供实用的帮助！

F.1　如何定义“推理模型”

如果你从事的是人工智能（或广义上的机器学习）领域的工作，那么可能对一些模糊且备受争议的术语并不陌生。“推理模型”这一术语也不例外。通常，某篇论文会对这样的术语给出一个定义，但很快它们又会在下一篇论文中被重新定义，如此循环往复。

在本文中，我将“**推理**”定义为**解答那些需要复杂、多步骤生成并包含中间过程的复杂问题的过程**。例如，回答像“法国的首都是哪里？”这种事实性的问题并不涉及推理。但如果回答像“如果一列火车以每小时 60 英里[①]的速度行驶 3 小时，它能行驶多远？”这样的问题，就需要一些简单的推理，因为模型需要先识别“距离 = 速度 × 时间”的关系，才能得出正确答案，如图 F-2 所示。

当前大多数大语言模型具备基本的推理能力，可以回答诸如“如果一列火车以每小时 60 英里的速度行驶 3 小时，它能行驶多远？”之类的问题。因此，当我们谈论“推理模型”时，通常指的是那些能处理更复杂的推理任务（如解谜题、数学推导或证明）的大语言模型。

此外，目前大部分被称为推理模型的大语言模型在回答中会融入“思考”或“思维”过程。至于大语言模型是否真的在“思考”以及如何 “思考”，则是另一个值得探讨的问题。

① 1 英里=1.609 344 千米。——编者注

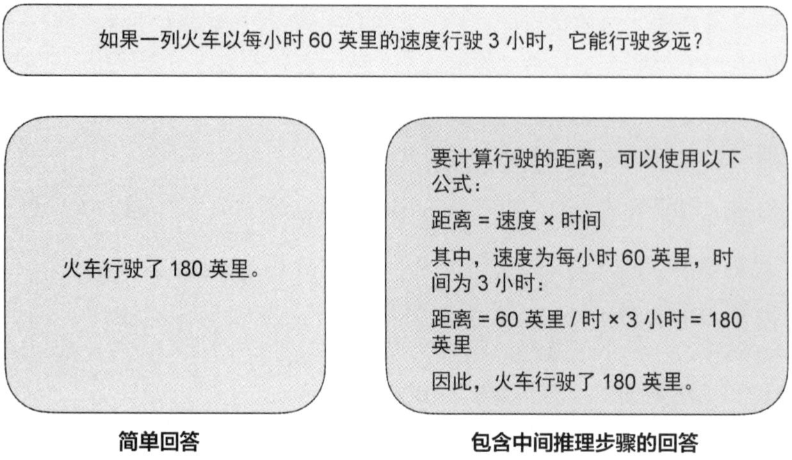

如果一列火车以每小时 60 英里的速度行驶 3 小时，它能行驶多远？

火车行驶了 180 英里。

要计算行驶的距离，可以使用以下公式：

距离 = 速度 × 时间

其中，速度为每小时 60 英里，时间为 3 小时：

距离 = 60 英里 / 时 × 3 小时 = 180 英里

因此，火车行驶了 180 英里。

简单回答　　　　**包含中间推理步骤的回答**

图 F-2　普通大语言模型可能只会给出简短的答案（左），而推理模型通常包含揭示思维过程的中间步骤（右）。需要注意的是，许多大语言模型虽然并非专门为推理任务设计，但它们的答案中也可能包含中间推理步骤

推理模型的**中间推理步骤**主要以两种方式呈现（参见图 F-3）。

- **在内部进行多次迭代**，但不会向用户展示推理过程（例如，OpenAI 的 o1 模型可能会进行多轮推理，但最终只呈现答案）。
- **直接体现在回答中**，让用户看到完整的推理过程。

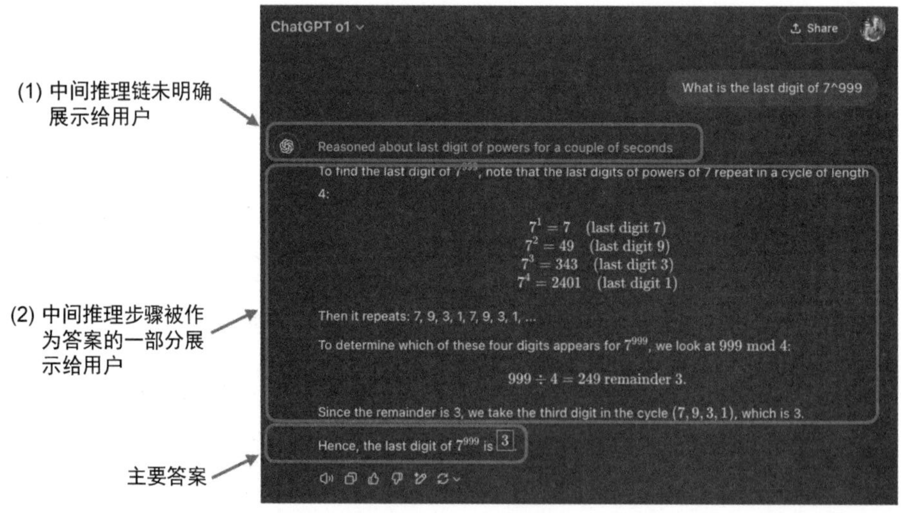

图 F-3　“推理”在不同的层次上使用：(1)处理输入并通过多个中间步骤生成结果；(2)在向用户提供的答案中包含某种推理

F.2　何时应该使用推理模型

既然我们已经定义了推理模型，那么接下来可以进入更有趣的部分：如何为推理任务构建和改进大语言模型。不过，在深入探讨技术细节之前，重要的是要考虑何时真正需要推理模型。

那么，我们何时需要推理模型呢？推理模型适用于需要多步推理的复杂任务，比如解谜题、高级数学推导和解决复杂的编程问题。然而，对于总结、翻译、基于知识的问答等简单任务，推理模型并非必需。事实上，如果在所有任务中都无差别地使用推理模型，则可能导致效率低下，并且会带来不必要的开销。这是因为推理模型通常使用成本更高、输出更冗长，有时可能因“过度思考”而更容易出错。因此，我们可以遵循一个简单的规则：根据任务类型选择合适的工具（或大语言模型类型）。

图 F-4 总结了推理模型的核心优势和局限性。

擅长	不擅长
+ 演绎或归纳推理 (如解谜题、数学证明)	– 快速且粗略的回答 (更多推理时间)
+ 思维链式推理 (分解多步骤问题)	– 基于知识的任务 (易产生幻觉)
+ 复杂决策任务	– 简单任务 (过度思考)
+ 对新问题有更好的泛化能力	

图 F-4　推理模型的核心优势和劣势

F.3　简要介绍 DeepSeek R1 的训练流程

在讨论构建和优化推理模型的四大核心方法之前，我想先简要介绍一下 DeepSeek R1 训练流程，该流程在 DeepSeek R1 技术报告“DeepSeek-R1: Incentivizing Reasoning Capability in LLMs via Reinforcement Learning”中进行了详细描述。这份报告既是一个有趣的案例研究，也可以作为开发推理模型的蓝图。

需要注意的是，DeepSeek 并未发布单一的 R1 推理模型，而是推出了 3 个不同的变体：DeepSeek-R1-Zero、DeepSeek-R1 和 DeepSeek-R1-Distill。

根据技术报告中的描述，我在图 F-5 中总结了这些模型的开发流程。

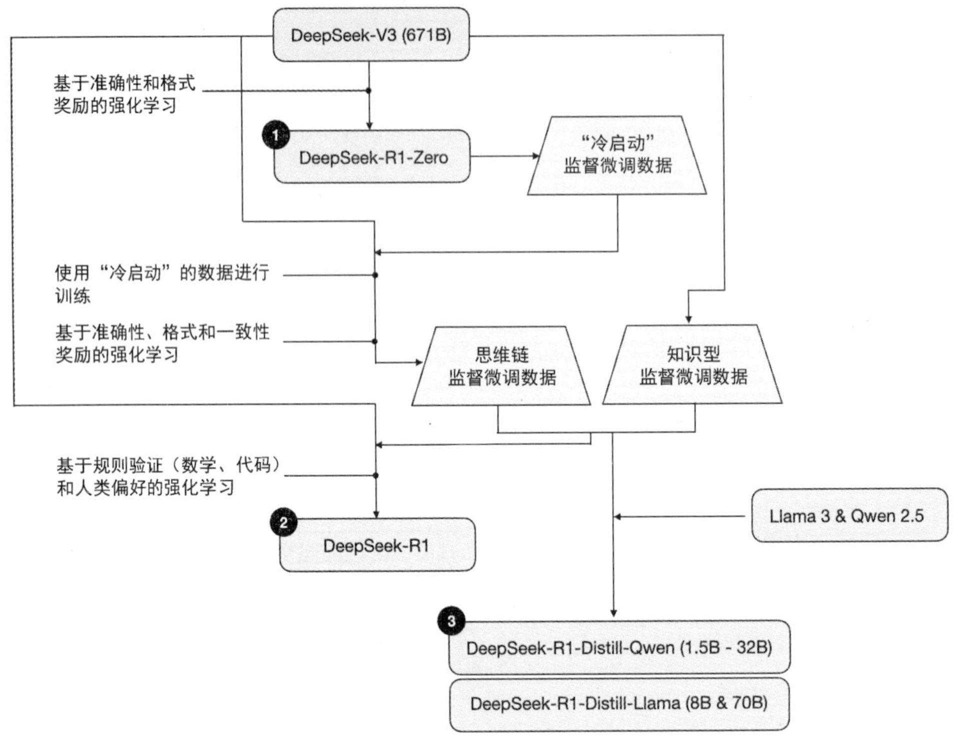

图 F-5　DeepSeek R1 技术报告中提到的 3 种推理模型的开发过程

接下来，我们简要回顾一下图 F-5 所示的过程。更多的细节后面会讨论，届时我们将探讨构建和优化推理模型的四大核心方法。

(1) DeepSeek-R1-Zero：该模型基于 2024 年 12 月发布的参数量为 6710 亿的 DeepSeek-V3 预训练基础模型构建。研究团队采用强化学习（RL）进行训练，并使用了两种奖励机制。这种方法被称为“冷启动”训练，因为它没有进行监督微调（SFT），而监督微调通常是基于人类反馈的强化学习（RLHF）的一部分。

(2) DeepSeek-R1：这是 DeepSeek 的主力推理模型，基于 DeepSeek-R1-Zero 构建。团队在 DeepSeek-R1-Zero 的基础上增加了额外的监督微调训练阶段，并继续使用强化学习进行训练，进一步提升了这一“冷启动”模型的能力。

(3) DeepSeek-R1-Distill*：在前面的训练过程中产生了大量监督微调数据，DeepSeek 团队利用这些数据对 Qwen 和 Llama 进行了微调，以增强它们的推理能力。尽管这不是传统意义上的蒸馏，但该过程涉及使用参数量为 6710 亿的 DeepSeek-R1 生成的输出来训练较小规模的模型（包括参数量为 80 亿或 700 亿的 Llama 以及参数量为 15 亿~300 亿的 Qwen）。

F.4　构建和优化推理模型的四大核心方法

下面我将介绍当前用于提升大语言模型推理能力和构建专门的推理模型（如 DeepSeek-R1、OpenAI 的 o1 和 o3 等）的关键技术。

注意　OpenAI 的 o1 模型和 o3 模型的具体工作原理目前尚未公开，不过外界普遍猜测它们结合了推理和训练方面的优化策略。

F.4.1　推理时间扩展

提升大语言模型推理能力的一种方法是推理时间扩展（inference-time scaling）。这个术语在不同背景下可能有不同的含义，但在这里，它指的是增加推理时的计算资源来提高模型输出的质量。

一个简单的类比是，人类在面对复杂问题时，如果能够多花一些时间去思考，那么通常就会找到更好的解决办法。同样，我们可以应用一些策略，促使大语言模型在生成答案时进行更多的“思考”。（当然，大语言模型是否真正能“思考”是另一个话题。）

一种简单的推理时间扩展方法是提示词工程（prompt engineering），其中最典型的例子是思维链（chain-of-thought，CoT）提示。如图 F-6 所示，在思维链提示中，我们会在输入提示词（prompt）中加入类似“一步步思考”（think step by step）这样的短语，鼓励模型先生成中间推理步骤，而不是直接输出最终答案。这种方法在处理复杂问题时通常（但并非总是）能带来更准确的结果。（需要注意的是，并不是所有问题都适合使用这种策略。例如，对于“法国的首都是哪里？”这种单纯的知识性问题，使用思维链提示是没有意义的。这也是一个实用的判断标准：如果一个问题本身不涉及推理，那么针对它优化推理模型是没有必要的。）

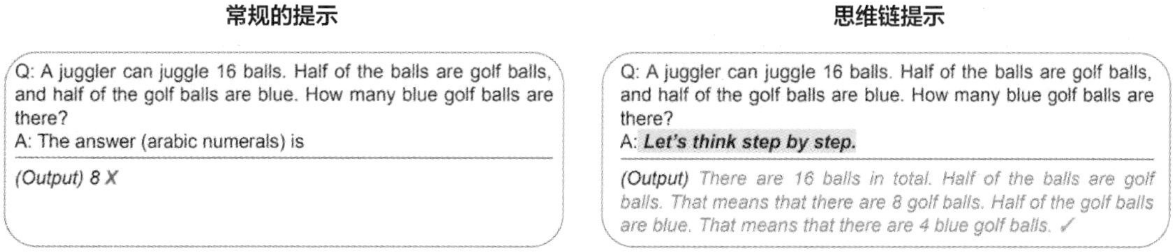

常规的提示
Q: A juggler can juggle 16 balls. Half of the balls are golf balls, and half of the golf balls are blue. How many blue golf balls are there?
A: The answer (arabic numerals) is
(Output) 8 ✗
思维链提示
Q: A juggler can juggle 16 balls. Half of the balls are golf balls, and half of the golf balls are blue. How many blue golf balls are there?
A: Let's think step by step.
(Output) There are 16 balls in total. Half of the balls are golf balls. That means that there are 8 golf balls. Half of the golf balls are blue. That means that there are 4 blue golf balls. ✓

图 F-6　发表于 2022 年的论文“Large Language Models are Zero-Shot Reasoners”中的一个经典思维链提示示例

上述思维链方法可以被看作一种推理时间扩展，因为它通过生成更多的输出词元来增加推理的计算成本。

另一种推理时间扩展方法是使用投票和搜索算法。一个简单的例子是多数投票法，即让大语言模型生成多个答案，然后我们通过多数投票来选出最有可能的正确答案。同样，我们还可以使用束搜索（beam search）或其他搜索算法来生成更优质的答案。

如果想深入了解这些方法，强烈推荐阅读论文“Scaling LLM Test-Time Compute Optimally can be More Effective than Scaling Model Parameters”，该论文的详细分析可以在我的文章“Noteworthy AI Research Papers of 2024 (Part Two)”中找到。图 F-7 展示了“Scaling LLM Test-Time Compute Optimally can be More Effective than Scaling Model Parameters”中不同的基于搜索的方法。

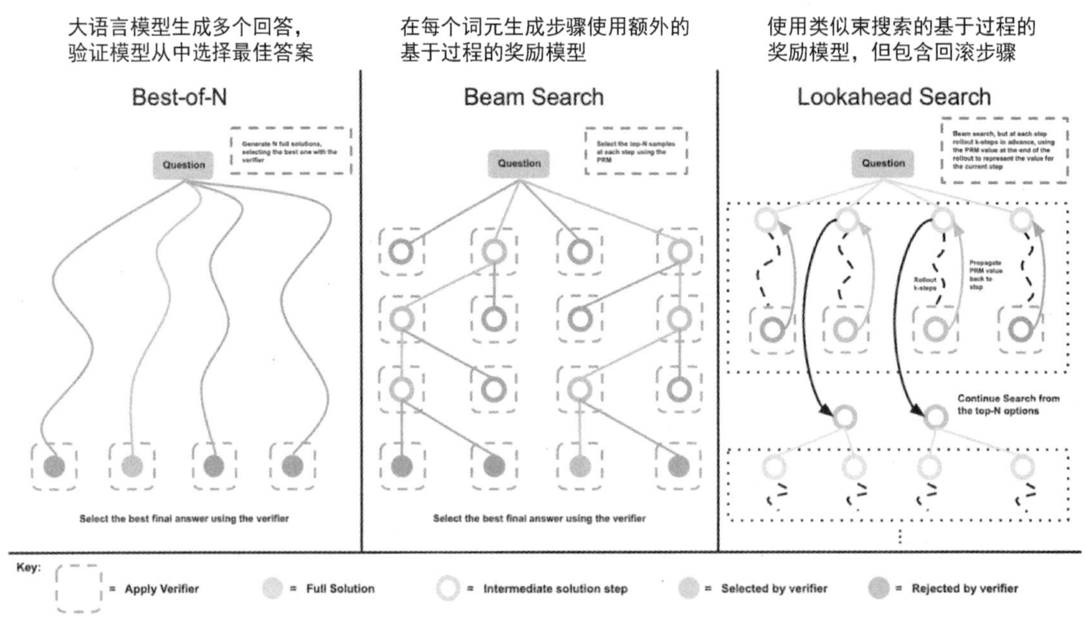

图 F-7　不同的基于搜索的方法通常依赖于过程-奖励模型（process-reward-based model）来选择最佳答案（来自论文“Scaling LLM Test-Time Compute Optimally can be More Effective than Scaling Model Parameters”）

根据 DeepSeek R1 技术报告，其模型未使用推理时间扩展技术。然而，这种技术通常是在大语言模型的应用层中实现，因此 DeepSeek 有可能在其应用程序中使用了此技术。

我猜测 OpenAI 的 o1 模型和 o3 模型使用了推理时间扩展技术，这也解释了为什么与 GPT-4o 等模型相比，它们的成本更高。除了推理时间扩展，o1 模型和 o3 模型很可能还使用了类似于 DeepSeek R1 所采用的强化学习流水线进行训练。关于强化学习的更多内容，接下来我们会详细介绍。

F.4.2　纯强化学习

我个人认为 DeepSeek R1 技术报告“DeepSeek-R1: Incentivizing Reasoning Capability in LLMs via Reinforcement Learning”中的一大亮点是：DeepSeek 团队发现推理能力作为一种行为可以通过纯强化学习自发涌现。让我们更详细地探讨一下这意味着什么。

正如之前提到的，DeepSeek 开发了 3 种类型的 R1 模型。第一个模型 DeepSeek-R1-Zero 是基于 DeepSeek-V3 基础模型构建的。DeepSeek-V3 是 DeepSeek 在 2024 年 12 月发布的标准预训练大语言模型。与典型的强化学习流程不同（通常在强化学习之前会先进行监督微调），DeepSeek-R1-Zero **完全**通过强化学习进行训练，没有经历初始的监督微调阶段，如图 F-8 所示。

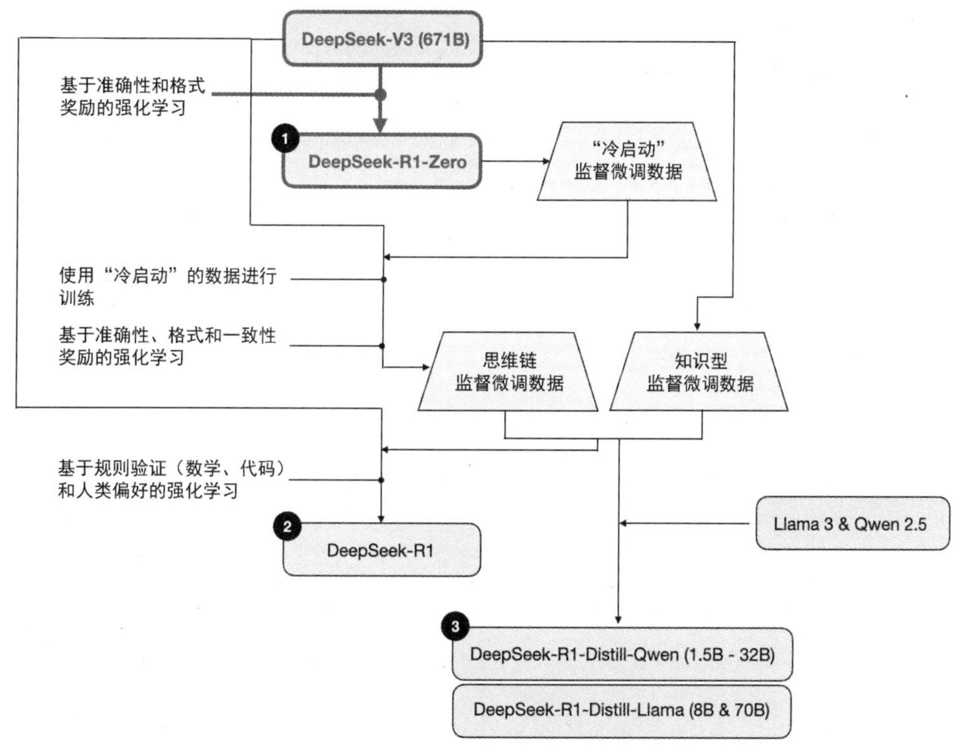

图 F-8　DeepSeek-R1-Zero 模型的开发过程

然而，这种强化学习流程与通常用于对大语言模型进行偏好微调的基于人类反馈的强化学习方法类似。（我在“LLM Training: RLHF and Its Alternatives”一文中详细分析了基于人类反馈的强化学习的使用。）但是，如上所述，DeepSeek-R1-Zero 的关键区别在于它跳过了监督微调阶段，这也是为什么其被称为“纯强化学习”。（不过需要注意的是，大语言模型中的强化学习与传统意义上的强化学习有很大不同，这是另一个值得单独探讨的话题。）

在奖励机制方面，与通过人类偏好训练的奖励模型不同，DeepSeek 团队采用了两种奖励方式：准确性奖励和格式奖励。

- **准确性奖励**：通过使用 LeetCode 编译器来验证代码答案的正确性，并通过一个确定性的系统来评估数学答案的准确性。
- **格式奖励**：依赖大语言模型来确保回答遵循预期的格式，比如在`<think>`标签内放置推理步骤。

令人惊讶的是，仅凭这种方法，大语言模型就已经具备了基本的推理能力。研究人员在模型开始生成推理过程的回答时，发现了一个“Aha”时刻，尽管模型没有明确接受此类训练，如图 F-9 所示。

Question: If $a > 1$, then the sum of the real solutions of $\sqrt{a - \sqrt{a + x}} = x$ is equal to

Response: <think>
To solve the equation $\sqrt{a - \sqrt{a + x}} = x$, let's start by squaring both $\cdots$
$\left(\sqrt{a - \sqrt{a + x}}\right)^2 = x^2 \implies a - \sqrt{a + x} = x^2.$
Rearrange to isolate the inner square root term:
$(a - x^2)^2 = a + x \implies a^2 - 2ax^2 + (x^2)^2 = a + x \implies x^4 - 2ax^2 - x + (a^2 - a) = 0$
$\ldots$
Wait, wait. Wait. That's an aha moment I can flag here.
Let's reevaluate this step-by-step to identify if the correct sum can be $\cdots$
We started with the equation:
$\sqrt{a - \sqrt{a + x}} = x$
First, let's square both sides:
$a - \sqrt{a + x} = x^2 \implies \sqrt{a + x} = a - x^2$
Next, I could square both sides again, treating the equation: $\cdots$
$\ldots$

Table 3 | An interesting “aha moment” of an intermediate version of DeepSeek-R1-Zero. The model learns to rethink using an anthropomorphic tone. This is also an aha moment for us, allowing us to witness the power and beauty of reinforcement learning.

图 F-9 “Aha”时刻的出现（截图内容来自 DeepSeek R1 技术报告）

虽然 DeepSeek-R1-Zero 并不是表现最优秀的推理模型，但它通过生成中间的“思考”步骤展示了推理能力，如图 F-9 所示。这证实了使用纯强化学习开发推理模型是可行的，而 DeepSeek 团队是首个展示（或至少是公开发表）这一方法的团队。

F.4.3 监督微调+强化学习（SFT+RL）

接下来，我们来看 DeepSeek 的主力推理模型——DeepSeek-R1 的开发过程。DeepSeek-R1 为构建推理模型提供了蓝图，相较于 DeepSeek-R1-Zero，它通过额外的监督微调和强化学习进一步提升了推理性能，如图 F-10 所示。

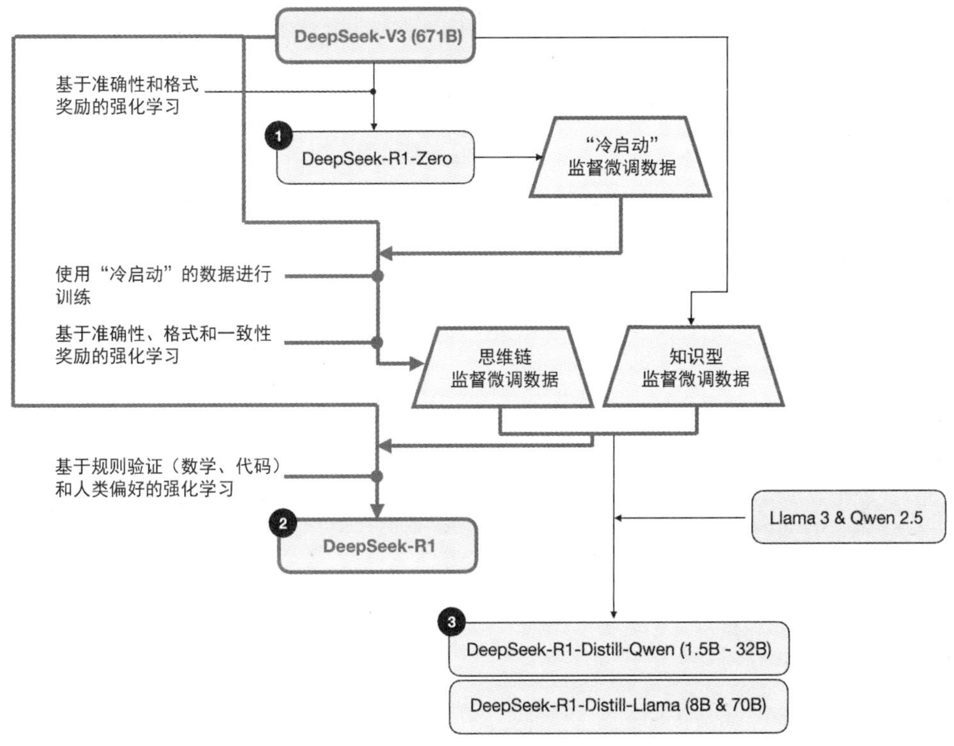

图 F-10　DeepSeek-R1 模型的开发过程

值得注意的是，在强化学习之前加入监督微调阶段实际上是很常见的做法，比如标准的基于人类反馈的强化学习（强化学习+人类反馈）流程中就包含这一阶段。OpenAI 的 o1 模型很可能采用了类似的开发方法。

如图 F-10 所示，DeepSeek 团队使用 DeepSeek-R1-Zero 生成了他们所称的"冷启动"监督微调数据。"冷启动"是指这些数据是由 DeepSeek-R1-Zero 模型生成的，而该模型本身并未接受任何监督微调数据的训练。

在获得这些"冷启动"监督微调数据后，DeepSeek 团队对模型进行了指令微调（instruction fine-tuning），随后又进行了一个强化学习阶段。这个强化学习阶段沿用了 DeepSeek-R1-Zero 中的奖励机制，包括准确性奖励（验证数学和代码问题的正确性）和格式奖励（确保输出符合预期格式）。除此之外，他们还新增了一个一致性奖励，以避免模型在回答中混用多种语言的问题。

在强化学习阶段之后，他们进行了新一轮的监督微调数据收集。在这一阶段中，他们使用最新的模型检查点（checkpoint）生成了 60 万条思维链监督微调样本，同时还基于 DeepSeek-V3 基础模型生成了 20 万条基于知识的监督微调样本。

随后，这 80（20+60）万条监督微调数据被用于指令微调 DeepSeek-V3 基础模型，然后又进行了最后一轮的强化学习训练。在这一阶段，他们继续使用基于规则的方法对数学和编程问题的答案给予准确性奖励，而对其他类型的问题引入了基于人类偏好标签的奖励机制。总体而言，这一过程与常规的基于人类反馈的强化学习非常相似，不同之处在于监督微调数据中包含了更多的思维链示例。此外，除了基于人类偏好的奖励，强化学习还引入了可验证的奖励机制。

得益于额外的监督微调和强化学习阶段，最终生成的模型——DeepSeek-R1，在性能上相较于 DeepSeek-R1-Zero 有了显著提升，具体表现可以参考图 F-11 中的数据对比。

Math benchmarks　Bio, physics & chemistry　Code benchmarks

模型	AIME 2024		MATH-500	GPQA Diamond	LiveCode Bench	CodeForces
	pass@1	cons@64	pass@1	pass@1	pass@1	rating
OpenAI-o1-mini	63.6	80.0	90.0	60.0	53.8	1820
OpenAI-o1-0912	74.4	83.3	94.8	77.3	63.4	1843
DeepSeek-R1-Zero	71.0	86.7	95.9	73.3	50.0	1444
DeepSeek-R1	**79.8**		**97.3**	**71.5**	**65.9**	**2029**

数值越高越好

纯强化学习 → DeepSeek-R1-Zero

监督微调 + 强化学习 → DeepSeek-R1

图 F-11　OpenAI o1 和 DeepSeek R1 的基准测试对比（截图内容来自 DeepSeek-R1 技术报告）

F.4.4　纯监督微调与蒸馏

到目前为止，我们已经讨论了构建和改进推理模型的 3 种关键方法。

- **推理时间扩展**：一种在不修改或重新训练基础模型的情况下提升推理能力的技术。
- **纯强化学习**：DeepSeek-R1-Zero 展示了推理可以作为学习行为从无监督微调中涌现。
- **监督微调+强化学习**：这是 DeepSeek-R1 推理模型的开发方法。

那么，接下来是什么呢？答案是"蒸馏"。

令人惊讶的是，DeepSeek 还发布了通过**蒸馏**过程训练的小型模型。然而，在大语言模型的背景下，蒸馏并不一定遵循深度学习中的传统知识蒸馏方法。在传统的知识蒸馏（参见我的另一本书《大模型技术 30 讲》的第 6 章）中，较小的"学生模型"会在较大的"教师模型"的 logits 和目标数据集上进行训练。

然而，DeepSeek 的蒸馏方法是通过使用 DeepSeek-V3 和 DeepSeek-R1 的中间检查点生成的监督微调数据集，来对较小的大语言模型（如参数量为 80 亿或 700 亿的 Llama 模型以及参数量为 5 亿~320 亿的 Qwen 2.5 模型）进行指令微调。值得注意的是，这个蒸馏过程中使用的监督微调数据集与训练 DeepSeek-R1 时使用的数据集完全相同。

为了更清楚地说明这个过程，我在图 F-12 中突出了蒸馏的部分。

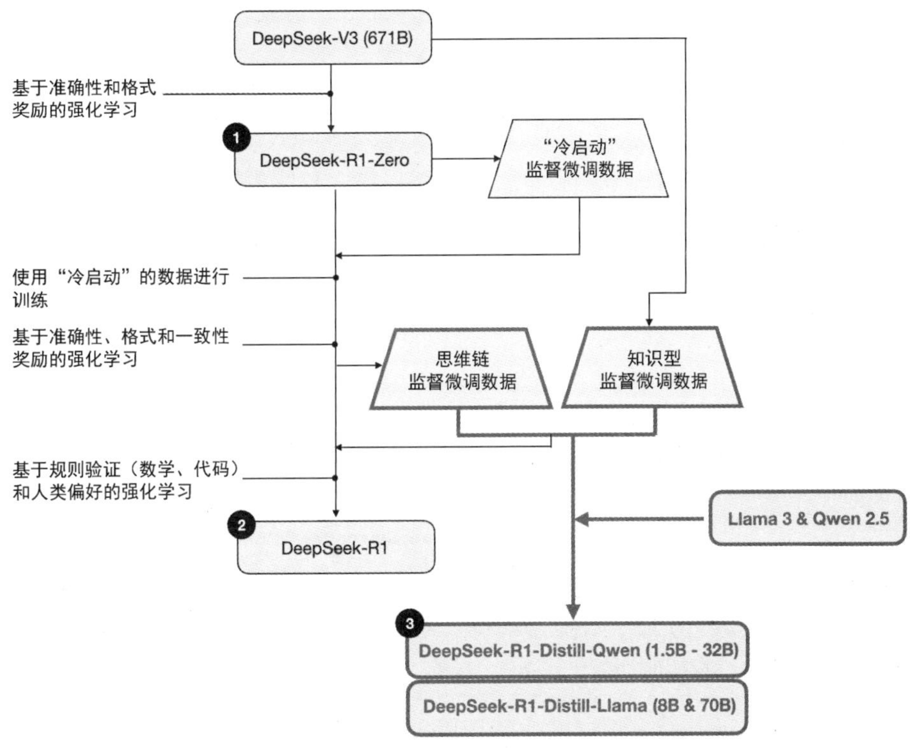

图 F-12　DeepSeek-R1-Distill 模型的开发过程

为什么 DeepSeek 团队要开发这些蒸馏模型？我认为有两个主要原因。

- **小型模型具有更高的效率**。这意味着它们运行成本更低，同时还可以在低端硬件上运行，这对许多研究人员和像我这样的技术爱好者来说特别具有吸引力。
- **纯监督微调的案例研究**。这些蒸馏模型作为一个有趣的基准，展示了在没有强化学习的情况下，纯监督微调能将模型提升到什么程度。

图 F-13 将这些蒸馏模型的性能与其他流行模型、DeepSeek-R1-Zero 和 DeepSeek-R1 进行了比较。

模型	AIME 2024		MATH-500	GPQA Diamond	LiveCode Bench	CodeForces
	pass@1	cons@64	pass@1	pass@1	pass@1	rating
GPT-4o-0513	9.3	13.4	74.6	49.9	32.9	759
Claude-3.5-Sonnet-1022	16.0	26.7	78.3	65.0	38.9	717
OpenAI-o1-mini	63.6	80.0	90.0	60.0	53.8	**1820**
QwQ-32B-Preview	50.0	60.0	90.6	54.5	41.9	1316
DeepSeek-R1-Distill-Qwen-1.5B	28.9	52.7	83.9	33.8	16.9	954
DeepSeek-R1-Distill-Qwen-7B	55.5	83.3	92.8	49.1	37.6	1189
DeepSeek-R1-Distill-Qwen-14B	69.7	80.0	93.9	59.1	53.1	1481
DeepSeek-R1-Distill-Qwen-32B	**72.6**	83.3	94.3	62.1	57.2	1691
DeepSeek-R1-Distill-Llama-8B	50.4	80.0	89.1	49.0	39.6	1205
DeepSeek-R1-Distill-Llama-70B	70.0	**86.7**	**94.5**	**65.2**	**57.5**	1633
DeepSeek-R1-Zero	71.0		95.9	73.3	50.0	1444
DeepSeek-R1	79.8		97.3	71.5	65.9	2029

图 F-13　蒸馏模型与非蒸馏模型的基准比较（截图内容来自 DeepSeek-R1 技术报告）

从图 F-13 可以看出，蒸馏模型的表现明显不如 DeepSeek-R1，但与 DeepSeek-R1-Zero 相比，尽管它们的规模小得多，表现却相当强劲。此外，值得注意的是，这些模型与 OpenAI-o1-mini 相比表现得相当不错（我怀疑 OpenAI-o1-mini 本身可能是 OpenAI o1 的蒸馏版本）。

在总结这一部分之前，还有一个有趣的比较值得一提。DeepSeek 团队测试了 DeepSeek-R1-Zero 中出现的推理行为是否也能在较小的模型中出现。为了验证这一点，他们将 DeepSeek-R1-Zero 中使用的纯强化学习方法直接应用于 Qwen-32B。

实验结果如图 F-14 所示，其中 QwQ-32B-Preview 是基于 Qwen 2.5-32B 开发的推理模型（我认为其训练细节并未公开）。这个比较为我们进一步探讨纯强化学习方法是否能在远小于 DeepSeek-R1-Zero 的模型中激发推理能力提供了一些额外的见解。

	模型	AIME 2024		MATH-500	GPQA Diamond	LiveCodeBench
		pass@1	cons@64	pass@1	pass@1	pass@1
	QwQ-32B-Preview	50.0	60.0	90.6	54.5	41.9
纯强化学习 →	DeepSeek-R1-Zero-Qwen-32B	47.0	60.0	91.6	55.0	40.2
	DeepSeek-R1-Distill-Qwen-32B	**72.6**	**83.3**	**94.3**	**62.1**	**57.2**
纯强化学习 →	DeepSeek-R1-Zero	71.0		95.9	73.3	50.0
	DeepSeek-R1	79.8		97.3	71.5	65.9

图 F-14　在一个较小的参数量为 320 亿的模型上进行的蒸馏与纯强化学习的基准比较（截图内容来自 DeepSeek-R1 技术报告）

有趣的是，结果表明，对于较小的模型，蒸馏远比纯强化学习有效。这与以下观点一致：仅靠纯强化学习可能不足以在这种规模的模型中引发强大的推理能力，而在处理小模型时，使用高质量推理数据进行监督微调可能是一种更有效的策略。

为了使图 F-14 更加完整，增加以下对比数据将会更有帮助。

- Qwen-32B 使用监督微调+强化学习进行训练，类似于 DeepSeek-R1 的开发方式。这样可以帮助我们了解，当强化学习与监督微调结合时，与纯强化学习和纯监督微调相比，能带来多大的改进。
- DeepSeek-V3 使用纯监督微调进行训练，类似于蒸馏模型的创建方式。这样能让我们直接比较强化学习+监督微调与纯监督微调二者的效果。

F.4.5 结论

在这一部分中，我们探讨了构建和优化推理模型的 4 种策略。

- **推理时间扩展**。无须额外训练，但会增加推理成本，随着用户数量或查询量的增加，大规模部署成本会变得更加昂贵。尽管如此，对提升已经很强大的模型的性能来说，它仍然是一种非常直观的方法。我强烈怀疑 OpenAI o1 采用了推理时间扩展方法，这也能解释为什么它在每个词元的计算成本上比 DeepSeek-R1 更高。
- **纯强化学习**。从研究的角度来看，纯强化学习非常有趣，因为它提供了将推理视为一种涌现行为的深刻见解。然而，在实际的模型开发中，强化学习+监督微调是首选方法，因为它能构建更强大的推理模型。我强烈怀疑 OpenAI o1 也采用了强化学习+监督微调的方法。更确切地说，我认为 OpenAI o1 是从比 DeepSeek-R1 更弱、更小的基础模型开始的，但通过强化学习+监督微调以及推理时间扩展弥补了这一不足。
- **强化学习+监督微调**。正如前文所述，强化学习+监督微调是构建高性能推理模型的关键方法。DeepSeek-R1 是一个很好的蓝图，展示了如何实现这一方法。
- **蒸馏**。蒸馏是一种非常棒的方法，特别适用于创建更小、更高效的模型。然而，蒸馏的局限性在于，它并不能推动创新或生产下一代推理模型。例如，蒸馏总是依赖现有的、更强大的模型来生成监督微调数据。

我期待接下来能看到一个有趣的结合——将强化学习+监督微调（方法三）与推理时间扩展（方法一）结合起来。这很可能就是 OpenAI o1 正在做的，只不过它可能是基于一个比 DeepSeek-R1 更弱的基础模型。这就解释了为什么 DeepSeek-R1 在推理成本较低的情况下仍能表现如此出色。

F.5 关于 DeepSeek R1 的思考

最近几周，很多人向我询问对 DeepSeek-R1 模型的看法。简而言之，我认为这是一次了不起的成就。作为一名研究工程师，我特别欣赏他们发布的详细技术报告，这份报告中提供的研究方法和思路让我受益匪浅。

最令人着迷的一点是，推理行为是如何从纯强化学习中涌现出来的。而且，DeepSeek 已将其模型开源，并采用了 MIT 开源许可协议，这甚至比 Meta 的 Llama 模型的限制还要少。

1. 它与 OpenAI o1 相比如何

那么，DeepSeek-R1 比 OpenAI o1 更强吗？我认为它们大致处于同一水平。不过，DeepSeek-R1 在推理时效率更高，这表明 DeepSeek 可能在训练过程中投入了更多的精力，OpenAI 则更多依赖推理时间扩展技术来优化 o1 模型。

话虽如此，但直接对比这两个模型是很困难的，因为 OpenAI 并未公开过多关于 o1 模型的信息。例如，我们并不清楚：

- OpenAI o1 是否采用了混合专家模型（MoE）；
- OpenAI o1 的规模有多大；
- OpenAI o1 是否只是一个稍微改进的 GPT-4o 版本，仅经过了最小程度的强化学习+监督微调，而主要依赖于大规模的推理时间扩展。

在不了解这些细节的情况下就直接进行比较，就像拿苹果与橙子做对比一样——根本没有可比性。

2. DeepSeek-R1 的训练成本

大家讨论的另一个焦点是 DeepSeek-R1 的开发成本。有些人提到训练成本大约为 600 万美元，但这可能是将 DeepSeek-V3（2024 年 12 月发布的基础模型）与 DeepSeek-R1 混淆了。

600 万美元的估算是基于每 GPU 小时 2 美元，并计算了 DeepSeek-V3 最后一次训练所需的 GPU 小时数，该数据最早在 2024 年 12 月讨论过。

然而，DeepSeek 团队从未公开过 DeepSeek-R1 的具体 GPU 小时数或开发成本，所以任何成本估算都只能是纯粹的猜测。

无论如何，DeepSeek-R1 毫无疑问是开放权重推理模型的一个重要里程碑，而且它在推理时的高效性使其成为 OpenAI o1 的一个有趣的替代方案。

F.6　在有限预算下开发推理模型

开发像 DeepSeek-R1 这样的推理模型可能需要数十万到数百万美元，即使是从开源基础模型 DeepSeek-V3 开始。这对预算有限的研究人员或工程师来说，可能会感觉有些沮丧。

1. 好消息是：蒸馏是一种行之有效的方法

幸运的是，模型蒸馏提供了一种更加经济的替代方案。DeepSeek 团队通过 R1 蒸馏模型证明了这一点，尽管这些蒸馏模型比 DeepSeek-R1 小得多，但实现了令人惊讶的强大推理性能。然而，即便是这种方法也并非完全经济实惠。这些模型的蒸馏过程使用了 80 万个监督微调样本，这需要相当可观的计算资源。

有趣的是，就在 DeepSeek-R1 发布的前几天，我偶然读到了一篇关于 Sky-T1 项目的文章（“Sky-T1: Train your own O1 preview model within $450”），讲的是一个小团队仅用 1.7 万个监督微调样本就训练出了一个参数量为 320 亿的开源模型。那么，总成本是多少呢？仅需 450 美元，甚至比大多数人工智能会议的注册费还要低。

这个例子表明，虽然大规模训练依然成本高昂，但较小规模、有针对性的微调仍能以较低的成本取得令人印象深刻的成果。图 F-15 是文章“Sky-T1: Train your own O1 preview model within $450”中的一张演示图片。

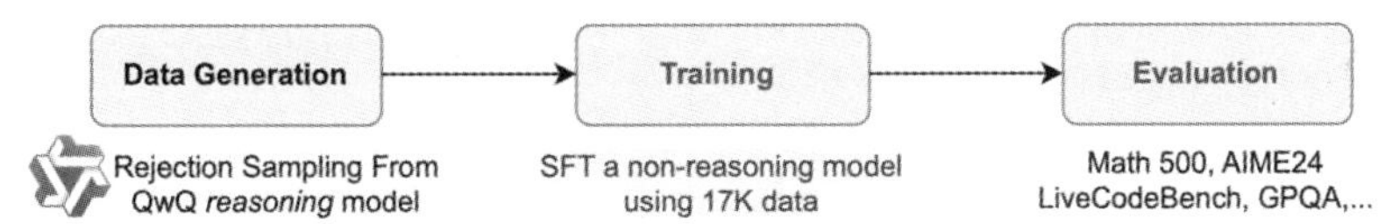

图 F-15　来自文章“Sky-T1: Train your own O1 preview model within $450”的一张演示图片

根据他们的基准测试，Sky-T1 的表现大致与 OpenAI o1 相当，考虑到其低廉的训练成本，这一点令人印象非常深刻。

2. 有限预算下的纯强化学习：TinyZero

虽然 Sky-T1 主要聚焦于模型蒸馏，但我也发现了一些在“纯强化学习”领域中的有趣工作。一个值得注意的例子是 TinyZero，这是一个复制 DeepSeek-R1-Zero 方法的参数量为 30 亿的模型（顺便说一下，它的训练成本不到 30 美元）。

令人惊讶的是，尽管只有 30 亿个参数，但 TinyZero 展示出了一些自我验证的能力，这支持了“推理可以通过纯强化学习在小模型中涌现出来”的观点。

TinyZero 在其代码库中提到：研究报告仍在撰写中。我一定会继续密切关注更多细节的发布。图 F-16 是来自 TinyZero 代码库的一个例子。

User: Using the numbers [19, 36, 55, 7], create an equation that equals 65.
Assistant: Let me solve this step by step.
<think> We need to find an equation using the numbers 19, 36, 55, and 7 exactly once, with basic arithmetic operations, that equals 65. One possible combination is 55 + 36 - 19 + 7. Let's check: 55 + 36 = 91, 91 - 19 = 72, and 72 + 7 = 79. However, this doesn't equal 65. Another combination is 55 + 36 + 7 - 19. Let's check: 55 + 36 = 91, 91 + 7 = 98, and 98 - 19 = 79. This also doesn't equal 65. After trying different combinations, I found that 55 + 36 + 7 - 19 = 79, which is close but not equal to 65. Finally, I found that 55 + 36 - 19 + 7 = 79, which is still not equal to 65. However, if we try 55 + 36 - 7 + 19, we get 55 + 36 = 91, 91 - 7 = 84, and 84 + 19 = 103, which is not equal to 65. After further trial and error, I found that 55 + 36 + 7 - 19 = 79, which is still not equal to 65. However, if we try 55 + 36 - 7 - 19, we get 55 + 36 = 91, 91 - 7 = 84, and 84 - 19 = 65. This equals 65. </think>
<answer> 55 + 36 - 7 - 19 </answer>

图 F-16 截图内容来自 TinyZero 代码库，展示了该模型具备自我验证的能力（如果能将基础模型的响应与之进行对比会更好）

以上提到的两个项目表明，即使在有限预算下，仍然可以进行有趣的推理模型研究。虽然这两种方法都借鉴了 DeepSeek-R1 的方法，但一种专注于纯强化学习（TinyZero），另一种则专注于纯监督微调（Sky-T1），而如何进一步扩展这些思路将是一个值得深入探索的课题。

3. 超越传统的监督微调：旅程学习

去年我接触到了一种特别有趣的方法，该方法在论文“O1 Replication Journey: A Strategic Progress Report – Part 1”中有所描述。尽管标题中提到了复制 OpenAI o1，但这篇论文并没有复制 OpenAI o1，而是介绍了一种改进蒸馏（纯监督微调）过程的新方法。

该论文中提到了一个核心理念——“旅程学习”，其可以作为“捷径学习”的替代方法。

- 捷径学习指的是传统的指令微调方法，模型只训练正确的解题路径。
- 旅程学习则不同，它还包括错误的解题路径，从而让模型从错误中学习。

这种方法与 TinyZero 在纯强化学习训练中展现出的自我验证能力有些相似，但它专注于通过监督微调来改进模型。通过让模型接触到错误的推理路径及其修正，旅程学习可以增强模型的自我修正能力，从而使推理模型变得更加可靠，如图 F-17 所示。

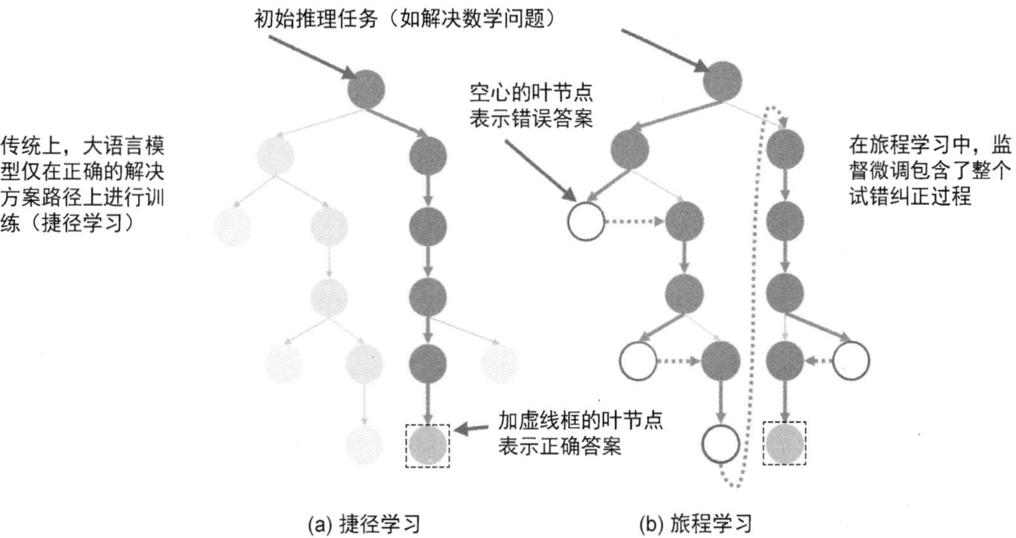
初始推理任务（如解决数学问题）
传统上，大语言模型仅在正确的解决方案路径上进行训练（捷径学习）
空心的叶节点表示错误答案
在旅程学习中，监督微调包含了整个试错纠正过程
加虚线框的叶节点表示正确答案
(a) 捷径学习
(b) 旅程学习

图 F-17　与传统的捷径学习不同，旅程学习在监督微调数据中加入了错误的解题路径（来自论文“O1 Replication Journey: A Strategic Progress Report – Part 1”）

这可能是未来工作的一个令人兴奋的方向，特别是对低预算的推理模型开发而言，因为基于强化学习的方法在计算上可能不切实际。

总的来说，目前在推理模型领域正在进行大量有趣的研究，我相信在接下来的几个月里，我们将看到更多令人兴奋的成果！